國立中央圖書館出版品預行編目資料

作業研究／楊超然著.--九版.--臺北
市：三民，民85
面；　　公分
ISBN 957-14-0280-X（平裝）

1.作業研究

494.54022

© 作業研究

著作人　楊超然
發行人　劉振強
著作財產權人　三民書局股份有限公司
發行所　三民書局股份有限公司
　　　　地址／臺北市復興北路三八六號
　　　　臺北市復興北路三八六號
　　　　郵撥／○○○九九九八一─五號
印刷所　三民書局股份有限公司
門市部　復北店／臺北市復興北路三八六號
　　　　重南店／臺北市重慶南路一段六十一號
網際網路位址　http://www.sanmin.com.tw
初版　中華民國六十六年九月
九版　中華民國八十五年八月
編　號　S 49065
基本定價　捌元肆角
行政院新聞局登記證局版臺業字第○二○○號
著作權執照臺內著字第一○一九三號

ISBN 957-14-0280-X（平裝）

作業研究

楊超然著

學歷：美國羅撒斯特大學企管碩士
現職：臺大商學系教授

三民書局印行

自　　序

　　現代工商企業的發達，不但因其規模日益龐大，業務日益複雜而使得管理工作格外艱難，並且由於其所處的企業環境，亦在加速的變化，使得管理工作，不得不邁向整體的系統概念，詳盡研究分析過去資料，針對未來可能變化與情況，有效的把握住動態的目前，以達成最佳的決策。作業研究 (Operations Research) 即是運用系統化的科學方法，經由模式的建立與測試，協助達成最佳的決策。

　　本書目的，在於介紹作業研究的一般理論與應用扼要，為冀讀者能對作業研究獲得一整體概念，內容已力求簡明扼要，深入淺出。全書係以舉例的方式，說明有關理論的意義與應用，避免涉及艱深的數學，不但可作為大專教材，亦適合工商企業界人士自修與參考之用。

　　全書分為十七章，第一章至第八章係說明應用較廣的基本課題。第九章至第十七章係進一步的介紹作業研究的發展。各章節間業已盡可能予以獨立完整，可依課程需要作部分的更調與省略。於作為大專教材時，若係一學期課程，或係時間不夠時，可選擇第一章至第八章講授，亦可將各章的前數節作摘要講授，並不影響其完整。講授者亦可保留部分例示，指定由同學自習研討，不但可加強學習效果，並可節省講授時間。

　　筆者學疏識淺，誤漏在所難免，尚祈不吝珠玉，惠賜指正。

楊　超　然

六十六年九月於臺大商學系

作業研究　目錄

第七章　　線性規劃

第八章　　運輸模式

第九章　指派問題與分枝界限

第十章　競賽與策略

第十一章　極大與極小

第一章 概 論

一、作業研究的意義

近半世紀以來，企業經營者所面臨的企業環境，至少已發生了下列的顯著變化：

(1)由於工藝與科技的發達，導致產品壽命週期 （Product Life Cycle) 的縮短，促使企業經營者不得不隨時注意生產技術的改進與新產品的發展。

(2)由於全球性交通與電訊的發達，不但擴大了全球性貿易的流通，並加速了世界各地商情變化的影響力。

(3)由於企業規模的日趨龐大，使得工業品的生產大為增加，促成了大量的銷售與消費。

企業經營者處於此項變化多端，競爭日劇的環境中，其所能控制的因素，並未能相對的增加。所以企業經營者，必須洞察機先，衡量企業的客觀環境與其所可運用的資源，作成正確的決策取抉，以掌握企業的前途，單憑一時的機運，實已無法生存。近年來，電子計算機的迅速發展，已大為提高了人們處理資料的能力，使得現代企業於經營時，可充分發揮數量化資料的功能。企業經營者，可較往昔具有更多的資料，以協助其達成正確的決策，並建立起運用數量方法作為分析與決策的基礎。惟由於企業經營者所面臨的問題，非常複雜，所涉及因素亦極多，所以企業經營者的地位，仍極具重要性，於千頭萬緒中，找尋出有關的重要關鍵因素，配合客觀環境限制，掌握可控制因素，綜合運用現代化的決策方法與其經驗及判斷，善爲決策，以確保企業的生存與發展。

作業研究則是一項系統化的方法 (Systematic Approach)，以數量方法爲基礎，去解決一項經營上的問題。作業研究一詞，對今日的企業經營者言，已不算陌生，惟各家對其定義，亦不盡相同。席勒夫 (Robert J. Thierauf) 於其「透過作業研究作成決策」一書中，綜合各家的說法，依據作業研究本身的特質，對其作一較完整的定義如下：「作業研究係由一組不同學識背景的有關人才，運用系統化的科學方法，以數學模式來表達一項複雜的機能關係，其目的在提供作成決策的數量基礎，以及發掘新問題所需的數量分析。」由上定義可知，作業研究乃是從經濟、社會、心理、政治、市場……等各方面，去分析問題，並透過數學模式來反映各項事實。同時由於企業環境複雜而富變異性，據此導出的數學模式，往往非人力所能有效處理，而有賴於電子計算機的運用。作業研究不但針對一項問題去設法解決，並積極發掘新問題，作爲進一步的改善基礎。綜合上述，可知作業研究具有下列特質：

1. 自系統觀點去分析企業中有關機能關係：由於企業內各部門的機能，具有相互影響，一項決策，不可僅依該部門的立場去衡量，必須自整個企業的立場，以系統觀點分析一項決策所涉及的各項企業機能及其間的複雜關係。

2. 由一組不同學識背景的人才，共同研究解決問題：由於一項問題的徹底解決，其所涉及範圍必廣，由各方面的人才，認眞合作，以求瞭解與分析問題，必較易獲得較佳的解決方法。

3. 應用科學方法：亦卽應用系統化的方法，逐步的解決問題。此項系統化的方法，包含下列步驟：

(1)觀察：卽是發現事實，瞭解問題。例如有關人員、材料、設備、金錢、管理等各方面的所謂六個 W (What, Where, When, Who,

How, Why)。

(2)確定問題：認清事實並瞭解問題後，則需確定作業研究問題的定義，此項問題必須爲一項眞正的問題，而非一項表面的現象。應用要因分析，以確定問題所在。

(3)建立模式：通常包含三項步驟：資料分析、模式發展與模式證明。由於此時尙未能決定何者爲最適當的解決方法，故應就各種可行的替代方案，建立多個模式，以供分析，尋求解決方案。

(4)選擇最佳方案：經由各項可行的實驗，選擇一項最佳的方案。各方案之成本效益，俱由各個別模式的計算而獲得，故建立模式後，將充實的資料，代入各模式，必可獲得結果。

(5)經由實行以獲證明模式的正確性：有者可以實際施行，有者僅可經由模擬實施，以證明其可行性。

(6)建立適當管制：於實施過程中，隨時可能遭遇不測的困難或新的外來因素，故應建立一項適當的管制制度，不斷的將實施結果反饋至管理當局，以作爲不斷修正與改進的基礎。

二、決策形成

企業經營者的主要職責，則是作成決策。而其決策對於企業的未來發展，無論就長期與短期的觀點言，皆有莫大的影響。決策者所面臨的待解決問題，可能係一項財務問題、市場問題、人事問題、或其他方面的問題，惟其解決，往往涉及整個組織，並非一項單純的孤立問題。爲達成一項正確的決策，必須有一套理性的系統化步驟或程序，以科學與現實二者爲基礎，運用數學模式，合乎邏輯地推演出合理的解決方案。決策理論即係研究如何作成一項合理的決策，並考慮現實所面臨的不定情況。

決策形成的結構，可以圖形表示如下：

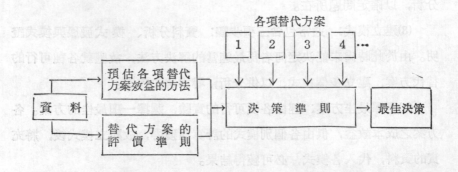

各項替代方案

1　2　3　4 …

預估各項替代方案效益的方法

資 料

替代方案的評價準則

決 策 準 則　→　最佳決策

　　爲達成一項決策，首先必須有充分的資料，以爲分析的依據。對於各項可行的替代方案，不但須兼顧理論與現實，予以列出，並應訂出估算各項替代方案效益的方法，以及對於各方案評價準則，然後就各項替代方案，依決策準則，選擇最佳方案，達成最佳決策。茲舉列說明如下：

　　設有某電子公司，因材料供應及業務問題，而需作成一項業務上的決策。其情況如下：

　　(1)材料供應：計有二種可能情況

　　A：預先妥購儲存：由於增加倉儲費用持有成本，每件產品成本自 $3.80 增至 $4.05。

　　B：臨時採購：每件產品成本仍爲 $3.80，惟另增加趕運成本總計 $300,000。

　　(2)國外投標機會：目前有國外投標機會，需要一千萬件，材料需先購妥儲存，其中標機會估計有下列能情況：

投標報價（每件）	中標機會
C: $4.15	.30
D: 4.12	.50
E: 4.10	.60
F: 4.07	.80

X：若不能預先購妥材料，則不能參加該項國外標

(3)國內投標機會：國內於近期內，亦有投標機會，需量亦高，於國外標未投中時，可設法爭取此項業務。國內標價係固定，如單位成本$4.05，可望獲利三百萬元，如單位成本 $ 3.80，可獲利四百萬元。惟國內標需新增檢驗設備，其中標機會係以審查此項設備之優劣（設備投資）而定，其可能情況估計如下：

設備投資額	中標機會
G: $2,000,000	.20
H: 2,400,000	.40
I: 2,600,000	.50
J: 2,900,000	.60

依上述情況，可將其解，列出如下：

	報價	機率			投資 （百萬）	機率
	$ 4.15	.30	（C）	（G）	2.0	.20
先買材料 成本$4.05	4.12	.50	（D）	（H）	2.4	.40
	4.10	.60	（E）	（I）	2.6	.50
	4.07	.80	（F）	（J）	2.9	.60

方案 A→ 先買材料成本$4.05

B→ 臨時採購成本$3.80另增$300,000　　X：不能參加國際標

			投資（百萬）	機率
		（G）	2.0	.20
		（H）	2.4	.40
		（I）	2.6	.50
		（J）	2.9	.60

依上圖顯示，計有ACG、ACH、ACI、ACJ；ADG、ADH、ADI、ADJ、……AFJ等16種方案，以及 BXG、BXH、BXI、BXJ 等 4 種方案，合計有20種方案可供選擇。各項方案的計算評估，其方式相同，茲以BXG 策略與 ACG策略分析如下：

BXG 策略：

採行 BXG 方案的策略，則是決定臨時採購，成本每件$ 3.80，另增運輸成本 $300,000，由於不能參加國際標，故僅能參加國內標，BXG方案係採行 G案，則投資於檢驗設備二百萬元，中標機率估計爲百分之二十。

由於不預購材料，故可獲毛利四百萬元，則減去二百萬元檢驗設備後，可獲利二百萬元，此項中標機會爲 .20，故期望毛利爲 $2,000,000 × .20＝$400,000，再減去 $300,000趕運成本，其淨利期望值爲 $100,000。可列式計算如下：

$$（\$4,000,000 － \$2,000,000）（0.20）－\$300,000 ＝ \$100,000$$

至於 ACG 策略之期望利潤，可計算如下：

ACG 策略係先購儲材料，故每件成本 $4.05，參加國際標投標報價

（c 案）為每件 $4.15，其中標機率為 .30；惟若國際標未能投中，則再參加國內標（G 案），投資於檢驗設備 $2,000,000，中標機率 .20。所以 ACG 包含國際標與國內標兩項：

國際標：

1,000,000 件

單價：$4.15

單位成本：$4.05

中標機會：.30

國內標：

中標利潤：$3,000,000

需要投資額：$2,000,000

中標機會：.20

獲得國內標而未獲國際標機率：$(1-0.30) \times (.20) = .14$

故其計算可列式於下：

$1,000,000($4.15 - $4.05)(0.30) + ($3,000,000 - $2,000,000)(.14)$

$= $300,000 + $140,000 = $440,000$

依此類推，可以求得上列 20 種方案的期望利潤，其中以 ADH 有最高期望利潤 $470,000。故應選擇 ADH 策略。

就本例分析言，其決策形成的結構如下：

(1)資料：各項機率、成本、收益的數值。因未能估計預先需採購材料或投資檢驗設備，惟未能得標而發生的損失；以及檢驗設備的殘值等項資料，故對於此等情況皆未予考慮。若能獲得進一步資料，則可予以併入分析。

(2)預估各項方案效益的方法：應用機率概念，以期望利潤（Expected Profit）為各項方案的效益。本例係估算未來的收益，並非確定。

惟本例並未考慮可能有的其他效益或無形效益。例如得國際標可能對未來市場的開發有幫助，增添檢驗設備可能對企業的技術水準有貢獻等，並未予以估計，亦未予以列入效益預估的項目內，若有可能自可予以蒐集資料，加以改善。

(3)替代方案的評價準則：本例係以期望利潤減去成本後的淨額，作爲各方案的評價準則。一如前述，由於僅以期望利潤的計算爲預估各方案的效益，故其評價準則未予考慮有關的其他無形效益。

(4)各項替代方案：亦係應用機率概念，列出 ACG 等 20 項可行的方案。

(5)決策準則：選擇具有最大期望利潤淨額的方案，作爲最佳方案。由於求得 ACG 等 20 項可行方案的期望利潤淨額後，即可擇取其中最大值者爲最佳方案，故其最佳解 (Optimum Solution) 非常易求，無須運用高深數學。惟有甚多場合，最佳解或接近的最佳解，皆非容易求得。

(6)最佳決策：比較 ACG 等 20 項方案的期望利潤淨額，則可求得 ADH 方案爲最佳決策。管理當局若無其他考慮則可以此項方案爲其所採行的最佳策略。

三、模式的性質

（一）模式的意義

模式係一項實物 (Object) 或一項實際情況 (Situation) 的描象表達。經由模式表現了該項實物或情況的各因素及其相互間的因果關係。由於模式係具體而微的代表實物或實際情況的有關表徵，故其較實物或實際情況必爲簡單，然爲能充分代表實物或實際情況，故其又必須能將重要的性質表達出來。

由於管理問題的性質複雜，建立模式的重要關鍵，乃在於如何分辨出何種因素，係屬不可控制的因素，何種因素，係屬可以控制的因素。應將重要，且與問題有關的可控制因素，作爲模式的控制變數，惟亦不可忽視不可控制變數，以其亦往往嚴重影響問題的結果。惟由於後者係屬不可控制， 故祇能作爲模式的輸入情報， 並充分表達出此項輸入情報， 對於問題結果的影響。 至於可控制變數， 則係一項可供操作的工具，於適當範圍，可由企業經營者，加以操作控制，以求問題的結果，更能符合企業的目標。所以，建立模式時，不但要能將重要且與問題的結果有關因素，予以列入模式，視爲可控制或不可控制變數，並且要將僅爲一時的表面現象，或與問題結果無關緊要的因素，予以排斥於模式外，確保模式的扼要簡單。如此方能進一步分析並確定一項模式內各項變數間的相互關係，及其影響結果，俾能建立起一項模式的骨架。各種數量方法係作業研究，最常用來探討分析一項模式內各變數相互間，以及其結果間關係的一項有力工具。

（二）模式的類別

依模式的性質分類，大別有三類：

1. 實體模式 (Iconic Models)： 係依實物而製作，其尺寸可能完全一樣，或大或小。實體模式之最大缺點爲不能表示超過三度空間的事物，且往往僅能表示某一特定時點的靜止狀態，無法表達其動態變化。

2. 類比模式 (Analogue Models)： 可以表達動態情況，故較實體模式更能表達變化的情況， 抽象的概念， 例如需求曲線、次數分配曲線、以及流程圖等皆是。由於類比模式係一項抽象的表達，故較易進行在不同情況假設下的實驗分析。

3. 數學模式 (Mathematical Models)： 亦稱符號模式 (Symbolic

Models）。係以運算符號或數字，表達一項抽象觀念。此項模式，爲作業研究的主要工具。依據席勒夫的分類，數學模式，包含下列各項模式：

(1)質量（Qualitative）與數量（Quantitative）模式：前者係以決策者個人的判斷爲基礎，非以數量化的分析作爲決策依據。換言之，質量模式係以價值觀念爲決策標準，而數量模式係以理性作爲決策標準。

(2)標準（Standard）與個別（Custom Made）模式：前者係指針對某一類典型的問題，假定在一般的情況下，所建立的模式；後者則係針對個別情況，所建立的模式，並非一項普通情況的模式。惟由於標準模式在實務上，甚難切合個別情況，仍需針對個別情況，作種種必要的修正。

(3)機率（Probabilistic）與確定（Deterministic）模式：前者係涉及以機率或統計方法處理不定情況（Uncertainty）的模式。至於不考慮不定情況的模式，則係確定模式。此處所謂確定與機率，僅係對於各種情況的發生可能性，予以確定或估計一項發生的機率，其應用皆係針對一項決策所涉及的未來情況。

(4)叙述性（Descriptive）與最佳策略（Optimizing）模式：前者係用於說明一項情況，或比較說明各項策略的結果，而後者則係用於尋求最佳策略。

(5)靜態（Static）與動態（Dynamic）模式：前者係指在某一時點的固定不變情況下，以求取問題的解答；後者則係考慮時間因素，循時過境遷的環境改變，而反映於模式。

(6)模擬（Simulation）與非模擬（Non-simulation）模式：由於電子計算機的發展，模擬模式亦成爲一項重要的模式。若一項問題中的因素甚多，而其間的關係亦非常複雜，致無法將其歸納成爲一項數學式子，以完全表達其變化關係，則可模仿實際情況的進行，一步一步的計算與分析，以所有可能發生的隨機情況，檢視其最終結果。由於涉及許多可能情況的模擬推算，須以電子計算機處理方能有效。模擬模式，於經由實驗測定後，亦可以數學符號表達，惟嚴格言之，其並非數學模式，因其不能以數學的運算來處理。

(三) 數學模式的結構

數學模式的特質，係在於其以數字及符號，表示模式內各因素的相互關係，以表達模式所擬表示的情況。其建立的結構，包括下列幾項：

(1)建立的前提：一項模式之建立，必須適用於某些情況。而對於問題現象中，不能控制的因素，或非研究的重點，甚或不甚瞭解的因素，常需以人為的假定，將其排除於模式以外，作為一項模式的建立前提，以使模式簡化，較易處理。惟過份簡化，將損害模式的實用性，故如何平衡此兩方面的要求，實為一項值得考慮的問題。

(2)參數 (Parameter) 的確立：上述建立的前提，係指排斥於模式外的各因素，作為模式的假定前提，不予考慮。而參數與此項模式外因素的性質非常相似，其不同處係參數乃為模式中考慮的因素之一，但又非模式所能處理的主要對象。惟參數的變動又往往使模式所獲結果，受到非常大的影響，故需有明確的定義說明。雖無法加以充分的控制或處理，但仍需加以考慮與注意。

(3)變數的確立：變數乃是模式所要處理的主要對象，其與參數間及其相互間的因果關係，乃是模式的主要內容。變數一般可分可控制變數與不可控制變數，惟其需要予以處理，則屬相同。例如投資金額，係屬可控制變數，而材料的價格或到貨的延誤時間，則往往係某項程度的不能控制的隨機變數，皆需予以處理。

(4)模式測定：模式建立後，為測定其變化反應，常須作敏感分析，以瞭解當所假定的模式外在因素，以及模式參數有改變時，其對於模式所獲結果的影響。

茲舉二項簡單的數學模式，說明如下：

例一： 設有某工廠，生產X與Y兩種產品，皆須使用車床及銑床兩項設備的加工，設兩項設備於計劃期間內，可供使用的時間，最多係每星期銑床為120小時，車床為100小時。生產X產品一件，需使用銑床一小時，車床三小時。生產Y產品一件需使用銑床二小時，車床一小時。另於計劃期間內估計，生產X產品一件可獲利潤（邊際貢獻）四元；Y產品一件可獲利潤三元。依上述情況，該廠每星期應如何調配其生產，方可獲最大利潤？

此時，可假設該廠將生產X產品的數量為X件；將生產Y產品的數量為Y件。由於生產X一件，需要使用銑床一小時的設備時間；生產Y一件需要使用銑床二小時的設備時間，故於一個星期內，生產X與Y所耗用的銑床設備總時間，不能超過銑床設備可供使用的時間 120 小時，以數式列出此項限制條件如下：

$$1 \cdot X + 2 \cdot Y \leqslant 120 \text{ 小時}$$

同理，就車床設備時間的限制言，生產一件X需要車床三小時；生產一件Y需要車床一小時。於一星期內生產X與Y所耗用的車床設備總時間，不能超過車床設備可供使用時間 100小時，以數式列出其限制條件如下：

$$3 \cdot X + 1Y \leqslant 100 \text{ 小時}$$

就極大利潤言，其目的在於如何調配X與Y的產量，並獲最大的利潤，故於一星期內，生產X產品的X件可獲利潤\$4·X與生產Y產品Y件可獲利潤\$3·Y的總利潤應為最大，以數式表示此項關係為：

$$\text{極大} \quad 4X + 3Y$$

此外，由於 X 與 Y 皆為 X 產品與 Y 產品的生產數量（件數），自不應有負值出現，故亦可列出下列限制條件：

$$X \geq 0 ; \ Y \geq 0$$

歸納上述各項關係式，可得下列線性規劃問題：

極大　　　$4 X + 3 Y$

限制於　　　$X + 2 Y \leq 120$

$$3 X + Y \leq 100$$

$$X \geq 0$$

$$Y \geq 0$$

上列線性規劃問題，已能將該廠之生產調配問題，予以充分表達。其解法將於第七章中予以說明。

上列數學模式中，並可進一步分析其變化的影響力。例如當 X 或 Y 產品的單位利潤有所改變時，對於所獲結果有何影響；當生產 X 或 Y 產品所需使用銑床及車床的時間，由於技術改變，而致耗用時間有所改變時，對於所獲結果有何影響；此外，該廠的設備能量，亦即銑床與車床可供使用的時間有所變化時，對於所獲結果有何影響，甚至生產產品種類有變化時，對所獲結果有何影響。此等問題的分析，係屬線性規劃的特殊課題，將於第十五章中予以說明。

為建立上列線性規劃問題的一般模式，需建立一些符號以便表示上例中的有關變數，係數與常數項目。首先可將上例中生產 X 產品與 Y 產品的生產數量，設分別以 X_1 與 X_2 表示之，亦即 X 產品每星期將生產 X_1 件；Y 產品每星期將生產 X_2 件。則經由此項符號的運用後，可以將該廠每週的各種產品的生產數量（或生產活動水準）以 x_j（$j = 1, 2$）來表示。

原題意每生產 X 產品一件可獲利 4 元；Y 產品一件可獲利 3 元，若改以符號 c_j 表示各種產品每件可獲利潤數，則 c_j 表示 X 產品每件可獲利潤；c_2 表示 Y 產品每件可獲利潤。另以 Z 表示各項產品的總利潤，則經由此項符號的運用，可以將該廠的極大利潤目的方程式，以下式表示：

極大 $Z = c_1 x_1 + c_2 x_2$

或極大 $Z = \sum c_j x_j ; (j = 1, 2)$

再就生產 X 與 Y 兩項產品所需的設備時間言，可以列出每單位產品所需設備時間矩陣（Matrix）如下：

	X產品	Y產品
銑床	1	2
車床	3	1

若將各項產品所需設備時間以符號 A 來表示，則上列單位產品所需設備時間矩陣，可以符號表示如下：

	X產品	Y產品
銑床	a_{11}	a_{12}
車床	a_{21}	a_{22}

亦卽生產 X 產品一件需銑床 a_{11} 小時，車床 a_{21} 小時；Y 產品一件需銑床 a_{12} 小時，車床 a_{22} 小時。

就該廠各項設備可供使用時間言，亦可以下列矩陣形式表示

可供使用設備時間限制

銑床	120
車床	100

將上列矩陣，以符號 B 表示，可得下列形態：

可供使用設備時間限制

$$\begin{pmatrix} b_1 \\ b_2 \end{pmatrix}$$
銑床 b_1
車床 b_2

經由上述符號的運用，可以將本問題的各項限制條件，改寫成為：

$$a_{11}x_1 + a_{12}x_2 \leq b_1$$

$$a_{21}x_1 + a_{22}x_2 \leq b_2$$

$$x_1 \geq 0$$

$$x_2 \geq 0$$

綜合上述，可將上項線性規劃問題的一般模式，列出如下：

極大　　$Z = c_1x_1 + c_2x_2$

限制於　$a_{11}x_1 + a_{12}x_2 \leq b_1$

　　　　$a_{21}x_1 + a_{22}x_2 \leq b_2$

　　　　$x_1 \geq 0$

　　　　$x_2 \geq 0$

或改寫成爲更簡化的下式：

極大　　$Z = \sum c_j x_j$ （ $j = 1, 2$ ）

限制於　$\sum a_{ij}x_j \leq b_i$ （ $i = 1, 2$ ）

　　　　$x_j \geq 0$

若該廠生產產品不止 X 與 Y 兩種，係生產產品 n 種，且該廠所用設備亦不僅銑床與車床兩項，係有設備 m 項。

則可將上列模式，擴大成爲 n 產品、m 設備一般模式如下：

極大　　$Z = \sum c_j x_j$ （ $j = 1, 2, \cdots\cdots, n$ ）

限制於　$\sum a_{ij}x_j \leq b_i$ （ $i = 1, 2, \cdots\cdots, m$ ）

　　　　$x_j \geq 0$

同理當 c_j, a_{ij}, x_j, b_i 等各項有所變化時，對於模式所獲結果，有何影響，其分析亦可仿照上述方式，以符號運算表示其間的關係，而不僅限於本例示的實際數字的運用，所以模式的應用自有其特殊的意義。

例二： 設某公司生產預拌水泥，計有三個工廠（A, B, C）其每日的產量如下表：

工廠	每日供應量（噸）
A	560
B	820
C	770
	2150

該公司的主要市場，係有四個地區（東、南、西、北）

營業區	每日需要量（噸）
東	500
南	400
西	700
北	550
	2150

自各工廠運送至各營業區內客戶的運輸成本，由於距離與道路狀況不同，亦係不同。此項成本，可以下列每噸運輸成本矩陣表示之：

單位運輸成本

供應工廠 ＼ 營業區	甲	乙	丙	丁
A	$6	$10	$5	$14
B	7	9	4	15
C	8	6	7	12

本問題係爲就上述的生產供應、市場需要、運輸成本等情況，分析應自各廠供應各市場若干數量可獲最低成本？

首先可列出下表表示其成本與供需數量：

供應工廠＼營業區	甲	乙	丙	丁	供應量
A	$6	$10	$5	$14	500
B	7	9	4	15	820
C	8	6	7	12	770
需 要 量	500	400	700	550	2150

若改以符號表示，則可將上表擴大成爲下表（m個工廠；n個營業區）

供應工廠＼營業區	1	2	3	4……n	供應量
1	c_{11}	c_{12}	c_{13}	c_{14}……c_{1n}	a_1
2	c_{21}	c_{22}	c_{23}	c_{24}……c_{2n}	a_2
3	c_{31}	c_{32}	c_{33}	c_{34}……c_{3n}	a_3
⋮ m	c_{m1}	c_{m2}	c_{m3}	c_{m4}……c_{mn}	a_m
需 要 量	b_1	b_2	b_3	b_4……b_n	

設 x_{ij} 爲自 i 廠供應 j 營業區的數量，則可就上表列出其供應數量如下：

供應工廠＼營業區	1	2	3	4……n	供應量
1	x_{11}	x_{12}	x_{13}	x_{14}……x_{1n}	a_1
2	x_{21}	x_{22}	x_{23}	x_{24}……x_{2n}	a_2
3	x_{31}	x_{32}	x_{33}	x_{34}……x_{3n}	a_3
⋮ m	x_{m1}	x_{m2}	x_{m3}	x_{m4}……x_{mn}	a_m
需 要 量	b_1	b_2	b_3	b_4……b_n	

　　就本例資料言，僅有三個工廠，四個營業區，爲符合工廠供應能量與營業區需要量的限制，可以仿上例列出其限制條件式如下：

供應量限制

$$x_{11}+x_{12}+x_{13}+x_{14}=500$$

$$x_{21}+x_{22}+x_{23}+x_{24}=820$$

$$x_{31}+x_{32}+x_{33}+x_{34}=770$$

需要量限制

$$x_{11}+x_{21}+x_{31}=500$$

$$x_{12}+x_{22}+x_{32}=400$$

$$x_{13}+x_{23}+x_{33}=700$$

$$x_{14}+x_{24}+x_{34}=550$$

　　爲冀達到最低成本目的，故需極小自各廠供應各營業區的運輸成本目的方程式如下：

$$極小 \quad Z = \$6x_{11}+\$10x_{12}+\$5x_{13}+\$14x_{14}$$

$$+\$7x_{21}+\$9x_{22}+\$4x_{23}+\$15x_{24}$$

$$+\$8x_{31}+\$6x_{32}+\$7x_{33}+\$12x_{34}$$

　　此外由於自各廠運至各營業區的數量不能有負值，故有下列限制式：

$$x_{ij} \geq 0 \quad (i=1,2,3; \ j=1,2,3,4)$$

　　發展至此，可以符號，列出本問題的一般模式（m個工廠，n個營業區）如下：

$$極小 \quad Z = \sum_{i=1}^{m}\sum_{j=1}^{n} c_{ij}x_{ij}$$

$$限制於 \quad \sum_{j=1}^{n} x_{ij}=a_i; \quad i=1,2,\cdots\cdots,m$$

$$\sum_{i=1}^{n} x_{ij} = b_j; \quad j = 1, 2, \dots\dots, n$$

$$x_{ij} \geq 0$$

四、模式的建立

作業研究係應用系統化的方法，以解決問題。此項系統化的方法中，最主要的一項，則是建立一項適當的模式，作爲選擇最佳方案的基礎。一項模式的建立，代表該問題各因素間的關係，並可以經由模式，對各項可行方案的效果加以測試。有關問題的各種可能情況，其所有的各種可能結果，皆可逐一加以測驗，作爲選擇的基礎。所以建立模式爲研習作業研究的重心，作業研究教材亦以介紹已建立的旣成模式或標準模式爲學習的起步。本節將就如何建立一項模式以解決問題加以說明。

由於管理決策多少具有經驗與判斷的性質，有所謂直覺(Intuitive)的本質。但由於客觀環境的需要，不得不重視資料數量化的價值，尤其於電子計算機發達後，使得運用此等數量化資料的數量方法 (Quantitative Methods) 得以迅速的發展。吾人除可運用數量方法，向企業經營者提供多項有關的資料，協助其判斷外，並可進一步運用現代的數量方法，提供分析與決策的途徑，協助解答一項管理策略或方案，對於企業所面臨的複雜情況，「將會發生甚麼影響？」等類問題的解答。建立模式，係將數量方法應用於管理上的一項重要步驟，經由模式的建立，可以瞭解問題的有關因素，並進而找作解決問題的最佳途徑。本節將舉例以說明如何建立一模式，以達成解決管理上的問題。

建立或發展一項模式，首先需認清下面所列的三項重要的原則。

㈠模式的發展過程，可視爲係一項擴張或積微的過程。於開始時先將一項複雜的問題，簡化成為一個與事實並非切合的簡單模式，然後漸漸地修正，使該模式能切實表達出實際的管理情況。所以發展模式，宜先化繁為簡，再予擴大成為有用的模式。

(二)參考類似的已經發展成功模式，作為建立模式的出發點。研習已經發展成功的模式，不但可以培養管理人員具有良好邏輯結構的基礎，而且可供作為應用的起點，於應用時，可配合實際情況，發展成為一項有用的模式。

(三)擴張或積微的程序，乃是下列二項步驟的反覆運用：

(1)模式的改進與資料的蒐集。當一個模式經由測定所產生的資料，則可產生一個修正的模式，而後者於測定時所產生的資料，又可進一步修正模式，產生一個更新的模式，反覆改進。

(2)演繹推理與假定前提間的修正改進。模式的建立並非一蹴竟成，而是化繁為簡，由淺入深。如果一個模式已被修正得無獲得其演繹的目的，再須從簡化原來的假定前提，重自較簡單的模式開始。反之，當模式發展已達運算階段，則應放鬆假定前提，使被假定為常數的變數，恢復其為變數的性質，如此逐步的修正，方能使模式逐漸符合實際情況。

茲以運輸系統的設計為例，說明模式建立的過程：

假設有一小規模客運公司，經營路線僅有三站，擬改善其經營管理。

首先假定停站的地點位置係確定，乘客搭車的情形資料係可以獲得。又假定所提供的服務，係以符合顧客的需要為前提。營業與設備的成本資料亦為已知。依此資料，可按下列程序，探討如何建立一項模式：

1. 將問題予以分化成為若干小問題，並予以具體化，就本例言，分析人員可能需考慮的兩項主要問題：

(1)排訂時間表問題: 於已知的車輛數的限制條件下, 如何安排一項開出及到達的時間表, 以提供最佳的服務。

(2)車隊大小的問題: 如何以最經濟的車輛數, 以配合一項既定的到達與開車時間表。

為使本問題易於解決, 先從如何排訂一項時間表着手。

2. 建立清晰的演繹目的: 為使建立的模式能夠對於決策的選擇有所幫助, 應訂出清晰的演繹目的, 以為決定模式優劣的判斷標準, 例如本例的模式演繹目的係為: 如何以最少的車輛, 以配合既定的班車時間表。

3. 尋找類似問題的既存模式: 為節省時間, 往往需參考既存模式有無可以運用於類似的問題。 例如是否係一項線性規劃問題? 等待線問題? 安全存量問題? ………。 假設我們的問題, 未能找到類似的既存模式, 所以就進入下一階段。

(四)將問題的關鍵部分, 盡量予以數量化, 以便於確立基本假定, 並經由邏輯運算, 獲得適當結果。

若假定本例的運輸系統, 有三個站, 其各站之班車開出時間表 (每8小時為一循環) 如下:

站 名	開車時間
第 1 站	2, 5, 8
第 2 站	1, 3, 7
第 3 站	1, 4, 7

其行車路線係由第 1 站開出, 經 2 小時至第 2 站, 第 2 站開出經 1 小時後至第 3 站, 再由第 3 站開出, 經 2 小時後至第 1 站。若將上述數量化資料, 列出各站之時間表如下:

第　1　站		第　2　站		第　3　站	
到達	開出	到達	開出	到達	開出
1	2	2	1	2	1
3	5	4	3	4	4
6	8	7	7	8	7

此時，經由觀察或試誤法，則可發現，祇要四輛車，即可按上表行車。例如由第 1 站開出的第一班車，經 2 小時後到達第 2 站，則爲第 2 站的第二班車到達時間。同理由第 3 站開出的第三班車，經 2 小時後即成爲第 1 站的第一班到達車。但是如何方能將這種觀察的結果，予以一般公式化呢？首先必須建立本例的一些假定：

(1)嚴格遵照行車時間表行車

(2)各站間班車的行車時間，已包含所需的準備時間。

(3)行車時間恰好夠用，不考慮中途拋錨或交通阻塞等問題。

(4)每 8 小時循環中，各站之開出及到達時間不變。

當然，還可能有其他假定，有者已於定義問題時提及。假如於此等假定下，無法求得所冀效果，則可加以修改得簡單些，再另起爐灶重新做起。

(五)建立符號

於基本假定列明後，即可進一步將數字化的問題，予以符號表示作爲建立一個模式的起點。符號的設立必須簡單明瞭，定義確寰。本例主要符號爲：

a_{ij}：第 i 次班車到達 j 站的時間

d_{ij}：第 i 次班車自 j 站出發的時間

㈥記錄觀察的結果

依據傳統的保守原則，車輛不是在行駛，便是在站上停留等待行車，因而若有 k 輛車，可供使用，且每一行車時刻表的循環期間爲 T 小時，則總計有車輛小時數 kT。若以 R 表示車輛的行駛時數，I 表示車輛的停站等待時數，則

$$kT = I + R \qquad (1)$$

本例中，已假定 R 與 T 爲固定者，所以欲 k 最小，則須 I 爲最小，亦卽須使到站的車輛，儘快的再開出去。以第 1 站爲例，可求得 I 如下：

車輛到達時間	車輛開出時間	停留時間
1	2	1
3	5	2
6	8	2

故計有 1+2+2=5 小時停留的時間。此外，由於假定各輛車皆準時開出及到達，故各站的停留時間係互不影響。經由此項假定，亦可以較簡單的達到將各站的總停留時間縮成最小。（若各站停留時間係相互影響，問題將遠爲複雜）。如此，經由逐步的分析，可將一項問題，化繁爲簡，而無需一次就解答整個的問題。所以

$$I = I_1 + I_2 + I_3 \qquad (2)$$

系統分析的眞正目的，則是將一項龐大的問題，化成許多小問題，再將各小問題求解出來，並將以聯結起來成爲一項龐大問題的解決。就本例言，若將各站之時間表予以分析，卽可發現，若有某站之開出班次多於到達班次，則必係以前一時間循環中所留存的車輛來應付。因而，

若第 1 站無任何一班車，其到達及開出時刻有逾越時間循環的情形，則其停留時間應爲 5 小時；若有一輛車逾越一時間循環，則其停留時間應爲 5＋8＝13 小時；若有一輛車逾越二個時間循環，則將有停留時間 5＋8＋8＝21 小時。依此可知欲減少停留時間，必須儘量不使到達的車輛，逾越時間循環後再開出。此項要求可以符號表示：

$$I_j = \sum_i d_{ij} - \sum_i a_{ij} + A_j T \tag{3}$$

A_j 係指於 j 站上的停留，從這一個時間循環至下一時間循環的車輛數，亦卽逾越 8 小時的時間循環的車輛數。

自上式可知，欲使 k 最小，必須使 A_j 最小，故尙待進一步的分析。同理，就車輛的行駛情形分析，可得下式：

$$R = \sum_i \sum_j a_{ij} - \sum_i \sum_j d_{ij} + BT \tag{4}$$

B 係指於一個時間循環期間內出發而於下一循環期間到達的車輛數。

由(1)可知　　$kT = I + R$

由(2)可知　　$I = \sum_j I_j$

$$\therefore kT = \sum_j I_j + R$$
$$= \sum_j(\sum_i d_{ij} - \sum_i a_{ij} + A_j T) + \sum_i \sum_j a_{ij}$$
$$- \sum_i \sum_j d_{ij} + BT$$
$$= \sum_i \sum_j d_{ij} - \sum_i \sum_j a_{ij} + \sum_j A_j T + \sum_i \sum_j a_{ij}$$
$$- \sum_i \sum_j d_{ij} + BT$$
$$= \sum_j A_j T + BT$$
$$= (\sum_j A_j + B)T$$
$$\therefore k = \sum_j A_j + B$$

自上分析可知，欲使車輛數最少，首先需採用先到先開 (FIFO) 政策，還有最好不要在時間循環期間末開出車輛，以免逾越時間循環，增加停留時間。

㈦將已發展的模式，予以繼續改進。

對已初步發展成功的模式，予以放寬其假設條件，促進其更能接近實際情況。例如就本例言，可考慮各種不同種類的車輛、行車時間的變化、車輛的拋錨和維護時間等項。

本例清晰的就一項管理問題，逐步的建立了一項模式。不但經由此項模式的建立，可以協助解決一項管理問題，而且於建立的過程，可以促進對於問題的瞭解、對企業的經營亦有其貢獻。

習　題

1-1　企業對產品的價格訂定，係一項重大的決策，此項決策中必須考慮的因素有那些？有那些是不確定的因素？若利用機率來描述各種可能發生的情況是否合理？

1-2　企業若以追求最大利潤為其企業決策中最主要的評價標準，是否完全？你可能再增加那些其他的評價標準？理由何在？

1-3　某廠擬就一項新產品定價，其決策標準為求取最大利潤，而可行方案為每件定價 2 元到10元，擬使用的模式如下：

x：產銷的件數

c(x)：製造與銷售的成本

p：售價

π：淨利

其成本函數　$c(x) = 800 + 1.25\,x$

銷售函數　$x = -100 + 2000/p$

利潤　　　$\pi = p \cdot x - c(x)$

試對上述模式以及其所含變數加以分析並討論其合理性，並測試訂價 2 元到10元間，何種訂價有最大利潤。

1-4　試就任何一項你所熟習的有關企業上或其他問題所做的決策，依下列順序將這些決策描述出來：

(1)問題的目標與環境限制因素

(2)所有可行的方案

(3)所採用的評價標準

(4)模式中以幫助決策的重要變數，

(5)各變數間的相互關係，能以數量表示的程度。

第二章 決策與機率

經營工商企業所面臨的重大困擾之一，係對於未來的事件或情況，無法作絕對正確的預測，而僅能對於未來的有關情況的可能性，加以適當的估計。一般常用的方法，係將此項可能性以機率 (Probability) 來表示。機率為 0 係表示絕無可能；機率為 1 係表示百分之百的可能，亦即完全確定；介於 0 與 1 之間，則表示其有若干程度的可能，例如機率 0.3 表示其有百分之三十的可能性，或有三成的把握。本章將就有關決策的選擇，機率概念與不確定情況下的決策作簡略的說明。

一、決策的選擇

決策的選擇是否正確，需視對於未來可能發生情況的瞭解程度而定，對於未來可能情況愈能判明與確定者，對於決策的選擇亦愈有把握。茲就確定情況 (Certainty)，風險情況 (Risk) 與不確定情況 (Uncertainty) 三項說明決策準則 (Decision Criterion) 的選擇：

(一) 確定情況下的決策

決策者對於未來可能發生的情況，若能有十分確定的把握，則可逕依此項確定的情況，選擇最有利者作為決策的準則。例如某公司研擬中的建廠方案，計有興建小型廠、中型廠及大型廠三項策略（分別以 S_1、S_2、S_3 表示），該公司並估計其產品之未來市場情況係有景氣、普通、不景氣三種情況（分別以 N_1、N_2、N_3 表示），若該公司能夠確定此三種未來市場情況，將會發生那一種，該公司即可針對此種情況，選擇其最有利的策略。換言之，確定情況的決策，係指就一項既定的情況，選擇一項最佳策略。此項有關可能情況、策略、及各種可能情況下所採不同策略的結果，可以列表方式來表示，該表稱爲益付表（Payoff Table），其各欄（Columns 縱向）表示各種可能發生的情況，各列（Row 橫向）表示可供採行的方案或策略，就本例言，可列表表示該公司於各種可能情況下，採行各種策略的每年獲利情形如下：

單位：萬元

策　　略	可能情況（市場）		
	景氣(N_1)	普通(N_2)	不景氣(N_3)
建小型廠 （S_1）	250	200	180
建中型廠 （S_2）	350	400	150
建大型廠 （S_3）	600	300	100

自上表可知，該公司如採行第一項策略（S_1）建小型工廠，若遇市場景氣，每年可獲利 250 萬元；於市場情況普通時，每年可獲利 200 萬元；於市場不景氣時，每年可獲利 180 萬元。同理，若採行 S_2 策略，於 N_1、N_2、N_3 三種可能市場情況時，分別每年可獲利 350、400、150 萬元；若採行 S_3 策略，則於 N_1、N_2、N_3 三種情況時，分別每年可獲利 600、300、100萬元。

由於該公司可以正確的確定其市場的未來情況，例如係確定會發生市場情況普通（N_2）的情形，故稱爲確定情況下的決策，事實上亦是一項最容易的決策。因爲若能確定將發生的市場情況係第二種，則應以採取 S_2 策略，與建中型工廠爲宜。因於 N_2 情況下，採取 S_2 策略，每年可獲利400萬元，較採取 S_1 策略獲利200萬元及採取 S_3 策略獲利 300 萬元皆高。

就確定情況下的決策言，上表實可簡化為僅含該項確定的情況，如下表所示

策　略	市場情況（普通）
建小型廠（S_1）	200
建中型廠（S_2）	400
建大型廠（S_3）	300

自上表可知，自以選擇 S_2 策略為最佳

（二）風險情況下的決策

上節所述確定情況下的決策係指決策者確知未來情況係何種，而可針對此項特定情況，採取最有利的決策。本節所討論的風險情況下的決策，係指決策者雖無法確知未來將係何種情況，但仍可判明未來可能發生各種情況的機率。例如某服飾公司考慮參加於臺北舉行的多季服裝展售會，並租用該會陳設的攤位以出售其產品。該展售會攤位係設於會場內甲、乙、丙三個不同的區，其租金費率亦因區而不同，故該公司財務部門研擬有三項不同的預算（分別以 S_1、S_2、S_3 表示），以供租用攤位的選擇。惟其業務收益除受攤位位置影響外，尚需視展售時間的天氣而定，由於對於天氣的可能情況無法確定，僅能將其區分為晴朗、普通、多雨三種（分別以 N_1、N_2、N_3 表示），惟可依據以往天氣情況，估計此三種天氣情況的可能發生機率如下：

天氣情況		機率
晴	朗	0.25
普	通	0.50
多	雨	0.25
		1.00

單位：元

	可　能　情　況		
天氣：	晴朗(N_1)	普通(N_2)	多雨(N_3)
機率：	0.25	0.50	0.25
甲區 (S_1)	40,000	60,000	10,000
策略　乙區 (S_2)	50,000	40,000	15,000
丙區 (S_3)	60,000	20,000	12,000

　　上表的意義係指若展售期間天氣晴朗，　則租用甲區攤位可獲利益 40,000元；租用乙區攤位獲益 50,000元；租用丙區攤位獲益 60,000元。若展售期間天氣情況普通，則租用甲區攤位可獲益 60,000元；乙區攤位獲利 40,000元；丙區攤位獲益 20,000元。若展售期間天氣多雨，則甲區攤位可獲益 10,000元，乙區攤位獲益15,000元；丙區攤位獲益12,000元。惟由於天氣情況無法確定，故僅能就以往天氣資料估計其發生之機率，

換言之，各項可能情況（就本例言係指天氣優劣），皆有其可能發生之機率，任何決策皆係甘冒此等各種可能情況發生的機會，雖然各種可能情況發生的機會有多有少，惟絕非不可能，故稱作爲風險情況下的決策，卽是對於各種可能情況的發生，冒或多或少的風險。

風險情況下的決策準則，一般係以最佳期望値(Expected Value)，例如最大期望利潤或最低期望成本等値爲決擇標準。就本例言，各項策略的期望値計算如下：

S_1策略的期望利益：

$$40,000(.25) + 60,000(.50) + 10,000(.25) = 42,500元$$

S_2策略的期望利益：

$$50,000(.25) + 40,000(.50) + 15,000(.25) = 36,250元$$

S_3策略的期望利益：

$$60,000(.25) + 20,000(.50) + 12,000(.25) = 28,000元$$

以上三種策略的期望利益，以租用甲區攤位(S_1)可獲 42,500 元爲最高，故應採取S_1策略。

自上述期望値的計算，可以瞭解期望値實係將各項機率 作 爲 權 數 (Weight) 的一項平均數，故 該公司租用甲區攤位後並不能確定可獲 42,500 元利益，而係就 .25 天氣晴朗機率下可獲 利 40,000元，.50 天氣普通機率下可獲利 60,000元及.25天氣多雨機率下可獲利 10,000元的一項平均數値，所以其實際獲利究係若干，尚待未來之天氣實際情況而定，風險情況下的決策卽是選擇於此各種可能情況皆有或多或少發生的機率（或機會）下，可獲最有利的期望値的策略。

於此，應再加注意者，若對各種可能發生情況的機率有不同的估計時，則所獲期望値將有不同，而對策的選擇亦可能會不同。例如將上例的 N_1 機率改爲 .50，N_2 機率改爲 .25，N_3 機率 .25，則其期望値的計

算將為:

S_1策略的期望利益:

$$40,000(.50) + 60,000(.25) + 10,000(.25) = 37,500元$$

S_2策略的期望利益:

$$50,000(.50) + 40,000(.25) + 15,000(.25) = 38,750元$$

S_3策略的期望利益:

$$60,000(.50) + 20,000(.25) + 12,000(.25) = 38,000元$$

其結果將以S_2策略（租用乙區攤位）獲利38,750元為最佳。所以，對於未來可能情況發生機率的不同估計或推計，將可能影響決策的選擇，對於機率的推定自應審慎。

（三）不確定情況下的決策

此處所指的不確定情況，係指對於未來情況雖有所瞭解，但尚無法估計或確定各種可能情況發生的機率。由於既無法確知未來係何種確定情況，又無法估計未來各種可能情況的機率，故實無完美的方法獲致最佳的策略準則選擇。例如某公司擬推出新產品一種，其推銷策略有三套方案可供選擇，惟各方案所需金錢與時間不一，需配合市場反應而定。換言之，若化費鉅額金錢與時間於推銷該項新產品，而市場需要不旺，則將發生虧損；反之，若市場本有需要潛能，但未能投入足夠的金錢與時間去開發，亦係不能拓展業務，惟該公司雖已將市場潛在需要分為高、中、低（分別以 N_1、N_2、N_3 表示），但未能確知其可能發生之機率，僅能就三種產品推廣策略，於各種市場需要的情形估計獲利或虧損的情形如下表:

單位：元

策略	可　能　情　況		
	潛在市場 高度需要(N₁)	中度需要(N₂)	低度需要(N₃)
S₁	500,000	100,000	−50,000
S₂	300,000	250,000	0
S₃	100,000	100,000	100,000

　　由於既不能確知未來市場潛在需要究竟係何種，亦無法就各種可能市場情況設定機率，故係屬不確定情況下的決策。一般常引用的解決此類問題的方法有下列四項：

1. 赫威斯決策準則 (Hurwicz Decision Criterion)

　　赫氏認爲對於未來可能發生之情況，應保持樂觀態度，惟亦不宜盲目樂觀，故可設定一項樂觀係數 (Coefficient of Optimism) α，並就各項策略中之最有利與最不利的獲益額分別乘以 α 與 $(1-\alpha)$，再相加得各策略的期望值。就本例言，若該公司認爲採用樂觀係數 $\alpha = \dfrac{2}{3}$ 或 $\alpha = .667$ 可符合其對於市場情況的估計或信心，則各策略的期望獲利金額可計算如下：

$\alpha = .667$

策略	最高獲利(H)(最有利)	最低獲利(L)(最不利)	期望獲利額 $[H \cdot \alpha + L \cdot (1-\alpha)]$
S₁	500,000	−50,000	$500,000(.667) + (-50,000)(.33) = 316.667$元
S₂	300,000	0	$300,000(.667) + 0(.33) = 200,000$元
S₃	100,000	100,000	$100,000(.667) + 100,000(.33) = 100,000$元

從上計算可知，S_1 策略之期望利益係最高爲 316,667 元，自以採行 S_1策略爲最佳。若該公司對未來市場有充分信心，亦卽認樂觀係數 $\alpha = 1$，則此三種策略之期望利益將爲：

單位：元

策略	期 望 利 益
S_1	$500,000 \times 1 + (-50,000)(0) = 500,000 \leftarrow$
S_2	$300,000 \times 1 + (0)(0) = 300,000$
S_3	$100,000 \times 1 + 100,000(0) = 100,000$

仍以 S_1 策略爲最佳，此 500,000 元實爲各策略中極大值之極大值 (Maximax)。

2. 華德決策準則 (Wald Decision Criterion)

華氏之主張與赫氏相反，係採保守或悲觀的看法，係就各項策略中之最不利或最低者予以選出，然後再在其中選取最佳或最高者。例如就本例言，三項策略中之最不利情況如下：

S_1	$-50,000$
S_2	0
S_3	$100,000\leftarrow$

其中以 100,000爲最佳，故選取 S_3策略。由此可知華氏係就各種策略中之最不利情況（或最低值），選取其中最高或最佳者，故稱爲極小值中的極大值 (Maximin)，爲一項保守的做法。

3. 薩凡奇決策準則 (Savage Decision Criterion)

薩氏認爲決策者於制定決策後，若情況未能符合理想，必將有"抱憾" (Regret) 的感覺。爲表達此種構想，薩氏主張將每種情況中之最高值訂爲該項情況之理想目標，並將該項情況中之其他各值與其相減所得之差值即爲未達理想之憾值 (Regret Value)，仍就本例言，各種可能情況下之最高值爲:

	N_1	N_2	N_3
最高獲利金額	500,000	250,000	100,000

其憾值之計算或列表如下:

單位: 元

策略	N_1	N_2	N_3
S_1	$500,000-500,000=0$	$250,000-100,000=150,000$	$100,000-(-50,000)=150,000$
S_2	$500,000-300,000=200,000$	$250,000-250,000=0$	$100,000-0=100,000$
S_3	$500,000-100,000=400,000$	$250,000-100,000=150,000$	$100,000-100,000=0$

整理上表可得如下表:

單位: 元

策略		N_1	N_2	N_3
	S_1	0	150,000	150,000
策略	S_2	200,000	0	100,000
	S_3	400,000	150,000	0

華氏決策準則係選取各項策略中最大值中之最小者。自上表可知各項策略中之最大值爲

策略	最大值
S_1	150,000元←
S_2	200,000元
S_3	400,000元

選取其中之最小者，即係選擇 S_1 策略，以其具有 150,000元爲最小值。換言之，若決策者採用S_1策略後，其於未來情況雖有不能準確預估者，但其決策所獲結果，將較最理想情況相差之憾值（Regret Value）爲最小，於本例其最高的憾值於採行 S_1 策略後爲 150,000元，將不超過此值，故採行憾值的極大值中的極小值（Minimax）亦將趨向於樂觀的態度。

4. 萊普拉斯決策準則（Laplace Decision Criterion）

萊氏係著名之數學家，於二千五百年前即提出此項決策準則，認爲各種未來情況之發生機率皆係相同，故可逕設定同等之機率，並求其期望值以決定最有利者。就本例言，未來可能情況有N_1、N_2、N_3三種，故可各設定爲三分之一的機率，各項策略之期望利益計算如下表：

策略	期 望 利 益
S_1	$1/3 \times 500,000 + 1/3 \times 100,000 + 1/3 \times (-50,000) = 183,333$元←
S_2	$1/3 \times 300,000 + 1/3 \times 250,000 + 1/3 \times \quad 0 \quad = 183,333$元←
S_3	$1/3 \times 100,000 + 1/3 \times 100,000 + 1/3 \times \quad 100,000 = 100,000$元

依上表計算，S_1 與 S_2 策略皆可獲得183,333之最高期望值，故可選取 S_1 或 S_2 策略，並無區別。

　　自上述分析可知，不確定情況下的決策，由於未能設定各種可能情況的機率，故不易獲致一項明白的決策準則以供決策者參考。就所列出的四項決策準則言，其獲致之結論或選取之策略並非完全一致，亦難以判定何者為優，何者為劣，以其皆乏客觀標準作為依據之故，依決策者對於各種可能情況之看法而定，持樂觀態度者，可選取極大值中的極大值 (Maximax) 即 500,000元為決策準則而選取S₁策略；持保守或悲觀態度者，可選取極小值中的極大值 (Maximin) 即 100,000 元為決策準則而選取S₃策略；重視決策錯誤而產生之"抱憾"者，可以極小抱憾值為決策準則而選取S₁策略；若認未來係無法判斷而有相同發生機會者則可經由同等機率的期望值為決策準則，而又可選取 S₁ 或 S₂ 策略（因兩者皆有 183,333 元期望值，無分軒輊）。為改進不確定情況下的決策，必須設法制定各種可能情況之發生機率，目前機率統計學 (Probability Statistics) 之發展，即係努力以機率觀念說明事與物的現象。本章下節將簡介機率概念，以便進一步說明在不確定情況下以設定之主觀機率 (Subjective Probability) 為決策之形成。

二、機率概念

(一) 機率名詞

1. 主觀與客觀機率

　　所謂主觀機率 (Subjective Probability) 係就一件事或物之可能發生情況，加以合理的估計，而無大量的實際資料 (Historical Data) 作為實證的依據，所謂客觀機率 (Objective Probability) 則係依據大量的實際資料，以推定的機率。例如擲一枚品質均勻的硬幣，其正面與反面出現的機會各為二分之一，此項事實可以就擲一枚硬幣大量的次數後所獲結果來證實。惟於經營工商企業時所面臨之決策問題，往往無從如此簡單的獲得此等客觀機率，例如對於未來市場情況的估計、銷售數量的估計、供應數量的估計皆不易有可靠的客觀機率可供應用，必須就有限的資料與基於經驗的判斷而制定一項機率。例如某公司產銷某項食品，該項產品於過去二年內係經由分設於臺灣的北部、中部、西部、南部及東部五個經銷處而銷售者，於此二年內此五個經銷處之業績如下：

分銷處	二年業績（萬元）
北　部	462
西　部	364
中　部	299
南　部	517
東　部	158
合　計	1,800

依據上項資料可以估計各地區分銷處之銷售業務的主觀機率如下：

主觀機率

北部分銷處　　462/1,800×100% = 25.67%

西部分銷處　　364/1,800×100% = 20.22%

中部分銷處　　299/1,800×100% = 16.61%

南部分銷處　　517/1,800×100% = 28.72%

東部分銷處　　158/1,800×100% = 8.78%

100.00%

2. 邊際機率

邊際機率（Marginal Probability）亦稱無條件機率（Unconditional Probability)，係指一項事件（Event）的發生，不受其以前所產生結果的影響。例如擲一枚硬幣，吾人雖知其正反面之出現機會各為二分之一，惟各次所擲結果並不受其上次所擲結果的影響。換言之，上次所擲者為正面或反面，並不能影響這次所擲可獲正面或反面（均假定為品質絕對均勻的硬幣）的機會。

3. 互斥事件

互斥事件（Mutually Exclusive Events）係指該項事件每次僅能產生一種結果而不能同時產生數種。例如擲一枚硬幣，每次所獲不是正面即是反面，而不可能同時獲得正面及反面。若將一項互斥事件的所有可能結果相加，其機率總和必定等於一。例如仍就擲一枚硬幣言，其所獲結果不是正面即是反背，而且皆為二分之一的機會，以符號表之正面機率 $P(H)=.5$；反面機率 $P(T)=.5$，兩者相加 $P(H)+P(T)=1.0$。

4. 集體完全機率

集體完全事件（Collectively Exhaustive Events）係指包括一項事件所有可能結果的各項機率表（List）。例如就擲二枚硬幣言，其每次出現正面（H）或反面（T）的情形及機率如下：

事件	機率
H_1H_2	.25
H_1T_2	.25
T_1H_2	.25
T_1T_2	.25
合 計	1.00

此項包含所有可能結果的各種事件卽係稱爲集體完全事件，就本例言，其已包含擲二枚硬幣的所有可能結果在內。此外宜注意者，於集體完全事件中，如上例H_1H_2之結果並不能與其他結果同時產生，換言之，其各項事件亦爲互斥事件。

（二）統計獨立事件

所謂統計獨立事件 (Statistically Independent Events) 係指一項事件之發生對於其他任一事件之發生機率並無影響，此類事件計有三種機率:

1. 邊際機率

係指統計獨立的邊際機率。例如擲硬幣不論獲致任何結果（正面或反面）均不會影響以後所擲的結果，所以擲硬幣一次卽係一項統計獨立事件，所獲結果之機率卽係統計獨立邊際機率，就擲一枚硬幣言係爲 $P(H) = .5$ 與 $P(T) = .5$。

2. 聯合機率

在統計獨立事件下的聯合機率 (Joint Probability) 係指二件或以上的獨立事件，其同時或連續發生的機率。此項機率係各項獨立事件機率的乘積。例如就擲兩枚硬幣言，其一枚獲正面及另一面亦獲正面之機率 $P(H_1H_2)$ 之機率係 $P(H_1)$ 與 $P(H_2)$ 之乘積，亦卽

$$P(H_1H_2) = P(H_1) \times P(H_2) = .5 \times .5 = .25$$

此項聯合機率亦可以機率樹 (Probability tree) 來表示。例如一枚硬幣連續擲兩次的機率，可以下圖表示。

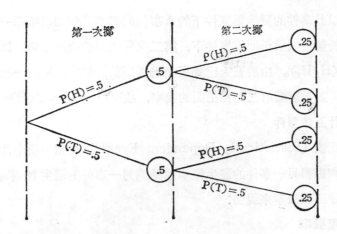

一枚硬幣連續擲三次的機率，可以下圖表示：

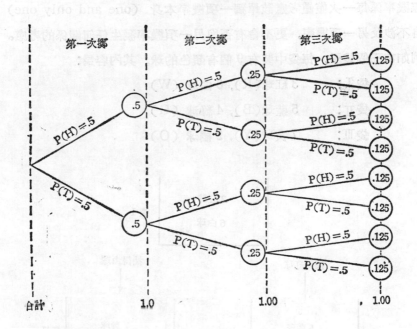

3. 條件機率

條件機率 (Conditional Probability) 的表示符號為 P(A|B)。

其意義爲以 B 事件的發生爲條件下的 A 事件的機率。例如連續擲一枚硬幣兩次，於第一次獲正面爲條件下，第二次獲正面的機率爲何，以符號表示爲 $P(H_2|H_1)$。由於吾人已知擲硬幣係屬統計獨立，於第一次獲正面爲條件，並不影響第二次爲正面的機率，故 $P(H_2|H_1) = P(H) = .5$。

（三）統計互依事件

統計互依 (Statistically Dependent Events) 係指一項事件的發生機率能夠影響另一事件的發生機率或受到另一事件的發生機率的影響。亦可分三項機率來說明：

1. 邊際機率

統計互依下的邊際機率與統計獨立下的邊際機率相等，因爲所謂邊際機率係每一次僅僅考慮該單獨一項機率本身 (one and only one) 自不涉及另一項機率，更不會有否與另一項機率發生任何關係的考慮。例如有三個袋子，每袋中裝有 9 個有顏色的球，其內容爲：

袋I：　　　3紅球(R), 6白球 (W)

袋II：　　　5藍球(B), 4綠球 (G)

袋III：　　　7黃球(Y), 2橘球 (O)

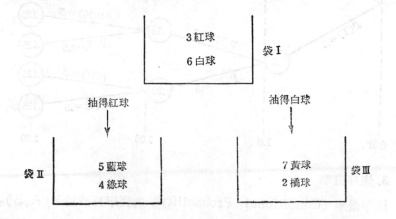

茲規定若自袋 I 中抽得紅球，則可自袋 II 中再抽取一球；若自袋 I 中抽得白球，則須自袋 III 中再抽取一球。其意義可以圖示如上：

自上題意可知，若需抽得藍球，必先能自袋 I 中抽得紅球。換言之，抽得藍球的機率係受抽得紅球的影響，故兩者爲互依，至於自袋 II 中抽得藍球的邊際機率，仍係自 9 個球中抽取 5 個藍球中的一個的機率，亦即仍爲 5/9 或 .556。所以邊際機率即爲其本身的機率，以式表之爲 P(A)＝P(A)，不考慮其需先自袋 I 中抽得紅球的機率。

2. 條件機率

若係已知自袋 I 中抽得係紅球，則自袋 II 中抽得藍球的機率，即係條件機率的含意，以式表之爲 P(B|R)。依據貝爾公式 (Bayes' Formula) $P(A|B) = \dfrac{P(AB)}{P(B)}$，可知

$$P(B|R) = \frac{P(BR)}{P(R)}$$

由於 P(R)＝3/9＝.333 係自第一袋 9 個球中抽取一個紅球的機率。P(BR)係抽得藍球又能同時抽得紅球的機率 (Blue ann Red)，即爲 .556×.333＝.185 所以 $P(B|R) = \dfrac{.185}{.333} = .556$。茲將本例有關自第一袋抽取紅球或白球後，再自第二袋及第三袋中抽取各色球的機率以圖表示於次頁。

各項機率項尚有下列關係：

P(R)＝.333	P(B|R)＝.556	P(Y|W)＝.778
P(W)＝.667	P(G|R)＝.444	P(O|W)＝.222
1.000	1.000	1.000

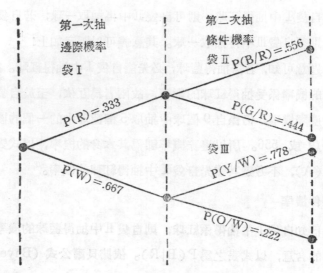

第一次抽
邊際機率
袋 I

第二次抽
條件機率
袋 II P(B/R) = .556

P(R) = .333

P(G/R) = .444

P(W) = .667

袋 III

P(Y/W) = .778

P(O/W) = .222

3. 聯合機率

自貝爾公式 $P(A|B) = P(AB)/P(B)$ 移項後可知

$$P(AB) = P(A|B) \times P(B)$$

例如 $P(BR) = P(B|R) \times P(R) = .556 \times .333 = .185$

本例之聯合機率可列表計算如下：

事件	邊際機率 $P(B)$	×	條件機率 $P(A|B)$	=	聯合機率 $P(AB)$
BR	$P(R) = .333$		$P(B|R) = .556$		$P(BR) = .185$
GR	$P(R) = .333$		$P(G|R) = .444$		$P(GR) = .148$
YW	$P(W) = .667$		$P(Y|W) = .778$		$P(YW) = .519$
OW	$P(W) = .667$		$P(O|W) = .222$		$P(OW) = .148$
					1.000

由上表計算可知聯合機率的和爲 **1**，係屬互斥及集體完全事件

(Mutually Exclusive and Collectively Exhaustive)。

統計互依下的條件機率可藉統計獨立下的聯合機率予以修正。吾人知統計互依下的條件機率係 $P(A|B) = P(AB)/P(B)$，而統計獨立下的聯合機率係$P(AB) = P(A) \times P(B)$，將後者代入前式得

$$P(A|B) = \frac{P(A) \times P(B)}{P(B)} = P(A)$$

例如連續擲一枚硬幣三次，其首二次為正面後（或已知其首二次所擲皆為正面），第三次擲出反面的機率為

$$P(T_3|H_1H_2) = \frac{P(T_3) \times P(H_1) \times P(H_2)}{P(H_1) \times P(H_2)} = \frac{.5 \times .5 \times .5}{.5 \times .5} = .5$$

茲將統計獨立與互依下的機率公式歸納如下表:

機　率	統計獨立	統計互依
邊際　$P(A)$	$P(A)$	$P(A)$
聯合　$P(AB)$	$P(A) \times P(B)$	$P(A|B) \times P(B)$
條件　$P(A|B)$	$P(A)$	$P(AB)/P(B)$

（四）事前機率的修正

事前機率的修正 (Revised Prior Probability) 係藉過去已知的機率以改進對於未知事件的機率的推算，亦可逕稱為修正後的機率或事後機率 (Revised or Posterior Probability)。其基本概念係由貝爾教士 (the Rev. Thomas Bayes) 於十八世紀時所建立，即為統計互依下的條件機率，並進而發展成為一項有用的工具。其通式為:

$$P(A_1|B) = \frac{P(A_1) \times P(B|A_1)}{P(A_1) \times P(B|A_1) + \cdots\cdots + P(A_m) \times P(B|A_m)}$$

其來源可導引如下:

吾人已知 $P(A|B) = \dfrac{P(AB)}{P(B)}$

設 A_1 為未知之機率, 則可得下列二式

$$P(A_1 B) = P(B) \times P(A_1|B) \quad\cdots\cdots\cdots\cdots\cdots\cdots① $$

$$P(A_1 B) = P(A_1) \times P(B|A_1) \quad\cdots\cdots\cdots\cdots\cdots② $$

由於兩者相等故 $P(B) \times P(A_1|B) = P(A_1) \times P(B|A_1)$

兩邊通除以 $P(B)$, 可得下式

$$P(A_1|B) = \dfrac{P(A_1) \times P(B|A_1)}{P(B)} \quad\cdots\cdots\cdots\cdots\cdots③ $$

由於 $P(B) = P(A_1 B) + \cdots + P(A_m B)$ 若 $P(A_1 B), + \cdots +, P(A_m B)$
係集體完全事件, 代入③式得

$$P(A_1|B) = \dfrac{P(A_1) \times P(B|A_1)}{P(A_1 B) + \cdots\cdots + P(A_m B)} \quad\cdots\cdots\cdots④ $$

由於 $P(A_1 B) = P(A_1) \times P(B|A_1)$,

或 $P(A_m B) = P(A_m) \times P(B|A_m)$, 代入④式

得 $P(A_1|B) = \dfrac{P(A_1) \times P(B|A_1)}{P(A_1) \times P(B|A_1) + \cdots\cdots + P(A_m) \times P(B|A_m)}$

三、機率概念的應用

(一) 設備調整例

　　某工廠設置有自動高速度生產設備, 於每批製品開始前, 該設備需經精密調整, 以確保品質。 依以往經驗與記錄獲知, 若該設備調整良好, 於製造時有百分之九十的產品為優良產品; 若調整得不成功, 則僅有百分之三十的產品為良品。此外依以往經驗與記錄亦獲知, 調整工作

成功的機會係百分之七十五。該廠於做完一次調整工作後，即行試做數件，以判斷該設備有無調整良好。首先分析若第一件產品係良品，則該設備係屬調整好的機率為若干？亦即有若干把握該設備調整成功？

就原有資料可知，該項設備之調整良好機率為 .75，惟現已另知所生產之第一件產品係良品，此項資料必有助於進一步修正或判明該項設備之調整良好機率，其計算列表如下：

事件 (調整)	P(B) 邊際機率 P（調整）		P(A|B) 條件機率 P（一件良品|調整）		P(AB) 聯合機率 P（一件良品，調整）
良好	.75	×	.90	=	.675
不當	.25	×	.30	=	.075
	1.00				.750

故第一件產品係良品，調整係屬良好的機率係屬互依條件機率：

$$P(A|B) = \frac{P(AB)}{P(B)}$$

以本例術語代入即係

$$P（調整良好｜一件良品）= \frac{P（調整良好，一件良品）}{P（一件良品）}$$

$$= \frac{.675}{.75} = .90$$

故調整良好的機率係為 .90 而非以往經驗所顯示的 .75 的成功機會，此係經由生產第一件係屬良品所帶來的情報（Information）修正而得。

同理，若連續生產首三件產品皆係優良產品，則設備係屬調整良好的機會可依下表計算而得：

事件 （調整）	P(B) 邊際機率 P（調整）	P(A|B) 條件機率 P（三件良品|調整）	P(AB) 聯合機率 P（三件良品，調整）
良好	.75	.90×.90×.90＝.729	.75×.729＝.5468
不當	.25	.30×.30×.30＝.027	.25×.027＝.0068
	1.00		.5536

故連續三件係良品，調整係屬良好的機率為

$$P（調整良好\mid 三件良品）=\frac{P（調整良好，三件良品）}{P（三件良品）}$$

$$=\frac{.5468}{.5536}=.988$$

設備調整係屬良好的機率已經由三件產品係屬良品的情報，修正為 .988。

若該廠試製時所獲首件產品經檢查係屬不良品，則設備係屬調整良好的機率為若干？其計算與上述相同，可列表如下：

事件 （調整）	P(B) 邊際機率 P（調整）	P(A|B) 條件機率 P（一件不良品|調整）	P(AB) 聯合機率 P（一件不良品，調整）
良好	.75	1.0－.9＝.1	.75×.1＝.075
不當	.25	1.0－.3＝.7	.25×.7＝.175
	1.00		.250

故一件不良產品，調整設備係屬良好的機率為

$$P（調整良好\mid 一件不良品）=\frac{P（調整成功，一件不良品）}{P（一件不良品）}$$

$$=\frac{.075}{.250}=.30$$

原資料顯示設備調整不良好的機率爲 .25，茲由於試製一件產品係屬不良品，故將此項機率修正爲 .30。

若該廠經試製五件產品，檢驗結果係三件良品二件不良品，則該項設備係屬調整良好之機率爲若干？可列表如下：

事件（調整）	P（B）邊際機率 P（調整）	P（A｜B）條　件　機　率			P（AB）聯合機率
		P（一件良品｜調整）	P（一件不良品｜調整）	P（三件良品，二件不良品｜調整）	P（三件良品，二件不良品，調整）
良好	.75	.9	.1	.9×.9×.9×.1×.1＝.00729	.75×.00729＝.0054675
不當	.25	.3	.7	.3×.3×.3×.7×.7＝.01323	.25×.01323＝.0033075
	1.00				.0087750

試製五件得三件良品，二件不良品的結果，可以顯示該項設備係屬調整良好的機率爲

$$P（調整良品｜三良品，二不良品）=\frac{P（調整良好，三良品，二不良品）}{P（三良品，二不良品）}$$

$$=\frac{.0054675}{.0087750}=.623$$

若所獲結果（.623），對設備調整良好無信心，即應停止製造，再行進行調整工作，以確保產品品質。

（二）新產品發展例

某企業因設備陳舊及市場競爭劇烈，業務已日益衰落，爲挽救企業前途，該企業決定從事兩項新產品的發展，此兩項新產品皆係就舊有產品改進發展，故其成功希望極大，皆有百分之八十的把握。若該企業能

夠將此兩項新產品皆發展成功，則將使該企業有百分之九十的希望，挽回其前途。若僅有一項能發展成功，將減至百分之六十的機會，若兩項皆未發展成功，估計能挽回企業前途的希望僅有百分之二十，則該企業能挽回其前途的機會如何？

依據上述情況，可以列出其已知機率如下：

P（甲產品發展成功）＝.8

P（乙產品發展成功）＝.8

P（甲產品展發失敗）＝.2

P（乙產品發展失敗）＝.2

P（挽回企業前途|甲乙皆成功）＝.9

P（挽回企業前途|僅一種產品成功）＝.6

P（挽回企業前途|甲乙皆失敗）＝.2

依上資料，可計算如下：

P（甲乙產品皆發展成功）＝.8×.8＝　　.64

$$P（僅一種產品發展成功）= \begin{matrix} .8 \times .2 = .16 \\ +.2 \times .8 = .16 \end{matrix} \Big\rangle .32$$

P（無產品發展成功）　　＝.2×.2＝　　.04

則該企業可以藉發展此兩項產品挽回其前途之機率為：

P（挽回企業前途並兩種產品皆發展成功）＝.9×.64＝.576

P（挽回企業前途並僅有一種產品發展成功）＝.6×.32＝.192

P（挽回企業前途並無產品發展成功）　　＝.2×.04＝.008

　　　　　　P（挽回企業前途）　　　　　　　.776

依上述資料，該企業從事發展此兩項新產品以挽回其事業之前途之機會有 .776。

（三）採購成本例

　　某化工廠於生產時需使用某項特殊原料，該原料之有效期間極短，僅可廠內儲存一個月，故需每月月初採購一次，該原料之耗用情形依過去資料如下：

可能使用數量（單位）	機率
0	.05
1	.10
2	.40
3	.30
4	.15
合　計	1.00

　　由於該項特殊原料之性質，故其採購成本亦與一般情形相異。該料每單位單價係一萬元，如每次購買不超過五個單位，則無論購買幾單位，其運費固定為五萬元。換言之採購一單位之料價及運費合計六萬元；購二單位係七萬元；三單位係八萬元；四單位係九萬元。惟如月初購買不足，於月中零星購買，則每單位連運費需費四萬元。該廠應於月初採購時每次購買若干單位為有最低成本？

　　依上述資料分析，若月初採購四單位，則該月內必無缺料情形，若月初採購三單位，則該月可能耗用達四件，亦即將缺貨一件，並由資料可知，該件之使用機率為 .15。同理若月初採購一單位，將可能發生缺料一單位（耗用三單位）及缺料二單位（耗用四單位）的情形，其機率依上表所示分別為 .30 與 .15。月初採購一單位或不採購（零單位）之情形皆可類推，其問題重心係若於月初採購多單位，則可能於該月用不完而致失去時效形成浪費，惟若於月初採購少，則可能於月中發生不敷使用情形，而需臨時作零星採購化費高成本。故於月初究竟應採購若干單位，不但應考慮其月初所費之整批採購成本，尚須考慮於月中可能發生之臨時不足現象而爲之零星採購成本。茲列式計算於月初採購 4、3、2、1、0 單位之月初採購成本及月中零星採購成本期望值：

月初採購四單位，月中無需作零星採購：

$$(4 \times 10,000) + 50,000 = 90,000 \text{元}$$

月初採購三單位，月中可能發生零星採購一單位（即耗用至四單位）：

$$[(3 \times 10,000) + 50,000] + (40,000 \times .15) = 86,000 \text{元}$$

月初採購二單位，月中可能發生需零星採購二單位（耗用四單位）或一單位（耗用三單位）：

$$[(2 \times 10,000) + 50,000] + (80,000 \times .15) + (40,000 \times .30) = 94,000 \text{元}$$

月初採購一單位，月中可能需零星採購三單位、二單位或一單位（即該月實際耗用四、三、二單位）：

$$[(1 \times 10,000) + 50,000] + (120,000 \times .15) + (80,000 \times .30)$$
$$+ (40,000 \times .40)] = 118,000 \text{元}$$

月初不採購，月中將可能零星採購四單位、三單位、二單位或一單位（即該月實際耗用四、三、二、一單位）：

$$(160,000 \times .15) + (120,000 \times .30) + (80,000 \times .40)$$
$$+ (40,000 \times .10) = 96,000 \text{元}$$

依上列計算可知，月初購買各單位之成本期望值如下：

以每月月初採購三單位有最低成本期望值 86,000 元，自應考慮每次以採購三單位爲宜。

月初採購單位數	成本期望值（元）
0	96,000
1	118,000
2	94,000
3	86,000
4	90,000

（四）機器修護例

　　另一項應用較廣之案例，係爲設備更新（Replacement）或修理維護（Maintenance）方面。茲以修護工作爲例說明如下：某廠使用某項機器二十部，皆係同樣設備，其修護方式目前係就發生故障者加以檢修，不生故障機器則繼續操作，此項因故障而作之零星檢修每部機器檢修費爲10,000元。依以往經驗，該項機器經檢修後，使用一個月卽再生故障而需檢修者佔 .10；使用二個月故障檢修佔 .30；使用三個月故障檢修佔 .40；使用四個月故障檢修佔 .20。可列表表示此項壽命期間如下：

使用一個月		.10
使用二個月		.30
使用三個月		.40
使用四個月		.20

　　故其平均使用壽命爲 $(1 \times .10) + (2 \times .30) + (3 \times .40) + (4 \times .20) \doteq$ 2.7 個月。就該廠 20 部機器言，依目前檢修方式，每月平均檢修數量係 $20 \div 2.7 = 7.4074$ 部。換言之，其每月平均檢修成本係$(20 \div 2.7) \times 10,000$ $= 74,074$ 元。

該廠為求改進起見，考慮配合定期檢修制度，即每隔一定期間，予以全部檢修。由於全部檢修可以集體進行於休閒時間迅速一次完成，其成本極低，據估計每次作全部檢修之成本為 30,000 元。惟定期檢修並不能完全消除零星檢修，於定期檢修前這段期間內仍將與以往一樣會發生臨時的故障而需作零星檢修。故為研究可否採行此項定期檢修制度，尚需先瞭解在定期檢修前此期間內之可能發生故障情形。顯而易見者，此項故障情形又與定期之期間長短有關。茲依上述使用壽命期間長短之機率資料，估計各種長短期間內的故障數如下：

一個月內可能故障機器數$20 \times .10 = 2$

二個月內可能故障機器數$(20 \times .30) + (2 \times .10) = 6.2$

三個月內可能故障機器數$(20 \times .40) + (2 \times .30) + (6.2 \times .10) = 9.22$

四個月內可能故障機器數

$$(20 \times .20) + (2 \times .40) + (6.2 \times .30) + (9.22 \times .10) = 7.58$$

依據上列資料，可分析各種定期期間全部檢修辦法之總成本及每月平均總成本如下表：

定 期期 間（Ⅰ）	全部檢修成本（Ⅱ）	期間內零星故障檢修成本（Ⅲ）	總成本（Ⅳ）=（Ⅱ）+（Ⅲ）	每月平均總成本(V)=（Ⅳ)/（Ⅰ）
一個月	30,000	$2 \times 10,000 = 20,000$	50,000	50,000
二個月	30,000	$(2 + 6.2) \times 10,000 = 82,000$	112,000	56,000
三個月	30,000	$(2 + 6.2 + 9.22) \times 10,000 = 174,200$	204,200	68,067
四個月	30,000	$(2 + 6.2 + 9.22 + 7.58) \times 10,000 = 250,000$	280,000	70,000

自上表分析可知，若改採定期全部檢修辦法，其每月平均總成本均較目前所行零星檢修辦法為低。而定期檢修辦法中，又以每個月定期檢

修一次有最低每月平均總成本 50,000元。故應考慮改採每個月定期全部
檢修一次為宜。

習　　　題

2-1　設有某項投資機會，投資 1,000 元，期間一年，其現金報酬則由下表中
各種可能情況而定：

可能情況	機率	現金報酬
不景氣	0.2	500元
普　通	0.5	1,800元
景　氣	0.3	3,500元

是否宜參加此項投資，請作可能的分析。

2-2　某廠為應付訂單的增加，擬暫租廠房一間擴充加工作業。該廠已看中一
間適合的廠房，其租金為60,000元租用一年，或100,000元租用二年，租金皆係每年
繳一次，另須繳押金 20,000元。如租用兩年，在一年終了時決定不繼續使用，則不
能退還押金。如果租用一年，於一年終了時決定繼租一年，仍需按年租金 60,000元
計算。租收終了時無違約情形即可退還押金。若該廠估計其業務好景可維持二年的
機率為80%，維持一年的機率為100%，該廠應租用一年或二年？

2-3　某交通安全研究單位分析，於城市中某十字路口發生交通意外事故，發
現20位遭受意外事故的行人中，有 6 位係於穿越十字路口時，違反交通指示燈號規
則；而有14位係遵守交通指示燈號通行，並無違反規則。似乎是違反交通規則行人，
反而較遵守交通規則者來得安全，此項結果是否正確？試進一步說明此十字路口意
外事故的現象。

2-4　某廠生產零件一種，其品質視其使用之機器而定，該廠計有四臺機器，
其生產量（百分比）及其不良率如下：

機器	生產量（%）	不良率（%）
A	50	20
B	30	30
C	10	20
D	10	30
	100	100

若有一批該種零件，經檢驗三件發現其中有一件係不良品，試問該批產品最可能係何臺機器所生產？

2-5 某公司有電子設備一套，係使用舊式眞空管，極易燒壞。該設備計有是項眞空管370個，每個眞空管使用壽命期間期望值如下：

	新 換 後 使 用 時 數			
	200	400	600	800
於該使用時數前燒壞百分數（累積）	.05	.10	.15	1.00

眞空管若係於晚間下班後更換，包括人工在內的成本爲每支5元，若係於日間上班時更換，由於尋找損壞地點不易，包括人工在內的成本增爲每支30元，此外由於設備停頓，每支損壞引起的損失估計爲100元，試問是否宜將所有眞空管於固定期間（例如200小時）的晚間予以全部更換？該項期間應爲若干小時？

2-6 某機器的調整工作極爲不易，依經驗估計，其調整正確的機率爲0.8，若係調整得正確，則其生產產品係合格的機率爲0.98；若係調整得不正確，則其生產合格產品的機率爲0.3。某日該項機器新經調整後，若第一件所生產的產品經檢驗爲合格，則該機係屬調整正確的機率爲若干？若連續生產二件產品的品質皆爲合格，則該機器被正確調整的機率爲若干？若連續生產五件產品，其第一件爲不合格，第二、三、四件為合格，第五件又為不合格，則該機器係屬調整正確的機率為若干？

2-7　某鮮花店於各項節日前，皆準備大批鮮花以供銷售，估計於節日的銷售量，係介於100打至140打間，若以 10 打為精確單位，其銷售量（打）估計為：100 110、120、130、140等數值。惟該花店無法確定此等數值之銷售機率，無法以機率估計其期望值。若每打成本總額為10元，售價每打20元，於該節日不能售出，卽僅能作為花圈花籃等使用，僅能收回殘值 2 元。試依本章所述不確定情況下的決策方式，分析各項可能的決策。

第三章　未定情況決策

　　未定情況決策 (Decision Making under Uncertainty) 即係在不確定的情況下達成最有利的決策。上章中曾叙述過，此項不確定情況下的決策，係由於對於未來可能發生的種種情況不能預知，亦即無法確定其發生之機率，故尚無確實的標準可供決策參考。惟事實上由於工商企業所面臨之經營環境，處處皆係充滿了此等未知數，勢將無法應付，故實際上，對於未定情況決策的處理方法，係就少量的資料，甚至對於未來情況的估計或判斷（依據經驗），設定有關事件的機率，此項機率由於僅依少量資料配合經驗而求得者，故係爲主觀機率。總之，對於未定情況決策之實際處理，可以估計觀察所得之主觀機率，認定其爲未來事件之機率。決策者藉主觀機率之認定，以協助尋求最佳決策之準則。

一、斷續機率分配

（一）設定機率

　　設定之主觀機率，往往由於資料數量有限，而形成不連續數值的斷續機率分配 (Discrete Probability Distribution)。例如電影街上某攤位，紀錄了其夏季三個月來每天出售扇子的數量如下：

每天銷售扇子數（把）	三個月中銷售此數量的天數
20	2
30	8
40	12
50	34
60	21
70	10
80	3
	90

　　將上表資料，改以機率表示，則為該銷售數量的可能銷售機率，係為一項主觀機率。 若情況無顯著改變始有其意義， 若銷售情況變化甚大，即缺乏代表性。其機率可列表如下：

每天銷售量	銷售天數	銷售機率
20	2	2/90 = .02
30	8	8/90 = .09
40	12	12/90 = .13
50	34	34/90 = .38
60	21	21/90 = .24
70	10	10/90 = .11
80	3	3/90 = .03
	90	1.00

　　所獲機率即為主觀機率，若未來情況變化不大就可將其認定為明年

夏季銷售扇子的銷售機率估計值，作爲明年業務的決策參考資料。

（二）條件利潤與期望利潤

　　所謂條件利潤（Conditional Profit）係指此項利潤的獲得係依一項特定的供需關係而獲得。換言之，若需要有所改變則利潤亦可能隨之有變化，同理若供應有所不同，利潤亦可能改變。就經營工商企業，需要多係由市場而定，一般企業雖可藉廣告、減價或其他方法促進銷售，但需要終究非企業所能決定。至於供應則係由企業自行生產或進貨供應，故企業對供應數量於其生產能量或進貨數量範圍內，尚有相當之決定力量。一般企業事實上亦多就市場情況預估未來一定期間內的可能銷售數量或業務量，以便作生產或進貨數量的決策參考。尤其是甚多企業，由於產品性質特殊，若一次進貨或生產過多，而又不能於一定期間內（如一日、一季或一年及其他期間）售出，則將生變質、失效、不合時尚等等損失。玆就一假設例子說明如下：

　　設某公司出售產品，係於前一日進貨（或生產），其成本爲每單位5元，售價每單位8元，若於次日不能售出，則因產品性質關係，僅能改作其他用途，每單位僅可得售價2元（殘值），亦即每單位將損失3元。依過去經驗（紀錄），得知該公司之銷售量與其銷售機率如下：

每日銷售量	銷售機率
10單位	.10
11	.20
12	.40
13	.30
	1.00

　　由於銷售量係 10–13 單位，故該公司僅需考慮於前一日進貨數量係
10、11、12、13單位四種情形中之一種，以供次日銷售，並可獲最大利
潤。由於進貨超過銷售量時每單位將發生 3 元損失，故其利潤之計算將
視供需關係而定。茲設 X 為進貨量，D 為需要量，其條件利潤之計算如
下：

	當 $X > D$	當 $X \leq D$
銷售金額	(+)8 D	(+)8 D
殘價	(+)2(X−D)	(+)0
進貨成本	(−)5 X	(−)5 X
利潤	$6 D −$3X	$3X

　　依上述資料，及條件利潤計算公式，可編製條件利潤表如下：

可能銷售數量	決策——可能進貨數量			
	10	11	12	13（單位）
10單位	$30	$27	$24	$21
11單位	30	33	30	27
12單位	30	33	36	33
13單位	30	33	36	39

　　上表之意義，係為該公司採取某項進貨數量，並售出某一數量時
之條件利潤。例如進貨 10 單位，銷售 10 單位，則其利潤為 $3 \times 10 = 30$
元。若進貨13單位，銷售10單位，則其利潤將為 $6 \times 10 - 3 \times 13 = 21$ 元。
惟需注意者，上表之左下方係為銷售量超過進貨量，此係為進貨數量不

足，故市場雖有需要量（例如仍有顧客向公司要購買產品），但已無存貨可供應。所以其利潤仍係按實際售出數量爲準，故上表第一欄各列數值皆係30元。此外，本例並未考慮缺貨供應所可能發生之損失（例如失去顧客而影響將來業務）。

自上表計算可知，若該公司能有先見之明，可準確預計次日的確實需要量，則即成爲確定情況（Certainty）或具有完全情報（Perfect Information），於此，可獲有最大利潤，其利潤額即爲上表中自左上方至右下方對角線上之各項利潤額，此乃由於可按確知之次日市場需要量，作進貨量供應，自可獲得最高利潤。仍以上表示之：

確定情況下條件利潤

可能銷售數量	所採存貨策略——進貨單位			
（市場需要）	10	11	12	13
10	$30	—	—	—
11	—	$33	—	—
12	—	—	$36	—
13	—	—	—	$39

上表係能預知次日之銷售數量，而配合進貨數量，係爲確定情況。惟事實上，吾人不可能準確預知次日之銷售數量，雖然依據過去經驗或資料，可以預計次日之銷售數量係介於10單位至13單位之間，並能指出銷售各單位的機率，但仍無確言其準確銷售數量。此項性質，即係統計學上隨機變數（Random Variable）的性質，一如擲一枚硬幣，吾人

雖知其不是正面卽是反面,且知其正反面的機率各爲二分之一,但仍無法確實預言擲一次硬幣係爲何面。由於僅能以機率表達其可能發生之情況,就本例言,以機率表達其銷售數量之機會,故可分別計算於各種可能存貨策略下之期望利潤。

進貨10單位之期望利潤:

市場需要	條件利潤		銷售機率		期望利潤
10	$30	×	.10	=	$ 3.0
11	30	×	.20	=	6.0
12	30	×	.40	=	12.0
13	30	×	.30	=	9.0
			1.00		$ 30.0

進貨11單位之期望利潤:

市場需要	條件利潤		銷售機率		期望利潤
10	$27	×	.10	=	$2.7
11	33	×	.20	=	6.6
12	33	×	.40	=	13.2
13	33	×	.30	=	9.9
			1.00		$32.4

進貨12單位之期望利潤:

市場需要	條件利潤		銷售機率		期望利潤
10	$ 24	×	.10	=	$2.4
11	30	×	.20	=	6.0
12	36	×	.40	=	14.4
13	36	×	.30	=	10.8
			1.00		$ 33.6

進貨13單位之期望利潤:

市場需要	條件利潤		銷售機率	期望利潤
10	$21	×	.10	$2.1
11	27	×	.20	5.4
12	33	×	.40	13.2
13	39	×	.30	11.7
			1.00	$32.4

比較以上四表, 可知以進貨 12 單位的存貨策略最佳, 有最大利潤 $ 33.60。自長期觀點言, 該公司應每日進貨13單位爲宜。以上四表, 亦可彙編成下表:

期望利潤表 (未定情況)

市場需要量	銷售機率	可採之存貨策略——進貨數量							
		10 單 位		11 單 位		12 單 位		13單位	
		條件利潤	期望利潤	條件利潤	期望利潤	條件利潤	期望利潤	條件利潤	期利望潤
10	.10	$30	$3.0	$27	$2.7	$24	$2.4	$21	$ 2.1
11	.20	30	6.0	33	6.6	30	6.0	27	5.4
12	.40	30	12.0	33	13.2	36	14.4	33	13.2
13	.30	30	9.0	33	9.9	36	10.8	39	11.7
			$30.0		$32.4		$33.6 (最高)		$32.4

（三）條件損失與期望損失

以上分析可從另一觀點分析，即係機會損失 (Opportunity Losses)的觀點。自上表所列的條件利潤表中，可以發現當市場需要為某一數量時，若能於前一日預知該數量而進貨，即可獲最大利潤。換言之，若因資料不足，估計不確而未能進貨該數量，即將發生機會損失，亦即未能達到此項理想最大利潤的差額。下表即係將上表中各列條件利潤中之最大值，減去各列數值之差額，編成所謂條件利潤機會損失表 (Conditional Profit Opportunity Loss Table) 如下：

可能銷售量	可能之存貨策略——進貨數量			
	10	11	12	13
10	$ 0	$ 3	$ 6	$ 9
11	3	0	3	6
12	6	3	0	3
13	9	6	3	0

例如進貨13單位銷售10單位之條件利潤機會損失（簡稱條件損失），即係由該列之最大條件利潤＄30減去該列原列數字＄21所獲得者：＄30－＄21＝＄9。餘可類推。就此項條件損失表，亦可編製期望損失表如下：

市場需要量	銷售機率	可能採取之存貨策略——進貨數量							
		10 單位		11 單位		12 單位		13單位	
		條件損失	期望損失	條件損失	期望損失	條件損失	期望損失	條件損失	期望損失
10	.10	＄0	＄0	＄3	＄.3	＄6	＄.6	＄9	＄.9
11	.20	3	.6	0	0	3	.6	6	1.2
12	.40	6	2.4	3	1.2	0	0	3	1.2
13	.30	9	1.8	6	1.8	3	.9	0	0
			4.8		3.3		2.1 （最低）		3.3

自上表計算可知當採取進貨12單位的存貨策略時，有最低的期望損失，其結果與自期望利潤分析者相同。

（四）完全情報期望值

所謂完全情報期望值（Expected Value of Perfect Information 簡稱 EVPI）卽係於獲得完全情報的情況下，較未定情況下所能獲的超額利潤。依據前述之確定情況下的條件利潤於市場需要量10、11、12、13單位時，分別爲＄30、＄33、＄36、＄39。惟市塲之需要非企業所能有效控制，爲企業外界環境因素（External Environment），故仍須將此等確定情形下之條件利潤分別乘以銷售機率，如下表：

確定情況期望利潤表

市場需要	確定情況下條件利潤		銷售機率		期望利潤
10	$30	×	.10	=	$ 3.0
11	33	×	.20	=	6.6
12	36	×	.40	=	14.4
13	39	×	.30	=	11.7
			1.00		$ 35.7

　　比較確定情況下之期望利潤（＄35.7）與未定情況下之最高期望利潤（＄33.6），兩者相差＄2.1。此係由未定情況改進至確定情況，所獲之增加利潤。換言之，雖有完全情報而能準確測知次日之銷售數量並進而準備進貨，不多亦不少，其所能增加之利潤，就本例言，係＄2.1，稱為完全情報期望值，係獲得完全情報之所增利潤，亦即該項完全情報之代價。如果為改進企業業務，其所化費於蒐集情報之開支，亦不宜超過此值，因無此項情報，於未定情況下，亦能獲得期望利潤＄33.6，由於完全情報雖可將期望利潤提高至＄35.70，但不宜超過所增加之金額。

　　就機會損失的觀點言，此項完全情報期望值，即係最小的期望損失。就本例言，則係前表中所列之＄2.1數值，以式表之為EVPI＝Min. E（L）。此乃由於若能獲得完全情報，將無此項機會損失之發生。於未定情況下，吾人雖無完全情報，但仍可依據前述之決策準則，選取最小期望損失的進貨數量，故完全情報期望值即為此項最小的期望損失。

（五）邊際分析

　　上節所述以條件利潤與期望利潤或條件損失與期望損失計算存貨策

略，僅能適用於市場需要數量與存貨策略項目不多的場合。上節舉例說明中祇有四種，亦卽係有4×4種可能的條件利潤或損失。若可能的存貨策略增加至 100 種，則將有100×100種可能的條件利潤或損失。其計算自極繁瑣。玆再就另一觀點，卽邊際分析方法，分析上述的存貨策略問題，將邊際分析應用於未定情況下的決策。

當吾人分析存貨策略時，以邊際分析方法着手，卽係思考如果增加一個單位的存貨（經由進貨或自行生產），則此單位的存貨，最終必有兩種可能：順利出售或未能售出。就本章示例言，其進貨成本單價為$5，售價為$8，故出售該增加一單位存貨所獲之利潤為$8−$5＝$3。此項利潤係由於增加一單位存貨而獲得者，故稱為邊際利潤(Marginal Profit) 並可以 MP 表之。惟若該增加之一單位存貨，於次日未能售出，卽將僅能收回殘值$2，將產生$5−$2＝$3的邊際損失 (Marginal Loss) 可以ML表之。由於該單位存貨之是否能夠順利售出，又賴市場之需要而定。於未定情況下，市場之需要僅能以銷售機率表示，故歸根結底，於考慮是否應增加一單位之存貨時，應評量該單位存貨之可能出售機率。若其可以順利售出之機率大（或機會高），自可增加此單位之存貨，反之則不宜增加（或進貨）此單位存貨。其存貨決策準則，係比較該考慮中增加單位的邊際利潤期望值 (Expected Marginal Profit) 與邊際損失期望值 (Expected Marginal Loss)，若前者大於後者，自屬有利可圖，可以進貨此單位存貨；若後者大於前者，則將發生損失，自不宜再增加此單位之存貨。換言之，兩者相等時，已達均衡，為有最大期望利潤。

邊際分析用於未定情況下存貨決策，如上節所述需要知道增加單位存貨之出售機率。依前述例，各單位之市場需情況及銷售機率如下：

市場需要	銷售機率
10單位	.10
11	.20
12	.40
13	.30
	1.00

上列銷售機率可整理成爲累積機率表

市場需要	銷售機率	累積銷售機率(P)
10	.10	1.00
11	.20	.90
12	.40	.70
13	.30	.30
	1.00	

　　此項累積銷售機率之意義爲至少銷售該數量的機率 (at this level or greater)，例如市場需要量爲 10 單位之累積銷售機率爲1.00，即係因爲市場需爲11單位、12單位、13單位時，該10單位皆早已銷售出去，否則不能達到銷售11、12、13單位。換言之，至少銷售10單位的機率，係包含銷售11、12、13單位的機率在內。爲瞭解起見，再將此項累積銷售機率表的計算列表如下：

市場需要	銷售機率	累積機率（P）			
		至少銷售 10單位	至少銷售 11單位	至少銷售 12單位	至少銷售 13單位
10	.10	.10	—	—	—
11	.20	.20	.20	—	—
12	.40	.40	.40	.40	—
13	.30	.30	.30	.30	.30
		1.00	.90	.70	.30

設 P 為可以順利售出該增加一單位之機率，則該單位不能順利售出之機率為 $1-P$。依前所述，最佳存貨策略，係在該單位的順利售出的邊際利潤期望值等於該單位不能順利售出的邊際損失期望值之所在。以式表之，即為：

$$P(MP) = (1-P)(ML)$$

$$\therefore \quad P(MP) = ML - P(ML)$$

$$\therefore \quad P(MP) + P(ML) = ML$$

$$\therefore \quad P(MP + ML) = ML$$

得
$$P = \frac{ML}{MP + ML}$$

此項求得之 P 值的意義，為在最佳存貨策略時，所應有的最低機率 (Minimum Probability)，為可以順利出售該一增加單位存貨的最低要求機率。換言之，可以順利出售該增加單位及該增加單位以前各單位的最低機率。就本例言，邊際利潤（MP）為 $\$8 - \$5 = \$3$；邊際損失（ML）為 $\$5 - \$2 = \$3$；代入上式

$$P = \frac{ML}{MP + ML} = \frac{\$3}{\$3 + \$3} = \frac{\$3}{\$6} = .50$$

此 P =.50 即爲於最佳存貨策略時所應有之最低機率。就上表觀察可知此項 P =.50 係介於 .70 與 .30 之間。由於本例資料中，並無恰巧等於 .50 機率的銷售量，故祇好取 .70 機率的銷售量作爲存貨（或進貨）數量，亦卽應採取進貨12單位的存貨策略。爲進一步說明起見，特將各種存貨策略下之邊際利潤期望值與邊際損失期望值列表比較如下：

存貨策略 （單位）	邊際利潤期望值 （P）(MP)		邊際損失期望值 （1-P）(ML)	銷售累積機率（銷售 該單位及更多單位）
10	1.0×\$3=\$3	>	0×\$3= 0	1.00
11	.9×\$3=\$2.7	>	.1×\$3=\$.3	.90
12	.7×\$3=\$2.1	>	.3×\$3=\$.9	.70
13	.3×\$3=\$.9	<	.7×\$.3=\$2.1	.30

觀察上表可知，當存貨10單位時，由於邊際利潤期望值大於邊際損失期望值，故仍可繼續進貨；當存貨爲11單位與12單位時皆然，惟當存貨爲13單位時，其邊際利潤期望值已小於邊際損失期望值，故可能發生損失之機會已大，自不可進貨，故最佳存貨策略爲12單位，此項結果與以最低機率 $P = \dfrac{ML}{MP+ML} = .50$ 方式決定最佳存貨決策準則相同，皆爲應存貨12單位。

二、連續機率分配

（一）連續機率分配的性質

若資料係連續性數值，則可構成連續機率分配（Continuous Probability Distribution)。由於銷售或存貨資料往往可以找到大量資料，此項資料若予以整理，可能非常接近連續性的機率分配。有關斷續與連續機率分配的詳細說明，多係於統計學中予以說明，本章將僅就需應用的基本概念作簡略介紹。

斷續機率函數所對應的隨機變數 (Random Variable)，只能爲幾個特定值，例如下圖中之明天的需要量（噸），只能爲幾個特定的數值，例如 1、2、3……等，但不能爲 1.1、2.23、3.5 或其他任何介於此等數值間的數。

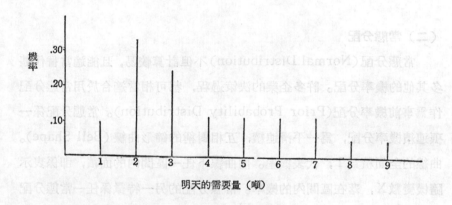

機率

.30

.20

.10

1　2　3　4　5　6　7　8　9

明天的需要量（噸）

連續機率分配的隨機變數值則可能爲某一區間的任何數值，例如全國人口的身高，若用精密的高度測定儀去測量每一位國民的身高，則可能於 142.00 公分、142.01 公分、142.11 公分、182.79 公分等均有發生的機率，但高度恆爲正數，且亦不可能有超乎生理可能的矮或高。所以此項連續機率分配對所有可能發生的身高，按照測量儀器的精確程度所及而爲連續的，可以任意細分的機率。就上述明天的需要量來說，可以繪圖表之如下：

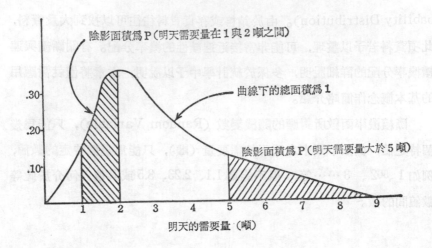

陰影面積爲P（明天需要量在1與2噸之間）

曲線下的總面積爲1

陰影面積爲P（明天需要量大於5噸）

明天的需要量（噸）

（二）常態分配

　　常態分配(Normal Distribution)不但計算較易，且能適當替代甚多其他的機率分配。許多企業的決策過程，都可相當適合於用常態分配作爲事前機率分配(Prior Probability Distribution)。常態分配係一項連續機率分配，爲一平滑連續，互相對稱的鐘形曲線 (Bell Shape)。曲線的全面積爲1，代表機率。而曲線下任一區間內的面積，即係表示隨機變數X，落在區間內的機率。常態分配的另一特徵係任一常態分配的形狀與位置，皆由它的平均值$\overline{X}$與標準差σ（讀作Sigma）所決定。換言之，祇要知道了平均值及標準差，就可確定此一呈常態分配的連續機率分配，亦即可確定其隨機變數的發生機率，或其某項事件的發生機率。常態分配表 (Normal Probability Table) 即係以標準差爲單位，表示某一隨機率變數X與平均值$\overline{X}$間的距離，編製的機率表。玆舉例說明如下：

　　設某食品店銷售某高級西點，其購進批發價爲每個5元，零售價每個8元，若當日進貨後未能售出，隔日僅能按對折零售，每個4元出售。

該食品店經整理其過去50天的銷售資料，其每天銷售數量如下表：

每日銷售數量（過去50天）

47	67	49	55	40	50	48	49	49	49
48	46	43	51	51	62	41	50	62	45
50	55	48	33	41	45	46	45	60	39
49	32	49	47	47	48	60	51	43	51
50	47	43	50	48	65	48	46	49	55

可將上列資料整理成下表

次數分配表

每日銷售數量（X_i）	次數（f）
32	1
33	1
39	1
40	1
41	2
43	3
45	3
46	3
47	4
48	6
49	7
50	5
51	4
55	3
60	2
62	2
65	1
67	1
	50

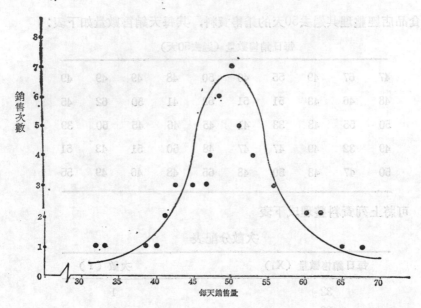

依據以上資料，可求得其平均每日銷售量：

$$\overline{X} = \frac{\sum X_i}{n} = \frac{47+67+49+\cdots\cdots+46+49+55}{50} = \frac{2420}{50} = 48.4$$

上式中 X_i 即為每日的實際銷售量，由於有50天的資料，故 $i = 1, 2, 3,$ $\cdots\cdots50$。所得 48.4件即其平均值。

標準差係表達一項資料的分散情形，亦即各個別值與其平均值相差的程度。就本例言，係每日實際銷售量與平均每日銷售量間之差，惟由於每日實際銷售量有超過或不及平均值者，其差將有正負值的情形。為確保皆係正值以免正值與負值相互抵銷，故將其差平方後再開方，標準差的計算此式如下：

$$\sigma = \sqrt{\frac{\sum(X_i - \overline{X})^2}{n}}$$

若每日銷售量有相同情形者，可乘以其相同的次數（ f ），得下式：

$$\sigma = \sqrt{\frac{\sum f(X_1 - \overline{X})^2}{n}}$$

依上式可列表計算上述銷售量資料的標準差：

每日銷量 X_1		平均值 $\overline{X}$		平方其差 $(X - \overline{X})^2$		次數 f		差的平方 $f(X - \overline{X})^2$
32	—	48.4	=	$(-16.4)^2$	×	1	=	269
33	—	48.4	=	$(-15.4)^2$	×	1	=	237
39	—	48.4	=	$(-9.4)^2$	×	1	=	88
40	—	48.4	=	$(-8.4)^2$	×	1	=	71
41	—	48.4	=	$(-7.4)^2$	×	2	=	110
43	—	48.4	=	$(-5.4)^2$	×	3	=	87
45	—	48.4	=	$(-3.4)^2$	×	3	=	35
46	—	48.4	=	$(-2.4)^2$	×	3	=	17
47	—	48.4	=	$(-1.4)^2$	×	4	=	8
48	—	48.4	=	$(-0.4)^2$	×	6	=	1
49	—	48.4	=	$(0.6)^2$	×	7	=	3
50	—	48.4	=	$(1.6)^2$	×	5	=	13
51	—	48.4	=	$(2.6)^2$	×	4	=	27
55	—	48.4	=	$(6.6)^2$	×	3	=	131
60	—	48.4	=	$(11.6)^2$	×	2	=	269
62	—	48.4	=	$(13.6)^2$	×	2	=	370
65	—	48.4	=	$(16.6)^2$	×	1	=	276
67	—	48.4	=	$(18.6)^2$	×	1	=	346
								2,358

$$\sigma = \sqrt{\frac{\sum f(X_1 - \overline{X})^2}{n}} = \sqrt{\frac{2,358}{50}} = \sqrt{47.2} = 6.87$$

由上分析可知該食品店的每日銷售係呈常態分配，其平均值（$\overline{X}$）為 48.4 個，標準差（σ）為 6.87 個。常態分配的最大特色係其對稱的鐘形分配，其形狀與位置由其平均值與標準差所決定。曲線在平均值處達到極大值，平均值的兩邊各佔二分之一的面積，標準差 σ 的值愈大，曲線伸展也愈大，如下圖所示：

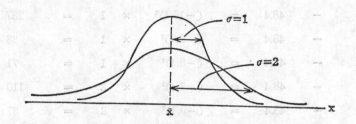

對於任何一個常態分配，其曲線下的全部面積為一，係一項連續機率曲線，而曲線下任一區間內的面積，即係表示隨機變數 X 落在此區間內的機率。由於是對稱鐘形分配，故於平均數兩邊各有百分之五十的機率，亦即表示隨機變數落入平均數左右的機率各為 0.5，於平均數左右的面積亦各佔全面積的 0.5，如下圖所示

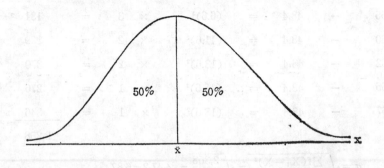

常態分配既係依其平均值與標準差而決定，故其機率或面積亦可依

其平均值與標準差之關係而得。於常態分配下，與平均值左右相距為一個標準差之區間內的部份，約佔全面的68%。換言之，$\overline{X} \pm 1\sigma$ 間有隨機變數落下其間的機率為 .68。有關常態分配的面積，可於附表一中查得。一般常用的可以列表如下。

區　間	面　積
$\overline{X} \pm 1\sigma$	約68.26%
$\overline{X} \pm 2\sigma$	95.46%
$\overline{X} \pm 3\sigma$	99.73%
$\overline{X} \pm 0.67\sigma$	50%
$\overline{X} \pm 1.96\sigma$	95%
$\overline{X} \pm 3.09\sigma$	99.8%

並可以圖表示如下：

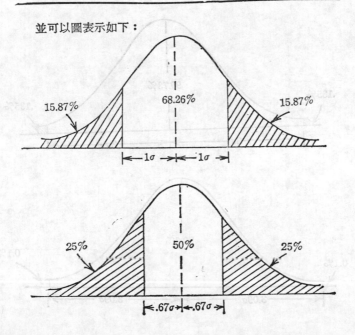

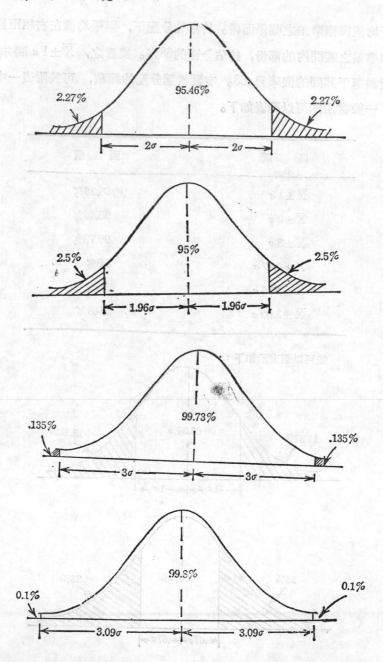

（三）決策所需最低機率

於討論斷續機率分配時曾用邊際分析，求得最佳存貨策略所需之最低銷售機率爲 $P = \dfrac{ML}{MP+ML}$。此項最低要求的機率即是銷售達此數量及超過此數量之累積機率，就連續機率分配言，可以下圖表示之。（設 $P=.45$）

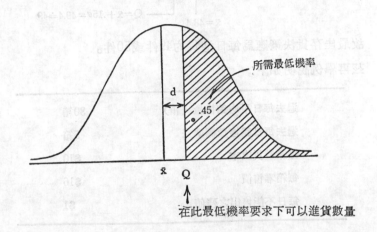

所需最低機率

d

.45

$\bar{x}$　Q

在此最低機率要求下可以進貨數量

觀察上圖可知，若已知平均值（$\bar{X}$）與標準差（σ）之值，即可將 $\bar{X}$ 點與 Q 點間之距離以 σ 爲單位表示之，並可進而確定 Q 之數值，亦即求得合於此最低機率要求之最佳策略的進貨數量。

如以前述之食品店銷售數量資料爲例，其平均值爲 48.4 個，標準差爲 6.87 個，若其最低機率 $P=.45$，則自附表一查得，常態分配右尾面積爲 .45 時，其與平均值間之距離 $d=.15\sigma$。自下圖可知 Q 點之位置係在 X 之右 $.15\sigma$ 處，亦即 $Q = \bar{X} + .15\sigma = 48.4 + .15 \times 6.87 = 49.4$ 個。

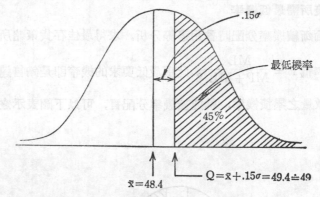

$\bar{x} = 48.4$

$Q = \bar{x} + .15\sigma = 49.4 \doteq 49$

故最佳存貨決策應爲每日進貨約49件或50件。

茲再舉例說明如下：

過去每日平均銷售量（箱）	30箱
過去每日銷售量標準差	5箱
每箱進貨成本	$10
每箱零售價	$16
每日不能售出之殘值	$1

依上資料 $P = \dfrac{ML}{MP + ML} = \dfrac{\$9}{\$6 + \$9} = .6$

可作圖解如下：

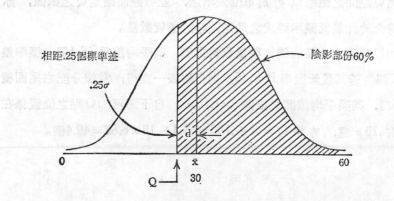

∴ $Q = \overline{X} - .25\,\sigma = 30 - .25 \times 5 = 28.75 \fallingdotseq 29$箱

最佳存貨決策應爲每日進貨29箱。

（四）損益估計機率

上節所述求取平均值及標準差的方法，皆需相當數量的資料方可應用。若無適當資料可供計算依據，則需設法估計。惟由於一般人對平均值雖多有認識，惟對標準差則甚乏具體概念。若於估計時，逕行請敎銷售人員估計明年度之銷售平均值及標準差，將不易使人瞭解。故可改以下列方式估計之：首先請其估計下年度之最可能的平均銷售值，例如所獲回答係一百萬元，然後再請其估計以此平均值左右各相差若干銷售值的區間內，其成功達成的機會爲若干，例如該銷售人員可能回答於此一百萬元銷售值左右各二十萬元的區間，卽明年銷售值介於八十萬至一百二十萬元間的可能性爲五比三，以上估計以圖示之爲：

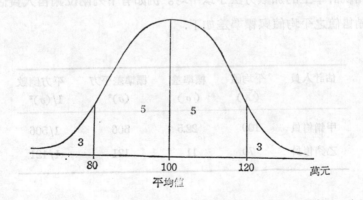

觀察上圖可知，銷售值達到120萬元之機率或上圖中120萬元以左之面積，爲 $(3+5+5)/(3+5+5+3) = .813$，查閱常態表，可知其位置係於平均值之右 .89 標準差之處。故 可列出下式：.89 標準差（σ）＝20萬元。或 $1\,\sigma = 22.5$ 萬元。其意義如下圖：

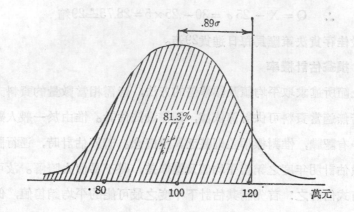

以上述方式,可以估計出明年度銷售值的平均值及標準差分明爲100萬元及 22.5萬元, 且可瞭解達成 120 萬元銷售額之機會約爲 81.3%。

若該企業有數位銷售人員,若對於明年度銷售值的估計不一時, 則可應用統計學上的加數方法予以平均。例如有下列兩位銷售人員估計明年度銷售值之平均值與標準差如下:

估計人員	平均值 ($\overline{X}$)	標準差 (σ)	標準差平方 (σ)²	平方倒數 $1/(\sigma)^2$
甲銷售員	100	22.5	506	1/506
乙銷售員	70	11	121	1/121

其平均值及標準差爲:

$$平均值 = \frac{100 \times 1/506 + 70 \times 1/121}{1/506 + 1/121} = 75.8$$

$$標準差 = \frac{1}{\sqrt{\left(\frac{1}{22.5}\right)^2 + \left(\frac{1}{11}\right)^2}} = 9.9$$

依兩位銷售人員的估計，明年度之銷售平均值為75萬8千元，標準差為9萬9千元。依此平均值與標準差可繪圖如下：

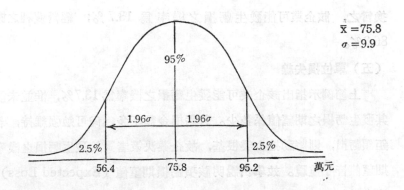

$\bar{x} = 75.8$
$\sigma = 9.9$

營業額達 56.4萬元之機率為 97.5%，達 75.8萬元之機率為50%，達 95.2萬元之機率為2.5%。若該企業之財務主管曾估計該企業之損益平衡點 (Breakeven Point) 係為 65 萬元，則該企業之損益平衡情形亦可以下圖表示：

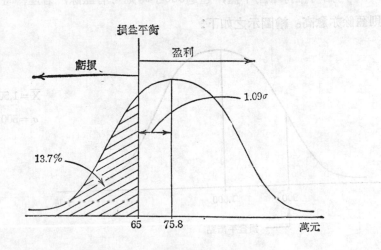

自平均值 75.8萬元至 65 萬元間之距離係 1.09 σ，　其計算方法爲：

$$\frac{75.8-65}{9.9}=1.09$$ 自附表一可查得自右端至損益平衡點之面積爲 0.863。

換言之，該企業可能發生虧損之機率爲 13.7 %；經營獲利之機率爲 86.3%。

（五）單位損失線

上節例示指出該企業可能發生虧損之機率爲 13.7%，惟並未能求得其發生虧損之期望值係多少。若虧損金額不多，尙可勉强維持，若發生鉅額虧損，則將動搖企業根基，故企業決策者對於發生虧損之機率及其期望值皆予重視。玆舉例說明該項虧損期望值（Expected Loss）的計算步驟如下：

設某廠擬購置生產設備一套，據生產管理人員估計，該設備之一年平均運轉時間（Average Operating Time）爲1,500小時，標準差爲 500 小時。另據財務人員估計，該設備之損盆平衡點爲 900 小時，換言之，運轉若低於 900 小時將不足應付固定成本及變動成本而有虧損。達 900小時始可維持不虧不盈，超過900小時則可有盈餘，若運轉時間逾多則盈餘亦愈高。繪圖示之如下：

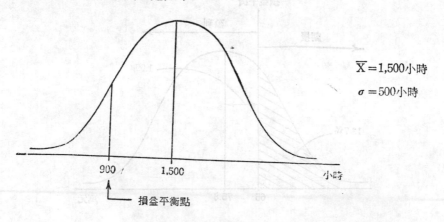

$\overline{X}$ =1,500小時

σ =500小時

900　　1,500　　　　　小時

損盆平衡點

該企業並估計，該套生產設備之運轉若未達 900 小時，則每低於此項水準（900 小時）一小時，將發生損失六元，亦卽未達損益平衡點一小時，卽將發生虧損 $6，以圖示之如下：

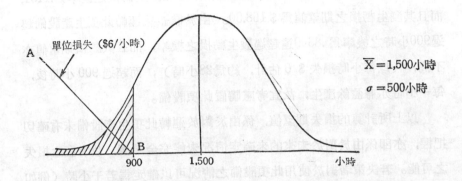

單位損失（$6/小時）

A

B

900　　　1,500　　　小時

$\overline{X}=1,500$小時

$\sigma=500$小時

上圖中之 AB 直線稱爲單位損失線（Unit Loss Line）係低於900小時運轉水準時，每一小時的損失金額，其斜率卽爲 $6。上圖中之陰影部份，卽爲其每年運轉率低於 900 小時之機率，或將發生虧損情形之機率。此項虧損機率之計算如下：

1) $\dfrac{1500-900}{500}=1.2$標準差

2) 查附表一得1.2標準差之面積爲 .8849，

3) $1-.8849=.1151$ 發生虧損之機率。

統計學家並已編製單位損失常態係數（Unit Normal Loss Integral）表，以便利計算虧損之期望値，其步驟爲：

1) $\dfrac{1500-900}{500}=1.2$ 標準差

2) 查閱附表二得於 1.2標準差時之單位損失常態係數 N(D) 値爲 .0561。

3) 以下列公式求損失期望值

單位損失 × 標準差 × 損失係數＝損失期望值

即 $\$6 \times 500 \times 0.0561 = \$168.30$

　　該企業不但已瞭解購置此項生產設備, 可能發生虧損之機率為 .1151, 而且其發生虧損之期望值為 $\$168.30$。由於該企業運轉此項生產設備超過 900 小時之機率為 .8849 遠超過發生虧損之機率, 而且其虧損期望值亦不高,（以每小時損失 $\$6$ 估計, 約為 28 小時）, 而超過 900 小時後, 每一小時亦有盈餘產生, 故宜考慮購置此項設備。

　　以上所計算的損失期望值, 係由於對於運轉此項生產設備未有確切把握, 亦即係由於對於未來的未確定情況未能完全掌握, 故有發生損失之可能。若決策者對於使用此項設備之情況可以確定為若干小時（例如可以確定每年將運轉 850 小時, 1020 小時或 1550 小時……等值）, 即可準確計算其盈虧, 如屬有足夠盈餘即可決定購置此項設備, 若係不足抵付開支而有虧損, 則可決定不予購置, 故將無損失之可能。由上分述可知, 由於對於該項生產設備之未來運轉情形不能確定, 係屬未確定情況, 故有可能發生 $\$168.30$ 的損失期望值。反之, 若該企業握有 "完全情報" (Perfect Information), 則可以確定未來之機器運轉情形, 可進而避免發生此項損失。所以, 此項損失期望值 $\$168.30$ 即係前節中所述之完全情報期望值 (EVPI)。所不同者, 本節係常態分配情況之完全情報期望值。兩者之意義相同, 為獲取完全情報的最高代價。

　　於現實環境中, "完全情報" 係屬不可能之事, 故一般皆設法減低未來情況的不確定性, 以較狹範圍的變化來獲取較大程度的穩定性。惟為減低未來情況的不確定性, 必須從事於更多資料的蒐集, 對於未來不定情況的更多瞭解, 而此項努力亦有其成本, 就上例言, 若該公司為求進一步的瞭解該項設備的每年運轉率情形, 特委託某管理顧問公司調查研究此類設備於國內的使用情形，自必有所化費。設為獲得此項資料之費用為＄80。所得資料可以進一步確定該項設備之運轉變化情形，或可以將此項變化情形的範圍予以縮小。其假定經研究調查後，獲知該項設備之運轉變化的標準差可以由500小時減低至350小時，則此項新的情報價值是否值得？其答案可以下列方式尋求：

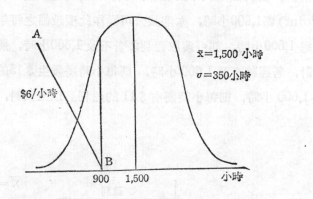

1) $\dfrac{1,500-900}{350}=1.71$

2) 查閱二當標準差為1.71時之表值為.01785

3) 損失期望值:

　　　$\$6 \times 350 \times .01785 = \$37.49$

與前例計算所獲損失期望值 ＄168.30 相較，已減少 ＄130.81（＄168.30 － ＄37.49 ＝ ＄130.81）。由於此項調查研究之費用僅為 ＄50，較 ＄130.81 的改進成果為低，自是合算。

由上例可知，若對不定情況的瞭解更高，則新資料的價值愈低，若該企業能確定其設備之運轉時間為 1,500 小時，亦即其標準差為零，則其損失期望值將為 ＄6×0×.056＝＄0。換言之，其完全情報期望值

(EVPI) 爲零。

以上分析亦可適用於常態分配的兩端，若一端係屬虧損，則另一端
卽係盈餘。茲舉例說明如下：

某公司擬購置生產設備一套，就生產觀點估計，該項設備之每年運
轉 (Operating) 時間爲平均 1,850 小時，其標準差爲600小時，另就財
務觀點估計，由於固定成本的關係，該設備運轉之損益平衡點(Break-
even Point) 係1,600小時，亦卽該公司操作此項設備之每年運轉情形，
若係超過 1,600 小時，卽可獲取盈利；若不及 1,600 小時，將發生虧損。
另據估計，若運轉不及 1,600 小時，則每小時將發生 $15的損失；若運
轉超過 1,600 小時，則每小時將有 $11 的盈利。以上資料，可以圖示之
如下：

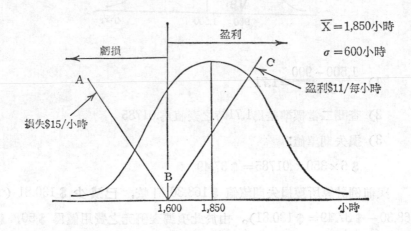

其損失期望值之計算如下：

1) $\dfrac{1,850-1,600}{600}$ =.417　標準差

2) 查閱附表二，當標準差爲 .417時可得表值爲 .2236

3) 損失期望值：

　　　$15 \times 600 \times .2236 = \$2,012.40$

其盈利期望值之計算如下：

1) $\dfrac{1,850-1,600}{600} = .417$ 標準差

2) 查閱附表二，當標準差爲 .417時可得表值爲 .2236

3) 查閱附表二，表右半部分配　（即表中第一值）　爲 .3989。自
　　1600小時至1,850小時之值爲 .3989 - .2236 = .1753

4) 盈利之單位表值爲 .3989 + .1753 = .5742

5) 盈利期望值：

　　　$11 \times 600 \times .5742 = \$3,789.72$

　　就本例言，其淨盈利期望值 (Expected Net Profit) 爲 $3,789.72 - $2,012.40 = $1,777.32。若此項淨利期望值已符合該企業之投資報酬率的要求，即可購置此項生產設備。

三、決　策　樹

　　上章中曾介紹機率樹 (Probability Tree) 的概念，以說明聯合機率 (Joint Probability) 的意義，並以連擲三次硬幣的結果。此項技巧亦可直接應用於管理問題，並同時表示機率及其貨幣期望值(Expected Monetary Value)。

　　決策樹 (Decision Tree) 不但可表示未來情況的機率及其貨幣期望值，並可加入決策 (Decision) 概念。由於企業的決策具有連鎖作用，應用決策樹概念表達此項決策的連鎖作用（雖然不一定要用圖形表達）最爲恰當。所謂決策的連鎖作用，係指企業目前所能作成決策的限

制，往往受到企業以前所做的決策的影響。例如企業於過去數年將大部分資金用於建造廠房與辦公大樓，則於目前可以用來購買新設備或原料的資金，就必較缺乏，甚至必須向金融市場週轉，增加利息費用。同理，目前所作成的決策，亦必影響將來可以作成決策的選擇餘地。例如，若目前決定建廠採用全自動高速度設備，則於將來再經營時，就有關市場，財務，生產等等各方面所作的決策，必受此項採用全自動高速度設備決策的影響，爲維持大量生產必須大量之週轉金，亦必須維持大量的銷售，即使在機器維護保養方面亦將受到種種的限制。所以，決策自有其相當程度的連鎖作用。

決策樹係爲一項甚有價值的決策分析工具，它能協助企業的管理當局，於投資問題或其他重大問題上，認眞考慮各項抉擇、風險、目標，金錢收益以及所需要的情報。所以，決策樹概念的發展，主要是認清「決策問題，並非由各自分離的各單獨的決策所構成，而有其前後連貫的相互連鎖影響」。認爲決策不僅係過去的決策影響現在的決策，現在的決策影響亦影響將來的決策，而且進一步認爲將來的可能決策，亦必影響現在的決策。例如一家企業目前面對的是一項重大的投資問題，就是應否與外國廠商合作，以發展高級產品。分析此項決策，可知必受該企業將來是否要自行設置研究發展單位的決策，以及能否投入足夠的人力物力以從事自行研究發展工作與其成功的機會而定。而且，由於未來的情況，總是在未定的情況下，亦即是說，將來所作的決策，尙要受到當時已知的情報（Information）的影響。決策樹卽是將決策與或有情況（Chance Event）以機率樹的方式來表達。茲舉例說明如下：

某廠爲應付日增之業務量，擬購置新設備一套以增加生產量，據市場人員估計未來數年內，市場情況持續景氣的可能性甚大，應有 .70 的機會；未來市場情況不能維持目前景氣的可能性僅有 .30 的機率。另據業務人員估計，若持續景氣，則購置新設備後因產量大增，每年可以獲得淨收益 $390,000，若不購置新設備，以加班方式應付，則僅可獲淨收益 $310,000。惟於購置新設備後若逢市場景氣消失，則因固定成本增加，則每年僅可獲淨收益 $150,000，而以加班方式應付目前之景氣，則於遭遇不景氣時，可以避免固定成本之增加，每年尚可獲淨收益 $280,000。將以上情況以決策樹圖表之如下：

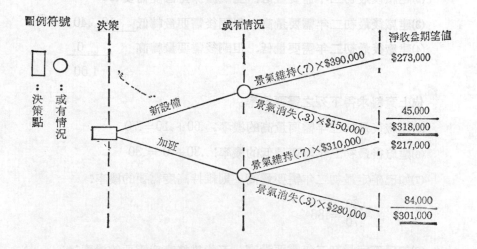

決策樹係由一群分支交叉點所構成，其中方形點為決策點，例如上圖中之待決定購置新設備或加班；圓形點，則為或有情況，例如上圖中之景氣繼續維持或景氣消失。在此決策分支圖上每一完整決策過程之後，皆有一結局，經由最末端的支叉表達出來。例如上圖中購置新設備之淨收益期望值為 $318,000；加班之淨收益期望值為 $301,000。所以，決策樹的基礎係由下列兩項所構成：

(1)決策：選擇的行動（Action）。

(2)或有情況：選擇行動後，可能發生之情況 （Event） 及其後果

(Outcome)。茲舉例說明如下：

設某公司，擬擴建工廠，其所面臨之問題爲究竟應該於目前建立一座大型工廠，或是一座小型工廠待將來再擴充。據該公司市場研究人員估計，其產品市場將能長期保持高度需要之機率爲 .6；僅能維持低度需要的機率爲 .40。並可仔細分析其需要情形如下：

(1)建廠後最初二年需要量高，並能持續保持高度需要　.60

(2)建廠後最初二年需要量低，並繼續保持低度需要 .30

(3)建廠後最初二年需要量高，但嗣後需要量轉低 .10　.40

(4)建廠後最初二年需要量低，但嗣後需要量轉高　　　0

$$1.00$$

依上資料求得下列之需要機率。

(5)建廠後最初二年需要量高的機率：.60+.10=.70

(6)建廠後最初二年需要量低的機率：.30+ 0 =.30

(7)如已確定最初二年需要量高，則維持高度需要的機率：

$$\frac{.60}{.70} = .86$$

(8)如已確定最初二年需要量高，不能維持高度需要的機率：

$$1-.86=.14$$

(9)如已確定最初二年需要量低，則維持低度需要的機率：

$$\frac{.30}{.30} = 1.00$$

該公司之財務部門人員並會同生產部門及業務部門人員，估計其成本與收益情形如下：

(1)建大廠之成本爲 $ 3,000,000。

(2)建小廠之成本爲 $ 1,300,000。

(3)建廠後因市場情況良好再擴充生產設備需另增擴充成本 $2,200,000。

(4)建大廠且有高度需要，每年將有收益 $1,000,000。

(5)建大廠但祇有低度需要，因固定成本增高，不能全部開工，每年將僅有收益 $100,000。

(6)建小廠且有高度需要，則在初期需要量高的期間中，每年可獲收益 $450,000。惟過此初期（二年期間）後由於供不應求，必有競爭者加入生產供應，將因競爭關係，使此項收益減低至 $300,000。

(7)建小廠但需要亦低，因能配合市場需要，較爲經濟，每年亦可獲收益 $400,000。

(8)先建小廠嗣後因需要高而再予擴充，因較不經濟，每年可獲收益 $700,000。

(9)小廠經擴充後，若高度需要不能維持，則將發生嚴重困難，僅有收益 $50,000。

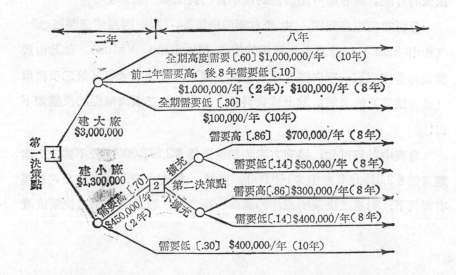

依據上述資料，可以決策樹圖表之如上（假定建廠後的初期期間長為兩年，全部計劃期間為十年）：

觀察上圖可知卽係該公司之原有資料，並無任何新增數字，惟由於決策樹圖可以較淸晰表示有關決策及其或有情形，將各項資料依序排列出來，表達其先後關連，較易瞭解情況。於運用時，企業當局應先能夠蒐集下列資料：

(1)認明各個決策點，以及每一決策點上之可行方案。

(2)認明各項或有情況，以及各項或有情況之機率及其不同之結果。

(3)估計各項有關之成本與收益資料，以及各項或有情況之成本與收益之期望值。

(4)綜合分析各項不同之可行方案，以便選擇適宜策略。

就本例言，係有兩個決策點：第一個係目前卽待決定建大廠抑建小廠；第二個係若目前決定建小廠，則二年後需決定應否擴充。至於或有情況係分為最初兩年的需要有高或低的可能，以及以後八年的需要有高或低的可能。其各種可能情況的機率皆已於上圖中表示。

分析該項建廠問題，由於有兩個決策點，故需應用"滾回概念"（Roll-back）以計算各決策點的價值（Position Value）。此乃由於該公司若作成第一項決策（建大廠抑小廠），首先須考慮其第二項決策（是否擴充）的價值。就上述資料言，計算其第二項決策點的價值如下表：

自表中計算可知，擴充方案的期望值為 $ 2,672,000，較不擴充方案期望值 $ 2,512,000 高出 $ 160,000。所以，擴充小廠，將是該公司於現有資料下，對第二決策所應作的選擇。換言之，該公司在第二決策位置

第二決策	或有情況	機率 (1)	八年期間總收益 (2)	期望值 (1)×(2)
擴　　充	高需要	.86	$700,000×8＝5,600,000	$4,816,000
	低需要	.14	$ 50,000×8＝ 400,000	56,000
			合計	$4,872,000
			減擴充費用	2,200.000
			淨利	$2,672,000
不 擴 充	高需要	.86	$300,000×8＝$2,400,000	$2,064,000
	低需要	.14	400,000×8＝$3,200,000	448,000
			合計	$2,512,000
			減擴充費用	0
			淨利	$2,512,000

的價值 (Position Value) 是值得 $2,672,000。經由此番計算，可以將上述決策樹圖中之第二決策點以期望值 $2,672,000 標示，僅餘第一決策點尚待作進一步分析。此項自後向前推算的方式，稱爲"滾回概念"。茲將消除第二決策點後之決策樹圖繪列於下：

第一決策點的價值，可以計算如下：

建立大廠：$(.60)(\$1,000,000 \times 2 + \$1,000,000 \times 8)$

$\qquad + (.10)(\$1,000,000 \times 2 + \$100,000 \times 8)$

$\qquad + (.30)(\$100,000 \times 2 + \$100,000 \times 8) - \$3,000,000$

$\qquad = \$6,000,000 + \$280,000 + \$300,000 - \$3,000,000$

$\qquad = \$3,580,000$

建立小廠：$(.70)(\$450,000 \times 2 + \$2,672,000) + (.30)(\$400,000$

$\qquad \times 2 + \$400,000 \times 8) - \$1,300,000 = \$2,400,400$

以上第一決策點之價值可以下圖表示，此圖亦爲本例決策樹圖之最後形態：

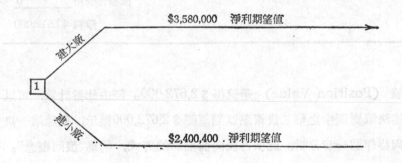

分析至此，已可明晰看出，以建大廠可獲 $\$3,580,000$ 淨利期望值，較建小廠僅獲 $\$2,400,400$ 淨利期望值爲高，自以於目前即興建大廠爲宜。

習　　題

3-1　某公司對其某項產品之下月份銷售量估計如下：

銷售量（羅）	機率
10	0.05
11	0.10
12	0.30
13	0.40
14	0.10
15	0.05

　　每一單位（羅）的售價爲10,000元，成本爲6,000元，若當月未能售出，則毫無殘值可言，試計算：

　　(1)期望利潤値表，並求最佳存貨量爲若干？

　　(2)作出機會損失期望值表，並找出其最佳存貨量？

　　(3)設於完全正確預測需要（銷售）量的情況下，作出期望利潤值表。

　　(4)找出完全情報期望值（EVPI）。

3-2　某書攤對於某雜誌的每月需求量份數估計如下：

需求量（份數）	機率
10	0.10
11	0.15
12	0.20
13	0.25
14	0.30

　　若該雜誌零售價每份20元，成本（批進價格）每份14元，試求：

　　(1)若該書攤可以將未賣出的雜誌退回，則該書攤每月應訂購幾份？

　　(2)若未賣出的雜誌不能退回，則每月應訂購幾份？

　　(3)未賣出的雜誌可以退回，則僅可收回批進價格的六成，則每月應訂購幾份？

3-3　某公司發展新產品一種，估計該新產品之單位利潤將爲10元，惟生產前必須添置生產設備500,000元，估計新產品之最初十年內之需求量如下：

需求量（單位）	機率
30,000	0.05
40,000	0.10
50,000	0.20
60,000	0.30
70,000	0.35

若該項新添置之生產設備使用年限亦為十年，則該公司應否生產此項新產品？其完全情報期望值（EVPI）為若干？

3-4 某公司發展新產品一種，估計銷路大的機率僅有 0.4，而有 0.6的機率為銷路不大。若係銷路大，則須建一大廠，費用為 800 萬元，未來利潤（已扣除建廠費用）總計約為 1,500 萬元； 若係銷路小，建一小廠費用為 500 萬元，利潤估計為 800萬元； 該公司亦可先建一小廠，若銷路良好再以450萬元擴建為大廠。

(1)試繪出此問題的決策樹形圖？

(2)該公司應如何決策？期望利潤若干？

3-5 某廠推出聖誕禮品兩種，一為標準型，一為豪華型。標準型的變動生產成本為每件10元，售價每件20元；豪華型的變動生產成本為每件20元，售價每件35元。該廠估計本年度的需求量及其機率如下：

標準型		豪華型	
需求量	機率	需求量	機率
6,000	0.3	2,000	0.2
8,000	0.7	4,000	0.8

由於聖誕禮品具有季期性，若於本年未售出，則標準型將以每件 5 元，豪華型

將以每件10元的剩餘價值售出，由於該廠生產能量頗具彈性，對此兩型產品之產量並無限制，而且由於不同所得水準的人將分別購買此兩型禮品，故就需求量及機率言，亦是相互獨立不受限制。試問該廠應生產兩型禮品各若干可獲最大期望利潤?

3-6　上題中若該廠生產能量有限制，本年中最多合計供應 10,000件，試繪出其決策樹形圖，並求該廠應生產此兩型禮品各若干可獲最大期望利潤?

3-7　前題中若該廠生產能量限制仍為 10,000件，惟消費者對此兩型禮品的需求並非獨立，下表係其聯合機率（Joint Probability）表，試繪出於此情況下的決策樹形圖，並求出其應生產此兩型禮品各若干? 所獲最大期望利潤為若干:

聯合機率表

標準型需求量（件） ＼ 豪華型需求量（件）	2,000	4,000	標準型需求量邊際機率
6,000	0.2	0.1	0.3
8,000	0	0.7	0.7
豪華型需求量邊際機率	0.2	0.8	1.0

3-8　某公司生產玩具一種，並對售出玩具作為期一年的品質保證。據統計一年內約有 5％的產品被退回修理，主要問題係該項玩具中的發條動力部分，較易出毛病。目前所使用發條每根僅需 1 元，若改用永保不斷者需每根10元。該公司對退回修理者，為顧及商譽，皆予以更換價值10元的發條，此外另需人工、郵資及處理等各項修理費用 100 元。該公司銷售經理認為每個退回修理的玩具，另需加上商譽損失成本50元。估計該公司明年度將售出該項玩具 20,000個，試求:

(1)該公司應如何決策?

(2)其完全情報期望值為何?

3-9　某公司需用大宗原料一種，其採購方式有兩種可供選用。依全年性的合約，每單位計價為 1 元；依逐月定約方式，平均價格為 0.9 元，惟如遇該項原料缺貨時，逐月定約方式採購的平均價格將爲每單位 1.5 元。該公司每年使用該項原料約 100,000 單位， 而採購人員估計該項原料的缺貨機率爲10%。該公司並曾每年化費 1,000 元作一項有關該項原料是否會缺貨的預測， 依過去20年的經驗，此項預測的實際結果如下：

過去20年預測與實際情況比較表

實際＼預測	正　常	缺　乏	總　計
正　常	15	3	18
缺　乏	0	2	2
總　計	15	5	20

試繪製決策樹形圖，並決定該公司是否應繼續每年化費 1,000 元作此項預測？其最低成本期望值爲若干？

3-10　某項產品的每天銷售量已知爲一平均數等於20件，標準差等於 6 件的常態分配，試求：

(1)於一天內銷售量低於15件的機率爲若干？

(2)於一天內銷售量介於15件至25件的機率爲若干？

(3)於一天開始時應準備若干件存貨，方可維持缺貨的機率小於百分之十？

3-11　某廠考慮擴充設備，需投資 1,000,000 元。 估計此項投資的平均收益爲 1,500,000元； 收益少於 800,000元或多於 2,200,000 元的機率各爲百分之五十。若以上收益均係已減去投資1,000,000的淨額，試求：

(1)該公司應否擴充設備？

(2)其完全情報期望值（EVPI）爲若干？

3-12　某公司擬推出新產品一種，該項新產品之固定生產成本爲一年 $10,000,變動成本爲每個$10，售價每個$20，預測可年銷1,000個，若需求量係爲標準差等於150個的常態分配，試問：

(1)至少須銷售若干個一年始損益平衡?

(2)若推出此項新產品，其期望利潤爲若干?

(3)若推出此項新產品，其期望損失爲若干?

(4)其期望毛利 (Expected Gross Profit) 爲若干?

3-13 某項產品進貨成本6元，售價8元，其需要情形，依過去90天資料如下

每天銷售數量	天數
100件	9天
101	18
102	45
103	18

試問:

(1)每日進貨103件時，第103件的邊際收益與邊際損失各爲若干? 是否應準備此第103件的存貨?

(2)每日應準備存貨若干件?

3-14 某公司其平均每日銷售數量爲100件，標準差爲15件，每件進貨成本10元，售價12元，若該件當日未能出售，可獲殘值2元，其最佳每日庫存水準爲若干件? 若殘值爲5元，其庫存水準應爲若干?

3-15 某公司產銷產品一種，單位售價每件10元，每件變動生產成本6.6元;固定成本攤入此項產品者，每年235,000元。該公司業務經理估計，該項產品年銷量平均可達145,000件，標準差爲25,000件，試問:

(1)明年度該公司之利潤期望值爲若干?

(2)該公司明年度發生虧損 (就此項產品產銷言) 機率爲若干?

(3)明年度產銷此項產品可獲利60,000元至100,000元的機率爲若干?

(4)明年度產銷此項產品會發生虧損150,000元或更多的機率爲若干?

3-16 某公司發展成功新產品一種，須決定就此項產品建立一小廠或大廠，以

供應需要，估計該項產品的壽命週期為10年。

據分析，最初 2 年的需要可能很高，惟若多數顧客發覺此項產品不適合，將可能發生以後 8 年內的低度需要局面。惟最初 2 年的高度需要，亦可能表示未來 8 年內的高度需要，如該公司原先係建一小廠，並於此時未能及時予以擴充為大廠，則將有新競爭者加入，填補供應，使利潤減低，該廠若於目前即建大廠，則以後將無法縮小，必須維持10年，建小廠則可於兩年後俟機擴充為大廠，或一直維持小廠。估計該項產品之需要情形如下：

情況：	機率：
(1)最初 2 年高需要，以後 8 年維持高需要	.6
(2)最初 2 年高需要，以後 8 年轉為低需要	.1
(3)最初 2 年低需要，以後 8 年維持低需要	.3
(4)最初 2 年低需要，以後 8 年轉為高需要	0

該廠成本及利潤資料如下：

(1)建大廠並有高需要，可年獲淨利1,000,000元。

(2)建大廠而逢低需要，將年獲淨利100,000元。

(3)建小廠而不擴充，遇低需要，可年獲淨利200,000元。

(4)建小廠，最初兩年遇高需要，可年獲淨利 450,000 元。若高需要繼續下去，而小廠未予擴充，則以後 8 年每年獲利將至300,000元。

(5)建小廠，因最初兩年遇高需要而予以擴充，則以後 8 年每年可獲淨利700,000元。

(6)建小廠，並經擴充，惟以後 8 年係轉為低需要，此 8 年可年獲淨利將僅為50,000 元。

(7)建大廠需建廠資金3,000,000元。

(8)建小廠需建廠資金1,300,000元。

(9)建小廠後於 2 年後予以擴充，需擴建資金2,200,000元，試就上列資料，繪製決策樹形圖，並分析最佳決策。

3-17 某公司發展成功新產品一種，估計每年平均銷售量為 4,000 件，每件售價5元，每件變動成本1.5元，每年固定成本1,750元。惟該公司估計其銷售將成為一項極為接近常態分配情況，其標準差估計為150件，試問：

(1)應銷售若干件可獲損益平衡（收益與成本相抵）？

(2)此項新產品的預期利潤（Expected Profit）為若干？

(3)此項新產品的預期損失（Expected Opportunity Loss）為若干？

(4)其期望總利潤（Expected Gross Profit）為若干？

第四章　利量分析及資本支出決策

企業決策莫不與成本、產銷數量及利潤有關，故對於成本、數量及利潤分析（Cost, Volume, Profit Analysis）或簡稱利量分析的瞭解，將十分有助於作業研究之靈活運用，例如討論存量控制（Inventory Control）必涉及存貨成本的性質，其他甚多作業研究的課題亦莫不與成本、數量及利潤有關。本章將就利量分析的重要概念及應用予以扼要說明，作為進一步討論以後各章的基礎。

一、利量分析

（一）成本的直接性與變動性

企業為計算其所製造的產品成本或所提供的服務成本，需將企業的各項成本開支，作各種歸屬與彙總。所謂直接成本即是在歸屬成本時，能直接指認其所歸屬的對象，例如製造木椅所用的木料，可以指認其歸屬於何批木椅產品；又如運輸公司所用車輛油料，亦可以將其歸屬於何趟運輸作業。至於間接成本，即是在歸屬成本時，不易直接指認其所歸屬的對象，例如廠長的薪金，廠房折舊等項，皆無法指認其歸屬於何批產品，而僅能按某項比例予以分攤入各批的產品成本或各次的服務成本中。

企業的各項成本費用，亦可自另一角度予以分析，即是觀察其是否隨生產數量或業務量的增減而有所增減。所謂固定成本，即是所發生之成本費用，與生產量或業務量的多寡無關，例如企業內多數員工的薪金，廠房及設備的折舊，基本的動力及水費等項，於現有的設備能量情形下，無論產量多少，往往其成本開支爲不變者。換言之，每日生產量或業務量盡有不同，而若干項目之每日開支則係固定發生，此卽屬於固定成本。 至於變動成本， 係指隨產量或業務量之增減而增減之成本開支。例如直接材料成本，係隨生產數量之多寡而耗用，若生產一套木製傢俱需用一百才木料，則生產十套傢俱卽需一千才木料，隨生產量而增減。

　　固定成本雖係企業之固定開支，而與其產量或業務量無關，惟若將此項固定成本分攤至單位產品或服務單位時，卽成爲變動的了，而與數量（Volume）成反比變動，例如：

每月固定成本開支	每月產量	每單位產品分攤額
$100,000	1,000件	$100/件
$100,000	2,000件	$ 50/件
$100,000	4,000件	$ 25/件

　　自上例可知該企業每月固定成本開支 $100,000， 不隨產量之增減而有所變動，惟此 $100,000 分攤至產品時， 由於產量之變動， 而致每單位產品所分攤或負擔之固定成本不等。

　　同理，變動成本的所謂變動，係指其隨產量而變動，不同產量時其成本亦隨之不同，惟就單位產品或服務單位言，其分攤額又成爲固定的了， 而與數量無關， 例如每件產品之直接材料成本爲 $100，則生產 1,000 件需耗用材料 $100,000； 生產 2,000 件需耗材料 $200,000； 生產 4,000 件需耗材料 $400,000， 係屬變動成本，惟就單位產品言，其每件之直接材料成本皆爲 $100，不隨產量之變化而有所增減。

　　成本之劃分爲固定與變動，於企業決策分析上極爲重要，舉凡成本計算，損益分析，成本差異分析等以及其他甚多管理決策，皆有賴於對於成本的變動性的把握。惟事實上，成本之變動並不一定與產量成同比例的變化，換言之，有所謂半變動成本，此乃由於此類成本多半有一固定的基數，除此固定部分外，尚有部分係隨數量而增減的變動部分。惟此項分析之重要概念，即在把握成本之變動性，於基本上並無相異之處。此外宜注意者，此處所謂產量，可指生產數量，銷售量，業務量，工作量等項表達企業之活動（Activity）量，不一定爲生產量。

（二）邊際貢獻

　　設某公司之產品售價每件 $10；每件產品之變動成本爲 $5（即每增加一件產品之生產，將增加 $5 成本）；該公司每月之固定成本開支爲 $30,000，則可列表說明其產銷量與成本及利潤之關係如下：

成本及利潤	產　　　銷　　　量（件）		
	5,000	6,000	7,000
產銷收入	$50,000	$60,000	$70,000
變動成本總額	25,000	30,000	35,000
固定成本	+30,000	30,000	30,000
總成本	55,000	60,000	65,000
利潤	$(5,000)	0	$5,000
	損失	損益平衡	利潤

　　自上表可知，該公司若某月產銷量爲 5,000 件將發生虧損 $5,000；若能產銷 6,000件將可維持平衡（無盈虧）；若能產銷 7,000件，則可獲利 $5,000。若分析上述盈虧之發生，即可發現其由來係由於銷售所獲

之邊際貢獻（Marginal Contribution）能否超過（或收回）固定成本而定。所謂邊際貢獻，即係單位售價減去變動成本之淨額。就上例言即係

單位售價	$ 10
減：變動成本	5
邊際貢獻	$ 5

　　由於邊際貢獻係售價減去變動成本後之淨額，若此項淨額為正，則表示尚可有能力收回固定成本，若能進一步將固定成本全部收回，則再銷售之部分，其所獲邊際貢獻即成為淨利；惟若邊際貢獻為負數，則表示出售一件產品將不足抵付為產銷該件產品之變動成本，自不應從事此項產銷工作。由上分析可知，若邊際貢獻為負，則不應從事生產；若邊際貢獻為正，則已可收回變動成本，並可開始收回固定成本；若產銷數量夠多，而能將固定成本全部收回，則已開始獲得利潤；若產銷數量愈多，則其所獲利潤亦愈大。就上例言，其邊際貢獻為每件 $ 5，若產銷5,000件，則可獲貢獻總額（Total Contribution）$ 25,000，尚不足收回固定成本 $ 30,000，其不足部分 $ 5,000 即為虧損額。若產銷達 6,000件，則可獲貢獻總額 $ 5 × 6,000 = $ 30,000，恰可收回固定成本，故達損益平衡（Break-even）而無盈虧。若產銷達7,000件，則可獲貢獻總額 $ 5 × 7,000 = $ 35,000 除可收回全部固定成本 $ 30,000外，尚可有利潤 $ 5,000。從上分析可知盈虧之發生，係視經由產銷所獲得之貢獻總額，能否超過或收回固定成本而定。由於貢獻總額之高低，係視每單位產銷之邊際貢獻之多寡，以及產銷數量之多寡兩項而定；而利潤之高低，又視固定成本及貢獻總額兩項之多寡而定。所以，利潤、產量、成本三者間之關係，為企業決策者所不能忽視。

　　仍就上例資料： 售　　價：每件 $ 10

變動成本: 每件 $ 5

固定成本: 每月 $ 30,000

可繪損益平衡圖 (Break—even Chart) 如下:

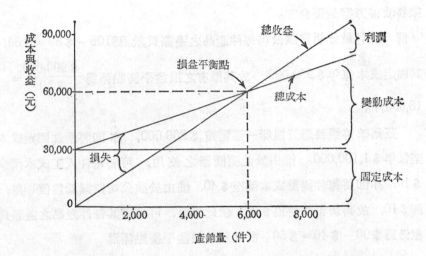

設 x = 產銷量（件）

　　v = 變動成本

　　p = 售價

　FC = 固定成本

則　p・x = FC + v・x

移項整理得　$x = \dfrac{FC}{p-v} = \dfrac{\text{固定成本}}{\text{邊際貢獻}}$。

就本例資料代入　$x = \dfrac{\$ 30,000}{\$ 5/\text{件}} = 6,000$件

產銷量為6,000件時，可達損益平衡。

（三）應用例示

例一 某公司產銷產品一種，其每件之直接材料、人工等變動成本 $50；每件售價 $100；每年固定成本 $900,000。茲為改善業務，正研擬購置機器一部，每年需費固定成本 $200,000，惟可節省製造人工每件 $10；此外該公司並擬同時減低售價10%以推廣業務，試評估該公司之業務改善方案是否合宜。

解 就利量分析言該公司每件產品之邊際貢獻為$100 - $50 = $50；其固定成本每年 $900,000，故其原有之損益平衡點係為 $\dfrac{\$900,000}{\$50}$ = 18,000件。

茲為改善業務購置機器一部需費 $200,000，亦即將增加固定成本至每年 $1,100,000。惟由於此項機器之使用，可將每件人工成本減少 $10，亦即將每件變動成本減至 $40，惟由於該公司擬減低售價10%，即 $10，故其新售價將為 $90，依此資料，可求得其每件產品之邊際貢獻仍為 $90 - $40 = $50。故其新的損益平衡點係為

$$\frac{\$1,100,000}{\$50} = 22,000件$$

較原有之損益平衡點提高4,000件。新方案需業務量達22,000件方始維持平衡，而原有情況僅需業務量 18,000件即可維持平衡。

此外假設該公司原有業務量為每年 24,000件，則其每年可獲貢獻總額為 24,000件 × $50/件 = $1,200,000。減去固定成本 $900,000後，尚有淨利 $300,000。茲若採用新方案，並可將業務量增至每年27,000件，則其每年可獲貢獻總額為 27,000件 × $50/件 = $1,350,000，減去固定成本 $1,100,000後，尚有淨利 $250,000。將較有獲利為少，自屬不利，故不應採用新裝機器及減價10%的方案。就本例言，該公司即使不同時採行減價策略，其結果亦不佳。由於新機器將使每年固定成本增至

$1,100,000，惟因人工成本減低，可使每件產品之邊際貢獻增爲 $100

$- \$40 = \$60$，故其損益平衡點將位於 $\dfrac{\$1,100,000}{\$60} = 18,333$ 件。亦較原

有之損益平衡點 18,000 件爲高，需更多業務量方能獲同樣結果。惟若減價策略可使業務量增至 28,000 件以上，例如可增至 30,000 件，則此項新方案係屬有利，因此時之貢獻總額將爲 30,000 件 × $50/件 = $1,500,000，減去固定成本 $1,100,000 後，尚有淨利 $400,000，較原有淨利潤 $300,000 爲高。

　　自上分析可知，可依各項估計情況，予以評估其獲利能力，以爲策略決擇之參考。

　　例二　多數企業產銷產品不祇一種，本例除說明各種產品之利量分析外，並將評估改變產品組合（Product Mix）策略的可行性：某企業產銷桌子、椅子、書架三種產品，其過去三年之平均銷售資料如下：

產品	每件售價	平均每年銷售金額	銷售額比例
桌子	$500	$1,000,000	20%
椅子	200	2,500,000	50%
書架	800	1,500,000	30%
		$5,000,000	100%

　　該公司每年固定成本爲 $1,000,000；每件產品之單位變動成本如下：桌子爲 $400；椅子爲 $140；書架爲 $620。該公司正研擬改善業務，增加產銷櫃子，配合廣告，希望能推動及爭取一些整套傢俱之銷售業務。該公司估計，此項新業務方案，每年需增加廣告費用 $200,000 外，固定成本將無變動。該公司市場部門人員估計，於新增櫃子銷售業務後，其產品組合變動，新估計之銷售資料如下：

產品	每件售價	平均估計每年銷售金額	銷售額比例
櫃子	$1,000	$1,400,000	20%
桌子	600	1,600,000	23%
椅子	250	2,200,000	31%
書架	800	1,800,000	26%
		7,000,000	100%

　　該公司成本部門人員並估計為配合新的業務方案，各項產品之設計皆有改進，故每件產品之單位變動成本亦有調整，新產品組合下各產品之單位變動成本如下：桌子為 $420；椅子為 $160；　書架 $624；櫃子為 $600。

　　以上係該公司為改善業務，變動產品組合（增加新產品），推動新業務（推廣整套傢俱銷售業務）以及改進產品設計的有關銷售與成本方面的資料。此項新業務計劃是否有利，需作進一步分析如下：

　　由於該公司產品不止一種，故需先計算每種產品之邊際貢獻比例，再求得該公司每元銷售金額可獲的邊際貢獻額。茲先列表計算原有產品組合的每元銷售金額的邊際貢獻：

產品	售價 （Ⅰ）	變動成本 （Ⅱ）	邊際貢獻 （Ⅲ）=（Ⅰ）-（Ⅱ）	邊際貢獻比例 （Ⅳ）=（Ⅲ）/（Ⅰ）	銷售額 比 例 （Ⅴ）	每元銷售額 邊際貢獻 （Ⅳ）×（Ⅴ）
桌子	$500	$400	$100	.20	20%	.04
椅子	200	140	60	.30	50%	.15
書架	800	620	180	.23	30%	.07
						.26

　　由於該公司目前之每年平均銷售額為 $5,000,000，故其年獲利潤為

$$\underbrace{\$5,000,000 \times .26}_{\text{貢獻總額}} - \underbrace{\$1,000,000}_{\text{固定成本}} = \underbrace{\$300,000}_{\text{利潤}}$$

其損益平衡時之銷售金額為

$$\text{損益平衡} = \frac{\text{固定成本}}{\text{每元銷售額邊際貢獻}} = \frac{\$1,000,000}{.26} = \$3,846,000$$

該公司需有年度銷售額 $3,846,000方能維持損益平衡。

茲再就該公司之新業務方案資料，列表計算其新的產品組合的每元銷售金額的邊際貢獻：

產品	售價 (Ⅰ)	變動成本 (Ⅱ)	邊際貢獻 (Ⅲ)−(Ⅰ)=(Ⅱ)	邊際貢獻比例 (Ⅳ)=(Ⅲ)/(Ⅰ)	銷售額比例 (Ⅴ)	每元銷售額邊際貢獻 (Ⅳ)×(Ⅴ)
櫃子	$1,000	$600	$400	.40	20%	.08
桌子	600	420	180	.30	23%	.07
椅子	250	160	90	.36	31%	.11
書架	800	624	176	.22	26%	.06
						.32

由於該公司估計新產品組合下之銷售額將增至 $7,000,000，故其估計每年獲利將為 $7,000,000×.32− $1,200,000= $1,040,000，上式中固定成本增加 $200,000 係由於廣告費增加之故。依此分析，可知其年利潤可達 $1,040,000，較原有利潤 $300,000高出甚多，自是有利。此外,於業務計劃下之損益平衡時之銷售金額為 $\dfrac{\$1,200,000}{.32} = \$ \ 3,750,000$ 亦較原有產品組合額為低，亦係有益。故宜考慮採取新計劃。

例二　某企業產銷木製玩具，所用設備極為簡陋，以手工為主，故產品之直接人工成本較高，每件變動成本為 $20，但由於設備簡單，其每年所負擔之設備固定成本（如設備折舊、維護、操作等費）僅為

$100,000。該企業爲改善業務，擬購置設備以增加生產，目前係有半自動化設備及全自動化設備兩項可供選擇購用。全自動設備購價甚高，故其每年攤提之設備固定成本將增至 $1,000,000，惟由於人工成本減低，其每件變動成本僅有 $5；半自動設備則購價較廉，其每年負擔之設備固定成本將爲 $400,000，其每件產品之變動成本則爲 $10。依據以上資料，可繪製下列固定成本及變動總成本圖：

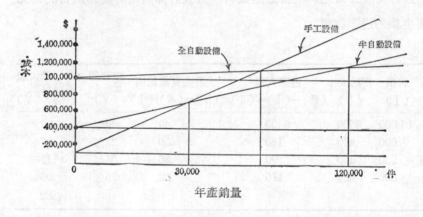

觀察上圖可知，若該公司年產銷量在30,000件以下，則以手工設備的成本最低；若年產銷量介於30,000件至120,000件間，則以使用半自動設備的成本最低；若年產銷量可達 120,000 件以上，則以購置全自動設備爲宜，而有最低成本。

例四 企業界另一項常遇到的問題，係產品零件之自製抑外購的決策。製造業常需耗用大量零件，配件及組件等項材料，此等材料，究竟應由本廠自製供應，抑宜向他廠採購供用，其決定因素甚多，惟就成本與數量觀點言，可以利量分析法予以評估。例如某廠每年需用某項零件爲數甚多，其目前向外購買單價係每件 $100，惟該廠工程人員估計，若將此項零件改由本廠自製供應，則需添購機器設備一套，每年將增加負擔該項設備之固定成本 $ 120,000。此外，自製零件之每件直接成本，包括直接材料、人工、製造費用等項為每件 $ 40；若該零件之製造將不致引起該廠其他費用之增加，則是否宜繼續外購或改由自製供應，亦可用下例之繪圖予以分析：

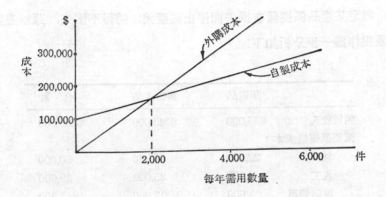

觀察上圖可知，若該廠每年需用數量係在 2,000 件以上，則自製零件成本將較外購零件成本為低；若年耗用量不足 2,000 件，則仍以外購成本較低。

例五　某公司企劃部門分析人員，就公司之財務資料作分析，發現該公司之某項產品係在虧損情形下銷售，故擬考慮應否停止產銷該項產品。據初步分析該產品之損益情形如下：

	某產品	其他產品	合　計
銷售收入	$35,000	$145,000	$180,000
減：銷貨成本	28,000	90,500	118,500
營業費用	9,000	33,000	42,000
	($2,000)	$21,500	$19,500

上表所示數值，顯示某產品係虧損 $2,000。惟在進一步分析後，
發現某產品所負擔之銷貨成本與營業費用中，有若干係屬固定成本。換
言之，若將某產品停止產銷，此項固定成本仍將不能避免，則必將轉嫁
由其他產品負擔，勢將減低其他產品之目前營利能力。故該公司之主要
問題係在如何減低其固定成本，以 提 高產品之獲利性。若純以上述資
料，判定某產品係經營有損失而停止其產銷，將得不償失，茲以邊際貢
獻觀點作進一步分析如下：

	某產品	其他產品	合　計
銷貨收入	$35,000	$145,000	$180,000
減產品變動成本：			
材料	22,000	28,000	50,000
人工	4,000	35,000	39,000
製造費用	600	17,200	17,800
營業費用	2,500	19,000	21,500
合計	$29,100	$99,200	128,300
邊際貢獻	$ 5,900	$45,800	$51,700

由上分析可知該公司所有產品之邊際貢獻為 $51,700，其中 $5,900
係由某產品所提供者。換言之，某產品對於該公司固定成本之分攤仍有
其相當貢獻，除非能發展新產品，提高其邊際貢獻，若單純以某產品係
虧損為由，而停止該產品之產銷，將白白損失 $5,900 邊際貢獻，使所
有固定成本由其他產品分攤，其結果將減少 $5,900之淨利。

二、資本支出決策

企業所面臨的許多重大決策問題中，資本預算的決策係為其中的主

要問題，例如廠房的興建，機器設備的購置，機器設備的重置與更新等皆是。有關資本支出或投資的決策問題，必須要考慮到期初投資以及將來各期間的投資和費用開支所能帶來的收益。此等支出與收益的時間，可能延續相當長的期間，故又須考慮到由於時間因素而產生的利息問題。本節將先說明有關的利率因子，然後再說明其於選購設備及重置更新方面的應用。

（一）利率因子

設下列符號之意義為：

i：利率

n：計息期間數

P：期初金額

S：期終金額

A：年金

1.複利終值

例如某人將 $10,000 投資於某事業，其年報酬率為 6%，則經過一年時間的期終金額將為

$$S = P + P \cdot i = P(1+i)$$
$$= \$10,000 \times (1.06) = \$10,600$$

若此人並不提取其投資利息，仍將此 $10,600 繼續投資該事業，則其第二年之期終金額將累積至

$$S = [P(1+i)](1+i) = P(1+i)^2$$
$$= (\$10,600)(1.06) = \$10,000(1.06)^2$$
$$= \$11,236$$

同理，在第三年之期終金額為：

$$S = P(1+i)^3$$

在第 n 年之期終金額爲

$$S = P(1+i)^n \quad \text{......①}$$

上式中 $(1+i)^n$ 項，稱爲複利終值因子 (Single Payment Compound Amount Factor)，以符號表之爲 (SCA−i−n) 例如(SCA−6%−3) 卽表示爲年利率 6 %，3 年期複利終值之利率因子，於附表三中可查得該因子等於1.191，亦卽

$$(SCA-6\%-3)=(1+.06)^3=1.191$$

2. 複利現值

現值 (Present Value) 的概念，恰與上述之終值相反，係已知 S、i、n 求 P 值。吾人已知

$$S = P(1+i)^n \quad \text{......①}$$

移項得

$$P = \frac{S}{(1+i)^n} = S\left[\frac{1}{(1+i)^n}\right] \quad \text{......②}$$

上式中 $\left[\dfrac{1}{(1+i)^n}\right]$ 項，稱爲複利現值因子 (Single Payment Present Value Factor)，以符號表之爲(SPV−i−n)，亦可於附表三中查得。例如某事業之年投資報酬率爲10%，某君擬於投資五年後，可獲得本利 $ 10,000，則於現在應投資若干元。依上式可知 P = $ 10,000 × (SPV−10%−5)，查表得 (SPV−10%−5) 係等於 0.6209，代入上式得

$$P = \$ 10,000 \times 0.6209 = \$ 6,209$$

故需於目前投資 $ 6,209。

3. 年金終值

所謂年金係按期的等額支付，亦稱爲等額定期支付 (Uniform Periodical Payment)。而年金終值 (Uniform Series Compound

Amount Factor) 係計算定期等額支付的終值，發生於複利期間的期末。由於最後的支付亦係於期終爲之，故該期卽無利息，次於最後一期的支付金額，則僅有一期的利息收益，最先支付的金額，則有 $n-1$ 期的利息。故可列出其關係式如下：

$$S = A + A(1+i) + A(1+i)^2 + \cdots\cdots + A(1+i)^{n-1} \cdots (i)$$

兩邊各乘以 $(1+i)$

$$S(1+i) = A(1+i) + A(1+i)^2 + A(1+i)^3$$
$$+ \cdots\cdots + A(1+i)^n \cdots\cdots\cdots\cdots (ii)$$

將第 (ii) 式減去第 (i) 式，得

$$S(1+i) - S = A(1+i)^n - A$$

移項整理得

$$S = A\left[\frac{(1+i)^n - 1}{i}\right]\cdots\cdots\cdots\cdots\cdots\cdots③$$

上式中之 $\left[\dfrac{(1+i)^n - 1}{i}\right]$ 項，稱爲年金終值因子，亦可以符號 (UCA$-i-n$) 表之。其數值亦可自附表三中查得。

4. 償債基金

若將第③式移項，將A移至等號左邊，亦卽已知S，求A：

$$A = S\left[\frac{i}{(1+i)^n - 1}\right]\cdots\cdots\cdots\cdots\cdots\cdots④$$

上式中之 $\left[\dfrac{i}{(1+i)^n - 1}\right]$ 項，稱爲償債基金因子 (Sinking Fund Deposit Factor)，以符號表之爲 (SFF$-i-n$)，其數值亦可於附表三中查得。

例如某公司爲籌款歸還將於 10 年到期之借款 $300,000，特設立償債基金，每年提存一定金額，以備到期償債。如年利率爲10%，每年計

息一次，則於十年終了時，可獲得 $300,000 償債基金的每年提存金額
應爲

$$A = \$300,000 \times (SFF-10\%-10)$$

$$= \$300,000 \times .06275 = \$18,825$$

亦即每年應提存 $18,825，以備於十年後可獲 $300,000 償還債務。

5.資本回收

若將第④式中之年金終值 S，改以現值表示，亦即以 $S = P(1+i)^n$
代入第④式，可得：

$$A = P(1+i)^n \left[\frac{i}{(1+i)^n-1} \right] = P \left[\frac{i(1+i)^n}{(1+i)^n-1} \right] \cdots ⑤$$

上式中之 $\left[\dfrac{i(1+i)^n}{(1+i)^n-1} \right]$ 項，稱爲資本回收因子 (Capital Reco-
very Factor)，以符號表之爲 (CRF$-i-n$)，其數值亦可於附表三
中查得，此因子爲資本預算決策中較常用的利率因子。例如某公司擬購
一項設備，需目前一次投資現金 $100,000，期間十年，期末無殘值，若
該公司之政策規定其所從事之資本預算報酬率，不得低於年利率10%，則
於此十年間，每年至少應因購置此項設備而增加若干利潤，方屬有利？
本問題卽係期初投資係已確定，爲達旣定利率，於一定期間內，每年應
收回若干。

由於該設備無期末殘值，故可逕依第⑤式，查附表三得

$$A = \$100,000 \times (CRF-10\%-10)$$

$$= \$100,000 \times .16275 = \$16,275$$

卽每年至少應有 $16,275 的淨益，始可獲得10%的預期年利率，收
回投資金額 $100,000。

6.年金現值

將第⑤式中之 P 移項至等號左端，即得

$$P = A\left[\frac{(1+i)^n - 1}{i(1+i)^n}\right]$$

上式中之 $\left[\frac{(1+i)^n - 1}{i(1+i)^n}\right]$ 項，稱爲年金現值因子(Uniform Series Present Value Factor)，以符號表之爲 (UPV−i−n)，其數值亦可查閱附表獲得，例如有某項設備，其使用年限爲十年，十年後並無殘值，惟知該設備，每年可獲收益 $1,000，若依年利率 10% 計算，則該設備的現值爲若干？本例可逕應用年金現值因子公式求解：

$$P = A(UPV-10\%-10)$$
$$= \$1,000 \times 6.144$$
$$= \$6,144$$

亦即該設備的現值，依其收益能力計算爲 $6,144，故購買此設備之代價，以年利率10%爲計算收益能力要求標準，不應超過 $6,144。

以上所述各項利率因子，可列表整理如下：

利率因子	公式符號	已知	求解
複利終值	S = P(SCA−i−n)	P	S
複利現值	P = S(SPV−i−n)	S	P
年金終值	S = A(UCA−i−n)	A	S
償債基金	A = S(SFF−i−n)	S	A
資本回收	A = P(CRF−i−n)	P	A
年金現值	P = A(UPV−i−n)	A	P

茲舉例以說明利率因子的應用：

例一 某廠設備係使用柴油為燃料，茲為節約能源，擬改用天然瓦斯為燃料，據估計此項改裝工程包括材料與人工各項成本開支在內，需增加投資 $1,500,000，惟改裝後每年可節省燃料開支 $260,000。試求該項設備，至少需還能使用幾年，方始值得進行使用此項改裝，（以企業之資金成本或其期望投資年報酬率15%為評估標準）？

解 依題意可知：i＝15%；P＝$1,500,000；A＝$260,000，求 n 為若干年。

應用資本回收因子公式可列式：

$$A = P(CRF-i-n)$$

即　$260,000 ＝ $1,500,000(CRF-15%-n)

因 n 係未知，故需查表找出當 n 為某值時，所獲 (CRF-15%-n) 值與 $1,500,000 相乘後，恰等於 $260,000。換言之

$$(CRF-15\%-n) = \frac{\$260,000}{\$1,500,000} = 0.17333$$

查表得 n＝14時，(CRF-15%-14)＝0.17469

　　　n＝15時，(CRF-15%-15)＝0.17102

可知 0.17333 係介於上述兩值之間，亦即 n 係介於14年至15年之間。故此項設備至少約需可再耐用或可經濟使用約15年，方始值得進行此項改裝。

例二 某企業為調度資金，發行定額公司債券，面額 $100，於五年後可十足兌付，某君若以現金 $50 購進，則該債券之年利率為若干？

解 依題意，可知 n＝5，P＝$50，S＝$100　求 i＝?

依複利終值因子公式　S＝P(SCA-i-n)

$$\therefore (SCA-i-n) = \frac{S}{P} = \frac{\$100}{\$50} = 2$$

查表得知 (SCA−15%−5)＝2.011

故知其實際年利率約爲15％。

例三　前章曾說明決策樹概念，並以興建大廠或建小廠爲例說明，經計算分析後係以建立大廠爲較佳決策。如將未來的收入與成本之時間因素亦予以併入考慮，則 需 將 現在的成本和收入與已折算成現在價值（Present Value）的次一階段的成本和收入相比較，如此方可將兩項不同之方案，置於可比較的基礎。

仍以前例第二決策點爲出發點，並將以前計算所得之數字，現金收益與期望值，皆加以折扣（按年利率 8％），可得下表：

決策與或有情況	收　益	現　值
擴充、高需要	每年 $700,000計 8 年	$4,100,000
擴充、低需要	每年　50,000計 8 年	300,000
不擴充、高需要	每年 300,000計 8 年	1,800,000
不擴充、低需要	每年 400,000計 8 年	2,300,000

折扣後之期望值（Dicounted Expected Value）如下表：

決　策	或有情況	機率	現　值	折扣後期望值
擴充	高需要	0.86	$4,100,000	$3,526,000
	低需要	0.14	300,000	42,000
			合計	$3,568,000
			減投資	2,200,000
			淨額	$1,368,000
不擴充	高需要	0.86	$1,800,000	$1,548,000
	低需要	0.14	2,300,000	322,000
			合計	$1,870,000
			減投資	0
			淨額	$1,870,000

依上計算， 係以 $1,870,000 較高， 故第二決策點之價值設爲 $1,870,000。第一決策點之分析，可作下表:

決 策	或有情況	機率	收　　　益	現　　值	期望現值
建大廠	高需要	0.6	每年 $1,000,000十年	$6,700,000	$4,020,000
	先高後低	.10	每年 $1,000,000二年	2,400,000	240,000
			每年 $ 100,000八年		
	低需要	.30	每年 $ 100,000十年	700,000	210,000
					$4,470,000
				減投資	3,000,000
				淨額	$1,470,000
建小廠	高需要	.70	每年　$450,000二年	$ 860,000	$ 600,000
			第二決策點價值$1,870,000	1,530,000	1,070,000
	低需要	.30	每年　$400,000十年	2,690,000	810,000
					$2,480,000
				減投資	1,300,000
				淨額	$1,180,000

可知仍以建大廠可獲較高利益。

(二) 等值年成本

所謂等值年成本 (Uniform Annual Cost 簡稱 UAC) 係爲達成某項作業 (Operation)， 每年所化費之等值平均年成本， 可作爲分析選購設備成本的比較基礎。 一般言， 一項設備包括兩項主要的成本開支: (1)平均每年所費之操作與修護費用; (2)購置設備之資本支出。等值年成本卽係將購置設備之資本支出，運用資本回收因子，予以分攤入每年的費用開支中，而獲得一項以年度爲基礎的等值年成本，茲舉例說明如下:

例一 某廠生產產品一種， 係以手工製造爲主， 每年開支薪金、 獎金、福利等項人事費用計＄8,200,000，該廠擬改進業務，節省製造成本，擬購置機器一套，以減少雇用人工。據估計購置機器需費＄15,000,000，但可將每年人事費用減低至＄3,200,000，惟使用機器需另增燃料、修獲等項費用合計每年需＄1,800,000。該機器估計可使用十年，並無殘值。若該企業之要求獲利水準爲10％年利率，則此項改進方案是否可行，可列表比較如下：

等值年成本比較表 (UAC)

甲案：手工操作	
人事費用	$8,200,000
乙案：機器作業	
人事費用	$3,200,000
機器投資年成本：$15,000,000(CRF－10%－10)	2,441,000
燃料與修護等費	1,800,000
	$7,441,000

以上兩案比較，自以改採機器操作有較低成本。

例二　若所購置設備具有殘值（L），則設備之年成本或資本回收應爲：資本回收年成本＝(P－L)(CRF－i－n)＋Li。上式中資本回收部分僅爲P－L，這是因爲在期間末，尙有殘值可以取回，並非完全耗完。至殘值部分僅爲利息負擔，於期末可以收回，所損失者僅資金之積壓。例如某企業擬購買生產設備一套，計有A，B兩種型式可供選擇，其生效能相同，惟使用年限及成本不一：

項　　目	A 型	B 型
使用年限	20年	40年
購　　價	$ 50,000	$120,000
期末殘值	10,000	20,000
每年操作與修護費	9,000	6,000

　　若假設該企業於其他投資之報酬率爲 8 %, 則

A 型設備之等值年成本爲:

投資回收＝($ 50,000 － $ 10,000)(CRF－8%－20)＋ $ 10,000(.08)

　　　　　＝ $ 40,000(.10185)＋ $ 10,000(.08)

　　　　　＝ $ 4,074＋ $ 800＝ $ 4,874

加: 操作與修護費用　　　　　9,000

　　UAC$_A$　　　　　　　　$ 13,874

B 型設備之等值年成本爲

投資回收＝($ 120,000 － $ 20,000)(CRF－8%－40)＋ $ 20,000(.08)

　　　　　＝ $ 100,000(.08386)＋ $ 20,000(.08)

　　　　　＝ $ 8,386＋ $ 1,600＝ $ 9,986

加: 操作與修護費用　　　　　6,000

　　UAC$_B$　　　　　　　　$ 15,986

　　依上計算, 可知以選購 A 型設備有較低成本。

　　例三　若包括收益及不等金額等項情況, 亦係同樣的計算分析。例如某企業爲改善經營, 擬採用較新式機器作業, 計有 K 型與 J 型兩種可供選用, 其成本與收益資料如下 (設該企業之資金運用成本爲 10 %年利率):

　　K 型: 購置成本 $80,000, 可使用 4 年, 期末無殘值, 每年需操

作、修護、管理等項費用 $ 32,000，使用後估計每年可獲收益 $ 55,000。

J 型：需購置成本 $ 100,000，可供使用 6 年，期末可獲出售殘值 $ 10,000，其每年獲收益估計亦爲 $ 55,000，惟其操作，修護及管理等費用係最初三年每年 $ 30,000，以後三年每年 $ 35,000。

依以上資料可求得 K 型設備之等值年成本（UAC_K）爲：

K設備投資資本回收：$80,000(CRF $-10\%-4$)$=$80,000(.31547)	$25,238
每年操作、修護、管理費	32,000
	$57,238
減：每年收益	55,000
虧損	$ 2,238

J 設備投資之資本回收爲

$A = (\$ 100,000 - \$ 10,000)(\text{CRF} - 10\% - 6) + \$ 10,000(.10)$

$= \$ 90,000(.22961) + \$ 10,000(.10) = \$ 20,665 + \$ 1,000$

$= \$ 21,665$

J 設備之操作、修護、管理費用：

$A = [\$ 30,000(\text{UPV} - 10\% - 3) + \$ 35,000(\text{SPV} - 10\% - 4)$

$\quad + \$ 35,000(\text{SPV} - 10\% - 5) + \$ 35,000(\text{SPV} - 10\% - 6)]$

$\quad (\text{CRF} - 10\% - 6)$

$= [\$ 30,000(2,487) + \$ 35,000(.6830) + \$ 35,000(.6209)$

$\quad + \$ 35,000(.5645)](.22961)$

$= \$ 32,145$

故 J 設備之等值年成本（UAC_J）爲：

J 設備投資資本回收	$21,665
每年操作、修護、管理費	32,145
	$53,810
減：每年收益	55,000
淨益	($ 1,190)

依上分析，可知若購置 J 型設備，除可按年利率10％收回設備投資外，尚可獲利＄1,190，係較購置K型設備為有利，自宜考慮選用 J 型設備。

三、設備更新

資本預算決策中的另一項重要問題，即為設備的更新或重置（Replacement）問題。事實上，此項問題，要較購置新設備或作新投資決策的問題，來得更為普遍而迫切，因為企業界所使用的設備或資產，皆將因使用時間長久而發生種種的不經濟或成本增高的現象。如以運輸卡車為例，若使用過久後，其保養費用以及燃料費用必將逐漸增加。事實上，問題尚不如此簡單，因為很可能有新型的運輸卡車出現，具有優越的性能，使得繼續使用舊卡車更形不利。所以，設備更新問題的主要中心課題有二：

(1)效能衰退（Deterioration）：係由於該設備本身因使用日久，其效能逐漸減低，而不及該設備新啓用時的效率高，而使得其操作費用（包括操作、修護、管理等項費用）逐年增高。

(2)技術陳舊（Obsolescence）：係由於新技術的發展，有了新型的設備出現，可以獲得更高的效率，亦即其操作費用較舊式設備為廉，惟由於已經使用了原有的舊設備，而無法獲得此項因技術發展而產生的操作費用減低或高效率。

除了以上兩項主要的考慮外，設備更新問題，尚須考慮下列兩項問題：

(1)資金成本 (Capital Cost)：係指購買設備所化費的資金或投資之成本，由於企業之資金主要來源，除股東投資外，即係借入之資金，前者須支付股利、股息；後者須支付借貸利息。總之，企業運用資金亦有其成本，此項成本，一般可以企業之平均借款利率或其平均投資報酬年利率或其期望之投資報酬年利率為標準。亦即上節所述各項利率因子中所需之 i 值。設備更新必涉及設備投資，若經常更換新設備，必將增加設備的資金成本。換言之，設備投資，須經由資本回收的方式予以分攤回收，更新設備自必增加設備投資之資金成本。

(2)財務問題 (Financial Consideration)：就消極方面言，係財務的週轉性，亦即有無資金財力去購置新設備，甚多企業雖明知其使用之設備為缺乏效率，惟由於種種原因，該企業無法自行籌集資金或向銀行借入資金以更新設備，亦屬無可奈何之事。其次就財務問題的積極方面言，係財務的獲益性，亦即需考慮其他各項資本預算之獲利能力，應選擇較高獲利能力者辦理。換言之，應作成本與利潤比率等項分析，若此項設備更新所獲利益，較其他投資機會（例如新產品的開發，檢驗設備的購置等）所獲利益為高，始宜作設備更新。否則，僅能將企業之有限資金，先運於獲益性較高投資。

本節將以上節所述資本回收與現值等項利率因子為基本工具，介紹兩個設備更新的模式。第一個模式將僅考慮原有設備的效能減退而引起的使用經濟年限問題；第二個模式則將同時考慮新技術的發展或新型設備對於操作費用減低的影響。

1. 模式一 更新設備之目的係在於維持其效率，此乃由於各項設備皆有其有限的使用年限或壽命期間，於其服務年限的最初階段，設備之總成本曲線，多有下降之趨勢，惟超過其經濟使用年限後，必將逐漸上升。其產生之原因係由於一方面操作費用隨使用年數上升而逐漸增加，而另一方面則係使用該項設備的資金成本，隨設備價值的低落（殘值逐年降低）而逐漸下降，故有總成本的最低點出現。此種現象，可以圖示之如下：

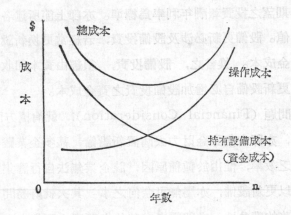

依上述原理，可列出設備的等值年成本 (Uniform Annual Cost for Operating and Owning) 的公式如下：

$$UAC_\lambda = \left[C - \frac{S_N}{(1+i)^N} + \sum_{n=1}^{n=N} \frac{C_n}{(1+i)^n} \right] \left[\frac{i(1+i)^N}{(1+i)^N - 1} \right]$$

$$= C - S_N(SPV-i-N) + \sum_{n=1}^{N} C_n(SPV-i-n)]$$

$$[(CRF-i-N)]$$

上式中：C：設備之期初購置成本

S_N：設備於使用N年後之殘值

$\quad$ i：年利率（企業之資金成本或期望投資利率）

$\quad$ n：年期（n自1至N年）

$\quad$ C_n：於n年期間內，各年之操作（含修護，管理等項）費用

上式之應用，即在於求取n自1至N年中 n＝？年時，設備之等值年成本 UAC 有最低點的出現。則於具有低現值之年期，即爲該設備之最佳更新週期 (Optimal Replacement Cycle)。茲舉例說明如下：

$\quad$某廠使用電氣設備一種，其最初之購置成本爲 $\$140,000$。依技術觀點言，該設備之使用年限爲八年。惟就經濟使用年限觀點言，由於設備效能之減退，故障之增加，設備之操作、修護、管理費用將逐年增加，而該設備之殘值（或該設備每年之市塲價值）則逐年減少，其金額如下表：

設備壽年	設備殘值	操作、修護、管理等費
1	$\$100,000$	$\$20,000$
2	76,000	22,000
3	60,000	25,000
4	46,000	29,000
5	34,000	34,000
6	24,000	40,000
7	16,000	45,000
8	10,000	50,000

$\quad$若該企業之資金成本或期望投資報酬利率爲年利率 8％，則可藉上述設備之等值年成本公式，列表計算如下：

(1) N / n	(2) C	(3) S_N	(4) $\dfrac{1}{(1+i)^N}$	(5) (3)×(4) $\dfrac{S_N}{(1+i)^N}$	(6) C_n	(7) (4)×(6) $\dfrac{C_n}{(1+i)^n}$	(8) $\displaystyle\sum_{n=1}^{N}\dfrac{C_n}{(1+i)^n}$	(9) (2)+(8)−(5)	(10) $\dfrac{i(1+i)^N}{(1+i)^N-1}$	(11) (9)×(10) UAC_N
1	140,000	100,000	.92593	92,593	20,000	18,519	18,519	65,926	1.03000	71,200
2	140,000	76,000	.85734	65,158	22,000	18,861	37,380	112,222	0.56077	62,930
3	140,000	60,000	.79383	47,630	25,000	19,846	57,226	149,596	0.38803	58,047
4	140,000	46,000	.73503	33,811	29,000	21,316	78,542	184,731	0.30192	55,773
5	140,000	34,000	.68058	23,140	34,000	23,140	101,682	218,542	0.25046	54,736
6	140,000	24,000	.63017	15,124	40,000	25,207	126,889	251,765	0.21632	54,461*
7	140,000	16,000	.58349	9,336	45,000	26,257	153,146	283,810	0.19207	54,512
8	140,000	10,000	.54027	5,403	50,000	27,013	180,159	314,756	0.17401	54,771

* 最低等值年成本現值

　　觀察上表可知，當 $n = 6$ 時，該設備之等值年成本（UAC）爲最低，計 $54,461。亦卽該設備應使用六年，其最佳更新週期爲六年。亦卽該設備使用至第六年底，其平均每年所費之成本（包括操作成本，資本回收，資金成本）爲最低。

　　2. 模式二　設備更新，不但應考慮原有設備(Defender)的最低年成本，亦應同時考慮新型設備 (Challenger) 的最低年成本。"模式一"雖然已將因新型設備之出現而引起原有設備 的 技 術 陳 舊 （Obsolescence）部分包含於其逐年減低的殘值或市價之內，但該模式並未能予以正式的處理。本模式將作進一步的分析與比較。

　　爲便於分析及處理原設備本身的效能衰退 (Deterioration) 與新型設備引起的技術陳舊 （Obsolescence）起 見，首先需作兩項假設（Assumptions）。其第一項假設係認爲：目前已有的新型設備，亦將因其效能衰退與技術陳舊而引起不利 (Adverse)，且此項不利係按固定比率發生，稱爲劣勢斜率 (Inferiority Gradient, 簡稱 g)，亦可以圖表示如下：

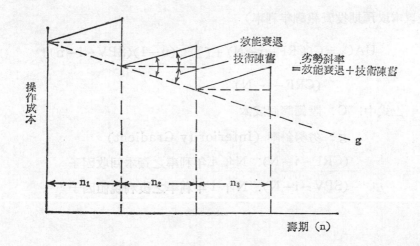

觀察上圖可知，g 係一條向右下方傾斜的直線，具有固定不變的斜率。亦卽其所生之不利因素爲以等率增加。g 的估計，可以下例說明：設某機器已使用十年，估計其未來一年之操作費用（包括修護、管理、操作等費用在內），將爲 $7,000；而目前可供替代之新型設備（Challenger），其操作費用將僅爲 $5,000 一年。此項差額 $2,000，依以上假設，係認定由過去十年間之效率衰退與技術陳舊而引起，並且係以等率增加。亦卽可以認定該設備之每年操作費用增加率爲每年 $200，係固定不變，十年來累積合計 $2,000。"本模式"的第二項假設係認爲：日後若再有更新型的設備出現，其最低不利（Adverse Minima，簡稱 AM）亦爲固定不變。所謂最低不利，卽係該新型設備之最低平均年成本，茲舉例說明如下：

某廠擬購置新型設備一套，以替換其原有舊設備，該新型設備之購置成本爲 $10,000。惟該新型設備之明年度之操作總成本，要較該廠已使用十年之原有設備，節省 $2,000。換言之，該新設備之 g 值（操作費用年增額），可推定爲每年 $200。則該新型設備之經濟使用年限或其更新週期，可以列式及列表計算如下（假定該企業以年利率 10% 作爲資金成本或預期投資報酬年利率）：

$$UAC_N = C(CRF-i-N) + [\sum_{n=1}^{N} g(n-1)(SPV-i-n)]$$

$$(CRF-i-N)$$

上式中： C： 設備購置成本

g： 劣勢斜率 (Inferiority Gradient)

(CRF−i−N)： N 年 i 年利率之資本回收因子

(SPV−i−N)： N 年 i 年利率之複利現值因子

(1) n N	(2) g	(3) (SPV-10%-N)	(4) (2)×(3) g(SPV-10%-N)	(5) ACC (4)	(6) (CRF-10%-N)	(7) (5)×(6) ACC (CRF-10%-N)	(8) $10,000×(6)	(9) (7)+(8) UAC$_N$
1	$0	.909	$0	$0	1.100	$0	$11,000	$11,000
2	200	.826	165	165	.576	95	5,760	5,855
3	400	.751	300	465	.402	187	4,020	4,207
4	600	.683	410	875	.315	275	3,150	3,425
5	800	.621	497	1,372	.264	363	2,640	3,003
6	1,000	.564	564	1,936	.230	446	2,300	2,746
7	1,200	.513	616	2,552	.205	524	2,050	2,574
8	1,400	.466	652	3,204	.187	600	1,870	2,470
9	1,300	.424	678	3,882	.174	675	1,740	2,415
10	1,300	.385	693	4,575	.163	745	1,630	2,375
11	2,000	.350	700	5,275	.154	812	1,540	2,352
12	2,200	.319	702	5,977	.147	877	1,470	2,349*
13	2,400	.290	696	6,673	.141	940	1,410	2,350
14	2,600	.263	684	7,357	.136	1,000	1,360	2,360
15	2,800	.239	669	8,026	.131	1,051	1,310	2,361
16	3,000	.218	654	8,680	.128	1,110	1,280	2,390

* 最低UAC$_N$ (Uniform Annual Cost for Period Ending with Year N).

觀察上表，可知當 N＝12時，有最低之等值平均年成本 (UAC$_N$)。
$2,439。所以，該項新型設備之經濟使用年限爲12年，其每年之平均等
值年成本爲 $2,439。此項 $2,439 金額，亦可稱爲最低不利 (Adverse
minima)，係由於新型設備本身因使用日久而效能衰退，以及因更新型
設備之出現而有技術陳舊兩者所引起之操作成本（包括操作、修護、保
養、管理等各項成本在內）之增加，故稱爲不利(Adverse)。而以 $2,439
爲其中之最低值，故稱爲最低不利。所以，新型設備之最低等值平均年
成本 (UAC$_N$) 係由其等率之操作費用增加而引起之不利成本。

本模式之第二項假設，係認爲於可見未來期間內，所有新型設備之
最低不利爲固定不變。亦卽於可見未來期間內，新型設備因本身效能衰
退與更新型設備出現之技術陳舊所引起之操作成本增加爲固定不變，且
其所可獲得之最低值爲固定不變。 就本例言， 係認定未來之各項新型
或更新型設備之最低不利， 亦卽最低等值平均年成本爲 $2,439 固定不
變。故可再進一步分析原有設備之最低不利，與此項數值相比較，以選
取最低者。惟需注意者，此項假設僅係認爲未來期間之各項新型設備之
最低不利（ $2,439） 爲固定不變， 並非認爲各項新型設備之經濟使用
年限，皆爲固定不變。換言之，模式二係以最低不利亦卽最低等值平均
年成本爲判斷標準，而不以經濟使用年限爲依據。

爲計算原有設備之最低不利，可列表如下，表中並假定其目前殘值
爲 $2,000。

(1) n N	(2) S_N 殘值	(3) L_N 殘值減低	(4) 設備期初成本利息	(5) (3)+(4) 資金成本	(6) (SPV-10%-N) 現值因子	(7) (5)×(6)	(8) ACC (7)
0	$2,000						
1	1,000	$1,000	$200	$1,200	.909	$1,091	$1,091
2	400	600	100	700	.826	578	1,669
3	0	400	40	440	.751	330	2,000
4	0	0	0	0	.683	0	2,000
5	0	0	0	0	.621	0	2,000
6	0	0	0	0	.564	0	2,000

(9) (CRF-10%-N) 資本回收因子	(10) (8)×(9)	(11) 操作成本增加	(12) (11)×(6)	(13) ACC (12)	(14) (13)×(9)	(15) (10)+(14) UAC_N
1.100	$1,200	$2,000	$1,818	$1,818	$2,000	$3,200
.576	961	2,200	1,817	3,635	2,094	3,055
.402	804	2,400	1,802	5,437	2,186	2,990
.315	630	2,600	1,776	7,213	2,272	2,902
.264	528	2,800	1,739	8,952	2,363	2,891*
.230	460	3,000	1,692	10,644	2,448	2,908

* 最低等值平均年成本。

　　觀察上表可知，原有設備之最低不利（Adverse Mininum）係當 N＝5 時之 $2,891。與前述之新型設備比較，其值較 $2,349 為高，故宜考慮作設備更新之可能性。若財務上之獲益能力與週轉能力無問題，即應作設備更新之考慮。

　　設備更新實為經營企業之一項重要問題，該企業或許雖明知其設備效率差，技術落後，應予更新設備，惟由於財務上無能力購置新型設備予以更新，則並非就可不予重視，因設備若於作業上已係屬於不利之地位，則於基礎上已不及使用新型設備之企業，日久必將影響企業之根基，不可不予愼重。

習　題

4-1　某公司生產椅子，其成本如下：

固定成本：一年$500,000

變動成本：每件$20

生產能量：每年20,000件。

售　　價：每件$70

試求：(1)損益平衡點

(2)年獲利潤$400,000的銷售量

(3)生產能量僅達百分之七十時的每件固定成本爲若干？

4-2　某公司生產甲、乙、丙三種產品，其去年一年間的售價，單位變動成本。營業情況如下：

產品	單位售價	每件變動成本	一年營業額
甲	$10	$8	$30,000
乙	16	12	20,000
丙	20	10	70,000

該公司全年固定成本爲 $50,000，爲改進業務，該公司擬生產丁、戊兩種產品以替代乙產品，估計其全年之成本及營業情況如下：

產品	單位售價	每件變動成本	估計全年營業額
甲	$10	$8	$25,000
丙	20	10	70,000
丁	16	9	10,000
戊	6	3	10,000

上述業務改進方案，是否合宜，試分析之。

4-3　某公司某年度的銷貨淨額爲 200,000元，變動費用爲銷貨淨額的70%，固定費用爲一年 50,000元，若該年度的銷貨淨額能够增加20%，則對該公司的利潤有何影響？若銷貨的變動費用能够減低25%，則對該公司的利潤有何影響？

4-4　某公司需用廠房一間，據估計可以 800,000 元建造一個永久性的廠房，也可以每年70,000元租用一個相同的廠房，期限爲25年，於25年底如果願意，也可以出 100,000 元的代價，將該廠房購進。若該公司的要求投資報酬率爲12%，試問該公司應探何項決策始爲有利？

4-5　某公司產銷產品一種，售價每件20元，每件之變動成本爲 8 元，固定成本每年60,000元，若售價增加或減少20%時，試計算其平衡銷貨金額之變動情形。若銷貨收入爲120,000元時，其純益之增減百分比爲若干？

4-6　某企業擬添購設備一套從事生產，計有兩種型態可供選擇：甲設備之使用年限爲五年，採用後每年將增加固定成本$20,000；減低變動成本每件 $ 6；乙設備之使用年限亦爲五年，採用後將每年增加固定成本 $ 4,000；減低變動成本每件 $ 4 。若該公司產品之變動成本爲每件 $ 20，並估計今後五年內，每年之銷售量將不會少於 8,500 件，則應採購何項設備？於何銷售量時採用此兩型設備的成本相等？

4-7　某公司每年需用某項零件8,000件，目前係以每件 $ 3 向外採購供用。該公司估計，若自行添購設備從事生產該項零件，則將每年化費固定成本 $5,000（主要由於設備的折舊而來），惟每件的變動成本將可減低至 $1.5。該公司是否宜自製此項零件？

4-8　某地區鐵道公司經營甲、乙兩地間的鐵道貨運，其成本隨每班次車掛車廂數而定（最多掛50車廂）：

掛車廂數	總成本	每車廂成本
10	$2,700	$270
20	3,200	160
30	3,700	123
40	4,200	105
50	4,700	94

該公司目前平均每班次車掛35個車廂，營業情況甚佳，尚有盈餘。玆有某大型企業擬經常租用車廂運貨，該大型企業雖不能保證每班次一定租用若干車廂，惟據鐵道公司估計此項業務將可發展成爲固定的經常業務，當屬無疑問。但該公司僅願每車廂出價＄86，不及於掛50車廂時的每車廂平均成本＄94。此外，由於貨物的性質不同，尚須另增加每車廂貨物裝卸成本＄8。該鐵道公司目前每年經營約300班次（往返作一班次計），是否宜接受此項經常業務，試分析之？

4-9　某旅社有60間客房出租，計單人房30間，雙人房20間，三人房10間。租金每天單人房90元，雙方房120元，三人房160元。該旅社固定成本每年 $100,000，此外每租出一間所費各項變動成本每天30元，若一年以三百六十天計算，該旅社的損益平衡點何在？（註：假設單人房、雙人房與三人房的出租率與其房間數成正比）。

4-10　某廠有包裝設備一套，擬予更換，估計該新設備之購價需 $9,700，裝置費用 $3,000，此外有關資料如下：

	現有設備	新設備
每年操作費用	$90,000	$82,000
預計使用年限	尚可用 5 年	10年
殘值	0	$10,000
利率	15%	15%

若於目前更換新設備，則此項現有設備可出售得款 $20,000，試分析應否予以

更換？

4-11　某企業擬生產新產品一種，計有兩套設備可供選用其成本資料如下：

	甲設備	乙設備
設備及裝置成本	$200,000	$150,000
使用年限	10年	20年
殘值	$20,000	$50,000
每年估計收益	$140,000	$146,000

此外每年需操作費用如下：甲設備最初四年每年 $70,000，以後六年每年 $80,000；乙設備則每年需操作費用 $60,000。若該企業的要求投資報酬率爲10%，應否從事此項新產品的生產？若決定生產，應以選用何項設備爲佳？

4-12　某廠擬購生產設備一套，計有兩種型式可供選用，由於該設備係多項用途，無法估計其收益，試依下列成本資料，評估應購何種爲佳：

	甲設備	乙設備
設備成本	$130,000	$ 80,000
人工成本	80,000/年	90,000/年
維護成本	3,000/年	4,000/年
經濟使用年限	7 年	8 年
殘值	20,000	30,000
資金成本（利率）	15%	15%

4-13　某項設備業已陳舊，且有新型設備更具效率。估計該項舊設備的劣勢不利斜率(Inferiority Gradient)爲每年$400。若新型設備成本爲 $16,000，資金成本爲年利15%，試求該項新型設備（Challenger）的最低不利（Adverse Min-inum, AM）與經濟使用年限（Economic Life）爲何值？

4-14　某君目前使用轎車一輛，市價可售 80,000 元，若繼續使用一年（卽明

年），其市價將降至 50,000 元， 再使用一年將降至 30,000 元， 以後將降爲 20,000
元； 10,000 元。惟降至 10,000 元後，將不再下降，可維持最低值 10,000 元。某君正
考慮購買新車一輛以更換目前使用車輛，該新車需費 380,000 元， 依據市場專家估
計，該型新車之未來市價（再出售價格）將爲：

年終數	出售市價
1	290,000
2	210,000
3	140,000
4	80,000
5	50,000
6	30,000
7	20,000
8 及以後	10,000

　　某君估計新車之保養費用每年爲5,000元，而目前使用舊車每年須費35,000元。
若依資金成本12%分析，某君應否於目前更換新車？或應如何安排方屬最佳？

　　4-15　某廠擬採購一項新型設備 (Challenger) 更換一項已使用十五年的舊
設備 (Defender)。 此項新設備之設備成本 150,000 元，舊 設 備 之 目 前 市 價 爲
70,000元，並將於明年（卽繼續使用一年後）降至60,000元。

　　新設備具有多項優點，其每年可節省人工成本 31,000元。並可節省材料成本每
年 10,000元。新設備之維護成本，亦將於一年中節省 30,000元，動力方面每年亦可
節省 1,000元。若資金成本爲利率12%， 試求新舊兩項設備最低不利 (AM) 爲若
干。

　　4-16　某公司生產混合飼料多種，其每袋（五公斤裝）的售價及材料人工等變
動成本資料與銷售情形如下：

飼料種類	每袋售價	每袋變動成本	銷售金額百分比
A	30	16	40%
B	40	18	20
C	35	17	15
D	45	20	18
E	50	23	7

每年固定成本：150,000元

(1)依現有產品組合，試求每一元銷貨的總利潤貢獻的金額。

(2)試求銷貨金額的損益平衡點。

4-17　某廠擬購置機器設備一套，計有甲乙兩種型式可供選用，該兩型設備皆可使用十年，其性能亦相同，惟每年之操作及維護成本不同，其售價亦異，茲將有關資料列出如下，試求該廠應選購何型設備為佳？

設備	售價	各　年　操　作　及　維　護　費　用										殘值
		1	2	3	4	5	6	7	8	9	10	
甲	6,000	700	700	700	700	700	1,000	1,200	1,400	1,600	1,800	1,000
乙	3,000	1,000	1,000	1,000	1,000	1,400	1,600	1,800	1,800	2,000	2,000	800

第五章　要徑法與計劃評核術

　　要徑法（Critical Path Method, 簡稱 CPM）與計劃評核術（Program Evaluation and Review Technique，簡稱 PERT），皆係一項用於專案計劃（Project）的策劃（Planning），日程安排（Scheduling）與控制（Controlling）的管理控制工具。惟前者係由美國 Du Pont 與 Sperry Rand 兩家公司於 1957 年合作發展而成，其重點在於成本的控制，後者則係由美國海軍特種計劃局（Special Projects Office）與 Lockheed Aircraft 公司為控制北極星飛彈（Polaris Missile）的發展進度而設計者，其重點在於時間的控制。雖然於發展的初期，由於兩者的應用對象與目的不同（民間企業發展完成的 CPM 以成本控制為重心，軍方發展完成的 PERT 以時間控制為重心），惟於戰後，此二項管理控制工具已被廣泛的應用與改進，其間已無顯著的差別，尤其由於電子計算機的發展，許多有關網路控制（Network Controlling）的程式組合（Program Package）軟體（Software）皆已建立，無論係 CPM 或 PERT，皆具有多項的性能變化（Version），不但於時間方面，可以包含其不確定性（Uncertainty），於成本方面，亦可以包含其不確定性；此外不但可以適用於具有獨立性的各項個別活動，亦可適用於具有重覆性的生產線（Production Line）的反覆工作。本章為使於說其基本概念及應用，仍分別予以說明。

一、網 路 圖

無論是要徑法（CPM）或計劃評核術（PERT），皆係以網路圖表示一項專案計劃（Project）的各項個別活動（Activity）或作業（Operation），以及其間的關係。由於要徑法與計劃評核術係分別由民間與軍方各自獨立發展而成，故於分析網路圖的重點，兩者略有不同，要徑法重視各項個別活動的成本，故其於網路圖的分析重點，在於圖上之各項活動（以箭號表示），計劃評核術則係重視時間，故其於網路圖上的分析重點，係各項活動的事件（Event)，亦卽各項活動的開始與完成（以圓圈表示）。例如有某項活動 a，以箭號表示卽爲：

若重點係强調該活動 a 的開工與完成，則可以開工與完成作爲 a 活動的事件，表示如下：

活動： a　　　　　　　　　　事件： 開工

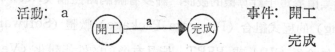

完成

惟通常皆以數目代號，表示各項事件，則上圖可改爲：

活動： a　　　　　　　　　　事件： 1

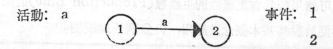

2

　　茲歸納繪製網路圖之一般規則如下：

(1)各項作業或活動，皆須各別以箭號表示之，並應以註明數字代號的圓
圈表示其起始與終結點，如上圖所示。

(2)網路圖中之箭號長度，與其所代表之活動或作業所需時間久暫與成本
多寡無關。僅以箭號表示各別活動之進行次序，各項活動之時間與成
本，則另以數字註明表達，與該箭號之長度無關。

(3)各項活動或作業的前後關係，以箭號的位置表示之。例如有活動 a 與
b 兩項作業，若作業 b 須等待其前項作業 (Preceding Operation)
完成後始能開始，則應以網路圖表示如下：

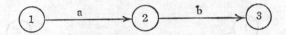

　　上圖中作業 b 需待作業 a 完成後始能開工。第 2 號圓圈不但表示作
業 a 的完成，亦表示作業 b 的開始。

　　若有作業 b 與 c，皆需等待作業 a 完成後，始能開始，則其表達方
式為：

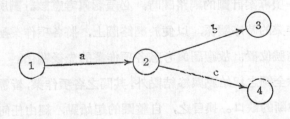

　　若作業 c 需等待作業 a 與 b 完成後，始能開始，則網路將為：

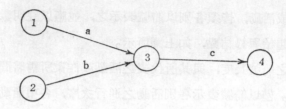

　　若有作業 c 與 d, 皆需等待作業 a 與 b 完成後, 始能開始, 則網路圖係為:

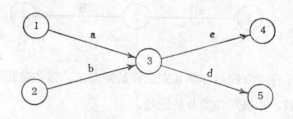

(4)於繪製一項專案計劃的網路圖時, 必須認眞考慮該計劃所含有的各項活動或作業的時序關係, 以便於網路圖上, 將各項作業配當合乎工作程序的箭號位置。故應認眞考慮各項作業的先後關係。

(5)網路圖除全圖之起始點與終結點外,其間之各項作業,皆需前後銜接,不可有中斷的缺口。換言之, 自整圖的起始點, 經由任何箭號, 皆可到達整圖的終結點。例如下圖卽係一項錯誤的網路圖,因為自作業 c,不能到達整個計劃的網路終點:

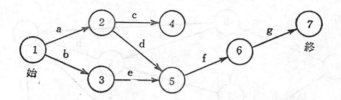

上圖可以改正如下:

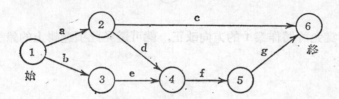

(6)網路圖中, 若有循環 (Loop) 的現象, 即係造成邏輯上的錯誤, 將使該項作業永無起點或終點。例如下圖中 a, b, c 三項作業中, 任一項均無法開始; 已開始者亦無法終止:

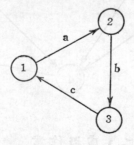

下圖亦係一項錯誤的網路結構, 其中 f, g, h, i 四項作業, 形成一項循環:

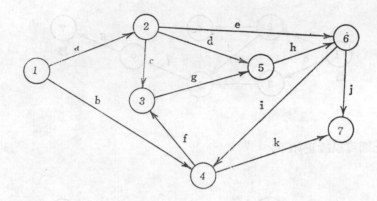

若事實允許將作業 f 的方向改正，就可避免此項邏輯上的錯誤，如下圖所示：

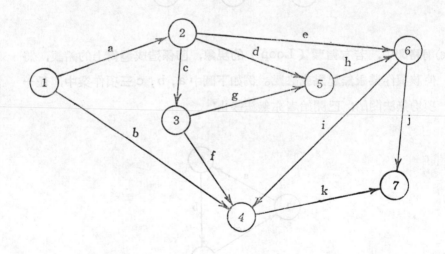

二、虛擬作業

(一)虛擬作業的應用

虛擬作業或虛擬活動(Dummy Operation or Dummy Activity)，

係一項虛設的作業項目，其所需之工作時間或成本爲零，其主要目的，係用於表達一項個別作業與其前項作業間之關係，並非眞有此項作業，一般係以虛線表示之。例如下圖所示虛設作業10—20，表示d之前項作

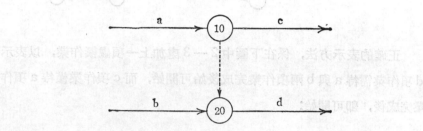

業有a與b兩項；c之前項作業則僅有a一項。茲舉數例說明應用虛設作業，表達其銜接次序之情況：

例一　設有下列計劃及其所含之作業項目、時間與作業順序關係：

作業項目	前項作業	工作時間（天）
a	—	14
b	—	3
c	a	7
d	a, b	3
e	c	4
f	d, e	10

自上列資料可知，作業d之前項作業（緊接者）有a與b；c之前項作業有a。若以實際作業箭號表示，則無論以下列兩項方式中之任一項來表達，皆不能適合：

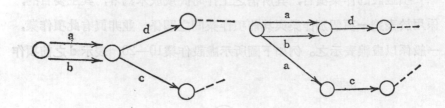

正確的表示方法，係在下圖中 2—3 處加上一項虛擬作業，以表示 d 項作業需待 a 與 b 兩項作業完成後始可開始，而 c 項作業僅待 a 項作業完成後，即可開始:

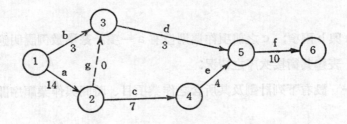

上圖中虛擬作業 g 之工作時間爲零，故其實際作用，係規範作業 d 與作業 a，b 間的關係。

例二　設有下列計劃及其所含作業:

作　業	前項作業
a	—
b	—
c	—
d	a, b
e	b, c

其網路圖應增加二條虛擬作業如下：

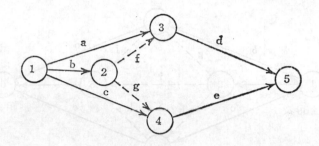

亦卽其作業項目已增加如下表：

作業名稱	作業數標	前項作業
a	1 — 3	—
b	1 — 2	—
c	1 — 4	—
f （虛擬）	2 — 3	b
g （虛擬）	2 — 4	b
d	3 — 5	a, f
e	4 — 5	c, g

例三　茲再舉一項較複雜的作業關係如下表：

作業名稱	前項作業
a	—
b	—
c	—
d	a, b
e	a, c
f	a, b, c

可以網路圖表之如下:

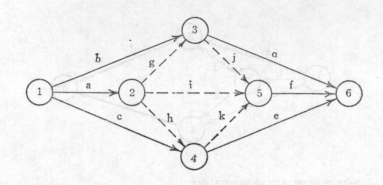

其新的作業表如下:

作業名稱	作業數標	前項作業
a	1—2	—
b	1—3	—
c	1—4	—
g	2—3	a
h	2—4	a
i	2—5	a
j	3—5	b, g
k	4—5	c, h
d	3—6	b, g
e	4—6	c, h
f	5—6	i, j, k

虛擬作業除用於表達上述前項作業關係之完整及清晰外，尚可用於下列兩種場合:

(1)避免多個作業，具有相同的數標 (Numbering):

例如下圖卽係一項易生混淆的錯誤表達方式:

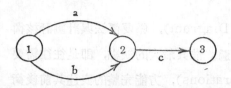

作業項目	作業數標
a	1－2
b	1－2
c	2－3

上圖中 a 與 b 作業, 皆以 1－2 表示, 易生混淆, 故可加入一項虛擬作業, 以表示作業 a 與 b 可以同時開始, 或雖非同時開始, 亦可並行實施, 俟兩者完成後, 卽可開始 c 作業:

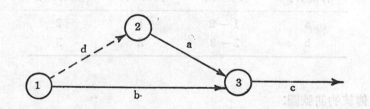

上圖中 d 為虛設作業, 協助表示 a 與 b 作業的並行關係。

(2)表達整個計劃的完成或開始:

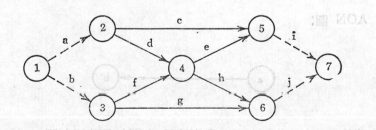

上圖中的 a , b , i , j 皆係虛擬作業，用於表示整個計劃的完整性——計劃的開始與終結。

(二) AON 圖的應用

上節所述之箭號圖 (Arrow Diagram)，係要徑法與計劃評核術網路圖的基本結構，其應用極為普遍。惟其最大的缺點，即是往往需要增加若干虛擬作業 (Dummy Operations)，方能完整的表達其前後銜接關係。AON圖 (Activity-on-Node Diagram) 則係一項改進的網路結構，可以避免使用虛擬作業。AON 圖不似箭號圖，它不以箭段表示作業，亦不以圓圈表示事件，而係以圓圈表示作業。例如：

作業項目	作業數標	開始事件	完成事件
a	1—2	1	2
b	2—3	2	3

傳統的箭號圖:

AON 圖:

茲將上節所述三個例子，分別改以 AON 圖表示如下:

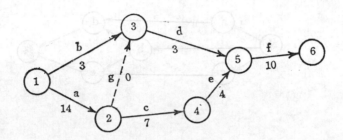

AON 圖:

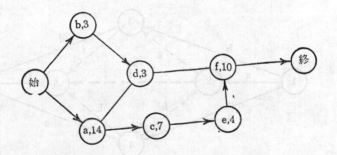

例二

箭號圖:

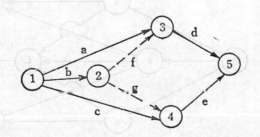

AON 圖:

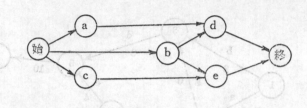

例三

簡號圖:

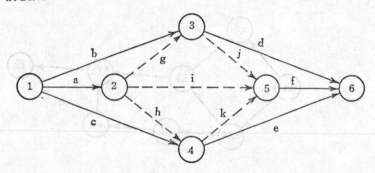

AON 圖:

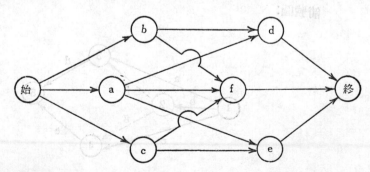

三、要 徑 法

(一)要徑

無論係要徑法 (CPM) 或計劃評核術 (PERT)，皆需找出一個龐大計劃中的要徑 (Critical Path)，以便對於要徑上的各項作業，加以有效的控制。於說明要徑之定義前，首先需瞭解爲何稱之謂要徑。例如某項計劃，,具有下列作業:

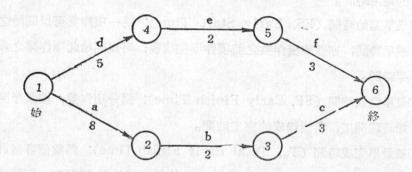

觀察上圖可知，整個計劃之完成，必待作業（或活動）f 與 c 皆完成。而 f 之前項作業爲 e；e 之前項作業爲 d，故知完成 f，須經由 d—e—f，合計需10單位時間。同理完成 c，須經由 a—b—c，合計需13單位時間，故知欲完成整個計劃，必待 c 項作業之完成，亦卽需13單位時間，方能完成整個計劃。由此可知，a—b—c 途徑費時最長，爲最長途徑 (Longest Route)，若於 a—b—c 途徑上之作業有所延誤，必將使總個計劃的完成時間延誤；而於 d—e—f 途徑上之作業，若有延誤，如其到達 f 的完成時間，仍未超過13單位時間（卽未超過 a—b—c 最長途徑時間），則尚不致於耽誤總個計劃的完成時間。由上分析可知, a—b—c 途徑上之作業時間已屬最長, 故任何躭誤, 將使整個計劃落後, 所以 a—b—c 途徑即成為整個網路的要徑。所以, 要徑即係一項最長的途徑。惟要徑之求得, 可以按一項簡單的計算程序推算。於說明此項計算程序前, 首先須瞭解下列有關名詞:

(1)圓圈或事件 (Node or Event): 表示個別作業之開始或完成。通常皆於圈內註明一個位數、十位數或更高位數的數標, 以表示此項作業的開始或完成事件。

(2)耗用時間 (Duration): 簡稱耗時或時間, 係一項作業自開始至完成的耗用時間。

(3)最早開始時間 (ES, Early Start Time): 為一項作業可以開始之最早時間, 亦即該項作業之前項作業完成後, 可以開始此項作業之最早時間。

(4)最早完成時間 (EF, Early Finish Time): 為一項作業, 按最早開始時間開工, 所能達成的完工時間。

(5)總最早完成時間 (T_E, Total Early Finish Time): 為整個專案計劃 (Project) 中的各項個別作業, 皆按最早開始時間開工, 所能達成的總完工的最早完成時間。

(6)最晚開始時間 (LS, Late Start Time): 為在不影響整個專案計劃的總最早完成時間前提下, 一項作業可以開始的最晚時間。例如上例中, a—b—c 途徑需耗時合計13單位時間; d—e—f 合計耗時10單位時間, 故整個計劃最早需13單位時間始能完成, 故若有必要, d—e—f 作業可以落後 3 單位工作時間開始, 仍不會躭誤整個計劃之依時完成。

(7)最晚完成時間 (LF, Late Finish Time): 為一項作業按最晚開始時間開工, 所能達到的完成時間。

(8)容許延誤時間 (Slack Time)：係一項作業的最早開始時間與最晚開
始時間之間，或最早完成時間與最晚完成時間之間，兩者間的差異。
此項容許延誤時間，亦稱爲總容許延誤時間 (Total Slack)，此乃由
於此項容許延誤時間係由最早與最晚兩項時間的差異求得，而最晚時
間係在不影響整個計劃的總完成時間前提下求得，故此項容許延誤時
間係爲總容許延誤時間。

(9)自由容許延誤時間 (Free Slack)：係一項作業於不影響其後項作業
的最早開始時間，所能達到的容許延誤時間。茲以圖例說明其意義：

假設有作業甲與作業乙之箭頭圖如下：

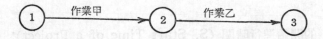

若將作業甲與作業乙的最早與最晚的開始與完成時間以下列條形
圖表示，則自由容許延誤時間卽爲甲作業 EF 至乙作業 ES 段，（總）
容許延誤時間爲甲作業EF至LF段。

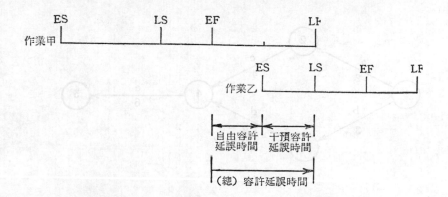

⑽干預容許延誤時間（Interfering Slack Time）：一項作業若有延誤，將會影響其後項作業的容許延誤時間，卽上圖中乙作業 ES 至甲作業 LF 段。

自由容許延誤時間與干預容許延誤時間之應用極少，一般僅計算容許延誤時間以協助求得要徑。

⑾要徑（Critical Path）：一項途徑上的各項作業之容許延誤時間爲零的途徑，亦卽該途徑上各項作業之總耗用時間爲最長，若有任何作業發生延誤，卽將影響整個計劃的總完成時間。故該途徑上各項作業之總耗用時間，卽係整個計劃的總完成時間。例如前例中 a — b — c 途徑中各項作業耗時13單位，係爲最長時間途徑，亦爲該計劃的總完成時間。

⑿專案計劃的開始進行時間（S，Start Time of a Project）：係指整個專案計劃的開始推行時間，通常係定爲零時，作爲一項計時的開始，惟亦可訂定一項實際的時間。

　　茲舉例說明如下：

　　某工程含有五項作業，其程序及耗時，可以網路圖表示：

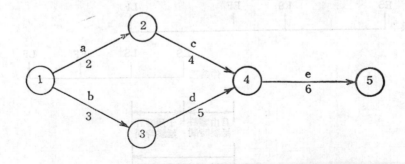

作業項目	（數標）	耗時（天）
a	1 — 2	2
b	1 — 3	3
c	2 — 4	4
d	3 — 4	5
e	4 — 5	6

　　首先依順方向次序，計算各項作業之最早開始與完成時間。設整個工程計劃之開始時間爲零時（S＝0），故作業 a 與 b 之最早開始時間亦皆爲零。由於作業 a 需耗時 2 天，故作業 a 的最早完成時間爲 2，卽於零時開始，經 2（天）完成。同理作業 b 的最早完成時間係爲其最早開始時間加耗時，亦卽 0＋3＝3。由於作業 c，緊接作業 a 開始，故作業 c 的最早開始時間，應爲作業 a 的最早完成時間，故作業 c 的最早開始時間爲 2。同理，作業 d 的最早開始時間應爲 3，係爲作業 b 的最早完成時間。作業 c 的最早完成時間，與作業 a 的最早完成時間的求法相同，係其最早開始時間，加上其耗時，故作業 c 的最早完成時間爲 2＋4＝6；同理，作業 d 的最早完成時間爲 3＋5＝8。分析至此，宜注意者，卽作業 e 的最早開始時間的決定。由於作業 e 須待作業 c 與 d 兩項皆完成後始可開始，故作業 e 的最早開始時間，係爲作業 c 與 d 兩項作業最早完成時間中的較大者，亦卽作業 e 的最早開始時間應爲 8，待作業 c 與 d 全部完成後始可開始。作業 e 的最早完成時間應爲 8＋6＝14，至此已完成全部工程，卽整個工程計劃的最早完成時間（F, Early Finish of a Project）爲 14。上述計算，可以圖示之如下：

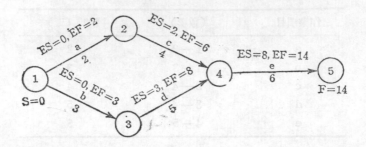

　　分析了各項作業的最早開始與完成時間後，卽可進行分析各項作業
的最晚開始與完成時間。最晚開始與完成時間的計算，其最主要特色，
係由最後的一項作業，逆向倒退至最前面的作業。由於最晚開始與完成
時間的計算，不能影響整個工程計劃的完工進度，故應以整個工程計劃
的最早完成時間（F）爲基準（除非另訂有計劃完成目標），逆向推算。
就本例言，由於 F＝14，亦卽最後一項作業 e 的 EF＝14，故可逐以此
項時間訂爲目標（T，Project Target），因作業 e 需耗時 6，故爲達
成 T＝14，故作業 e 最遲應於 14－6＝8 時間開始，卽作業 e 的最晚開始
時間爲 8。由於作業 e 的最晚開始時間爲 8，故作業 c 與作業 d 的最晚
完成時間亦爲 8，由於作業 c 需耗時 4，故其最晚開始時間爲 8－4＝
4；同理作業 d 的最晚開始時間爲 8－5＝3。因作業 c 的最晚開始時
間爲 4，故作業 a 的最晚完成時間爲 4。因作業 d 的最晚開始時間爲 3，
故作業 b 的最晚完成時間爲 3。依此類推，作業 a 的最晚開始時間爲 4
－2＝2；作業 b 的最晚開始時間爲 3－3＝0。上述計算，可以圖示
之如下：

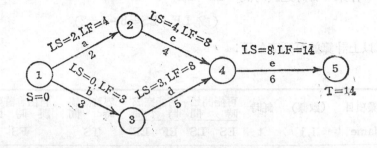

爲淸晰起見，茲將上列兩圖並爲一圖如下:

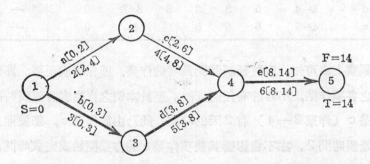

符號:　$\dfrac{\text{作業 〔ES, EF〕}}{\text{耗時 〔LS, LF〕}}\longrightarrow$

　　觀察上圖可知，b—d—e 途徑上之各項作業（b，d，e），其
LS－ES＝0；LF－EF＝0，故知係爲要徑（Critical Path），於此途
徑上各項作業，皆不容許有任何延誤，否則卽將影響整個工程計劃之完
成時間。上圖中 a—c 途徑上之作業 a 與 c，其最早與最晚時間，並非
相等，故知有容許延誤時間（Slack Time）:

　　作業 a 容許延誤時間＝LS－ES＝2－0＝2

　　　　　　　　　　　　（或 LF－LS＝4－2＝2）

作業 c 容許延誤時間$=LS-ES=4-2=2$

$$（或 \ LF-LS=8-6=2）$$

以上計算並可列表如下：

作業項目 Name	（數標） i,j	耗時 t	可能開始時間 ES	可能開始時間 LS	可能完成時間 EF	可能完成時間 LF	容許延誤時間 TS	自由容許延誤時間 FS
a	1—2	2	0	2	2	4	2	0
b	1—3	3	0	0	3	3	0	—
c	2—4	4	2	4	6	8	2	2
d	3—4	5	3	3	8	8	0	—
e	4—5	6	8	8	14	14	0	—

觀察上表可知，容許延誤時間為零的作業，即係構成要徑，亦即要徑上之各項作業，不容許有任何延誤。至於本例之自由容許延誤時間，僅作業 c（作業 2—4）有 2 天的時間，此乃由於作業 c，即使運用其容許延誤時間 2，亦不會影響其後項作業 e 的作業開始或完成時間。並宜注意者，若作業 a 已發生延誤 2 天的時間，則其後項作業 c 所擁有之容許延誤時間 2 天，即將失去其效用，不能加以運用，故作業 a 並無自由容許延誤時間。惟一般計算，並不普遍應用此項自由容許延誤時間，因於實際運用時，整個工程計劃之進行狀況，皆隨時予以求出最新（最近）的要徑分析，若有延誤發生，即已並入最新的要徑分析中，一如工廠中的生產日報表，係每日有要徑分析報表產生，故於實際上往往不需此項自由容許延誤時間資料，所有報表皆係依最新資料編製者，且每日（或適當定期）有報表，係動態運用的性質。

若一項網路圖，係以 AON 圖表示，則其計算要徑之方法，仍舊不變，茲另舉例說明如下：

設有某項工程計劃，其所含作業項目，前後關係及耗時資料如下：

作業項目	前項作業	耗　時
G	—	0
H	G	4
I	G	3
J	H	6
K	I	5
L	J, K	2
M	L	1
N	M	0

可以網路圖表之如下（AON 圖）：

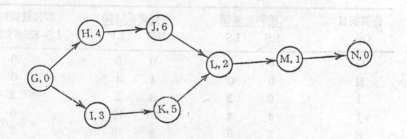

其最早開始與完成時間之計算為：

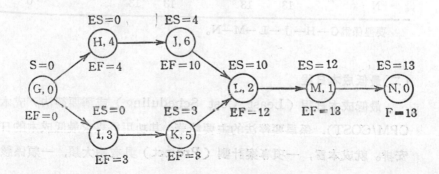

其最晚開始與完成時間之計算爲:

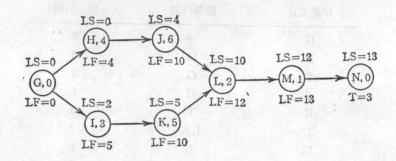

其容許延誤時間,可列表計算如下:

作業項目	可能開始時間		可能完成時間		容許延誤時間
Op.	ES	LS	EF	LF	LS–ES或LF–EF
G	0	0	0	0	0
H	0	0	4	4	0
I	0	2	3	5	2
J	4	4	10	10	0
K	3	5	8	10	2
L	10	10	12	12	0
M	12	12	13	13	0
N	13	13	13	13	0

要徑係爲G—H—J—L—M—N。

(二)最低成本日程

最低成本日程（Least Cost Scheduling）或稱要徑法/成本（CPM/COST），係爲要徑法的主要精華,其功用爲謀求最低成本的日程安排。就成本言,一項專案計劃（Project）具有兩大類,一類係該計劃中各項個別作業的直接成本，另一類係整個計劃的間接成本。恰似一間工廠的總成本，除生產所用之材料、人工、費用等直接成本外，尚有甚多之間接成本如管理費用，人事費用，財務費用等。由於專案計劃係一項具有期間性的工程、市場、研究發展……計劃，故若能提高某項個別作業的工作效率，雖將增加一些成本，但由於能縮短整個計劃的完成時間，其所節省的整個計劃的間接或固定成本，往往甚大，以致可降低整個計劃的總成本。另一方面有時迫於情勢，亦須提前完成某項專案計劃。於此種種情況，皆須要研究，如何以最低的成本，縮短整個計劃的完成時間，以節省總成本或應付某種情勢。上述之作業成本與計劃間接成本的意義，可以圖示之如下：

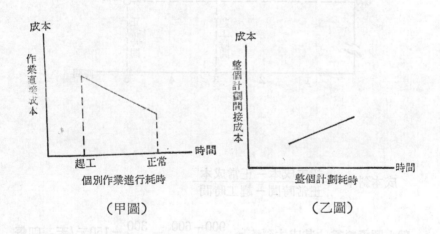

（甲圖）　　　　　　　　　　　　　（乙圖）

　　甲圖顯示個別作業進行耗用時間，係與該作業之直接成本成反比，爲縮短該項作業之完成時間，必須趕工進行，自必增加該作業之成本。乙圖則顯示若能縮短整個計劃的耗時，必能減低整個計劃的間接成本。要徑法最低成本日程之程序，卽在找出如何以最低的成本，縮短整個計劃的完成時間，爲達此目的，必先找出何項作業趕工，其所增成本較低，並運用上節所述要徑概念，針對要徑上的作業，以最低成本的方式趕工，自必較爲經濟。要徑法係假定趕工成本的性質，係爲直線的關係（現在已可擴充爲非線性關係）。換言之，其趕工成本斜率爲不變，可以圖示之如下：

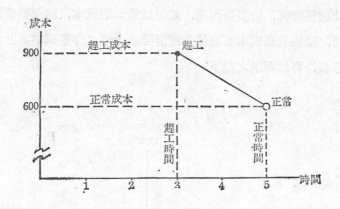

$$成本斜率 = \frac{趕工成本 - 正常成本}{正常時間 - 趕工時間}$$

就上圖資料言，其成本斜率 $= \frac{900-600}{5-3} = \frac{300}{2} = 150$ 元/天。卽每趕工一天，需增加成本150元，趕工二天卽需增加成本300元。故成本斜率卽爲每趕工一單位時間，所增加之趕工成本。茲以簡例一則，說明其基本意義如下：

設有某項專案計劃工程，計有四項作業，其成本及耗時資料如下：

作業項目	前項作業	耗 時（天）		作業成本（千元）		成本斜率（千元）
		正常	趕工	正常	趕工	（趕工一天成本）
a	—	3	1	10	18	4
b	a	7	3	15	19	1
c	a	4	2	12	20	4
d	c	5	2	8	14	2

註：專案計劃間接成本 $ 4,500/天。

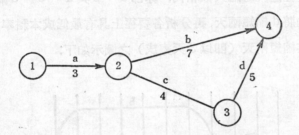

正常時間要徑：　a—c—d

　　依上述資料，該項專案計劃工程，按正常作業時間計算，需耗時12
天始能完成，可以圖示之如下：

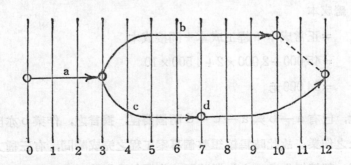

總成本

$$=正常成本＋趕工成本＋間接成本$$
$$=45,000+0+4,500 \times 12$$
$$=99,000元$$

分析要徑 a—c—d 各項作業之成本斜率，以作業 d 之趕工單位成本最低，每趕工一天增加成本 2,000元，故應先自縮短作業 d 之工期着手。由於 d 趕工兩天後， a—c—d 途徑之耗時總天數將縮短至10天，而與 a—b 途徑之耗時總天數相同，亦即 a—b 與 a—c—d 將同時成為要徑，故先將 d 縮短兩天，再分析各要徑上具有最低成本斜率之作業。將作業 d 作業縮短兩天（即以 3 天完成）之圖示如下：

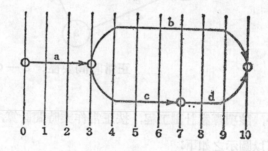

總成本

$$=正常成本＋趕工成本＋間接成本$$
$$=45,000+2,000 \times 2+4,500 \times 10$$
$$=94,000元$$

至此，已有 a—b 與 a—c—d 兩個要徑，換言之，作業 b 亦已成為要徑上之作業。故此時為縮短整個專案工程之完成時間，有三種方式可供選擇，即縮短作業 a 之作業時間；作業 b 及作業 c 之作業時間；作業b及作業d之作業時間。玆分析其趕工一天所費成本如下：

趕工方式	趕工一天成本（千元）
作業a	4
作業b與c	1+4=5
作業b與d	1+2=3

　　自上分析可知，以趕工作業b與d，有最低成本，惟作業d已趕工兩天，僅餘一天可趕，以圖示之如下：

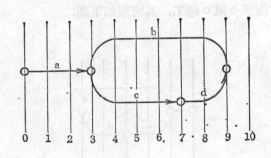

　　總成本

　　　＝正常成本＋趕工成本＋間接成本

　　　＝45,000＋(1,000×1＋2,000×3)＋4,500×9

　　　＝92,500元

　　經由上述改善後，應以作業a趕工較為經濟，計可趕工兩天，如下圖所示：

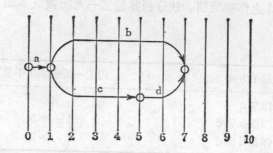

總成本

　＝正常成本＋趕工成本＋間接成本

　＝45,000＋(4,000×2＋1,000×1＋2,000×3)＋4,500×7

　＝91,500元

最後僅有作業 b 與 c 趕工，其情形如下圖：

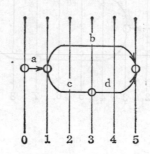

總成本

　＝正常成本＋趕工成本＋間接成本

　＝45,000＋(4,000×2＋1,000×3＋4,000×2＋2,000×3)＋4,500×5

　＝92,500元

此時之總成本已較前為高，故該項專案計劃工程，以 7 天完成，具

有最低成本（除非因特殊情勢要求始可縮短為5天完成），並可以圖示
之如下：

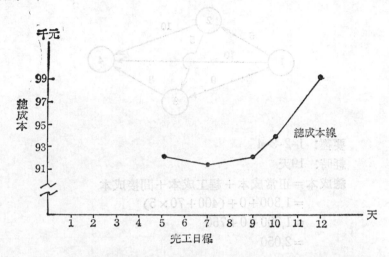

上例係以日程圖（Schedule Graph），表示各次趕工的情形，以幫
助瞭解最低成本日程的意義。茲以另例說明最低成本日程計算表(Work
Sheet) 的應用。

設有某項專案計劃，其所含各項作業之耗時及成本資料如下：

作業項目	耗 時（天）		成 本（元）		可能縮短	趕工增加	成本斜率
i－j	正常	趕工	正常	趕工	耗時(天)	成本(元)	（元／天）
1—2	6	5	100	160	1	60	60
1—3	9	5	200	360	4	160	40
1—4	10	6	400	500	4	100	25
2—3	5	3	60	120	2	60	30
2—4	10	5	300	650	5	350	70
3—4	8	6	240	360	2	120	60
			1,300				

註：專案計劃間接成本於14天內完工者總計＄400超過14天者每超過一天增加
　　間接成本＄70

其正常耗時之網路圖如下：

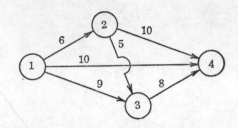

要徑: 1-2-3-4
耗時: 19天
總成本＝正常成本＋趕工成本＋間接成本
$$= 1,300 + 0 + (400 + 70 \times 5)$$
$$= 1,300 + 0 + 750$$
$$= 2,050$$

其各次改進之網路圖如下：

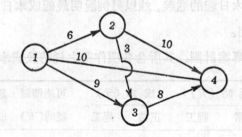

改進: 2-3 縮短工時 2 天
要徑: 1-2-3-4
　　　1-3-4
耗時: 17天
總成本＝正常成本＋趕工成本＋間接成本
$$= 1,300 + (30 \times 2) + (400 + 70 \times 3)$$
$$= 1,300 + 60 + 610$$
$$= 1,970$$

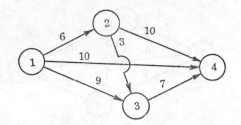

改進: 3-4 縮短工時1天
要徑: 1-2-4
　　　1-2-3-4
　　　1-3-4
耗時: 16天
總成本＝正常成本＋趕工成本＋間接成本
　　　＝1,300＋(60＋60×1)＋(400＋70×2)
　　　＝1,300＋120＋540
　　　＝1,960

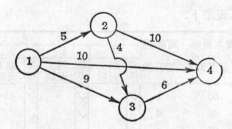

改進: 1-2及3-4各縮短1天
　　　2-3已無必要縮短，恢復為耗時4天
要徑: 1-2-4
　　　1-2-3-4
　　　1-3-4
耗時: 15天
總成本＝正常成本＋趕工成本＋間接成本
　　　＝1,300＋(90＋60×2)＋(400＋70×1)
　　　＝1,300＋210＋470
　　　＝1,980

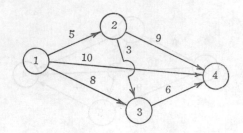

改進: 2-3, 2-4與1-3各縮短耗時 1 天
要徑: 1-2-3-4
　　　1-2-4
　　　1-3-4
耗時: 14天
總成本＝正常成本＋趕工成本＋間接成本
　　　　＝1,300＋(210＋30＋70＋40)＋400
　　　　＝1,300＋350＋400
　　　　＝2,050

依上分析可知，以耗時 16 天時有最低總成本 $1,960。以上分析，可列出其計算表如下:

作業 i-j	耗時 (天)	成本斜率 (元／天)	可能趕 工天數	改 進 程 序									
				0		1		2		3		4	
				要徑	趕工 天數	要徑	趕工 天數	要徑	趕工 天數	要徑	趕工 天數	要徑	趕工 天數
1—2	6	60	1	✓		✓		✓		✓	1	✓	
1—3	9	40	4			✓		✓		✓		✓	1
1—4	10	25	4										
2—3	5	30	2	✓		✓	2	✓		✓	+1	✓	1
2—4	10	70	5					✓		✓		✓	1
3—4	8	60	2	✓		✓		✓	1	✓	1	✓	
(1)專案計劃總完工日數				19		17		16		15		14	
(2)間接成本					750		610		540		470		400
(3)正常成本					1,300		1,300		1,300		1,300		1,300
(4)趕工天數					0		2		1		1		1
(5)趕工一天成本					0		30		60		90		140
(6)趕工成本					0		60		60		90		140
(7)總成本					2,050		1,970		1,960		1,980		2,050

（三）有限資源的調配

上述要徑法及最低成本日程，係假定可供調配用於一項專案計劃（Project）的資源係處於不虞匱乏的情況。事實上，實施一項專案計劃的可用資源，多屬有限供應。無論是人員，設備或器材，皆不能無限的供應，亦不能過份的忽多忽少的運用。例如就人員方面來說，通常不可能（亦不經濟），這星期運用150人，下星期僅用30人，至再下一個星期又有運用160人。所以，有限資源的運用，不但需考慮其供應數量有限，而且需考慮供應或使用的適當平穩，不宜過份的忽多忽少。由於運用有限資源的限制，故對於前述之要徑及趕工（最低成本日程），必須加以適當的修正配合。例如有一項計劃，以日程圖（Schedule Graph）表示其實施進度如下：

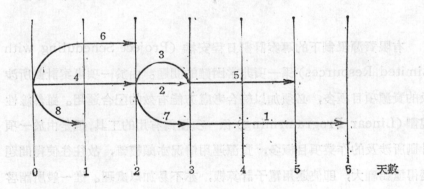

上圖中各箭頭（Arrow）中所註數目字，係表示該項作業（Operation）所需之人工數，其橫座標係表示各項作業之預定進度。若該計劃實施時可供調用之人員數量無限制，則按上圖之程序進行自無問題。若該計劃之實施，僅有10位人員可供調配，則必須按實際可供調配資源，予以完成。所以，一項專案計劃的進行，不但其各項作業應依需要，按步驟先後次序進行，並應同時配合有限資源的調配。所以一項要徑的決定，不僅是其前後銜接作業的次序及時間問題，亦須配合事實上的資源限制。例如上列專案計劃，因僅有10位人員可供調配運用，則可視實際需要予以適當調度。下圖即是可行的方案之一：

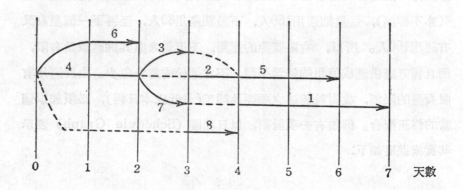

有限資源限制下的專案計劃日程安排 (Project Scheduling with Limited Resources) 係一項非常困難的問題。由於一項專案計劃所涉及的資源項目極多，必須加以綜合考慮方能有效的配合運用。雖然線性規劃 (Linear Programrming) 係一項極為有用的工具，但是由於一項計劃所涉及的作業項目極多，資源運用情況亦頗複雜，故往往使得問題變得極為龐大，即使運用電子計算機，亦不易加以處理。惟一般所謂啟發式程序 (Heuristic Approach)，往往可按照一項簡單的原則，協助找出接近的解答。茲舉例說明其運用於適當調配專案計劃所需資源，以維持資源的平穩應用(ResourceLeveling)：

設有某項專案計劃工程，其所含各項作業所需工作天數及人員數，如下表所列

作業	項　目	耗時（天）	人員數（人）	前項作業
a	(1-6)	4	9	—
b	(1-4)	2	3	—
c	(1-2)	2	6	—
d	(1-3)	2	4	—
e	(4-5)	3	8	b
f	(2-3)	2	7	c
g	(3-5)	3	2	f, d
h	(5-6)	4	1	e, g

該計劃之各項作業，可以網路圖表示如下：

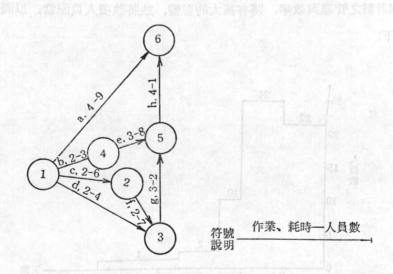

符號
說明　　作業、耗時—人員數

上圖中箭號，除註明作業名稱外，並標明該項作業之耗時天數，以及其所需人員數。例如作業 a 需耗時11天，並需人員數 9 人。茲為分析該項計劃所含各項作業之人力需要情形，將上列網路圖，依各項作業之最早開始時間（Early Start Time），列出其日程圖如下：

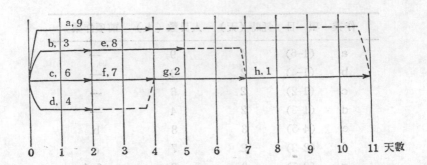

　　若依上圖所示各項作業之最早開始時間 (ES)，安排各項作業之進行，則所需之人員配當 (Manpower Loading) 將很不均勻，對於整個計劃之管理與效率，將有甚大的影響，茲將該項人員配當，以圖示之如下：

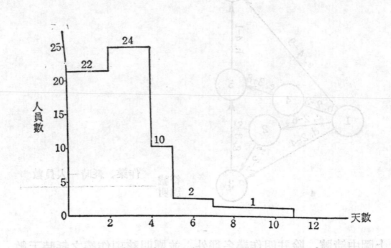

　　觀察上圖可知，該項計劃所需人力，以第二天至第四天為最高，需24人，與其所需最低人力時相較，相差甚多，故需將上項尖峯時所需人力，設法予以拉平。此項工作實係包含兩項工作：

(1)資源拉平 (Resource Leveling)：減低尖峯時資源負荷，於預定計劃完成期間內，拉平各項資源的需求。

(2)資源分配 (Resource Allocation)：就有限資源，作最佳的運用，以求早日完成整個計劃。

由於數量分析方法 (Methematical Analysis Method) 的複雜與不切實際應用需要，一般皆以啓發性方法 (Heuristic Method) 于以逐步改善。例如就上例言，可以圖解列出其改善步驟如下：

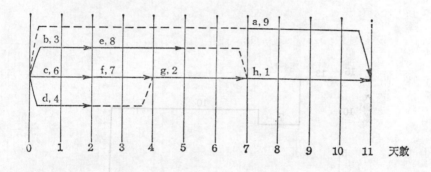

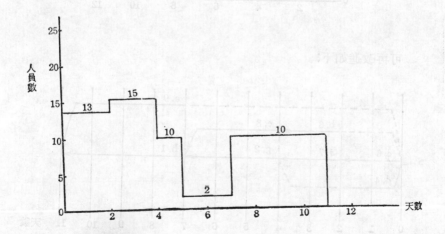

並可繼予改進如下：

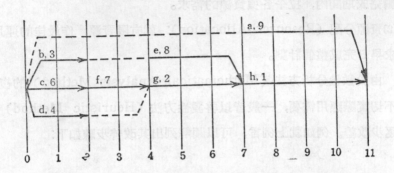

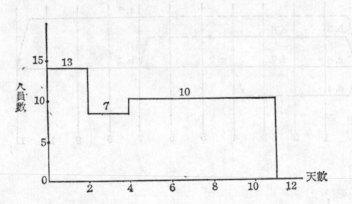

可再改進如下：

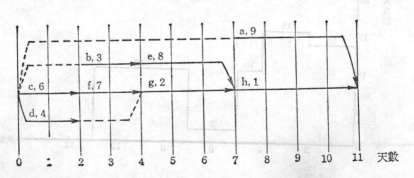

上圖為一項計劃在最遲完成日程圖，不計算需其上的一切前提

（Arrow）要徑，其在要徑圖上之位置，僅據其位置而定，有次序

與相互地位關係，而作其要徑之分析，此實亦顧及於工人之間無

量。倘以最大負荷之限定工作日數，而分佈需其圖及工作日程，可

得人員之流量。若此適當的調配均衡時，則可進行其，

最遲開始時間日程（Late Start Schedule）

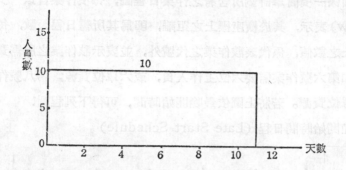

經由上述改進，該項計劃之人力運用，已非常平穩。雖然不一定能
於實際上做到如此的均勻，惟本例已可顯示，經由適當的調配，可以更
經濟的運用有限的資源。惟由於一項計劃所需資源，不止人力一項，故
尚須以線性規劃或其他方法，以達資源的經濟有效運用。

茲再舉一例說明有限資源對於要徑分析的意義：

最早開始時間日程（Early Start Schedule）

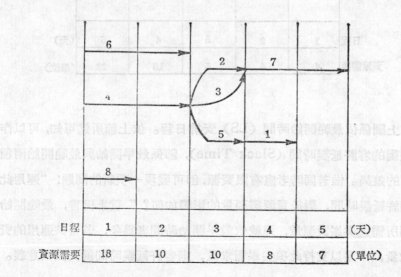

日程	1	2	3	4	5	(天)
資源需要	18	10	10	8	7	(單位)

上圖係在最早開始時間（ES）之日程，各工項均先行列出，可以作
為資源的經濟時間（Slack Time），即各項要徑線最遲與最早開始時間
相關的差距。由基圖示觀得其需要最經濟可以其一項的調度；而期而
尚須開始列出其間，則上項資源將不足以利用而均布。因此以間，期間可以
相關且需要調配，其而工作日程及資源需要的均布以得最經濟有效運
用資源，此亦工於要徑分析之意義。

上圖係一項簡單計劃所含有之作業日程圖，每項作業皆以一項箭號 (Arrow) 表示，其於橫座標上之距離，即為其所需日程天數，每項作業箭號上之數值，係代表該作業之代號外，並表示該作業之所需資源數量。例如第六號作業需要六位工作人員，或六單位資源；第八號作業卽需要八單位資源。若將上圖依最晚開始時間，可得下列程圖：

最晚開始時間日程 (Late Start Schedule)

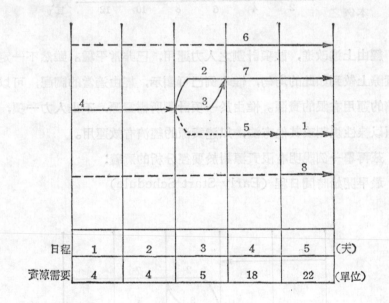

日程	1	2	3	4	5	(天)
資源需要	4	4	5	18	22	(單位)

上圖係依最晚開始時間 (LS) 安排日程。依上節所述可知, 可以作為緩衝的容許延誤時間 (Slack Time), 即係最早開始與最晚開始兩種時間的差異。惟若同時考慮有限資源, 即可發現一項新的問題："運用此項容許延誤時間, 對於資源需要量的影響如何？"就上例言, 最晚開始時間所需之尖峯資源量, 遠較依最早開始時間者為多, 若可供運用的資源數量, 不足以支持此項尖峯需求量, 則容許延誤時間就失去其意義。

本例若可供使用資源數量爲10單位時，必須重新計算最早與最晚開始時間的日程，然後再比較此兩項有限資源限制下的日程，以觀察其有無容許延誤時間 (Slack Time)。換言之，於有限資源的限制條件下，須依此項有限資源，分別計算其最早開始時間日程與最晚開始時間日程，然後再分析計算此兩項日程間的差異，以決定於有限資源的限制條件下，其容許延誤時間爲若干。

若本例之可供使用資源數量爲10單位，則可分別繪出其最早與最晚開始時間日程如下：

最早開始時間日程 (ES Schedule)：

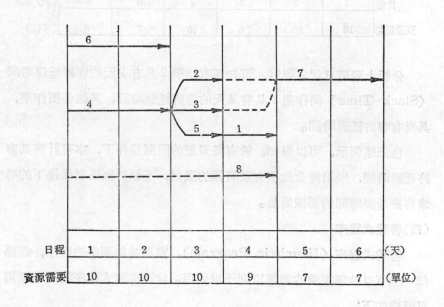

日程	1	2	3	4	5	6	(天)
資源需要	10	10	10	9	7	7	(單位)

最晚開始時間日程 (LS Schedule)：

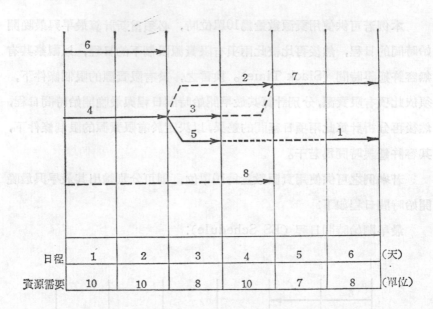

日程	1	2	3	4	5	6	(天)
資源需要	10	10	8	10	7	8	(單位)

　　分析上列兩日程之圖解，可知僅有作業2具有1天的容許延誤時間 (Slack Time) 與作業1具有2天的容許延誤時間，其他各項作業，具沒有容許延誤時間。

　　自上述例示，可以得知，於有限資源的限制條件下，亦可計算其容許延誤時間，惟須符合此項有限資源的限制，不似於無限制條件下的尋求容許延誤時間的那樣簡易。

(四)啓發式程序

　　啓發式程序 (Heuristic Program)，實則並無固定的程序，僅係依一些可以妓擧接受的簡單原則予以運用。此項啓發式程序的簡單原則可歸納如下：

　　(1)依時間順序，運用所需要的資源，亦卽自第一天開始，逐日的安排所有可能做得到的日程，然後再開始安排第二天的日程，依此類推。

　　(2)若有數項作業，皆需要使用同一資源時，則先安排應用於具有最小容許延誤時間（Least Slack Time）的作業。

(3)設法重新安排非要徑上的作業，以求調度更多的資源於要徑上的作業。換言之，以要徑上的作業有優先獲得資源運用的資格。

依據上述三項資源分配（Resource Allocation）規則，茲再舉例說明啓發式程序的應用如下：

設有某項簡單的專案工程計劃，其所含作業及其需要時間及資源數量，可以下列日程圖表示：

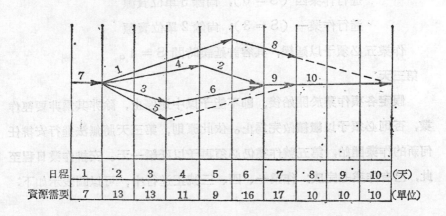

日程	1	2	3	4	5	6	7	8	9	10	(天)
資源需要	7	13	13	11	9	16	17	10	10	10	(單位)

上圖顯示該項專案工程計劃，具有10項作業，每項作業之箭號上所註明數標，即係該項作業之代號，亦係該項作業所需資源數量。依據上圖分析，可知其最高需要資源量爲17單位。若目前該計劃僅有10單位資源可供使用，則如何能以最短的日程，完成此項專案計劃？依上述程序可分析如下：

第一天：

僅有一項作業（第七號作業）需要做，因僅需7單位資源，係可充分供應，自可安排進行此項作業，尚餘3單位資源可供使用。由於安排

進行作業七，係爲整個計劃之開始，其容許延誤時間 (Slack) 爲零，即

　　　進行作業七（S＝0）；尙餘 3 單位資源

第二天：

　　計有四項作業（作業一、三、四與五），可以於第二天開始，惟此時僅有10單位資源可供使用，自應選擇應用於容許延誤時間爲最低之作業：

　　　　進行作業三（S＝0）；尙餘 7 單位資源

　　　　進行作業四（S＝0）；尙餘 3 單位資源

　　　　進行作業一（S＝3）；尙餘 2 單位資源

　作業五必須予以延緩，其容許延誤時間 S＝4。

第三天：

　　假定各項作業於開始後，即不能予以中途停止，除非其爲非要徑作業，否則必須予以繼續做完爲止。依此原則，第三天將無法進行安排任何新的作業開始，第五號作業仍必須再予以延緩一天。安排作業日程至此，已有作業七完成；作業一、四、三號正進行中，可以圖表示如下：

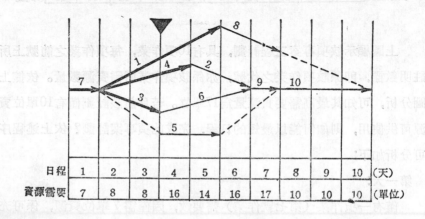

日程	1	2	3	4	5	6	7	8	9	10	(天)
資源需要	7	8	8	16	14	16	17	10	10	10	(單位)

第四天：

繼續進行第四及第一號作業（第三號作業已完成），由於第六號作業的容許延誤時間S＝0，爲要徑作業，而作業一則具有容許延誤時間S＝3，爲非要徑作業，故依上述規則，應重新安排非要徑作業日程，優先供應要徑作業所需資源，故本日之日程如下：

　　　　繼續作業四（S＝0）；尚餘 6 單位資源

　　　　暫停作業一（S＝3）；尚餘 6 單位資源

　　　　延緩作業五（S＝2）；尚餘 6 單位資源

　　　　進行作業六（S＝0）；尚餘 0 單位資源

　於第四天終了時之日程圖如下所示：

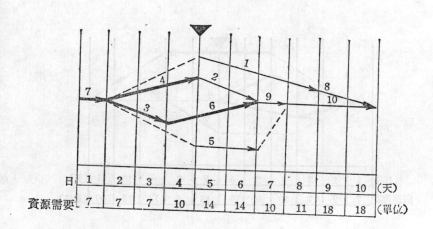

日	1	2	3	4	5	6	7	8	9	10	(天)
資源需要	7	7	7	10	14	14	10	11	18	18	(單位)

第五天：

　　　　繼續作業六（S＝0）；尚餘 4 單位資源

　　　　進行作業二（S＝0）；尚餘 2 單位資源

　　　　進行作業一（S＝0）；尚餘 1 單位資源

　　　　延緩作業五（S＝1）

第六天：

　　　　　繼續作業六（S＝0）; 尚餘 4 單位資源

　　　　　繼續作業二（S＝0）; 尚餘 2 單位資源

　　　　　繼續作業一（S＝0）; 尚餘 1 單位資源

　　　　　延緩作業五（S＝0）

　　此時作業五雖已成為要徑上之作業，但由於無剩餘資源可予運用，且進行中作業皆係無容許延誤時間 S＝0，故祇有繼續延緩作業五的實施。當然，由於此項延緩，已影響整個計劃的如期完成。因為作業五現已為要徑上之作業，將其延誤，必導致整個計劃的延誤，此項情形，可以下圖表示，整個計劃之完成日期已順延一天：

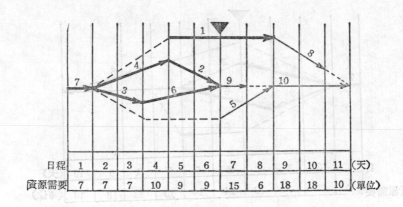

日程	1	2	3	4	5	6	7	8	9	10	11	(天)
資源需要	7	7	7	10	9	9	15	6	18	18	10	(單位)

第七天:

　　　　　繼續作業一（S＝1）; 尚餘 9 單位資源

　　　　　進行作業五（S＝0）; 尚餘 4 單位資源

　　　　　延緩作業九（S＝1）

第八天:

　　　　　繼續作業五（S＝0）; 尚餘 5 單位資源

延緩作業九（S＝0）；無非要徑作業可以重安排

延緩作業八（S＝2）

至此，其日程圖已顯示，整個計劃之完成日期已延後兩天：

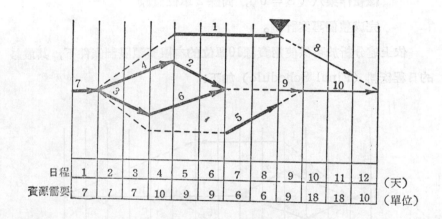

日程	1	2	3	4	5	6	7	8	9	10	11	12	（天）
資源需要	7	1	7	10	9	9	6	6	9	18	18	10	（單位）

第九天：

進行作業九（S＝0）；尚餘 1 單位資源

延緩作業八（S＝2）

第十天：

進行作業十（S＝0）；尚餘 0 單位資源

延緩作業八（S＝1）

第十一天：

繼續作業十（S＝0）；尚餘 0 單位資源

延緩作業八（S＝0）

第十二天：

繼續作業十（S＝0）；尚餘 0 單位資源

延緩作業八（S＝0）

第十三天:

　　　進行作業八（S＝0）; 尚餘 2 單位資源

第十四天:

　　　繼續作業八（S＝0）; 尚餘 2 單位資源

　　　完成整個專案計劃。

　　依上述分析於可供使用資源10單位的有限資源限制條件下，其最終的日程安排 (Final Schedule) 如下:

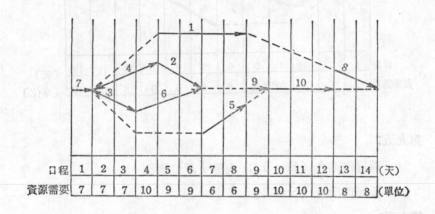

日程	1	2	3	4	5	6	7	8	9	10	11	12	13	14	(天)
資源需要	7	7	7	10	9	9	6	6	9	10	10	10	8	8	(單位)

　　分析上例可知，於充分供應所需資源的條件下 (Unlimited Resource Supply)，其整個計劃的完成日期應爲 10 天。若限制供應所需資源，於可供使用資源爲10單位的限制條件下,其整個計劃的完成日期，按上述規則，予以安排日程，將需14天完成。由於此項規則，係啓發式程序並非一定可達成最佳解，惟其可以接近最佳解或甚至與最佳解吻合，亦極爲可能。

四、計劃評核術

計劃評核術（PERT）與要徑法相較，其最大特色，係對於時間估計不確定性（Duration Uncertainty）的考慮，其次係其以事件導向（Event-Oriented）爲網路圖的基本結構，而不似要徑法係採用作業或活動導向（Activity-Oriented）。惟近年來由於電子計算機運用的發達，甚多程式組合（Program Package）已可同時將時間與成本之不確定性予以處理，故已失去其昔日之相異特色，實可統稱爲網路日程分析（Network Scheduling Analysis）。本節仍將就計劃評核術之基本意義予以介紹，並進而說 PERT/COST 與 PERT/LOB 等新發展。

(一)時間計劃評核術 (PERT/TIME)

由於計畫評核術的最初發展重點，係在於時間的控制，故其網路結構，係以事件(Event)的控制爲基礎，其與要徑法之以活動（Activity）爲基礎之不同，可以下列簡圖比較說明：

要徑法：

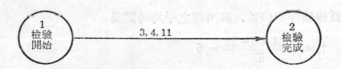

$$ ① \xrightarrow[5天]{品質檢驗} ② $$

其重點係以品質檢驗這一項活動或作業爲主，對於此項作業所需時間，亦多僅以一項確定的時間予以標示。

計劃評核術：

$$ \underset{\substack{檢驗\\開始}}{①} \xrightarrow{3, 4, 11} \underset{\substack{檢驗\\完成}}{②} $$

其重點係以品質檢驗開始，以及品質檢驗完成此二項事件爲主，此外對於此項檢驗作業所需時間，亦以三項時間予以估計，其標示方式爲

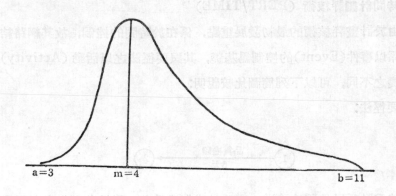

a： 最樂觀時間（最短）

b： 最悲觀時間（最長）

m： 最可能的耗用時間（適中）

計劃評核術所採用的時間估計，係以 Beta 函數 (Beta Function) 爲基礎。其形態甚似常態分態，惟係有限並有偏態，如下圖所示：

依據 Beta 函數之性質，其平均值（期望值）的計算，係下列公式：

$$t_e = \frac{a + 4m + b}{6}$$

就品質檢驗作業例言，其所需之平均時間爲

$$t_e = \frac{3 + 4 \times 4 + 11}{6} = 5$$

惟 Beta 函數之偏態, 亦可如下列形式:

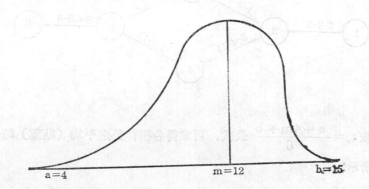

其平均時間將爲

$$t_e = \frac{4 + 4 \times 12 + 15}{6} = 11.2$$

計劃評核術網路要徑之計算, 與要徑法 (PERT) 極爲相似, 其主要符號之意義如下:

T_R (Earliest Expected Time): 係爲一項事件最早能夠達成的時間。

T_S (Target Completion Time): 係整個計劃之預訂完成時間。通常係與最後的整個計劃完成事件的 T_E 相一致, 惟亦可另訂其時間。

T_L (Latest Allowable Time): 係爲符合計劃目標完成時間(T_S進度下, 一項事件最晚需要達成的時間。

其計算方式與要徑法相似, 於分析計算各項事件的 T_E 時, 係順向推進計算, 於分析各項事件的 T_L 時, 係逆向倒退計算。茲舉例說明如下:

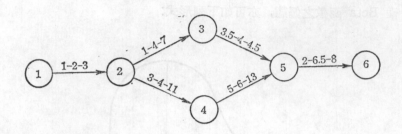

依 $t_e = \dfrac{a+4m+b}{6}$ 公式，可求得各項作業之平均（期望）時間如

下圖所示：

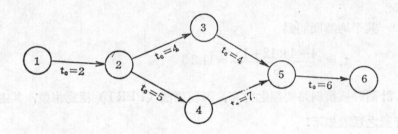

首先計算 T_E 如下：

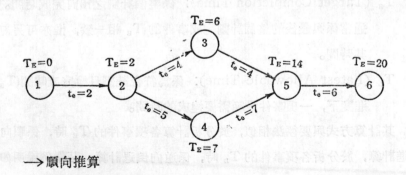

$\longrightarrow$ 順向推算

其計算方式，恰如於要徑法中所使用者，係下列公式求得

$$T_E(j) = T_E(i) + t_e(i, j)$$

上式中 i，j 分別爲各個圓圈（Node）中之標號，若遇有多個作業滙結一個圓圈時，則取其最大値者。

計算 T_L 的方式與上相仿，係自最後一項事件，逆向推進，其計算公式爲：

$$T_L(i) = T_L(j) - t_e(i, j)$$

若遇有多個作業滙結時，則取其最小値者。茲以下圖標示其 T_L 之計算：

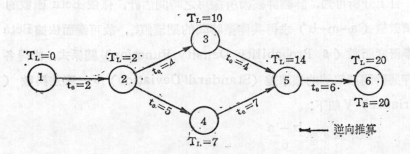

一般情形，多係將上列兩圖合併計算如下：

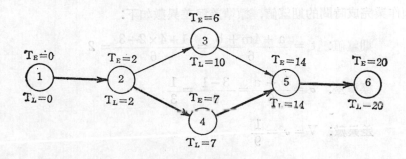

觀察上圖可知，$T_E = T_L$ 之處，即爲要徑，故其要徑爲 $1-2-4-5-6$。可以計算表列出如下：

事件	可能達成時間		容許延誤時間
	最早(T_E)	最晚(T_L)	$T_L - T_E$
1	0	0	0
2	2	2	0
3	6	10	4
4	7	7	0
5	14	14	0
6	20	20	0

自上分析可知，計劃評核術所採用之時間估計，係依 Beta 函數的三項數值（a-m-b）求得其作業時間的期望值 t_e。故可進而依據 Beta 機率密度函數（β Probability Density Function）關係式，求得各項作業時間期望值的標準差 (Standard Deviation) σ，與差異數（Variance）V 如下：

標準差 $\sigma = \dfrac{b-a}{6}$

差異數 $V = \sigma^2 = \left(\dfrac{b-a}{6}\right)^2$

例如上例中作業 $1-2$ 的三時估計值 a-m-b 爲 $1-2-3$，則可求得該項作業完成時間的期望值，標準差與差異數如下：

期望值：$t_e = \dfrac{a+4m+b}{6} = \dfrac{1+4\times2+3}{6} = 2$

標準差：$\sigma = \dfrac{b-a}{6} = \dfrac{3-1}{6} = \dfrac{1}{3}$

差異數：$V = \sigma^2 = \dfrac{1}{9}$

　　分析至此可以瞭解，計劃評核術網路中各項作業之完成所耗時間 (t₀)，係屬一項機率分配 (Probability Distribution) 的隨機變數，具有其不定性，則依據此項 t_0 時間，所獲得之 T_E（作業開始或完工事件之發生或達成時間），亦必屬一項機率事件，具有其不定性。此外，依據前述例示，可以得知，各項作業開始或完工事件之達成時間，除受該項作業本身之耗時久暫影響外，並亦受到其所有各個前項作業的耗時久暫的影響。換言之，在網路中一條途徑上，有的作業可能有落後的情形，有的作業可能較準時，亦有的作業可能有超前的情形，所以，依據統計學的中央極限定理 (Central Limit Theorem)，可以得到下列結論：雖然個別作業的耗時 (t₀) 係為一項具有偏態的分配 (Unsymetrical Distribution)，但是各項作業達成事件的時間 (T_E)，係為一項沒有偏態的分配 (Symetrical Distribution)。此項沒有偏態分配的圖形如下，通稱為常態分配 (Normal Distribution)：

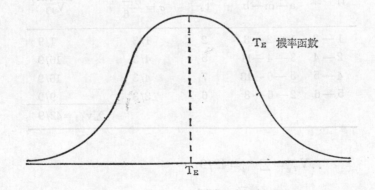

　　觀察上圖可以瞭解，T_E (Event Times) 係一項機率分配，其數值亦與 t₀ (Duration) 一樣，具有標準差與差異數以表示其分散的情形。惟由於 T_E 係一項常態分配，故可以常態分配求得 T_E 的標準差與差異數

如下:

$$\sigma_{T_E} = \sqrt{V}$$

$$V_{T_E} = \sum v_{ij}$$

上式中 $\sum v_{ij}$ 係一條途徑上各項作業的差異數的和。例如就上例言，其要徑為 $1-2-4-5-6$，可以圖示之如下:

可列表計算該項要徑的最後一個圓圈（第六號圓圈）的 T_E 標準差與差異數如下:

作　業	三時估計 a—m—b	期望時間 t_e	標準差 $\sigma = \dfrac{b-a}{6}$	差異數 V_{ij}
1—2	1—2—3	2	1/3	1/9
2—4	3—4—11	5	4/3	16/9
4—5	5—6—13	7	4/3	16/9
5—6	2—6—8	6	3/3	9/9
				$\sum v_{ij} = 42/9$

$$\therefore V_{T_E} = \sum v_{ij} = 42/9$$

$$\sigma_{T_E} = \sqrt{42/9} = 2.16$$

由於該第六號圓圈（Node 6）的 T_E，係經由其前面四項作業（1-2, 2-4, 4-5, 5-6）的順序完成而獲得，故此項 T_E 的實際意義，應為該四項作業"全部完工"這一項事件的達成時間，所以此項達成事件的差異數，

係爲該四項作業的四個差異數的和（上表最後一欄）。此外，由於該四項
作業，係爲要徑，所以其達成亦爲整個計劃的達成，其差異數$V_{T_E}=4.67$
即爲整個計劃達成時間的差異數。所以，$\sigma_{T_E}=2.16$ 即爲整個計劃達成
時間的標準差。

　　依據常態分配，吾人瞭解，於平均數(T_E)左右各一個標準差(σ_{T_E})
的面積或機率爲 68.3%；左右二個標準差的機率爲 95.5%；左右三個標
準差的機率爲 99.7%，以圖示之如下：

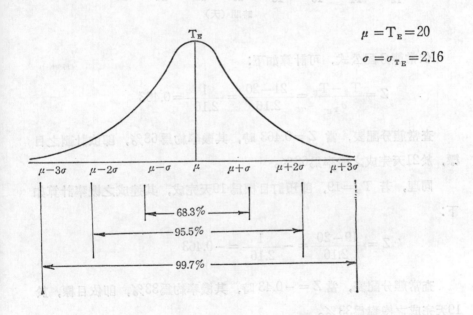

$$\mu = T_E = 20$$
$$\sigma = \sigma_{T_E} = 2.16$$

　　並可依據常態分配表，查出各項時間之發生機率，例如設該計劃之
完成日期（T_s）訂爲21天，則此目標完成日期完工之機率，可以下圖
示之：

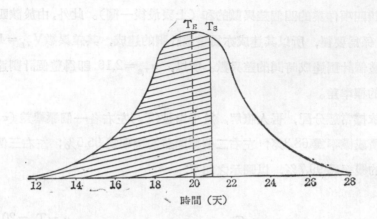

依常態分配公式，可計算如下：

$$Z = \frac{T_s - T_E}{\sigma_{T_E}} = \frac{21 - 20}{2.16} = \frac{1}{2.16} = 0.463$$

查常態分配表，當 $Z = 0.463$ 時，其機率約爲68％，卽依計劃之目標，於21天完成之機率爲68％。

同理，若 $T_s = 19$，卽預訂目標爲 19天完成，其達成之機率計算如下：

$$Z = \frac{19 - 20}{2.16} = -\frac{1}{2.16} = -0.463$$

查常態分配表，當 $Z = -0.43$ 時，其機率約爲33％，卽依目標，於19天完成之機率爲33％。

綜上所述可知，計劃評核術應用機率理論，可以循要徑上各項作業之完成時間，計算整個計劃之達成機率。其餘有關最早與最晚完成時間以及容許延誤時間等計算方式，與要徑法相較，實屬大同小異，要徑法係以作業（Activity）爲主，計劃評核術係以事件（Event）爲主。茲再以圖例比較如下：

要徑法:

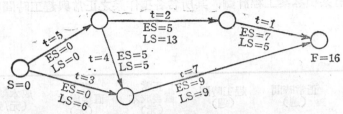

計劃評核術:

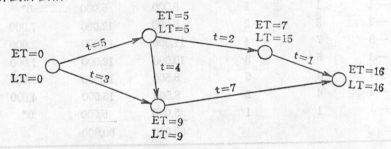

(二)成本計劃評核術

　　成本計劃評核術 (PERT/COST) 係於1962年由時間計劃評核術（PERT/TIME) 擴充而成, 其基本意義, 與前述之要徑法相似, 假定一項作業之工作時間與成本間關係爲可以直線性質估計 (Linear Approximation), 如下圖所示:

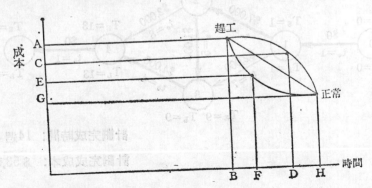

茲舉例說明於下：

設有某項專案工程計劃，其所含各項作業之正常與趕工時間與成本如下：

作 業	正常時間（週）	趕工時間（週）	正常直接成本（元）	趕工直接成本（元）	成本斜率（元/週）
0—1	1	1	5,000	5,000	0*
1—2	3	2	5,000	12,000	7,000
1—3	7	4	11,000	17,000	2,000
2—3	5	3	10,000	12,000	1,000
2—4	8	6	8,500	12,500	2,000
3—4	4	2	8,500	16,500	4,000
4—5	1	1	5,000	5,000	0*
			53,000	80,000	

*：該項作業不能趕工

依上資料，可分析其各項作業之直接成本與工作進度間之變化情形。

首先列出其正常時間之計劃評核術網路：

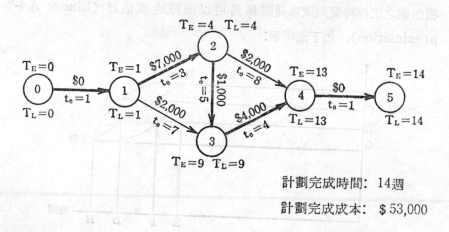

計劃完成時間：14週

計劃完成成本：$ 53,000

若將計劃完成時間提前一週，則其網路圖如下：

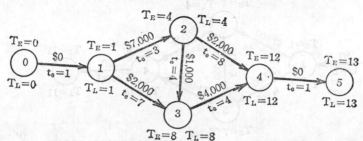

計劃完成時間：13週

計劃完成成本：$ 54,000

上圖中已將作業 2-3 之完成時間自 5 週提前至 4 週，並增加趕工成本 $ 1,000。

若將計劃完成時再提前一週，則其網路圖如下：

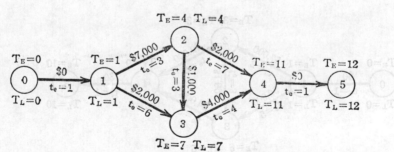

計劃完成時間：12週

計劃完成成本：$ 59,000

上圖中已將作業 1-3, 2-3, 2-4 各提前一週完成，以配合整個計劃之提前一週完成，合計增加成本 $ 5,000。

若將計劃完成時間再提前一週，則其網路圖如下：

正式計劃完成之初始情況一節，得其網路圖如下：

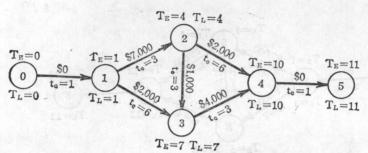

計劃完成時間：11週

計劃完成成本：＄65,000

　　上圖中已將作業 2-4 與 3-4 分別提前一週完成，以配合總計劃之提前一週完成，合計增加成本 ＄6,000。

　　若將計劃完成時間再提前一週，其網路圖如下：

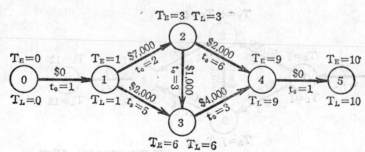

計劃完成時間：10週

計劃完成成本：＄74,000

　　上圖中已將作業 1—2 與 1—3 分別提前一週完成，合計增加成本 ＄9,000。

　　分析至此，雖尚可將作業 1-3 與 3-4 分別提前一週完成，惟由於其他作業亦係屬於要徑作業，皆已無法提前以資配合，故僅提前作業 1-3 與 3-4，不能使整個計劃之完成時間提前，且需化費趕工成本 $ 2,000 ＋ $ 4,000＝ $ 6,000，自不值得。茲將以上分析，列表說明如下：

計劃完成時間（週）	增加趕工成本(元)	計劃完成成本(元)
14	—	53,000
13	1,000	54,000
12	5,000	59,000
11	6,000	65,000
10	9,000	74,000
10	8,000	80,000*

*無意義

　　一般雖說要徑法係以成本為重心，計劃評核術係以時間為重心。惟事實上，該兩項網路日程安排術的發展初期皆以時間為主，至多僅可認為要徑法係由民間企業所發展成功，其對於時間之估計，業已同時注意到成本之控制，故僅訂定一項確定的成本；而計劃評核術由於係為國防新武器之發展而設計，對於時間方面的要求，特別重視，自不得不於若干方面，犧牲成本方面的考慮。所以，早期的要徑法雖已考慮到成本，但係僅列出其直接與間接成本，並未能作進一步的分析。惟如前所述，無論要徑法與計劃評核術，由於電子計算機之普遍使用，已發展成為多種的變化形態 (Versions)，僅可統稱為網路日程與成本系統 (Network Scheduling and Cost Accounting System)。運用網路日程分析作為成本之計量與控制工具，其主要特色，係將個別的作業或一組作業，作為成本中心，而不依企業的組織單位作為成本中心。所以對於成本的計量與控制，係以專案計劃為基礎，而不依企業的機能組織為基礎。由於此項概念，故必須首先估計各項作業成本 (Activity Cost)，然後再將各項作業成本，歸納成爲計劃成本 (Project Cost)。依據美國政府出版 (1962) "DOD and NASA Guide, PERT COST Systems Design"其主要之推行方式，係將有關之細微作業，合併成爲若干工作組合 (Work Packages)，作爲基本的計劃與控制的對象，亦即以工作組合作爲網路圖中之各項作業。此項工作組合之決定標準，依此手冊規定，係於價值方面不得超過十萬美元，時間方面不超過三個月。以此等工作組合作爲最低層次的作業，然後再逐漸向上結合成爲各項具體的細部工程計劃，然後由此等細部工程計劃再結合成爲一項整個的專案計劃 (Project)。該手冊亦係假定各項作業（或工作組合）之成本支出，於該作業之工作期間內爲均勻不變，亦即其每日或其他單位時間之成本開支爲相等。若遇有顯著不相等之情形，則可將其再分割成爲數項細微作業，以保持此項接近等率支出 (Constant Expenditure Rate Over Duration) 的特質。根據技術要求，確定各項作業，並將各項作業依其性質組成工作組合，列出網路圖後，即可依前述方法，予以控制。茲舉一簡例說明其控制的功用。

設有一項專案計劃，其所含各項作業之成本、耗時以及前後工作順序，如下網路圖所示：

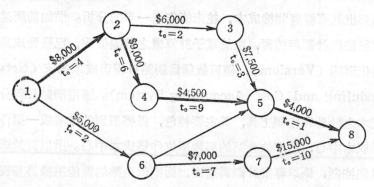

依上資料，可列出其最早開始時間日程圖與成本如下：

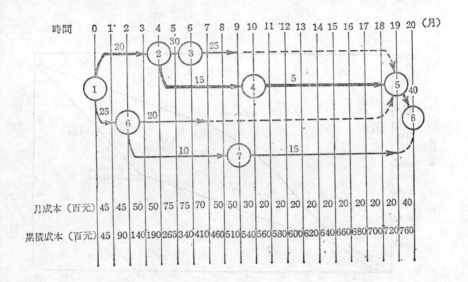

若依其最晚開始時間，可列出其日程圖及成本如下：

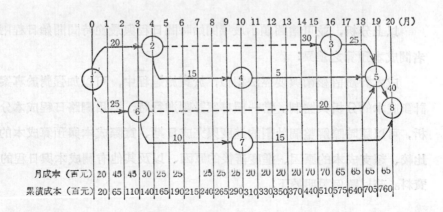

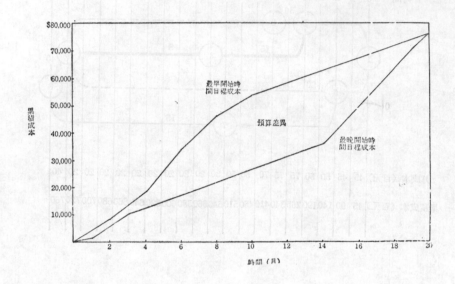

以上分析，並可繪圖顯示最早開始時間日程與最晚時間開始日程兩者間成本預算之差異：

成本計劃評核術與要徑法相似，於實施過程中，可以加強對於專案計劃成本的分析與控制。當一項專案計劃進行時，運用網路日程成本分析，可以隨時瞭解整個計劃的進度與完成日期、實際成本與預算成本的比較、超支成本的原因、進度落後的原因、以及其他有關成本與日程的資料。茲以圖例說明於下：

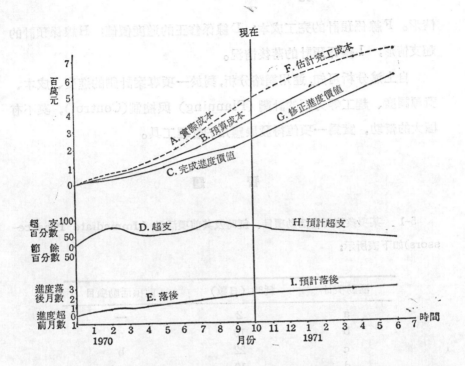

上圖顯示一項專案計劃的進度與成本情況，該圖繪於1970年10月底（註明：現在），以示實際與未來預計的分界線。圖中A線係表示該項計劃之實際成本支出；B線係預算成本支出；C線係完成進度價值。該項完成進度係將實際完成工作，以預算成本表示，因為實際支出成本超出預算金額，亦可能係由於進度超前所致，故必須予以表示該項實際支出成本下之眞正進度。該圖D線係表示實際支出超出預算支出的百分數，係依下列公式求得：

$$超支百分數 = \frac{實際成本 - 完成進度價值}{完成進度價值}$$

上圖中最下面之E線，係表示計劃完成時間落後的情形。

至於該圖之右邊係預估於未來期間內，所擬達成的修正進度或成本情形。F線係預計的完工成本；D線係修正的進度價值；H線係預計的超支情形；I線係預計的落後情況。

自上述分析可知,運用網路分析,對於一項專案計劃的進度、成本、資源調度、趕工等方面的計劃 (Planning) 與控制(Control)，莫不有極大的幫助，實為一項值得發展應用的管理工具。

習　題

5-1　某項業務所含活動項目、耗時及其前項活動（Immediate Predecessors)如下表所示:

活動項目	耗時（日數）	前項活動項目
a	2	—
b	10	a
c	22	b
d	10	c, l
e	20	d, n
f	3	e, s
g	4	f
h	2	g, p
i	1	h, q
J	4	i
k	0	j
l	16	b
m	3	l
n	20	m
o	20	n
p	10	o
q	3	f, p
r	5	m
s	37	c, r

(1)試繪出箭號圖 (Arrow Diagram) 與AON圖 (Activity-On-Node)。

(2)試求每項活動的最早與最晚開始及完成時間。

(3)指出該項業務的要徑。

5-2　設有下列網路圖，試求各項作業的容許延誤時間 (Total Slack) 與自由容許延誤時間 (Free Slack)：

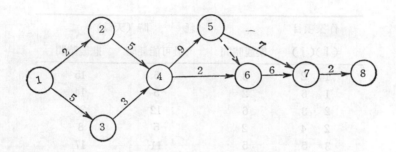

5-3　試就下列計劃評核術網路圖，求算

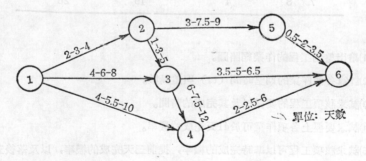

(1)每項活動的期望時間 (t_e)。

(2)計算各項事件 (Events) 的最早完成時間 (T_E)、最晚完成時間 (T_L)，以及容許延誤時間 (Slack)。

(3)整個計劃作業的要徑及完成時間。

④試求各項活動的期望時間差異數 (Variance)。

(5)試求整個計劃完成時間的差異數與標準差。

(6)試求整個計劃準時完成的機率，提前三天完成計劃的機率與落後五天完成的機率。

5-4　設有下列一項工程,其所含各項作業之時間係就樂觀時間（a），悲觀時間（b）與最可能耗時（m）列出：

作業項目		耗　　　時（天數）		
（i）（j）		樂觀時間	最可能耗時	悲觀時間
1	2	3	6	15
1	6	2	5	14
2	3	6	12	30
2	4	2	5	8
3	5	5	11	17
4	5	3	6	15
6	7	3	9	27
5	8	1	4	7
7	8	4	19	28

(1)繪出整個工程的作業網路圖。

(2)計算各個作業的期望時間（t_e）與差異數。

(3)試求該項工程的要徑以及其完成的時間。

(4)試求要徑上各項作業可於41天完成的機率。

(5)試求該項工程可以準時完成的機率，提前三天完成的機率，以及落後五天完成的機率。

5-5　某項工程計劃有下列作業，其正常作業時間及成本與趕工作業時間及成本，係隨工作時間長短而有變化，依正常作業時間工作，雖費時較長，但作業所費成本（直接成本）較節省，依趕工作業時間工作，可費時較短，惟作業所費成本較高，茲列表如下：

作業	耗　時（天數）		成　本（千元）	
（i）（j）	正常	趕工	正常	趕工
1—2	20	17	600	720
1—3	25	25	200	200
2—3	10	8	300	440
2—4	12	6	400	700
3—4	5	2	300	420
4—5	10	5	300	600

　　該項工程除上表所列直接成本外，尚有間接成本，估計若整個工程於一個月（以23個工作天計算）完成，需間接成本 600,000 元，惟若超過一個月完成，則估計每工作天需費間接成本50,000元。試求：

　　(1)該項工程計劃的正常完成時間與成本

　　(2)試逐步趕工並求解該項工程最快速的完成時間與最低成本（繪圖列出有關要徑的變換）

　　5-6　某項專案計劃，其所含各項活動所需要人力資源（Man-Days），與依甲、乙、丙三種工作方式下，各項活動所需調配人員數如下表所示：

活動	需要人力資源	需調配人員數		
（i）（j）	(Man-Days)	甲法	乙法	丙法
1　2	32	2	4	8
1　3	48	4	6	8
2　3	40	4	5	8
2　4	12	2	3	4
4　5	30	3	5	6
3　5	54	3	6	9

　　上表意義係指活動1-2，需要人力資源32個工作天（一人工作），惟該項活動依甲方式需調配 2 人工作，依乙工作方式需調配 4 人於此項活動工作，依丙方式需調配 8 人工作。換言之，該項活動，依甲法需16個工作天完成（2 人工作），依乙法需

8個工作天完成（4人工作），依丙法需4個工作天完成（8人工作）。

該項計劃總計可以調配的人員數係有12人，該等人員皆係正式編制人員，無論是日有無派工，皆需支付薪給。此外，任一項活動若決定採用甲、乙、丙三種工作方式中之任一方式後，即需按此所選方式工作，直至該項活動完成，亦即一項活動不可於某日採用甲法，而於次日改採用另一方法施工。

試就上列資源，安排最低閒置人力資源的工作日程。

5-7　某專案計劃有下列各項作業：

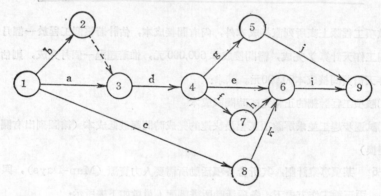

各項作業所需工作時間及工作人員數如下表所示：

作業項目	耗時（週）	人員數（人）
a	3	2
b	2	2
c	2	6
d	2	3
e	1	4
f	1	8
g	1	4
h	2	4
i	2	2
j	1	4
k	1	4

若該項專案計劃至遲需於九週內完成，並應使用最低的人力，試求：

(1)若工作人員數係固定不變，試安排日程。

(2)若每項作業的人一週數（Total Man-Weeks）保持固定不變，而工作人員數可以變動，試重新安排日程。

5-8　茲有下列一項專案計劃所含各項活動之三項時間估計與其前項活動的關係：

活動	前項活動	時間估計（週）		
		a	m	b
A	—	2	2	2
B	—	1	3	7
C	A	4	7	8
D	A	3	5	7
E	B	2	6	9
F	B	5	9	11
G	C, D	3	6	8
H	E	2	6	9
I	C, D	3	5	8
J	G, H	1	3	4
K	F	4	8	11
L	J, K	2	5	7

試求：

(1)繪出該項專案計劃 PERT 網路圖，並指出其要徑。

(2)列出各項活動的最早與最晚完成時間。

(3)整個計劃的預期完成時間。

(4)完成計劃的機率：

　　(a)26週或更少？

　　(b)23週或更少？

　　(c)25週或更多？

5-9　某廠一項工程之各項活動，依合約應於18天完成，超過限期將被罰金每天100元，茲列出該工程各項活動之正常工作天數與成本、趕工工作天數與成本、以及各項活動間之關係如下表：

活動項目	前項活動	正常工作天數	正常成本	趕工工作天數	趕工成本
A	—	3	$ 320	2	$ 360
B	—	5	550	4	500
C	—	6	575	4	700
D	A	7	750	5	850
E	A	4	420	3	490
F	B, D	2	180	2	180
G	C	4	425	4	485
H	A	8	850	5	1,060
I	C	5	475	4	535
J	C	7	675	5	735
K	E, F, G	4	400	3	440
L	H, I	6	650	4	750
M	L	3	280	2	335
N	J, K	5	525	4	575

試求：

(1)整個工程的正常工作完成時間。

(2)整個工程的最短完成時間。

(3)最低成本（含罰金）的完工時間。

5-10　若P.191例示僅有9單位資源可供使用，則如何能以最短日程，完成此項專案計劃？

第六章　存貨管理

存貨(Inventory)問題的近代研究，可朔自哈里斯(F.N. Harris)於1915年發展成功一項簡單而有用的存貨控制數量模式。自此以後，數量分析方法大量的被應用於解決存貨管理的問題，亦可以說係數量方法最早最廣泛的應用於管理的問題。此乃由於存貨問題較其他的管理問題爲單純，係以材料、在製品及成品爲研究對象，探討其最低成本之應有數量，其性質係一種比較確定性的結構完整問題（Structured Problem）；此外，存貨往往佔企業資產中的主要部分，若對此項問題有所改善，對企業的幫助甚大，甚多企業，其產品所耗原材料，佔總成本比例極高，或其存貨數量龐大，處處顯示存貨問題係一項比較單純而又影響企業獲利甚鉅的問題，值得重視。

一、存貨成本

(一)存貨功能

討論存貨問題前，必須瞭解存貨之功能，槪略言之，可分爲下列四項功能：

(1)供應市場需要：市場需要絕非十分穩定，銷貨預測亦非十分準確，運用存貨可彌補銷貨預測之不確，亦可應付變化多端的市場需要。需要特高時可以庫存存貨應付之，需要不足時可以增加庫存以吸收之。

(2)減低生產成本：市場需要就個別企業言，必無逐日、逐月或逐期相等數量之穩定，若生產數量亦密切配合此項波動的需要，必將引起生產設備之浪費。由於個別企業之生產設備皆已購置，必須加以充分利用，方能獲得較經濟的生產成本，若產量時高時低，必有部分設備未能利用，故維持相當穩定之產量，係爲生產管理之主要目標之一，於產量超過需要量，則以增加庫存方式吸收超額的生產，於產量不及需要量時，則以庫存應付超額的需要。

(3)經濟批量：由於固定成本（見第四章）的關係，生產廠商於製造產品時，或供應廠商於出售產品時，皆願以適當的批量（Lot Size）從事生產或供應。現代化的工業之所以能夠供應價廉物美的產品，其主要原因即係在於大量（大批）生產能獲得的規模經濟。由於生產或採購的批量大，需以存貨的方式作爲調節。

(4)緩衝有關作業的失誤：在製品存貨可以避免因某項作業的失誤而致全面停止；原料存貨或成品存貨亦可應付因運輸作業或其他問題而引起的缺料或缺貨。

(二)存貨成本

存貨模式的主要目的，係在尋求最低的營運成本（Operating Costs）；至於存貨模式的主要決策，係爲決定：(1)訂購或生產的批量，以及(2)何時訂購或生產此批量。所以，於說明存貨模式前，須先瞭解有關的存貨成本。

(1)訂購成本（Ordering Costs）：係爲獲得存貨所發生的成本，故係每作一次訂購，就會發生一次的成本。例如請購手續的完成、比價程序的進行、訂購單的發出、訂購的追踪、收貨、驗收、進倉及貨款支付手續等項所發生的成本，皆爲隨訂購次數的多寡而增減，甚多企業產品需用材料零件數千種，若無適當管理，必將每日忙於訂購、驗收、進倉……等事項，其成本必定增加。此項訂購成本，就製造業言，即係所謂生

產準備成本 (Setup Costs)，係於每批生產將發生一次的成本。例如生產管理所發生的成本：製造命令的開發、生產設備的準備與調整、產品檢驗，等項隨生產批數增加而增加的成本。

(2)持有成本 (Carrying Costs)：係存貨於存放一定期間後，所發生的成本。例如：倉儲費用；貨品成本積壓資金所發生的利息損失；貨品因陳舊、變質、折耗所發生的損失等項，皆係因持有此項存貨而發生的成本。

(3)貨品單價 (Unit Cost)：於簡單的情況下，購買貨品的單價，不隨購買數量的多寡而有變動，係屬固定不變。惟於複雜情形下，供應廠商往往有數量折扣 (Quantity Discount) 優待方法，以鼓勵多買，其單價即係不固定。就製造業言，產品之直接人工、材料及製造費用亦係每件相同。若係固定不變之單價或單位成本，不受每次採購數量或每批生產數量的影響，故於存貨模式中對上述的存貨決策無影響；若係隨數量多寡而有變動，自應予以考慮。

(4)缺貨成本(Stockout Costs)：係由於不能及時滿足顧客需要而產生的成本。其主要內涵有兩項：顧客不願等待而損失一筆交易並進而影響企業之商譽；顧客願等待稍遲的供應而發生的處理過期訂貨 (Back-order) 的成本。由於缺貨成本大部分係屬不易估計的機會成本，或損失成本，企業當局多將其設定為一項概括的成本負擔，而不設立每件缺貨的成本為多少金額。例如可以規定缺貨不得超過百分之五的規定，即係無形的已承擔了一項缺貨成本。

(三)存貨模式有關因素

存貨模式除成本因素外，尚有下列各項重要因素，必須予以考慮者：

1. 需要 (Demand) 企業持有存貨，係為應付未來的需要。關於未來需要數量的建立，如第三章所論，可以分為下列三種情況：

(1)確定情況 (Certainty)：可以準確獲得未來一定期間內，對其產品的需要數量。

(2)風險情況 (Risk)：僅能將未來一定期間內之需要量，以一項預計的機率分配來表示其需要水準。

(3)不定情況 (Uncertainty)：係對於未來一定期間內之需要量，無法測知。就存貨問題言，此項情況較少。即使無法客觀估計一項機率分配以表示未來需要，亦可設法就經驗與判斷，估計一項主觀機率以預測未來需要。

2. 交貨時間 (Lead Time) 係訂貨後至貨品送達的時間。由於供應廠商往往於接到訂單後，尚需生產製造，或尚需包裝運輸，經過相當時日，方可將貨品送達訂貨者手中，故應考慮此項交貨時間之長短。若交貨時間較長，則應提早訂貨，亦即應多準備存貨以應付此段交貨時間內，所發生的需要。反之，則可準備較少的存貨。惟此段交貨時間的長短，亦如上述之未來需要一樣，並非可以一定準確既定者。亦可分為確定、風險及不確定三種情況。

3. 自製或採購 (Make or Buy) 亦影響存貨的管理決策。若係向外採購供應，自可依照企業的需要，就成本與數量等方面的考慮，予以適量的訂購。若係由本廠自製供應者，則必須同時考慮生產平穩 (Production–Smoothing) 問題。若全依經濟批量決定生產量，而不能顧及廠內之平穩生產或技術困難，亦係缺乏應用價值。

4. 靜態或動態 (Static or Dynamic) 亦即此項存貨問題係僅需作一次決策，抑係需作連續決策。例如聖誕樹的存貨決策，係每年一次；而醫院用藥則需重覆訂購以維持需要供用的數量，作不斷的補充。

5. 需要的變化 (Behaviour of Demand) 係指對於存貨的需要是否因時而不同；尤其是其變化的型態 (Pattern) 是否一致。例如對於某些生產零件的需要，係每隔一個固定的週期；而有些零件，其需要的相隔期間則不相等，有時長，有時短。此外，需要的數量亦是有的貨品為相當穩定，有的貨品則時多時少。

以上各項，對於存貨的管理與控制，自有相當的影響。對於存貨模式的建立，亦自有其不同的前提。

(四)平均存量

平均存量（Average Inventory）係指一個企業的庫存量平均數，亦為存貨模式的重要概念。其最簡單的情形為每日使用數量皆係相等數量。例如某企業的一年各月份的庫存數量有下列資料，則其平均存量可計算如下：

日期（月／日）	庫存量（件）
1/1	10,000
2/1	9,167
3/1	8,335
4/1	7,499
5/1	6,667
6/1	5,833
7/1	4,999
8/1	4,167
9/1	3,333
10/1	2,500
11/1	1,667
12/1	833
12/31	0
	65,000

$$平均庫存量 = \frac{65,000}{13}$$
$$= 5,000 件$$
$$= 期初存量的 1/2$$

將以上資料繪圖如下，可以得知其庫存量係成一條直線，亦即其每日耗用量爲相等：

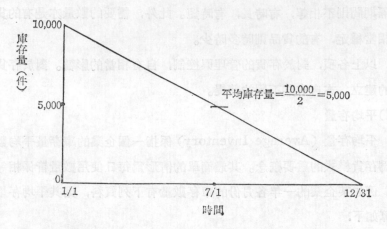

平均庫存量$=\dfrac{10,000}{2}=5,000$

於實際情況，使用數量不一定如此的穩定相等，於有季節性的場合，必有時高時低的現象，若某企業某項存貨之庫存量有下列資料，其平均庫存量將不一定恰等於期初存量之一半：

日期（月／日）	庫存量（件）
1/1	10,000
2/1	9,000
3/1	8,000
4/1	6,600
5/1	5,000
6/1	3,000
7/1	1,600
8/1	1,200
9/1	1,000
10/1	750
11/1	500
12/1	400
12/31	0
	47,050

平均庫存量$=\dfrac{4,7050}{13}$

$=3,619$

$=.362$ 期初存量

若將以上資料繪圖，可觀察得其庫存量將係一條曲線，而非如等量使用（Constant Usage）般成爲一直線。

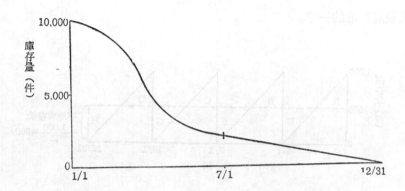

若於一年內，進貨不止一次，則其平均庫存量之計算較繁。惟若各批進貨之數量係相等，且爲等量使用，則其平均存量，即爲每批量的一半。例如某企業每年進貨四次（即每三個月進貨一次），每批進貨（或自行生產供應）1,000件，亦即一年合計需耗用 4,000件，且係等量使用，則其平均庫存量即爲批量的一半，亦即500件：

日期（月／日）	庫存量（件）
1/1	1,000
3/31	0
4/1	1,000
6/30	0
7/1	1,000
9/30	0
10/1	1,000
12/31	0
	4,000

$$平均庫存量 = \frac{1,000}{2}$$
$$= 500$$
$$= 批量的1/2$$

　　將以上資料繪圖，可觀察得知Ａ、Ｂ、Ｃ、Ｄ四個三角形的面積，分別與Ｅ、Ｆ、Ｇ、Ｈ四個三角形為相等。故此項鋸齒形的庫存量，可以削平成為以批量一半為高度的長方形，亦即平均庫存量為批量的一半或最高存量的一半。

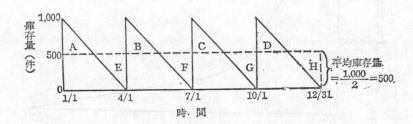

　　就實際應用言，甚多企業之生產能量或銷售業務皆為相當穩定，若將其對存貨的耗用情形亦視為相當穩定，其與實際情況，相差不致甚遠，換言之，一般情況下，可將該企業之平均存量，視為其每批進貨或生產量的一半。惟若其耗用量之變化確係相差甚大，則亦可就等量使用假定下發展出來的存貨模式，加以適當的修正即可，於基本上並無過大的差異。

二、經濟批量

　　存貨控制(Inventory Control)亦稱庫存控制，其主要目的在於求取存貨成本的降低。而經濟批量 (Economic Order Quantity，簡稱EOQ) 即為從極小訂購成本(Ordering Costs)與持有成本 (Carrying Costs) 着手，求取最經濟的批量。本節所討論者，係為假定存貨的需要量為已知或可以預測估定者。

(一)列表法

列表法雖僅適用於存貨情況較為簡單的情況，但此法之主要功用係在說明經濟批量的意義。假設某企業全年耗用某項貨品之總金額為 $10,000，該企業之財務會計資料顯示，該項貨品的訂購成本為每次訂貨須化費 $25，其存貨之持有成本，則為該存貨之平均存貨價值的 12.5%，則可列表比較每年訂貨 1, 2, 3, ……次的訂購與持有成本如下：

(Ⅰ)全年訂貨批數		1	2	3	4	5	10	20
(Ⅱ)每批訂貨金額 10,000/(Ⅰ)		$10,000	$5,000	$3,333	$2,500	$2,000	$1,000	$500
(Ⅲ)平均存貨	(Ⅱ)/2	5,000	2,500	1,666	1,250	1,000	500	250
(Ⅳ)持有成本	(Ⅲ)×12.5%	625	313	208	156	125	63	31
(Ⅴ)訂購成本	(Ⅰ)×25	25	50	75	100	125	250	500
總成本	(Ⅳ)+(Ⅴ)	$650	$363	$283	$256	$250	$313	$531

(最低)

觀察上表可知，所列七種訂購方式，以將全年所需貨品，分為五次（或五批）訂購有最低總成本 $250。亦即以分五批採購全年需用貨品，每批購買 $2,000 為最佳。自上表所列數值，亦可看出，當存貨之持有成本下降時(因平均存貨數量下降而引起)，則訂購成本即上升（因訂購次數增多而引起)。此外，並可觀察得於存貨持有成本與訂購成本相等時，有最低總成本。此種最低成本的情形，亦可以圖示之如下：

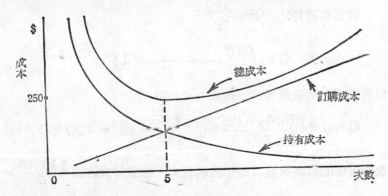

自上分析可知，經濟批量（EOQ）之求得，卽在於如何平衡此兩種相反方向變化之成本。

(二)基本模式

經濟批量模式甚多，本節將說明數種最爲簡單者，以瞭解其基本意義，作爲靈活應用之基礎。

1.最佳訂購次數 (Optimum Number of Orders per Year)

設: Q＝每年訂購次數（批數）

A＝全年耗用該項貨品的總金額

P＝訂購成本（每次訂購成本）

C＝持有成本百分數（以平均存貨百分數表示）

則可得: 全年總訂購成本＝訂購次數×每次訂購成本

$$= Q \times P \cdots\cdots\cdots\cdots\cdots①$$

全年持有成本＝平均存貨成本×持有成本百分數

$$= \left(\frac{1}{2} \times \frac{A}{Q} \right) \times C = \frac{AC}{2Q} \cdots\cdots\cdots\cdots②$$

設①式等於②式，得:

$$QP = \frac{AC}{2Q}$$

移項整理得: $\quad Q^2 = \dfrac{AC}{2P}$

$$\therefore \quad Q = \sqrt{\frac{AC}{2P}} \cdots\cdots\cdots\cdots(\text{I})$$

以前述列表法示例資料，代入上式，得

$$Q = \sqrt{\frac{\$\,10,000 \times 0.125}{2 \times \$\,25}} = \sqrt{\frac{\$\,1250}{\$\,50}} = \sqrt{25} = 5 \text{ 次／年}$$

故知最佳的訂購次數爲每年訂購五次，亦卽每次訂購 $\dfrac{\$\,10,000}{5} =$

$2,000。或每次訂購可以供應 $\dfrac{365}{5}=73$ 天。

2. 最佳每批訂購量 (Optimum Number of Units per Order)

設：　R＝每件貨品單價

　　　Q＝最佳每批訂購量（件）

　　　A＝全年耗用貨品件數

　　　P＝訂購成本

　　　C＝持有成本百分數

則：　全年訂購成本＝全年訂購次數×訂購成本

$$=\frac{A}{Q} \times P=\frac{AP}{Q} \quad\cdots\cdots\cdots\cdots\cdots\cdots① $$

全年持有成本＝平均存貨成本×持有成本

$$=\left(\frac{AR}{A/Q} \times \frac{1}{2}\right) \times C$$

$$=\frac{ARC}{2A/Q}=\frac{RCQ}{2} \quad\cdots\cdots\cdots\cdots② $$

設①式與②式相等，得

$$\frac{AP}{Q}=\frac{RCQ}{2}$$

移項整理得：　$Q^{2}=\dfrac{2AP}{RC}$

$$\therefore \quad Q=\sqrt{\frac{2AP}{RC}} \quad\cdots\cdots\cdots\cdots(\text{II})$$

仍就上例言，若該公司一年使用該項貨品 $10,000，每件單價為 $1，亦即全年使用10,000件，其他資料不變，則代入上式：

$$Q=\sqrt{\frac{2 \times 10,000 \times \$25}{\$1 \times 0.125}}=\sqrt{\frac{500,000}{0.125}}=\sqrt{4,000,000}$$

$$=2,000\text{件／批}$$

其結果與上述之計算者相同，每批最佳訂購量爲2,000件，亦卽全年分五批訂購。

3. 最佳每次訂購供用天數 (Optimum Number of Day's Supply per Order)

設：　Q＝最佳每次訂購供用天數

A＝全年使用貨品件數

P＝訂購成本

C＝持有成本百分數

R＝每件貨品單價

則：　全年訂購成本＝全年訂購次數×訂購成本

$$= \frac{365}{Q} \times P = \frac{365\,P}{Q} \cdots\cdots\cdots\cdots\cdots\cdots ①$$

全年持有成本＝平均存貨成本×持有成本百分數

$$= \left(\frac{1}{2} \times \frac{AR}{365/Q} \right) \times C = \frac{ARCQ}{730} \cdots\cdots ②$$

設①式等於(2)式，得

$$\frac{365\,P}{Q} = \frac{ARCQ}{730}$$

移項整理得　$Q^2 = \frac{266,450\,P}{ARC}$

$$\therefore \quad Q = \sqrt{\frac{266,450P}{ARC}} \cdots\cdots\cdots\cdots (\text{Ⅲ})$$

仍以上例資料代入，可得

$$Q = \sqrt{\frac{266,450 \times \$25}{10,000 \times \$1 \times 0.125}} = \sqrt{5,321} = 73\text{天}/\text{批}$$

其結果與以上計算相符，每批訂購貨品可供應使用73天，亦卽每年訂購五次或每次訂購 $2,000。

4. 最佳每批訂購金額 (Optimum Number of Dollars per Order)

設:　　Q＝每批訂購金額

　　　　A＝全年耗用該項貨品金額

　　　　P＝訂購成本

　　　　C＝持有成本百分數

則:　　全年訂購成本＝全年訂購次數×訂購成本

$$= \frac{A}{Q} \times P = \frac{AP}{Q} \cdots\cdots\cdots\cdots\cdots\textcircled{1}$$

　　　　全年持有成本＝平均存貨成本×持有成本百分數

$$= \left(\frac{1}{2} \times \frac{A}{A/Q}\right) \times C = \frac{QC}{2} \cdots\cdots\cdots\textcircled{2}$$

設①式等於②式，得

$$\frac{AP}{Q} = \frac{QC}{2}$$

移項整理得　　$Q^2 = \frac{2AP}{C}$

$$\therefore \quad Q = \sqrt{\frac{2AP}{C}} \cdots\cdots\cdots\cdots\cdots(\text{IV})$$

仍以上例資料代入上式，得

$$Q = \sqrt{\frac{2 \times 10,000 \times 25}{0.125}} = \sqrt{4,000,000} = \$2,000/批$$

5. 陸續供應與使用

以上（Ⅰ）式至（Ⅳ）式，皆係假定，各批訂貨為一次全部送達，故於下圖中，存貨水準 (Inventory Level) 係為垂直之直線:

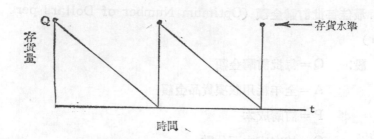

惟事實上各批訂貨之送達，往往並非係一次全部送達，而係逐漸送達。由於此種情形，故產生邊送邊用的現象。例如每日送達1,000件，而同時每日耗用600件等類似的情形，亦非常普遍。

設：　　Q＝最佳每批訂購數量（件）

　　　　X＝每日送達數量　　　　（每日1,000件）

　　　　Y＝每日耗用數量（x＞y）（每日600件）

　　　　R＝每件單價　　　　　　（每件＄1）

　　　　C＝持有成本百分數　　　（平均存貨成本0.125）

　　　　A＝全年耗用數量　　　　（全年219,000件）

　　　　P＝訂購成本　　　　　　（＄25/批）

則可得下列關係：

(1)由於每日送貨數量為X；每批訂購數量為Q，則該批貨之全部送達，所需日數為$\dfrac{Q}{X}$。

(2)由於每日耗用量為y件，故於該批貨送貨期間內之全部耗用量為$\dfrac{Q}{X} \times Y$件。

(3)每批訂購量為Q，惟由於邊送邊用，故每批訂貨之累積最高存貨水準為$Q - \left(\dfrac{Q}{X} \times Y \right)$件。以圖示之為：

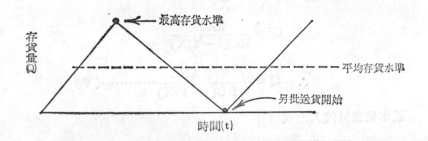

由於每日送達數量（X）超過每日耗用數量（Y），故於到達存貨最高水準前，亦卽於送貨期間內，存貨水準係逐日上升，當該批訂貨全部送達後，則因仍需每日繼續耗用，故存貨水準逐日下降，至另批送貨開始時始恢復上升。

(4)由於平均存貨量為最高存量的一半，故其平均存貨量為

$$\frac{1}{2}\Big[Q-\Big(\frac{Q}{X}\times Y\Big)\Big]=\frac{1}{2}Q\Big(1-\frac{Y}{X}\Big)$$

(5)全年持有成本係等於平均存貨成本乘以持有成本百分數，故得

$$全年持有成本=\frac{1}{2}Q\Big(1-\frac{Y}{X}\Big)\times R\times C$$

$$=\frac{RCQ}{2}\Big(1-\frac{Y}{X}\Big)\cdots\cdots\cdots\cdots\cdots①$$

(6)全年訂購成本係等於全年訂購次數乘以每次訂購成本，故可得

$$全年訂購成本=\frac{A}{Q}\times P=\frac{AP}{Q}\cdots\cdots\cdots\cdots\cdots②$$

設以上①式等於②式，得

$$\frac{RCQ}{2}\Big(1-\frac{Y}{X}\Big)=\frac{AP}{Q}$$

移項整理，　$RCQ^2\left(1-\dfrac{Y}{X}\right)=2AP$

$$Q^2=\frac{2AP}{RC(1-Y/X)}$$

$$\therefore\quad Q=\sqrt{\frac{2\,AP}{RC(1-Y/X)}}\cdots\cdots\cdots\cdots(V)$$

就本例資料代入上式

$$Q=\sqrt{\frac{2\times219,000\times25}{1\times0.125(1-600/1000)}}=14,800件$$

其經濟批量（EOQ）爲每批14,800件。

6. 持有成本的其他表示法

以上各式中之持有成本，皆係以平均存貨額之百分數表示之，若將持有成本改以持有一件一年若干金額表示，則所導得的經濟批量公式，將略有變更,茲以較常應用之第（Ⅱ）式與第（Ⅴ）式爲例,說明如下：

設：　R＝每件貨品單價　　　　　　（每件 $ 0.50）

　　　Q＝最佳每批訂購量（件）　　（經濟批量）

　　　A＝全年使用量（件）　　　　（75,000件）

　　　P＝訂購成本　　　　　　　　（每批 $ 20）

　　　C＝持有成本　　　　　　　　（每件每年 $ 0.077）

則可得　　全年訂購成本＝$\dfrac{A}{Q}\cdot P=\dfrac{AP}{Q}$……………①

　　　　　全年持有成本＝$\dfrac{Q}{2}\cdot C=\dfrac{QC}{2}$……………②

設①式等於②式　　$\dfrac{AP}{Q}=\dfrac{QC}{2}$

移項整理，得　　$2AP=Q^2C$

$$\therefore \quad Q^2 = \sqrt{\frac{2AP}{C}} \quad\cdots\cdots\cdots\cdots\cdots\cdots (\text{II}')$$

與前述之第（II）式　$Q = \sqrt{\dfrac{2AP}{RC}}$ 相較，此式係於分母中無R值，此乃由於持有成本係獨立以每件每年若干金額計算，而不依平均存貨金額（受貨品單價影響）的百分數爲計算持有成本之故。就本例資料代入（II'）式，可得

$$Q = \sqrt{\frac{2(75,000)(\$20)}{\$0.077}} = 6,250件／批$$

每批之經濟批量（EOQ）爲6,250件。

同理，若將上述（V）式中之持有成本C，亦改爲以持有一件一年若干金額表示，則可得:

設:　　Q＝最佳每批訂購量（件）

　　　　x＝每日送貨量　　　　　　　　（每天1,000件）

　　　　y＝每日耗用量　　　　　　　　（每天600件）

　　　　R＝每件單價　　　　　　　　　（每件 $2）

　　　　C＝每件持有一年之持有成本金額　（每件每日 $0.001）

　　　　A＝全年耗用量　　　　　　　　（219,000件）

　　　　P＝訂購成本　　　　　　　　　（每次 $10）

則可得:　　最高存貨水準$= \dfrac{Q}{x}(X-Y) = Q(1-Y/X)$

　　　　平均存貨（件）$= \dfrac{1}{2} \times Q(1-Y/X)$

　　　　持有成本（每日）$= \dfrac{Q}{2}\left(1-\dfrac{Y}{X}\right)(C)$ $\cdots\cdots\cdots$ ①

$$訂購成本（每日）= \frac{Y}{Q}(P) \cdots\cdots\cdots\cdots\cdots\cdots\cdots\text{②}$$

設①式等於②式，得

$$\frac{Q}{2}\left(1 - \frac{Y}{X}\right)(C) = \frac{Y}{Q}(P)$$

移項整理，　$Q^2 = \dfrac{2YP}{(1 - Y/X)C}$

$$\therefore \quad Q = \sqrt{\frac{2YP}{C(1 - Y/X)}} \cdots\cdots\cdots\cdots(V')$$

將本例資料代入上式，得

$$Q = \sqrt{\frac{2(600)(\$10)}{\$0.001(1 - 600/1000)}} = 5,480 件/批$$

每批之經濟批量（EOQ）為5,480件。

(三)敏感分析

經濟批量的敏感分析(Sensitivity Analysis)，主要係觀察該批量公式中所含各項因素對於批量的影響，進而對於存貨總成本的影響。所以，其敏感分析可分為兩項主要的項目，其一係分析於全年耗用總量有變化時，對於經濟批量變化的影響程度；其二係分析於持有成本與訂購成本估計不確時，對於存貨總成本的影響。茲先說明前者如下：

設：　持有成本（C）＝20%

　　　訂購成本（P）＝ $10

　　　單　　價（R）＝ $2

則於不同之全年耗用量（A）所求得之經濟批量（EOQ）可列表分析如下：

全年耗用總量（A）	經濟批量（EOQ）
1,000件/年	$\sqrt{\dfrac{2(1,000)(\$\,10)}{\$\,2(.20)}}=224$件/批
10,000	$\sqrt{\dfrac{2(10,000)(\$\,10)}{\$\,2(.20)}}=707$
100,000	$\sqrt{\dfrac{2(100,000)(\$\,10)}{\$\,2(.20)}}=2,240$
1,000,000	$\sqrt{\dfrac{2(1,000,000)(\$\,10)}{\$\,2(.20)}}=7,070$

　　觀察上表可知，當全年耗用總量（A），以10倍的速率增加時，經濟批量（EOQ）係以$\sqrt{10}$的倍數增加。所以，當A自1,000件／年增加至1,000,000件／年時，EOQ則係自224件／批，增加至7,070件／批。前者增加1,000倍，後者僅增加了31.56倍，增加極為緩慢。由於經濟批量直接影響存貨水準的高低，故對存貨成本的高低自亦有其影響。換言之，經濟批量的多寡，將直接影響平均存貨水準的高低，而平均存貨水準又與持有成本息息相關。就此項分析所獲結果，可獲一項重要概念，企業的平均存貨水準應依其全年業務量（銷售量）的平方根為增加。若某企業係維持其平均存貨水準於一項與全年銷售量的固定比例，則宜重新檢討此項政策之存貨成本以及其所可獲得之利益。至少，就經濟批量的敏感分析言，可以瞭解，平均存貨水準之增減，應為企業業務量增減之平方根，始稱妥當，而不宜維持於一固定的水準或比例。

　　敏感分析的第二項主要內容，係就持有成本與訂購成本的變化，對於存貨總成本的影響。例如某企業估計其存貨成本因素如下：

A＝全部耗用總量　10,000件。

P＝每批訂購成本　$ 10/批

R＝每件單價　$ 1/件

C＝持有成本為平均存貨額　20%

依公式（Ⅱ）　$Q = \sqrt{\dfrac{2AP}{RC}}$

代入之，得　$Q = \sqrt{\dfrac{2(10,000)(\$ 10)}{\$ 1(.20)}} = 1,000$件/批

惟事實上，該企業對於訂購成本（P）之估計實係不準確，P之正確數值應為每批 $ 20。故該企業採取 Q＝1,000 時之真正的存貨總成本，應為

$$TC = \frac{10,000}{1,000}(\$ 20) + \frac{1,000}{2}(\$ 1)(.20) = \$ 300$$

為比較起見，特將當 P＝$ 20 時之經濟批量（EOQ）計算如下：

$$Q = \sqrt{\frac{2AP}{RC}}$$

$$= \sqrt{\frac{2(10,000)(\$ 20)}{\$ 1(.20)}} = 1,414 件/批$$

所以，若該企業能正確估計 P 係為 $ 20，則其所採行之訂購批量將不為每批1,000件，而係每批1,414件。此時之存貨總成本為

$$TC = \frac{10,000}{1,414}(\$ 20) + \frac{1,414}{2}(\$ 1)(.20) = \$ 282.80$$

自上述分析可知，當訂購成本有 100% 錯誤（低估 $ 10）時，其所獲之存貨總成本僅增加

$$\frac{300 - 282.80}{282.80} = .064 \text{ 或 } 6.4\%$$

以上分析，亦可以公式表之如下：

設正確之持有成本與訂購成本爲C與P，若於事實上係以某項百分率k_1C與k_2P分別計算之，則代入經濟批量公式：

$$Q = \sqrt{\frac{2AP}{RC}} = \sqrt{\frac{2Ak_2P}{Rk_1C}} \cdots\cdots\cdots\cdots\cdots\cdots\cdots\cdots\text{①}$$

由於存貨總成本應爲

$$TC = \frac{A}{Q} \cdot P + \frac{Q}{2} \cdot R \cdot C \cdots\cdots\cdots\cdots\cdots\cdots\text{②}$$

將①式代入②式，得

$$TC = \frac{A}{\sqrt{2Ak_2P/Rk_1C}} \cdot P + \frac{\sqrt{2Ak_2P/Rk_1C}}{2}RC$$

簡化之，得 $\quad TC = \left(\sqrt{\frac{k_1}{k_2}} + \sqrt{\frac{k_2}{k_1}}\right)\sqrt{\frac{APRC}{2}} \cdots\cdots\text{③}$

惟若該企業對於持有成本與訂購成本之估計，係爲正確無誤，則其經濟批量係爲

$$Q = \sqrt{\frac{2AP}{RC}} \cdots\cdots\cdots\cdots\cdots\cdots\cdots\cdots\cdots\text{④}$$

其正確之存貨總成本爲

$$TC = \frac{A}{Q} \cdot P + \frac{Q}{2} \cdot RC \cdots\cdots\cdots\cdots\cdots\cdots\cdots\text{⑤}$$

將④式代入⑤式，得

$$TC = \frac{A}{\sqrt{2AP/RC}}P + \frac{\sqrt{2AP/RC}}{2}RC$$

簡化之，得 $TC = \sqrt{2APRC} \cdots\cdots\cdots\cdots\cdots\cdots\cdots\text{⑥}$

比較上列第③式與第⑥式，可求得其錯誤百分數如下式：

$$\frac{\text{實際的TC} - \text{正確最佳的TC}}{\text{正確最佳的TC}}$$

亦即
$$\frac{(\sqrt{k_1/k_2}+\sqrt{k_2/k_1})\ \sqrt{APRC/2}-\sqrt{2APRC}}{\sqrt{2APRC}}$$

可簡化爲
$$\frac{1}{2}\left(\sqrt{\frac{k_1}{k_2}}+\sqrt{\frac{k_2}{k_1}}\right)-1 \quad \cdots\cdots\cdots\cdots\cdots\cdots⑦$$

例如某廠將其持有成本高估100%，即$k_1=2$；另將訂購成本低估20%，即$k_2=.8$，代入上式得

$$\frac{1}{2}\left(\sqrt{\frac{2}{.8}}+\sqrt{\frac{.8}{2}}\right)-1=0.11 \text{ 或 } 11\%$$

將使存貨總成本因經濟批量之估算不確而增高11%。自上述分析得知，其對存貨總成本之影響，並須十分敏感，影響不大。換言之，持有成本與訂購成本兩者之估計錯誤（或變化）於應用經濟批量時對存貨總成本之影響並不大。

(四)成本資料不完全時的應用

以上各節所述經濟批量公式,皆係需要相當成本及財務資料,方能應用。尤其是持有成本與訂購成本之估算，並非易事，一般企業現行之會計與統計制度，尚未能配合管理上需用之成本資料。本節係介紹於未知此項成本資料時之經濟批量的應用。

依經濟批量之每批最佳訂購金額公式第（Ⅳ）式。

$$Q=\sqrt{\frac{2AP}{C}}$$

可將其分開爲兩項相乘
$$Q=\sqrt{\frac{2P}{C}}\times\sqrt{A}$$

由於對於持有成本（C）與訂購成本（P）係缺乏資料，未能予以估計，故祇能將$\sqrt{\dfrac{2P}{C}}$設爲一項未知數X。則上式可改寫成

$$Q=X\sqrt{A}\quad\cdots\cdots\cdots\cdots\cdots\cdots(Ⅵ)$$

移項得 $$X = \frac{Q}{\sqrt{A}}$$

$$= \frac{1}{\sqrt{A}/Q}$$

上式右端分子與分母，各乘以 $\sqrt{A}$，得

$$X = \frac{\sqrt{A}}{A/Q}$$

若持有成本（C）與訂購成本（P）為已知，則就每一項目言，其X值必為一常數，亦卽就各項貨品言，其X必為上式分子與分母之總和：

$$X = \frac{\sum(\sqrt{A})}{\sum(A/Q)}$$

茲舉例以說明其應用。

設某企業計有五項存貨項目，皆係分四批採購，其各項之全年耗用金額、每年訂購次數、每次訂購金額、平均存貨水準等項資料如下表：

項目	全年耗用金額	每年訂購次數	每批訂購金額	平均存貨水準
A	$10,000	4	$2,500	$1,250
B	8,000	4	2,000	1,000
C	5,000	4	1,250	625
D	1,000	4	250	125
E	600	4	150	75
		20		$3,075

就以上資料言，

$$\sum(\sqrt{A}) = \sqrt{\$10,000} + \sqrt{\$8,000} + \sqrt{\$5,000} + \sqrt{\$1,000} + \sqrt{\$600}$$

$$= 100.00 + 89.45 + 70.71 + 31.64 + 24.50$$

$$= 316.30$$

$$\Sigma\left(\frac{A}{Q}\right)=4+4+4+4+4=20$$

將以上兩項數值, 代入下式:

$$X=\frac{\Sigma(\sqrt{A})}{\Sigma(A/Q)}=\frac{316.30}{20}$$

$$=15.815$$

業已估算出該項未知數X的數值爲15.815。並可進一步, 應用第 (VI) 式: 每批最佳訂購金額 $Q=X\sqrt{A}$, 估算各項貨品之經濟批量 (EOQ) 如下表:

項目	A	$\sqrt{A}$	X	$Q=X\sqrt{A}$	平均存貨	每年訂購批數
A	$ 10,000	100.00	15.815	$ 1,581.50	$ 790.75	6.32
B	8,000	89.45	15.815	1,414.65	707.33	5.66
C	5,000	70.71	15.815	1,118.28	559.14	4.47
D	1,000	31.64	15.815	500.39	250.20	2.00
E	600	24.50	15.815	387.46	193.73	1.55
					$ 2,501.15	20.00

　　觀察上表可知, 於未知各項貨品之訂購成本(P)與持有成本(C)之情況下, 已將原有之平均存貨 $ 3,075 減低至新的平均存貨水準 $ 2,501.15, 而同時仍保持全年訂購20次的採購工作量, 故減低持有成本而維持原有訂購成本於不變。雖然上表中的訂購次數有小數出現, 例如A項目係每年訂購6.32次, 惟此項小數對實際並無妨碍, 其得來係由 A/Q 而獲得, 換言之, 該企業每批的訂購金額應爲 $ 1,581.50, 其結果卽相當於每年訂購 6.32次, 此處雖係以年爲時間上的計算單位, 惟於實際應用上, 並非需以一年之始終爲存貨購進與耗用的始終完全一致, 其眞正意義爲每間隔 365/6.32 或 53天, 訂購一次, 每次採購 $ 1,518.50。存貨管理與其他

管理問題皆然, 應用數量模式所獲結果, 僅可作決策參考之用, 係爲一項決策準則, 於實務上亦並非一定需每批購買 $ 1,518.50。若其他情況許可, 每次購買 $ 1,600亦並非不可; 若財務或供應或其他情況有問題, 雖有此項計算結果, 完全不能按照該經濟批量進行採購,亦非不可能之事。

同理,亦可維持平均存貨水準於不變, 而設法減低採購工作的次數。就上述之（VI）式 $Q = X \sqrt{A}$ 言, 每一貨品項目之X爲固定之值, 故對所有貨品項目之總額言亦爲一固定值, 亦卽

$$\sum Q = X \cdot \sum (\sqrt{A}) \cdots\cdots\cdots\cdots\cdots\cdots (VII)$$

就X解之, 得

$$X = \frac{\sum Q}{\sum (\sqrt{A})}$$

仍以上列資料爲例, 說明其應用如下:

$$\sum Q = \$ 2,500 + \$ 2,000 + \$ 1,250 + \$ 250 + \$ 150$$
$$= \$ 6,150$$

代入上式　$X = \dfrac{\sum Q}{\sum (\sqrt{A})} = \dfrac{6,150}{316.30}$

$$= 19.44$$

於求得X之新值後, 可列表計算新的經濟批量, 將可自減低訂購成本而維持原有之持有成本於不變着手, 以獲得存貨總成本的改進:

項目	A	$\sqrt{A}$	X	$Q = X\sqrt{A}$	平均存貨	每年訂購批數
A	$ 10,000	100.00	19.44	$ 1,944.00	$ 972.00	5.14
B	8,000	89.45	19.44	1,738.90	869.45	4.60
C	5,000	70.71	19.44	1,374.60	687.30	3.64
D	1,000	31.64	19.44	615.08	307.54	1.63
E	600	24.50	19.44	476.28	238.14	1.26
					$ 3,075.43	16.27

此時，平均存貨水準仍維持於 $3,075.43 不變，而每年訂購次數，已自原有之 20 次，降至新的存貨政策下的 16.27 次，必可減輕採購工作量，減低訂購成本。

以上說明，係就固定採購成本，減低持有成本；或固定持有成本，減低採購成本的觀點，予以分析經濟批量公式的應用。事實上，尚可就增加或減低一項成本至某一固定的程度，而去減低另一項成本。例如若該企業感到其人員甚多，增加採購工作，將不致增加其目前的採購成本，故決定將其採購次數自目前的 20 次，增加為 40 次，則所求得之 X 值，

將為　　　　$X = \dfrac{316.30}{40}$

　　　　　　　$= 7.9$

可得新的經濟批量如下：

項目	A	$\sqrt{A}$	X	$Q = X\sqrt{A}$	平均存貨	每年訂購批數
A	$ 10,000	100.00	7.9	$ 790.00	$ 395.00	12.65
B	8,000	89.45	7.9	706.65	353.32	11.31
C	5,000	70.71	7.9	558.61	279.31	8.94
D	1,000	31.64	7.9	249.96	124.98	4.00
E	600	24.50	7.9	193.55	96.78	3.10
					$ 1,249.39	40.00

觀察上表可知，若將採購工作提高至每年40次，則可使平均存貨減低至 $ 1,249.39 的水準，對存貨持有成本，尤其是資金利息的負擔，自有極大幫助。

同理，亦可就提高平均存貨水準，以減低採購工作的成本。例如若該企業願以增加平均存貨水準 $ 1,000 的代價，以求減低訂購成本，則可就下列計算所得之 X 值，列表估計各貨品項目之經濟批量：

$$X = \frac{\$\ 8,150}{316.30}$$

$$= 25.77$$

上式中 $ 8,150係由 $ 6,150＋(2× $ 1,000)＝ $ 8,150而得。

三、數量折扣

數量折扣（Quantity Discount）係供應廠商爲吸引顧客多購買，規定凡每次（或一批）購買達一定數量者，卽可給予價格上的優待。由於此項優待需以每次購買達到規定的數量方可獲得，故稱數量折扣。數量折扣應用情形甚多，就購買廠商言，數量折扣的利用，有利亦有弊。其主要之利益在於可獲得較低的單價，並由於每批大量採購，往往可獲得運輸上的經濟，對於訂購成本言因訂購次數的減少，亦可予以減低。惟其產生之不利情形，亦隨每批大量採購而發生，例如增加倉儲費用，積壓資金，存貨呆滯，持有成本增加等項不利。簡言之，數量折扣將使持有成本增加，訂購成本及貨品總價減低。

本節將自成本比較（Cost Comparison）、價格變化（Price Change）、區段價格(Price Break)三種情形予以討論數量折扣的評估。

(一)成本比較

成本比較係比較: (1)接受數量折扣條件，按折扣購買之成本總額; (2)不接受數量折扣條件,按經濟批量可獲最低之成本總額,兩者的比較,並選取最低成本總額爲決策準則。茲舉例說明如下:

設某公司使用某項材料，每年需2,000件。目前採購單價爲每件 $ 20; 訂購成本每火 $ 50; 持有成本爲平均存貨額的25%。若此填材料供應廠商建議該公司，如每次購買量達 1,000 件或更多，卽可獲得 3 % 的折扣(亦卽可打九七折)。爲分析可否接受此項折扣問題，可先分析按照經濟批量進行採購的總成本，再與接受折扣條件的總成本相比較。由於數量折扣，已使貨品單價保持不變的假定不適用，故於分析時，應包含貨品的購價在內。

依　$Q = \sqrt{\dfrac{2AP}{RC}}$　　　代入上述資料，得

$$Q = \sqrt{\frac{2 \times 2,000 \times \$ 50}{\$ 20(0.25)}} = \sqrt{40,000} = 200 件/批$$

亦卽該公司目前之採購成本，應以每批購買200件（或每批 $ 4,000）為計算標準，其全年採購2,000件之總成本如下表：

項　目	計　算	金　額
材料成本（Ⅰ）	$ 20 × 2,000	$ 40,000
訂購成本（Ⅱ）	$ 50 × 10	500
持有成本（Ⅲ）	$\frac{1}{2}$ × $ 4,000 × 25%	500
總成本（Ⅰ）+（Ⅱ）+（Ⅲ）		$ 41,000

觀察上表可知，該公司目前之採購總成本為 $ 41,000。若該公司接受此項折扣條件，亦卽每次至少採購1,000件，並獲折扣 3 %。由於每次至少需採購 1,000件，而該公司全年使用 2,000件，僅需分兩批採購，每次購買1,000件，其總成本之計算如下表：

項　目	計　算	金　額
1,000 件材料成本	1,000 × $ 20 × 0.97	$ 19,400
平均存貨	$\frac{1}{2}$ × $ 19,400	9,700
2,000 件材料成本（Ⅰ）	$ 19,400 × 2	38,800
訂購成本（Ⅱ）	$ 50 × 2	100
持有成本（Ⅲ）	$ 9,700 × 25%	2,425
總成本（Ⅰ）+（Ⅱ）+（Ⅲ）		$ 41,325

　　觀察上表可知，其成本係大於不接受數量折扣的採購總成本，故該公司不應接受此項折扣條件，仍以分作10批採購，每次購買200件爲宜。

(二)價格變化

　　本項方法之主要觀點係在於尋找，按照數量折扣條件，所可經濟購買的最高採購金額。若此項金額係大於可獲得折扣條件的最低採購金額，則可接受數量折扣條件；若此項金額係小於可獲得折扣條件的最低採購金額，則無法接受數量折扣條件。所以，價格變化法係尋求，接受折扣條件所獲得的訂購成本與貨品單價減低的經濟，恰能等於因增加採購量而增加的持有成本。茲舉例說明如下：

設：　　X＝依折扣價格，所可經濟購買的最高採購金額

　　　　D＝折扣率，爲A的百分數

　　　　A＝折扣前，全年使用總金額

　　　　P＝每批訂購成本

　　　　Q＝折扣前的經濟批量（以金額表示）

　　　　C＝持有成本（以平均存貨百分數表示）

則：　　折扣後持有成本$=\dfrac{X}{2}C$

　　　　折扣前持有成本$=\dfrac{Q}{2}C$

故爲獲取折扣，增加採購量而增加之持有成本，爲

$$\frac{X}{2}C-\frac{Q}{2}C$$

同理　　折扣前訂購成本$=\dfrac{A}{Q}P$

　　　　折扣後訂購成本$=\dfrac{A(1-D)}{X}P$

故獲取折扣後，所減少之訂購成本，爲

$$\frac{A}{Q}P - \frac{A(1-D)}{X}P$$

獲取折扣後，所減少之購價，爲

$$D \times A$$

當獲取折扣後，所獲得之成本節省與增加相等時，則

$$\frac{XC}{2} - \frac{QC}{2} = DA + \frac{AP}{Q} - \frac{A(1-D)}{X}P$$

將上式兩邊各乘以 X，得

$$\frac{X^2C}{2} - \frac{XQC}{2} = DAX + \frac{APX}{Q} - A(1-D)P$$

整理上式，可獲二次方程式 $(ax^2 + bx + c = 0)$ 形式如下

$$\frac{X^2C}{2} - \frac{XQC}{2} - XDA - \frac{XAP}{Q} + A(1-D)P = 0$$

即　$$\frac{C}{2}X^2 + \left(-\frac{QC}{2} - DA - \frac{AP}{Q}\right)X + A(1-D)P = 0$$

亦即，　$$a = \frac{C}{2}; \quad b = -\left(\frac{QC}{2} + DA + \frac{AP}{Q}\right); \quad C = A(1-D)P$$

代入　$$X = \frac{-b \pm \sqrt{b^2 - 4ac}}{2a}$$

得　$$X = \frac{\frac{QC}{2} + DA + \frac{AP}{Q} + \sqrt{\left[-\left(\frac{QC}{2} + DA + \frac{AP}{Q}\right)\right]^2 - 2CAP(1-D)}}{C}$$

仍以成本比較法例示資料，說明如下：

D = 3％折扣

Q = 每年訂購10次，每次採購 $ 4,000

A = 全年使用（需要） $ 40,000

C＝持有成本25％

P＝訂購成本每次＄50

X＝按折扣可購買之最高經濟批量金額

代入上列公式，得

$$\frac{QC}{2} = \frac{\$4,000(25\%)}{2} = \$500$$

$$DA = 3\%(\$40,000) = \$1,200$$

$$\frac{AP}{Q} = \frac{\$40,000(\$50)}{\$4,000} = \$500$$

$$2CAP(1-D) = 2[25\%(\$40,000)(\$50)](100\% - 3\%)$$

$$= \$1,000,000(97\%) = \$970,000$$

故得　$$X = \frac{\$500+\$1,200+\$500+\sqrt{(-(\$500+\$1,200+\$500))^2-\$970,000}}{25\%}$$

$$= \frac{\$2,200 + \sqrt{(-\$2,200)^2 - \$97,000}}{0.25}$$

$$= \frac{\$2,200 + \sqrt{\$4,840,000 - \$97,000}}{0.25}$$

$$= \frac{\$2,200 + \sqrt{\$3,870,000}}{0.25}$$

$$= \$16,700$$

自以上計算可知，X＝＄16,700，係爲該公司於獲得數量折扣3％後，所可以購買的最高經濟批量。惟爲獲得此項數量折扣，必須每批最少採購1,000件，或每批最低購買＄20,000。由於此X值僅＄16,700，尚不及＄20,000，故不宜接受此項數量折扣的條件。

(三)區段價格

區段價格（Price Break），亦稱價格分段係按不同數量有不同價格，亦即將購買數量劃分爲幾個區段，各段的價格不同，數量愈多者，價格愈低。茲以最簡單的分作兩段價格的情形，說明其決策準則如下：

設　Q＝每批購買數量

$\quad\quad q_0$＝價格分段數量

亦即　　若$Q < q_0$　　則適用單位價格較高的R_1

$\quad\quad\quad$若$Q \geq q_0$　　則適用單位價格較低的R_2

由於貨品的單價已有變化，故一如以上分析數量折扣中之成本比較及價格變化法，皆需考慮貨品購價的問題，亦即其採購總成本，將包括貨品的料價在內。

$$TC = R \cdot A + \frac{A}{Q} \cdot P + \frac{Q}{2} \cdot CR$$

上式中：　R＝貨品單價

$\quad\quad\quad A$＝全年使用總量

$\quad\quad\quad P$＝訂購成本

$\quad\quad\quad C$＝持有成本

區段價格分析的第一步，係先決定依較高價格C_1，所得之經濟批量：

$$Q_1 = \sqrt{\frac{2AP}{CR_1}}$$

若Q_1係大於q_0，則按較低價格C_2，所得之經濟批量：

$$Q_2 = \sqrt{\frac{2AP}{CR_2}}$$

作爲每批訂購的數量。其理由如下圖所示，Q_2有最低成本：

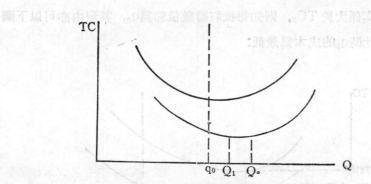

　　若Q_1係小於或等於q_0，則必須再比較Q_2與q_0兩者間的關係，若Q_2係大於q_0，則仍為按Q_2作為每批訂購的數量。其理由亦可以下圖表示之，此時之Q_2係有最低成本：

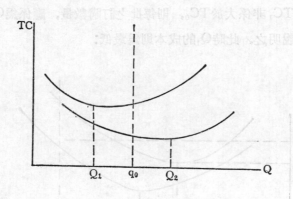

　　若Q_1係小於或等於q_0，而Q_2亦非大於q_0，則必須計算以R_1單價所得之總成本（TC_1）與以R_2單價所得之總成本（TC_0），並加以比較：

$$TC_1 = R_1 A + \frac{A}{Q_1} P + \frac{Q_1}{2} CR_1$$

$$TC_0 = R_2 A + \frac{A}{q_0} P + \frac{q_0}{2} CR_2$$

若 TC_1 係大於 TC_0，則知每批訂購數量即為 q_0，其理由亦可以下圖說明之，此時 q_0 的成本為最低：

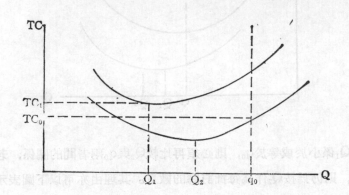

當q為少量者時，即為每批訂購數量 q_0 批當比較時，若 q_0 大於 q_0，則每批訂購數量便由此而產生其成本。於圖所示之。此時之 q_0 須自成本最低。

若此時 TC_1 非係大於 TC_0，則每批之訂購數量，應係為 Q_1，其理由亦可以下圖說明之，此時 Q_1 的成本則為最低：

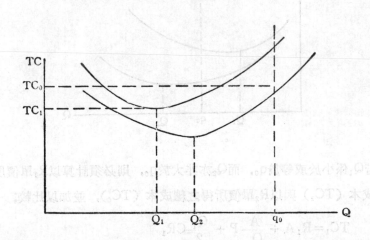

若Q係小本者為 q_0，而Q係為大本最低 Q_0。則依照之理由，亦係為之成本 (TC_1) 與此圖之訂購成本 (TC_2) 之總成本，並此比較之。

$$TC_1 = R \cdot A + \frac{A}{Q_1} \cdot P + \frac{Q_1}{2} = CP_2$$

以上各項步驟，可以流程圖表示，較為清晰明瞭，程序分明。若已習電子計算機程式（Programming）者，更可按此圖習作程式。以電子計算機測試之。

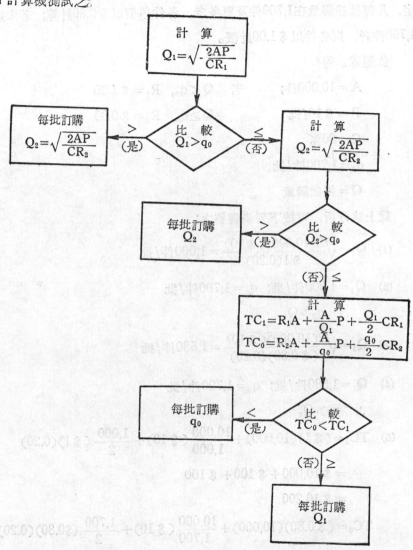

設某廠使用某項零件,全年使用量爲 10,000 件。據財務及生產部門估計,此項零件之持有成本爲平均存貨價值的20%;訂購成本爲每批訂貨 \$ 10。該項零件係向省內某廠採購,該供應廠商爲活潑其資金,特規定，凡每批採購量在1,700件及更多者，各件單價以＄0.80計算；若未達1,700件者，則各件以＄1.00計價。

依題意，得

$A = 10{,}000$件;　　若　$Q < q_0$，$R_1 = \$1.00$

$P = \$10/$批　　　　　$Q \geq q_0$，$R_2 = \$0.80$

$C = 20\%$

$q_0 = 1{,}700$件/批

$Q = $ 每批購量

就上述分析，可按下列步驟解之:

(1) $Q_1 = \sqrt{\dfrac{2(10{,}000)(\$10)}{\$1(0.20)}} = 1{,}000$件/批

(2) $Q_1 = 1{,}000$件/批;　$q_0 = 1{,}700$件/批

　　$\therefore\quad q_0 > Q_1$

(3) $Q_2 = \sqrt{\dfrac{2(10{,}000)(\$10)}{(\$0.80)(0.20)}} = 1{,}580$件/批

(4) $Q_2 = 1{,}580$件/批;　$q_0 = 1{,}700$件/批

　　$\therefore\quad q_0 > Q_2$

(5) $TC_1 = (\$1)(10{,}000) + \dfrac{10{,}000}{1{,}000}(\$10) + \dfrac{1{,}000}{2}(\$1)(0.20)$

　　　$= \$10{,}000 + \$100 + \$100$

　　　$= \$10{,}200$

　$TC_0 = (\$0.80)(10{,}000) + \dfrac{10{,}000}{1{,}700}(\$10) + \dfrac{1{,}700}{2}(\$0.80)(0.20)$

　　　$= \$8{,}000 + \$59 + \$136$

　　　$= \$8{,}195$

(6) $\because\quad TC_1 > TC_0$

故每批採購量應為：

$\qquad q_0 = 1,700$件/批。

以上討論依基於將價格劃分為兩個區段，當每批購買量（Q）不及規定數量（q_0）者，則以較高單價（R_1）計價；若每批購買量（Q）達規定數量（q_0）者，則以較低單價（R_2）計價。惟事實上，此項分段價格法的區段價格，往往不止僅有二個價格，可能區分為很多個段落。故藉說明兩個區段價格的運用，瞭解其原理後，吾人可以進一步說明多個區段的價格，惟其基本原理仍未變，故僅以例示說明之。

設某廠每年使用某項外購的零件30,000件，據成本資料估計，其每批採購之訂購成本為 \$25，其持有成本為平均存貨成本的20%，該項零件之供應廠商為爭取業務，特訂定區段價格，鼓勵每批多購。其價格表如下：

每批採購量（PB_i） (Price Break Quantity)	單價（R_1） (Unit Price)
9,000及以上	\$ 0.135
7,001—9,000	0.155
5,001—7,000	0.170
3,001—5,000	0.190
1—3,000	0.210

為分析該公司於目前之成本及使用情形下，應採取何項採購策略，須先計算於各區段價格下的經濟批量 EOQ_i。例如於訂價為 \$0.170時之經濟批量；應為每批6,646件，其計算由來如下：

$$Q = \sqrt{\frac{2AP}{RC}}$$

$$= \sqrt{\frac{2(30,000)(\$25)}{(\$0.170)(0.20)}}$$

$$= \sqrt{\frac{1,500,000}{0.034}}$$

$$= 6,646 \text{件／批}$$

同理，可求得各個價格(R_i)的經濟批量（EOQ_i），並將上表資料，並列於下：

EOQ_i	PB_i	R_i
代號	代號	
7,454（EOQ_n）	9,000 及以上（PB_{n-1}）	\$ 0.135
6,955（EOQ_{n-1}）	7,001—9,000（PB_{n-2}）	0.155
6,646（EOQ_{n-2}）	5,001—7,000（PB_{n-3}）	0.170
6,284（EOQ_{n-3}）	3,001—5,000（PB_{n-4}）	0.190
5,975（EOQ_{n-4}）	1—3,000（PB_{n-5}）	0.210

其分析步驟如下：

(1) 首先比較 EOQ_n 與 PB_{n-1} 之數值，若 EOQ_n 較大，則逕以 EOQ_n 爲每批採購之經濟批量；若 EOQ_n 較小，則進至下一步驟。

(2) 比較 EOQ_{n-1} 與 PB_{n-2} 之數值，若 EOQ_{n-1} 較大，則選擇 EOQ_{n-1} 與 PB_{n-1} 二者中之具有最低成本者，爲每批採購之經濟批量；若 EOQ_{n-1} 較小，則進至下一步驟。

(3) 比較 EOQ_{n-2} 與 PB_{n-3} 之數值，若 EOQ_{n-2} 較大，則選擇 EOQ_{n-2}、PB_{n-2}、PB_{n-1} 三者中之具有最低成本者，爲每批採購之經濟批量；若 EOQ_{n-2} 較小，則進至下一步驟。

(4) 比較 EOQ_{n-3} 與 PB_{n-4} 之數值，若 EOQ_{n-3} 較大（含相等），則選擇 EOQ_{n-3}、PB_{n-3}、PB_{n-2}、PB_{n-1} 四者中之具有最低成本者，爲每批採購之經濟批量；若 EOQ_{n-3} 較小，則再進至較高段落之比較。

(5) 繼續較高段落之比較，……

至求得最佳決策為止。

就上述資料言，可將上列各項步驟，以流程圖表示如下：

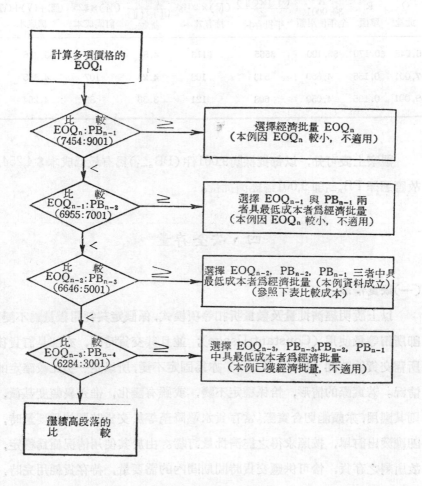

就以上分析步驟，可知於 EOQ_{n-2} 與 PB_{n-3} 比較時，為合乎條件，卽 EOQ_{n-2} (6,646) 係大於 PB_{n-3} (5,001)，故應列表比較 EOQ_{n-2} (6,646件)、PB_{n-2} (7,001件)、PB_{n-1} (9,001件) 各成本，選取其最低成本者為經濟批量：

(I) Q 批量	(II) R 單價	(III) A 30,000R 全年使用額	(IV) $\frac{(I)\times(II)}{2}$ 平批存貨	(V) (IV)×20% 持有成本	(VI) $\frac{(III)}{(I)\times(II)}$ 批數	(VII) (VI)×$25 訂購成本	(VIII) (III)+(V)+(VII) 總成本
6,646	$0.170	$5,100	$565	$113	4.51	$113	$5,326
7,001	0.155	4,650	543	108	4.28	107	4,865
9,001	0.135	4,050	608	121	3.33	83	4,254

　　觀察上表可知，以每批採購9,001件（PB_{n-1}）爲有最低成本＄4,254。故應選擇 PB_{n-1} 即 9,001爲經濟批量。

四、安全存量

(一)缺貨情形

　　以上說明經濟批量及數量折扣等項模式,係假定共耗用數量爲不變,即所謂等量使用（Constant Usage）；並且其交貨時間，亦卽是訂貨後所需交貨的時間（Lead Time）亦爲固定不變,所以是一項比較確定的情況。若實際的情形，恰係穩定不變，或雖有變化，惟差異幅度甚微，則其應用,亦頗能切合實際。當存貨水準降至等於交貨時間的需要量時，卽應發出訂單，按照求得之經濟批量訂購。由於其使用情況極爲穩定，故所剩之存貨，恰可供應交貨時間期間內的需要量，待存貨耗用完時，正好有訂購之貨品送達，茲將上述情形，以及再訂購點（Reorder Point）一併以下圖表示之：

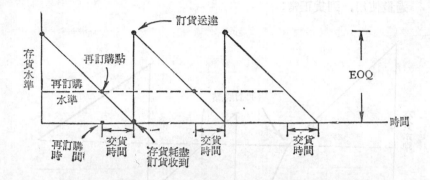

惟事實上，以上假定之"等量使用"及"固定交貨時間"兩項前提，並非如此理想，常有若干未能確定的因素，使得吾人之採購不能準時送達，而致發生存貨斷檔或缺貨的情形；或雖到貨仍能按預定之交貨時間送達，惟因需要量之突然增高，未待訂貨送達，已將預留之存貨用完，而發生缺貨（Stockout）的情形。茲將以上兩項常見之缺貨情形，以圖示之如下：

等量使用，到貨遲誤：

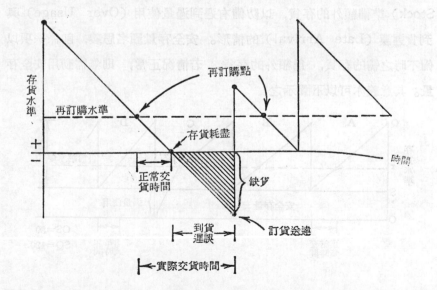

過量使用，到貨正常：

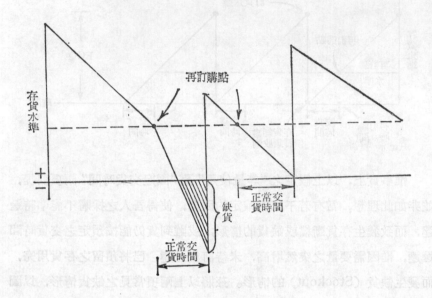

(二)安全存量

　　爲針對上述兩種存貨斷檔或缺貨的情形，故需以安全存量 (Safety Stock) 準備額外的存貨，以防備有遇到過量使用 (Over Usage) 與到貨遲誤 (Late Arrival) 的情形。安全存量顧名思義，卽係一項以備不時之需的存貨，爲額外的存貨，若情況正常，則無需動用安全存量。其意義亦可以下圖示之：

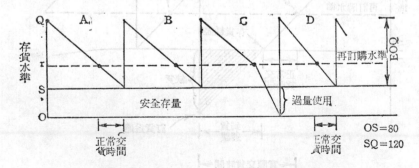

觀察上圖可知, 於正常交貨時間, 及無過量使用情形下 (A及B), 安全存量實爲多餘之存量, 並無動用。當耗用存貨至 r 點再訂購水準 (Reorder Level) 時, 卽再發出訂購單訂貨。而在正常交貨時間及正常耗用速率下, 當存貨耗至 S 水準 (安全存量水準) 時, 新訂購貨品業已送達, 故勿須使用安全存量的存貨。惟若於過量使用 (D情形) 或到貨遲誤情形下, 則將動用安全存量以應付此等額外的需要。由此可知, 安全存量將增加存貨的持有成本 (由於存量之增加而引起), 但亦將減少因缺貨而發生的缺貨損失 (Stockout Cost)。由於安全存量之維持, 係經常性者, 且於正常交貨時間及正常耗用情況下, 不會動用, 或動用期間甚短, 故於計算平均存貨成本時, 安全存量應逕行加於平均存貨, 而不能如前述者須乘以二分之一。若設上圖中之安全存量爲80件; 經濟批量爲120件, 則其平均存貨應爲

$$(120) \times \frac{1}{2} + 80 = 140 件$$

或以下列公式求得:

$$平均存貨 = \frac{最高存量 + 最低存量}{2}$$

就上圖言, 其最高存量＝OQ＝OS＋SQ＝80＋120＝200件

$$最低存量 = OS = 80$$

$$故平均存貨 = \frac{200 + 80}{2} = \frac{280}{2}$$

$$= 140 件$$

與以上結果相同。

若無安全存量時, 則其平均存貨將僅爲

$$平均存貨 = \frac{120 + 0}{2} = 60 件$$

故知安全存量對平均存貨的增加有直接的影響，其對持有成本之提高自不待言。

由於安全存量影響存貨成本，故對於安全存量多寡之決定自不可不慎。惟爲應付缺貨情形的發生，故對於安全存量亦不可不備，茲先舉例以說明安全存量模式（一）的意義，再比較說明模式（二）的應用。

1. 模式（一）

設某公司使用某種材料，其每日平均耗用量爲50件，並已依某項經濟批量（EOQ）公式之計算，求得其每批之經濟購買量爲 3,600件，全年約分 5 次採購。依以往經驗，採購該項材料所需之正常交貨時間（Normal Lead Time）爲 6 天，惟於此 6 天中，仍有使用量時多時少之情形發生，其紀錄之資料如下：

交貨時間期間使用存貨數量機率表

全期耗用件數	觀察次數	機率
150	3	.03
200	4	.04
250	6	.06
300	68	.68
350	9	.09
400	7	.07
450	3	.03
	100次	1.00

爲簡化起見，可將上表改列爲：

全期耗用件數	觀察次數	機率
150—300	81	.81
350	9	.09
400	7	.07
450	3	.03

觀察上表可知，若該公司以平均耗用 50 件的數量爲標準，預留300件供此 6 天交貨時間期間內使用，亦即不備安全存量，則發生缺貨的數量及機率如下：

缺貨數量（件）	機率
50	.09
100	.07
150	.03

若準備 350 件存貨，供此 6 天交貨時間期間使用，亦即備安全存量50件，則發生缺貨的數量及機率將爲：

缺貨數量（件）	機率
50	.07
100	.03

若準備 400 件存貨，供此 6 天交貨時間期間使用，亦即備安全存量100件，則發生缺貨的機會，將僅爲缺貨50件，其機率爲 .03。

若準備 450 件存貨，供此 6 天交貨時間期間使用，亦即備安全存量

150件，則將無發生缺貨之可能，其機率爲零。

該公司爲避免發生缺貨之情形，需分析備安全存量 50件、 100件、150 件的存貨成本。假設該項材料之缺貨成本，估計爲每件 $50，亦卽每缺貨一件損失 $50；此外並估計該項材料之持有成本爲一年一件 $10，可計算其全年缺貨成本及安全存量成本，並求得其應有之安全存量及再訂購水準如下：

缺貨成本：

安全存量 (S)	缺貨機率	缺貨量	預期年成本 (缺貨量×缺貨機率×缺 貨成本×缺貨可能次數)	年缺貨成本 (O)
0	.09	50	$50 \times .09 \times \$50 \times 5 = \$1,125$	
	.07	100	$100 \times .07 \times \$50 \times 5 = 1,750$	
	.03	150	$150 \times .03 \times \$50 \times 5 = 1,125$	$4,000
50	.07	50	$50 \times .07 \times \$50 \times 5 = \$875$	
	.03	100	$100 \times .03 \times \$50 \times 5 = 750$	$1,625
100	.03	50	$50 \times .03 \times \$50 \times 5 =$	$375
150	0	0		$0

安全存量成本：

安全存量	缺貨成本（Ⅰ）	年持有成本（Ⅱ）	年總成本(Ⅰ)+(Ⅱ)
0	$4,000	$0	$4,000
50	1,625	$50 \times \$10 = 500$	2,125
100	375	$100 \times \$10 = 1,000$	1,375*
150	0	$150 \times \$10 = 1,500$	1,500

* 最低成本

故知在安全存量為100件時，有最低成本＄1,375。

該公司若將安全存量訂為100件，則其再訂購水準，可依下列公式求得：

再訂購水準＝每日使用平均量×交貨時間＋安全存量

$$＝50件／天×6天＋100件$$

$$＝400件$$

亦可以圖示之如下：

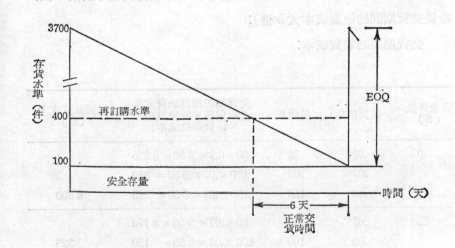

2. 模式（二）

以上求得之安全存量係以該公司原訂之每年訂購5次，即每次訂購3,600件為計算基礎。若該公司為配合推行安全存量制度，而決定需考慮安全存量成本在內的經濟批量，亦即不先訂定經濟批量，而於實施安全存量制度後，一併綜合考慮經濟批量。

茲仍以上例資料，說明此項概念之應用。

首先摘錄上例資料如下：

A＝平均耗用量＝每日50件

　　　　　　　＝全年 18,250件

B＝缺貨單位成本＝每件 $ 50

C＝持有成本＝每件每年 $ 10

交貨時間(LT)＝ 6 天

其缺貨成本資料，爲配合應用經濟批量（EOQ）公式，必須改爲以交貨時間期間的缺貨成本，而非如上例以年爲期間的年缺貨成本，故重新列表計算交貨時間期間缺貨成本如下表（原計算爲全年訂購 5 次，故較交貨期間的缺貨成本大 5 倍）：

交貨期間的缺貨成本：

安全存量 (S)	缺貨機率	缺貨量	交貨期間預期缺貨成本 （缺貨量×缺貨機率 ×缺貨單位成本）	期間缺貨成本 (B)
0	.09	50	$50 \times 0.9 \times \$50 = \$225$	
	.07	100	$100 \times .07 \times \$50 = 350$	
	.03	150	$150 \times .03 \times \$50 = 225$	$800
50	.07	50	$50 \times .07 \times \$50 = \$175$	
	.03	100	$100 \times .03 \times \$50 = 150$	325
100	.03	50	$50 \times .03 \times \$50 = \$75$	75
150	0	0		0

　　由於缺貨成本係於每次訂貨時始可能發生，故缺貨成本（B）實與訂購成本（P）相似，係按訂購次數而發生之成本，故經濟批量公式：

$$Q = \sqrt{\frac{2AP}{C}}$$

可改寫為 $Q = \sqrt{\dfrac{2A(P+B)}{C}}$

由於經濟批量公式中，尚須訂購成本，故特假定每次訂貨之訂購成本為 $75。

首先計算當安全存量為 0，缺貨成本為 $800時之經濟批量：

$$Q = \sqrt{\frac{2(18,250)(\$75+\$800)}{\$10}}$$

$$= 1,787 件/批$$

並按此經濟批量，計算其存貨總成本：

$$TC = \frac{A}{Q} \cdot P + \frac{A}{Q} \cdot B + \frac{Q}{2} \cdot C + SC$$

上式中之第一項為求各批採購之全年訂購成本；第二項為計算各批採購之全年缺貨成本期望值；第三項為持有成本總額；第四項為安全存貨之持有成本。

就安全存量為 0；缺貨成本為 $800（每批）之經濟批量（Q），可求得

$$TC = \frac{18,250}{1,787}(\$75) + \frac{18,250}{1,787}(\$800) + \frac{1,787}{2}(\$10) + 0$$

$$= \$766 + \$8,170 + \$8,935$$

$$= \$17,871/年$$

其次再計算，於安全存量為50件，缺貨成本為 $325時之經濟批量：

$$Q = \sqrt{\frac{2(18,250)(\$75+\$325)}{\$10}}$$

$$= 1,209 件/批$$

其總成本：

$$TC = \frac{18,250}{1,209}(\$75) + \frac{18,250}{1,209}(\$325) + \frac{1,209}{2}(\$10) + 50(\$10)$$

$$= \$1,132 + \$4,906 + \$6,045 + \$500$$

$$= \$12,583/年$$

再次計算，於安全存量爲 100 件，缺貨成本爲 $75 時之經濟批量：

$$Q = \sqrt{\frac{2(18,250)(\$75 + \$75)}{\$10}}$$

$$= 740 件/批$$

其總成本：

$$TC = \frac{18,250}{740}(\$75) + \frac{18,250}{740}(\$75) + \frac{740}{2}(\$10) + 100(\$10)$$

$$= \$1,850 + \$1,850 + \$3,700 + \$1,000$$

$$= \$8,400/年$$

最後計算當安全存量爲 150 件，其缺貨成本爲 0 時之經濟批量：

$$Q = \sqrt{\frac{2(18,250)(\$75 + 0)}{\$10}}$$

$$= 523 件/批$$

其總成本：

$$TC = \frac{18,250}{523}(\$75) + \frac{18,250}{523}(\$0) + \frac{523}{2}(\$10) + 150(\$10)$$

$$= \$2,617 + 0 + \$2,615 + \$1,500$$

$$= \$6,732/年$$

比較上列計算結果，可列表如下：

安全存量（件）	經濟批量（件）	總成本（年）
0	1,787	$ 17,871
50	1,209	12,583
100	740	8,400
150	523	6,732*

* 最低年總成本

　　觀察上表可知，以準備安全存量 150 件，可獲最低全年使用材料之總成本。此項結果與上述不同者，係因其應用經濟批量公式並加入訂購成本每批＄75所致。此時，該公司應維持安全存量 150 件；每批採購量為523件；再訂購水準仍為6×50＝300件。以圖示之如下：

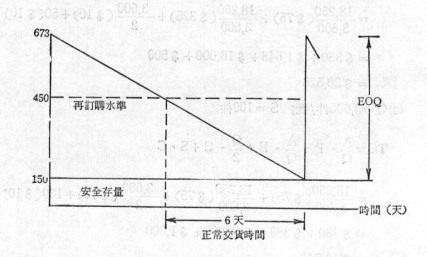

3. 模式（一）與模式（二）的比較分析

　　爲比較分析模式（一）與模式（二）之計算結果，須另假設模式一亦有訂購成本每批＄75。則可得下列各安全存量時之年總成本如下：

由於其經濟批量已既定為3,600件/批，故可得

(1)Q＝3,600件/批；　S＝0件（安全存量）

$$TC = \frac{A}{Q} \cdot P + \frac{A}{Q} \cdot B + \frac{Q}{2} \cdot C + SC$$

$$= \frac{18,250}{3,600}(\$75) + \frac{18,250}{3,600}(\$800) + \frac{3,600}{2}(\$10) + 0$$

$$= \$380 + \$4056 + \$18,000 + 0$$

$$= \$22,436$$

(2)Q＝3,600件/批；　S＝50件

$$TC = \frac{A}{Q} \cdot P + \frac{A}{Q} \cdot B + \frac{Q}{2} \cdot C + SC$$

$$= \frac{18,250}{3,600}(\$75) + \frac{18,250}{3,600}(\$325) + \frac{3,600}{2}(\$10) + 50(\$10)$$

$$= \$380 + \$1,648 + \$18,000 + \$500$$

$$= \$20,528$$

(3)Q＝3,600件/批；　S＝100件

$$TC = \frac{A}{Q} \cdot P + \frac{A}{Q} \cdot B + \frac{Q}{2} \cdot C + S \cdot C$$

$$= \frac{18,250}{3,600}(\$75) + \frac{18,250}{3,600}(\$75) + \frac{3,600}{2}(\$10) + 100(\$10)$$

$$= \$380 + \$380 + \$18,000 + \$1,000$$

$$= \$19,760$$

(4)Q＝3,600件/批；　S＝150件

$$TC = \frac{A}{Q} \cdot P + \frac{A}{Q} \cdot O + \frac{Q}{2} \cdot C + S \cdot C$$

$$= \frac{18,250}{3,600}(\$75) + \frac{18,250}{3,600}(\$0) + \frac{3,600}{2}(\$10) + 150(\$10)$$

$$= \$380 + \$0 + \$18,000 + \$1,500$$

$$= \$19,880$$

依以上分析，可知按模式（一）規定之經濟批量 EOQ＝3,600件/批，求安全存量為 0、50、100、150各件時之年總成本，亦是仍然以維持100件安全存量為宜。此時之缺貨成本(B)＝$75；安全存量(S)＝100件，總成本(TC)＝$19,760。較模式（一）最低成本 $6,732為高。

經比較兩模式，可知以配合安全存量制度，再制定經濟批量為宜。茲將兩者所獲結果，列表比較如下：

安全存量 (S)	模 式 (一)		模 式 (二)	
	經濟批量 (EOQ)	年成本 (TC)	經濟批量 (EOQ)	年成本 (TC)
0	3,600件/批	$22,436	1,787件/批	$17,871
50	3,600	20,528	1,209	12,583
100	3,600	19,760*	740	8,400
150	3,600	19,880	523	6,732*

(三)交貨期間長短變化不定

以上有關安全存量之計算，皆係就正常的交貨時間 (Lead Time) 為固定不變，僅於此固定期間內有變動的需要量（或使用量）。惟依本章早先所述，此項交貨時間的長短，亦可能為變化不定，換言之，針對此項交貨時間的長短不定，仍需準備適當數量之安全存量，以應付可能發生之缺貨。當然，交貨時間期間的長短不定，以及此期間內需要數量

的多寡不定，亦可能同時發生，則此兩項綜合的不確定性，自必亦可能
引起存量不足以應付實際需要，而發生缺貨的情形。

首先來說明需要量為固定不變，而交貨時間的長短不固定，此項情
形實與交貨時間長短固定，需要數量不固定的情形為相同。例如有下列
交貨時間長短的變化：

交貨時間（月）	發生機率
0.75	0.04
1.00	0.92
1.25	0.04

若其需要量為每月固定使用 3,000 件，則可將此項交貨時間之長短，
化算為相當於每月需要量的變化，而成為交貨時間的長短係固定（一個
月），需要量係有變化。其方式如下：

交貨期間（月）	需要數量（件）	機率（p）
0.75	2,250	0.04
1.00	3,000	0.92
1.25	3,750	0.04

將交貨時間長短不固定的情形，化算為相當於需要量的不固定，卽
可應用以上所討論的模式（一）或模式（二）以決定其適當之安全存量
及再訂購水準。

至於需要量與交貨時間，皆係同為變化不定者，亦可將其簡化為需
要量之不固定，以前述之聯合機率，表示此兩項因素之變化，其餘之處

理方式與上述者相同，並無相異之錯。換言之，皆可簡成化爲需要量不定的方式去處理。

(四)連續機率的應用

若對於交貨時間（Lead Time）內的需要量（u）資料，十分完全，則可將此項需要量的分配（Distribution）予以整理出來，例如有下列交貨時間期間需要（Lead Time Demand）：

期間內需要量	機率	累積機率	期間內需要量	機率	累積機率
43	.00	1.00	51	.11	.43
44	.02	.98	52	.10	.33
45	.03	.95	53	.09	.24
46	.04	.91	54	.08	.16
47	.08	.83	55	.07	.09
48	.09	.74	56	.05	.04
49	.10	.64	57	.03	.01
50	.10	.54	58	.01	.00

觀察上表可知，於此交貨時間（Lead Time）期間內，使用量超過56件之機率僅爲.04，故上表中之最後一欄對於分析安全存量水準（Safety Stock Level）非常有用。尤其是於甚多情形，無法確切估計缺貨成本（Stockout Costs）係每件爲若干金額。於此情形，則可由企業當局，概略作政策性決定，企業之服務水準（Service Level）係訂於某標準。例如可將服務水準訂於缺貨不超過百分之四，就上例言，即係將再訂購點（Reorder Point）訂於56件。如此，將僅於25次訂購的交貨時間內，發生一次缺貨的情形。當然，究竟企業之服務水準或容許缺貨發生的機率，究竟應訂於何處，則需視執行此項服務水準的成

本而定，若規定缺貨不應超過百分之四，亦卽於25個採購週期，僅有一次可能發生因於交貨時間內，需要量過高而缺貨，則該企業必係將其缺貨成本估價甚高。

若上表的需要量資料，可以用常態分配，作爲其對於需要量的分配近似值，則可藉常態表的應用，便利的求得其再訂購點或再訂購水準（Reorder Level）。換言之，若於交貨時間內之需要量係爲常態分配的場合，則可逕藉常態分配表求得所要求之再訂購點。例如，於交貨時間內的平均需要量（$\overline{\mu}$）爲 400 件，標準差 $\sigma = 15$，則爲維持百分之九十五之服務水準，或允許缺貨發生之機率不超過百分之五，所需之安全存量及再訂購點，可計算如下：

1) 查常態分配表，5％機率之 $Z = 1.64$

2) 再訂購點：$r = \overline{u} + 1.64(\sigma)$
$$= 400 + 1.64(15)$$
$$= 425件$$

3) 安全存量：$S = r - \overline{\mu}$
$$= 425 - 400$$
$$= 25件$$

其意義如下圖所示：

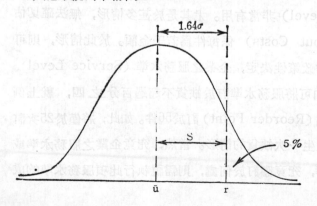

1.64σ

S：安全存量
r：再訂購點
$\overline{u}$：交貨時間平均需要
5％缺貨水準

S

5％

ū   r

五、定期評估制

存貨制度於基本上分，有兩大類: (1)定量訂購制 (Fixed Order Quantity System) 與(2)定期評估制 (Periodic Review System)。前者卽係本章迄今所討論者，其主要內涵爲當庫存量降至再訂購點 (Reorder Point) r 時，卽按一定批量Q訂購補充，爲達經濟目的，需按經濟批量去採購，並有安全存量的維持。由於此制需要繼續不斷的隨時瞭解各項存貨之存量是否已降達再訂購點，故須作詳盡之存貨記錄，隨時記錄收發數量，並立卽求出庫存數量，並與其原訂之再訂購點（r）相比較，以決定是否應進行採購補充。於有多項存貨之企業，非有適當之電子資料處理系統(Electronic Data Processing System)，不克臻功。

至於定期評估制，則係定期盤存現有存貨數量，並與預訂之應有存貨量水準相比較，若已降至應維持之存貨水準以下，則補充此項不足之差異，以維持預訂之存貨水準。故定期評估制係定期採購，惟採購量係不固定; 而前述之定量訂購制係不定期採購 （ 庫存水準降達再訂購點時），惟其採購係按預訂之經濟批量辦理而爲定量。茲將兩制之意義，再以圖示之如下:

定量訂購制:

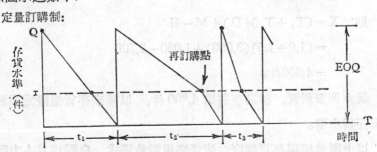

定期評估制:

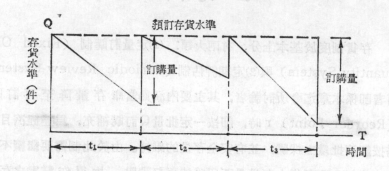

定期評估制係定期補充（採購）存貨至預訂之存貨水準，故其每次之訂購並非一致。茲舉一簡單之模式說明如下:

設: T_L＝交貨時間 (Lead Time)（一個月）

$\quad\;\; T_I$＝定期間隔 (Interval)（一個半月）

$\quad\;\; T_s$＝服務期間 (Service Period)

$\qquad\quad =T_L+T_I=2.5$月

$\quad\;\; D$＝預期需要量 (Expected Demand)（每月3,000件）

$\quad\;\; M$＝最低存量 (Minimum Inventory) (1,000件)

$\quad\;\; H$＝於再訂購點時之庫存量 (On-Hand) (3,700件)

$\quad\;\; X$＝訂購量

則: $X=(T_L+T_I)(D)+M-H$

$\qquad =(1.0+1.5)(3,000)+1,000-3,700$

$\qquad =4,800$件。

就本例資料言，該期應訂購 4,800 件，以補充存貨至既定服務期間所需存貨水準。

以上所述兩類存貨制度，皆係應用數量模式，自需相當人力與財力方可推行，故一般中小企業，往往僅依其經驗與判斷，不作任何正式分析，逕行訂購適當數量以爲存貨之補充，或僅依據過去每月或每期間的平均需要量，準備一個月的存量，一個半月的存量或其他期間長短的存量。此項制度雖非理想，亦頗實用，若能蒐集資料，運用模擬（Simuｌation）分析，以求改進，更能切合經濟原則，有關存貨模擬之運用，將於第十四章討論模擬時予以說明。

六、聯合訂購

聯合訂購（Joint Ordering）係指向一家供應廠商同時一次訂購多項貨品，以求節省訂購成本，並配合實際作業之需要。尤其於採行定量採購制度之企業，由於各項貨品之庫存量降達再訂購點之時間並非一致，故將往往發生一種情形，即是原由一家供應廠商供應之數項或多項貨品，由於各項貨品到達其各自的再訂購點之時間不見得會一致，往往形成必須就每一項貨品需各別進行一次繁瑣的採購作業程序。例如就油漆或某些物料言，其規格及品類甚多，若經常就每一項規格及品類，分項向同一供應廠商採購，自係極爲不便，且必導致採購工作及有關作業如驗收、進倉、付款等項工作的繁重不堪，並增加作業之成本。故爲簡化作業起見，於存貨管理之實施，往往須將同類之貨品而由同一供應廠商供應者，將其盡可能的併入同一張訂單內，換言之，祇辦理一次採購工作，以節省成本。惟如此作法，亦將產生另一項困難，即是併入同一訂單之各項貨品，不一定能同時恰巧皆達到其再訂購點。爲解決此項困難，一般方法，係將適用之經濟批量（EOQ），分爲兩項，一項係該項貨品首先達到其再訂購點，而採購的批量，稱爲自發性經濟批量（Trigger EOQ）；另一項經濟批量係該項貨品尚未到達其再訂購點，但因其同組（卽併入同一張訂單）中其他貨品已有一項已達到其訂購點，而引發之隨同一起的訂購，此項訂購之批量，因其尚未達訂購點，故較自發性經濟批量爲小，稱爲附屬項目經濟批量(Line Item EOQ)。此外就經濟批量的公式原理，亦可獲知，由於附屬項目經濟批量的採購，係附屬於眞正達到訂購點項目的自發性經濟批量的採購，故此項附屬項目採購所分擔之採購成本 (Ordering Costs)，自較其單獨進行採購爲低，自經濟批量公式可以瞭解，若採購成本減低，則經濟批量 (EOQ) 的數量亦必減少。由此原理亦可瞭解，附屬項目經濟批量應較自發性經濟批量爲小。該制的運用極爲簡單，首先就有關貨品分別予以依性質相近，使用數量相當，並由同一廠商供應者，編列爲一組；再將各組內之貨品分別訂定其再訂購點 (Reorder Point)，自發性經濟批量 (Trigger EOQ) 與附屬品經濟批量 (Line Item EOQ)。若有一項貨品達到其再訂購點，則該項貨品按其自發性經濟批量採購，其餘同組貨品雖尚未達到再訂購點的貨品，則視其存量多寡決定是否訂購，若需訂購，則係按附屬品經濟批量訂購。茲舉例說明如下：

設某廠將下列五項貨品編列爲一組，向 某 一 供應廠商作聯合訂購（卽列入同一訂單）：

單位：箱

貨品項目 (Item No.)	再訂購點 (Reorder Point)	自發經濟批量 (Trigger EOQ)	附屬經濟批量 (Line Item EOQ)
1	200	300	240
2	150	250	200
3	300	300	240
4	250	350	280
5	50	400	320

若各項貨品之庫存量爲:

貨品項目(Item No.)	1	2	3	4	5
庫存量 （Inventory)	200	200	350	300	200

　　觀察上表可知，第一項貨品的庫存量已達再訂購點，故必須予以採購補充， 並按自發經濟批量300箱訂購， 同時並考慮其他四項貨品是否應予列入同一訂單，一併訂購。是否予以一併訂購之決策準則，並非完全一致，惟一般係以可以獲得有形之經濟上利益爲考慮因素。例如假設該供應廠商係以貨櫃 (Container) 運輸， 每個貨櫃可裝 800 箱， 則每筆訂單以 800 箱爲度， 可以獲得最經濟的運輸成本。除第一項貨品已按其 Trigger EOQ訂購300箱，所餘500箱空間，可分析其他各項貨品之存量水準與再訂購點之比例如下:

貨品項目 (Item No.)	庫存量超過再訂購點百分數 (Percent Excess)
2	(200−150)/150=0.33
3	(350−300)/300=0.17
4	(300−250)/250=0.20
5	(200− 50)/ 50=3.00

　　觀察上表可知，第五項貨品目前存量超過再訂購點最多，自可不必考慮。反之，則以第三項貨品之現存量與再訂購點最接近，故應首先考慮補充第三項貨品，由於第二項貨品之附屬經濟批量爲240箱，故應併入同一訂單內；再次，則考慮尚餘貨櫃空間260箱的利用。就上表言，

係以第四項貨品之現存量爲較接近其再訂購點，故應訂購第四項貨品，惟第四項貨品之附屬經濟批量爲 280 箱，而貨櫃空間僅餘 260 箱，故祇可訂購260箱第四項貨品。茲將以上分析結果，列表如下：

貨品項目(Item No.)	訂購數量（Q）
1	300 (Trigger EOQ)
3	240 (Line Item EOQ)
4	260 （貨櫃餘量）
	800

該批聯合訂購，應採購第一項貨品300箱、第三項貨品240箱、第四項貨品260箱，合計800箱。

七、生產管理應用

經濟批量概念，雖係導自採購作業的經濟觀點，分析存貨成本的兩大內涵：訂購成本(Ordering Costs)與持有成本 (Carrying Costs)，並求取其最低成本。惟此項概念，亦可相當成功的適用於生產作業。由於甚多企業，其生產作業係分批 (Lots or Batches) 進行，而非如連續性生產作業係按旣定速率，連續生產。於採行分批生產作業的企業，其生產活動進行前，必須有一番生產準備 (Setup) 的工作，例如就工程方面言，必須調整機器，準備工具，佈置生產線，準備現場等工作；就廠務方面言，必須準備製造命令，工作表報，成本紀錄等項工作；就材料方面言，必須準備生產所需之各項材料，每批產品所需各項材料之數量、規格、需要使用的日期及地點等項資料的計算、塡寫。所以，就分批生產作業言，其生產準備成本（Setup Costs）亦係與分批的次數有關，一如採購作業的訂購成本（Ordering Costs），係按批發生的成本。若該企業每年需生產該項產品 100,000 件，若分 10 批製造，則每批生產 10,000 件；若分 5 批製造，則每批生產 20,000 件；若分 2 批製造，則每批生產 50,000 件，此項情況與採購作業極為相似，採購 100,000 件產品，亦可分 10 批、5 批、2 批進行採購。其成本亦然，除生產準備成本係按批數而發生外，亦有持有成本（Carrying Cost）的發生。就上例言，若每批生產 50,000 件，則其存貨量或平均存貨量必較每批生產 10,000 件的存貨量或平均存貨量為高。茲將採購作業與生產作業之經濟批量符號及其意義比較於下表：

採購作業	生產作業
A：全年使用數量或金額	A：全年生產數量或金額
R：購進單價	R：生產單位成本
C：持有成本	C：持有成本
P：訂購成本	S：生產準備成本
Q：最佳採購批量	Q：最佳生產批量
x：每日到貨數量	x：每日生產數量
y：每日耗用數量	y：每日耗用（或銷售）數量

茲舉例說明其運用如下：

1）某廠每年需生產價值 $40,000 零件一種，該零件之持有成本為平均存貨成本之 20%；生產準備成本為每批生產（Production Run）需 $80，則每批之經濟產量為

$$Q = \sqrt{\frac{AC}{2S}} = \sqrt{\frac{\$40,000(0.20)}{2(\$80)}} = \sqrt{\frac{\$8,000}{\$160}} = \sqrt{50}$$

$= 7.07$

即每年應分爲七批生產

2）某廠產品需用某項零件一種，係由該廠自製供應，爲配合產品之生產，該項零件每日需用 22 件，全年約需 8,000 件，惟爲達經濟產量起見，該項零件之生產設備係每日生產 44 件，於生產管理觀點言，亦無可能半日生產該項零件供應所需，半日生產其他物品，故必須分批製造供應該項零件。據估計，每批生產所需之生產準備成本爲 $ 12.50；持有成本爲平均存貨 20%；生產成本（直接材料、人工、製造費用等）爲每件 $ 1。則每批應生產若干件？

依上述資料可知：

$A = 8,000$ 件/年；　$C = 20\%$

$S = \$ 12.50$/批；　$X = 44$ 件/日

$R = \$ 1$/件；　　　$Y = 22$ 件/日

$Q =$ 每批經濟生產量

則： 每批生產日數 $= \dfrac{Q}{X}$

生產期間內耗用零件總量 $= \dfrac{Q}{X} \times Y$

每批生產終了時可累積之最高庫存量 $= Q - \left(\dfrac{Q}{X} \times Y \right)$

平均存貨 $= \dfrac{1}{2} \left[Q - \left(\dfrac{Q}{X} \times Y \right) \right] = \dfrac{1}{2} Q \left(1 - \dfrac{Y}{X} \right)$

全年持有成本 $= \dfrac{1}{2} Q \left(1 - \dfrac{Y}{X} \right) \times R \times C$

全年生產準備成本 $= \dfrac{A}{Q} \times S = \dfrac{AS}{Q}$

當持有成本等於生產準備成本有最低總成本，故

$$\frac{1}{2}Q\left(1-\frac{Y}{X}\right)\times R \times C=\frac{AS}{Q}$$

移項整理，　$RCQ^2\left(1-\frac{Y}{X}\right)=2AS$

$$\therefore\quad Q^2=\sqrt{\frac{2AS}{RC(1-Y/X)}}$$

$$\therefore\quad Q=\sqrt{\frac{2AS}{RC(1-Y/X)}}$$

將上列成本及需要量資料代入上式，得

$$Q=\sqrt{\frac{2(8,000)(\$\,12.50)}{(\$\,1)(.20)(1-22/44)}}=\sqrt{\frac{200,000}{.10}}=\sqrt{2,000,000}$$

$$=1,414\text{件}/\text{批}$$

亦卽應每批生產 1,414 件，約可供應 64 天的需要。其生產準備成本及存量持有成本之總和，於此項批量應爲最低，全年之生產準備成本 (Setup Costs) 與持有成本 (Carrying Costs) 總和爲：

$$TC=\frac{AS}{Q}+\frac{Q}{2}\left(\frac{X-Y}{X}\right)RC$$

$$=\frac{8,000\times\$\,12.50}{1,414}+\frac{1,414}{2}\left(\frac{44-22}{44}\right)\times\$\,1\times 0.20$$

$$=\$\,70.70+70.70$$

$$=\$\,141.40$$

爲最低之存貨總成本 (Total Inventory Costs)。（由於每件產品直接成本不受批量多寡的影響，故未予計入。）

3) 甚多工廠，其生產設備可同時用於生產二種或更多項零件或產品。雖然此等零件或產品之性質須極爲相近，規格須屬同類，此等設備

之使用仍往往較經濟。就下式

$$Q = \sqrt{\frac{2AS}{RC(1-Y/X)}}$$

係求每批經濟生產量 Q，若將其去除 A，即可得每年應分幾批生產之批數，即

$$N = \frac{A}{Q} = \frac{A}{\sqrt{\dfrac{2AS}{RC(1-Y/X)}}} = \sqrt{\frac{A^2RC(1-Y/X)}{2AS}}$$

$$= \sqrt{\frac{ARC(1-Y/X)}{2S}}$$

若該設備每批生產 (Production Run) 可以製造兩種產品之生產，則上式可改為

$$N = \sqrt{\frac{A_1R_1C_1(1-Y_1/X_1) + A_2R_2C_2(1-Y_2/X_2)}{2(S_1+S_2)}}$$

例如某廠有項自動機器，可以極為便利的自甲產品的生產，調整為生產乙產品；或自乙產品的生產，調整為生產甲產品，其調整費用 (Changover Cost) 及其他有關之成本及生產資料如下：

	甲產品	乙產品
生產率	2,000件/天	1,500件/天
耗用或銷售率	1,000件/天	500件/天
調整費用	$ 200（甲改至乙）	$ 100（乙改至甲）
零件（產品）成本	$ 0.20	$ 0.40
持有成本	25%	25%
全年工作日數＝250天		

將以上資料代入上式，得

$$N=\sqrt{\frac{(1,000)(250)(\$0.20)(0.25)(1-1000/2000)+(500)(250)(\$0.40)(0.25)(1-500/1500)}{2(\$200+\$100)}}$$

$$=\sqrt{\frac{250,000\times0.05(1-1/2)+125,000\times0.10(1-1/3)}{2(300)}}$$

$$=\sqrt{\frac{12,500(0.5)+12,500(0.667)}{600}}$$

$$=\sqrt{\frac{14,588}{600}}$$

$$=\sqrt{24.31}$$

$$=4.93\doteqdot5$$

亦即每年應分五批生產此兩種產品。至於兩種產品之每批產量，應為:

甲產品: $Q_1=\dfrac{A_1}{N}=\dfrac{1,000\times250}{4.93}=50,709$件/批

乙產品: $Q_2=\dfrac{A_2}{N}=\dfrac{500\times250}{4.93}=25,355$件/批

若該設備可應用於生產 n 種產品，則其全年應分幾批生產之批數:

$$N=\sqrt{\frac{\sum A_j R_j C_j(1-Y_j/X_j)}{2\sum S_j}},\quad j=1,2,\cdots\cdots n \text{ 項產品}。$$

本章已大略介紹有關存貨管理之各項模式。關於存貨管理之未來，雖然數量模式仍將佔重要地位，惟最重要之發展趨勢，將為廣泛的使用電子計算機或俗稱電腦。電子計算機具有快速的計算、大量資料的貯存、遠距離的資料傳送、以及高速的資料發展的能力。目前的應用於存貨管理者，尚僅能將企業本身之銷售機構、生產工廠、倉儲中心，配貨處等各單位予以密切的連繫。惟有不少企業已能進一步運用計算機將生產企業與顧客間的供需資料予以密切的結合於一個電子資料處理系統之

下，就少數特殊工業言，此方向的發展正方興未艾。未來的更進一步發展，將係運用電子計算機為基礎，建立包含生產企業，重要顧客以及運輸企業三方面在內的整體性的生產、需要、運輸資訊系統（Information System)，以追求更大的經濟與節省。

習 題

6-1 試以下列符號，導出一個直接解算每週一次的物料最佳採購批量公式：

P：每次訂貨的採購成本。

C：持有成本（平均存貨價值百分數）。

A：每年需要該項物料的金額。

X：每週一次的最佳採購批量。

6-2 試以下列符號，導出一個直接求解經濟批量（N）的公式：

A：年需要量（元）。

R：單位價格（元/件）。

P：每批訂購成本（元/批）。

C：每單位的年持有成本（每件元/年）。

N：經濟批量單位數（件）。

6-3 某廠年需使用某項零件 10,000 個，每個價值 10 元，每零件持有成本為平均存貨價值 20%，惟該公司擬自行生產此項零件。設備 A 的生產準備成本為每批 200 元，設備 B 的生產準備成本為每批 100 元，惟使用設備 B 生產，每個將比使用設備 A 生產貴 0.1 元，試問該廠應用設備 A 或設備 B 生產？最佳生產批量為若干個？

6-4 某廠採購某項原料訂購成本為每批 400 元，持有成本為平均存貨價值 10%，該廠年需該項原料 200,000 元，供應商建議若該廠每季採購一次可獲 3% 折扣，該公司應否接受該項建議？

6-5 某公司某項原料之平均再訂購時間為 5 天，平均每日用量為 20 單位。依以往資料於再訂購期間中用料情形如下：

以往再訂購期 間中用料量	此項用料量 的發生次數
70單位	3
80	5
90	22
100	60
110	6
120	4

設該項原料之最佳訂購次數爲每年 5 次；每次每單位缺貨成本估計爲50元，每單位原料持有成本爲每年10元，試求應備之安全存量爲若干？

6-6　已知下列資料，試計算其再訂購點：

EOQ＝10批／年。

平均每日用量＝ 4 單位。

平均再訂購期間＝25天。

每單位持有成本＝ 5 元／年。

每次單位缺貨成本＝20元。

以往再訂購期間內用量	此項用料量機率
25	0.05
50	0.10
75	0.15
100	0.25
125	0.20
150	0.15
75	0.10

6-7 已知下列資料，試求每批製造之最佳單位數量為若干？

N：每批製造之最佳單位數量

V：每日生產數量	20單位
D：每日銷售數量	15單位
R：單位生產成本	1,000元
C：持有成本（平均存貨價值%）	10%
A：年需要量	5,000單位
P：生產準備成本（每批）	25元

6-8 某廠使用某項原料，係儲藏於一種特製容器中，該項容器佔倉庫地板面積10平方呎，該廠倉庫可供放置此項容器使用者有2,500平方呎，該廠每年約使用8,000桶此項容器的原料，每桶（容器）需另付租金8元，若每批採購原料的訂購成本為20元，原料的年度持有成本為平均存貨價值20%，試求該廠應否增加倉庫面積？

該廠經與原料供應商洽商，約定每批訂貨應按平均每日送貨50桶的速度送達，直至該批訂貨全部送完為止。試問是項辦法對該廠每年存貨成本是否有節省？

6-9 某廠每年使用某項化學原料2,800桶，其每日耗用數量極為平均。茲有三家供應商報價供應，X供應商報價每桶20元，訂購數量無限制；Y供應商報價每桶18元，惟每次訂購量至少800桶；Z供應商報價每桶17.5元，惟每次訂購量至少1,000桶。若該項原料持有成本為平均存貨價值的20%，每次訂購成本200元，該廠應向何家供應商訂購？數量若干？該廠每年的訂購成本，持有成本與採購原料成本各為若干？

6-10 某廠生產電視機，其使用某項組件係向外採購，惟該廠對該項組件之需要量，僅能作未來兩個月的需要估計。該項組件每件成本550元，每批訂購成本270元，持有成本為每月平均存貨的3%，若目前尚有存貨120件存於倉庫可供使用，依下列未來9個星期需要量的估計，該廠目前應訂貨若干件？

星期	估計需要量
1	40
2	50
3	55
4	70
5	80
6	65
7	60
8	50
9	45

6-11　某中小企業工廠生產所用主要原料有10項，因會計作業關係，該廠對於該項原料之訂購成本與持有成本，皆無足够資料可供較精確的估計，惟該廠亦深感其對於原料採購缺乏效率，並擬改善以降低成本。該廠曾對其所用10項主要原料之過去一年的情況加以簡單的分析，得知其去年一年的每項原料耗用與訂購次數如下：

項目	全年使用額	全年訂購次數
A	$ 120,000	5
B	80,000	6
C	50,000	6
D	24,000	4
E	10,500	8
F	5,200	6
G	2,400	7
H	1,100	8
I	900	6
J	300	6

試問：

(1)若於不增加目前採購業務的工作負荷量前提下，如何能減低該廠的平均存貨？

(2)若該廠工作人員尚有空閒情形，可以增加採購業務工作量50%，則能改善該廠平均存貨若干？

(3)若該廠願增加平均存貨10%，則可降低採購業務工作荷量若干？

6-12 該公司估計其缺貨成本爲每件 100 元，依經濟批量分析，該公司每次應分10次採購，若持有成本爲每件每年20元，試就下列再訂購期間內的需要情形，評估該公司擬將安全存量自目前250件降低至200件的建議：

需要量（期間）	機率
200件	.10
220	.08
240	.06
260	.04
280	.02

6-13 某廠估計其某項零件於再訂購期間內的平均使用量爲 250 件，標準差爲50件，若此項需要極爲接近常態分配，該廠維持60件安全存量水準下的缺貨機率爲若干？

該廠若決定加强對顧客服務，維持其服務水準於98%的高水準，該廠須維持若干件安全存量？

6-14 試就下列資料，計算其再訂購點爲若干？

經濟批量（EOQ）：每年10批

每天平均耗用量： 4件

平均再訂購期間：25天

每件每年持有成本： 5 元

每件缺貨一次成本：20元

再訂購期間內耗用量	機率
25件	.05
50	.10
75	.15
100	.25
125	.20
150	.15
175	.10

6-15　某地擬興建籃球場一座，估計觀衆情形將接近常態分配，有一牛時間，觀衆將超過500人，而有百分之八十時間觀衆將不會超過700人，若該籃球場的服務水準訂定於90%，該球場應建造若干座位？

6-16　某廠每年耗用某項原料10,000件，估計其持有成本爲平均存貨價值20%，每批訂購成本爲10元。該項原料供應商建議，若該廠每批採購數量達到1,700件，卽可每件以0.8元價格供應，該項原料目前每件價格爲1元，試問：

(1)該廠應否接受此項數量折扣？該廠每批應採購若干件始有最低成本？

(2)若每批訂購成本爲100元，該廠每批應採購若干件？

(3)若持有成本爲平均存貨價值40%，該廠每批應採購若干件？（訂購成本仍爲每批10元）

6-17　某廠使用某項重要物料，計有8種規格，皆有使用。該項物料係裝於紙箱，由一家批發商供應，一貨櫃車可裝2,000箱。該廠爲節省運費，擬每次採購2,000箱，租用一貨櫃，可直接運達廠內。據分析，此8種規格物料向批發商採購的資料如下：

規格項目	目前庫存量	再訂購點	自發經濟批量	附屬經濟批量
A	500箱	400箱	450箱	350箱
B	350	300	400	300
C	600	600	500	425
D	550	500	600	500
E	105	100	300	200
F	100	75	250	200
G	100	50	350	250
H	200	40	400	300

該廠應如何採購始有最低成本

6-18　某廠生產多種零件，供裝配之用。該等零件係分批製造，依去年資料，各項零件生產價值與分批次數如下：

項目	全年生產價值	分批製造批數
A	$ 60,000	5批
B	40,000	8
C	20,000	12
D	10,000	10
E	5,000	9
F	1,000	10
G	500	6

該廠對於零件的生產準備成本 (Set-up Cost) 與持有成本皆未能有具體分析，惟據工程人員估計，依目前各項零件生產數量情況言，各批生產所需生產準備成本，就各項零件言，並無多大差異。

該廠由於缺乏優秀的生產準備技術員 (Set-up Men)，故擬運用提高平均庫存的方式，以減低生產準備工作荷量20％。試問為達此目標，應提高平均庫存若干？

第七章 線性規劃

工商企業或其他機構，其經常所面臨的問題，係在於如何能充分而有效的利用其所掌握的資源，以達成該企業或機構的使命。尤其是現代的工商企業或機構，不少係規模極為龐大者，其所可動用的資源，包括資金，設備、土地、廠房、原料、人力、時間……等項，亦非常眾多，若運用不當，自將造成重大的損失。就該企業或機構言，無論其組織與規模有多麼大，其所能掌握與運用的資源終屬有限，且將付出相當代價，亦即係一項經濟資源。所以，如何以最佳（Optimum）的方式，去分配有限的經濟資源於多種競爭使用的企業或機構活動中，實為一項非常重要的問題。若進一步的分析，更可瞭解，由於各項活動程度之大小，對於其消耗資源之多少，具有決定性的影響，故此一問題亦可視為：在有限的經濟資源情形下，如何決定各項活動的水準？

就一個生產事業言，其所面臨的此一問題，係在於就其所生產的各項產品的獲利能力，以及其所有的設備與人員等項資源的限制條件下，如何決定其所生產的各項產品之數量，以獲取最佳利潤。由於該事業之生產能量（Capacity）係屬既定及有限，故究竟各項產品各應生產若干，就成為一項分配有限資源於多種競爭使用資源的問題。如果各項資源間的利用，以及成本或利益的發生，皆屬直線或近於直線的關係（Linear Relationship），就可能應用線性規劃（Linear Programming）這項數量工具來求解。自數學觀點言，兩項因素之間，如有直線關係，則於坐標紙上可將各點相連成為一條直線。例如下圖中的X與Y兩項因素，其間之關係可以直線表示之；如果以代數式表示，則在此代數式中，不能含有二次或更高次的出現。

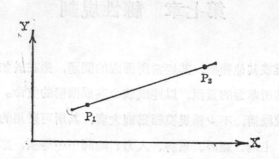

以上係線性（Linear）的意義，至於規劃（Programming），係指如何最有效或最佳的策劃經濟活動。所以，線性規劃係一項數量工具，用來幫助解決企業或機構的經濟資源的有效利用問題。於說明線性規劃之前，首先需瞭解，構成線性規劃問題的要件如下：

(1)明確的目的：企業或機構運用其有限經濟資源之目的，必須明確表示。就生產事業言，多以最大利潤（Maximum Profit）或最低成本（Minimum Cost）表示之。惟需注意者，此處所謂利潤，實係銷售所獲之總貢獻（Total Contribution），為單位售價減去單位變動成本後的邊際貢獻的總和，此乃由於利潤並不一定與銷售（Sales）成線性的關係，而總貢獻則與銷售為具有線性關係，關於貢獻的性質在第四章中已有說明。

(2)多種可行方案（Alternatives）：若僅有一種方案可行，則已別無選擇，亦無從比較。故需有多種可行方案，而其中應有一種能達成上述之目的者。例如就生產問題言，決定其所生產之各項產品應各生產若干，此一問題幾乎有無數的組合可言，惟其中必有一項係可獲最大利潤者。

(3)有限的資源。經濟資源既屬有限，其獲得亦必付出適當代價。若資源係屬無限，則就無需予以規劃。於有限資源的情形下，決定各項競爭活動的水準。就一家生產事業言，提高某項產品的產銷活動，必將影響該事業之其他產品的產銷活動。

(4)問題的關連性：線性規劃問題中之各項變數，必須相互關連，亦即可以數學方程式表達者。例如企業之總利潤，應為其由各項產品所獲利潤之總和；各項活動之水準以及其對於資源之耗用，應可以數式表示其相互之關係，並不超過可用資源之總和。

(5)線性的假設：全盤問題，須符合線性（Linear）這項前提，無論其以單獨的及聯立的等式或不等式表示，皆需保持其線性的特質。

當然，於比較複雜的問題，往往並無此項顯著的線性關係，所以有所謂非線性規劃（Non-Linear Programming），將於第十五章中再作介紹，茲先就線性規劃的圖解法，說明線性規劃的基本意義。

一、圖 解 法

線性規劃的圖解法，對於瞭解線性規劃的意義，有很大的幫助。惟由於圖解較適宜於二元次（Two Dimensions），於三元次雖仍可作圖解，但已遠為繁雜，若有更高元次時，將無法以圖形表示，自不適宜用圖解法求解，故於實用上較受限制。

(一)極大問題

所謂極大問題（Maximization）係指該項線性規劃問題之目的，在求取一項利益的極大，例如係收益、產出、利潤的極大。茲舉例說明如下：

某廠生產之甲與乙兩種產品，皆需經由該廠之製造及裝配兩部門之處理始能完成。據估計於下月份內，可供使用於生產此兩項產品之時間，製造部門為80小時；裝配部門為100小時。另據技術資料顯示，生產甲產品一件，需經製造部門加工4小時；裝配部門加工2小時；生產乙產品一件，需經製造部門加工2小時，裝配部門加工4小時，此外據業務人員預測，下月內之市場情況頗佳，該廠之甲產品每件產銷可獲利$10；乙產品每件可獲利$8，則該廠應產銷甲、乙產品各若干件可獲最大利潤？

首先可歸納上述資料如下表：

部 門	加工所需時間		可供使用時間
	甲產品	乙產品	
製 造	4小時	2小時	80小時
裝 配	2	4	100
利 潤	10元	8元	極大

設該廠於下月份內生產甲產品之數量為X件；生產乙產品數量為Y件。由於每件甲產品可獲利$10，每件乙產品可獲利$8，則可獲總利潤（亦即總貢獻）Z為

$$Z = \$10X + \$8Y$$

由於本問題之目的係為極大總利潤，故可列出該問題的線性規劃目的方程（Objective Function）如下：

$$極大 \quad Z = 10X + 8Y \quad \text{……………………………………}(1)$$

其次就該廠之設備言，由於每件甲產品需使用製造部門設備時間4小時；每件乙產品需使用製造部門設備2小時。所以，生產X件甲產品，以及生產Y件乙產品，所需之製造部門設備總時間，自不能超過該

部門所可提供使用的時間（依題意為 80 小時）。此項製造設備時間的限制，可以下列不等式表達：

$$4X + 2Y \leq 80 \cdots\cdots\cdots\cdots\cdots(2)$$

同理，生產甲產品每件需使用裝配部門設備 2 小時；生產乙產品每件需使用裝配部門設備 4 小時，所以，生產甲產品 X 件，以及生產乙產品 Y 件，所需之裝配部門設備總時間，亦不能超過該部門所可提供使用於製造此兩項產品的時間（依題意為 100 小時）。此項裝配設備時間的限制，亦可以下列不等式表達：

$$2X + 4Y \leq 100 \cdots\cdots\cdots\cdots\cdots(3)$$

此外，由於甲產品的生產件數（X），不可能有負數出現，僅有正數（生產件數）或零（不生產）的可能，故

$$X \geq 0 \cdots\cdots\cdots\cdots\cdots\cdots\cdots(4)$$

同理，Y 亦不可能有負數出現，應為大於或等於零，即

$$Y \geq 0 \cdots\cdots\cdots\cdots\cdots\cdots\cdots(5)$$

至止，已將該項如何分配有限的經濟資源（製造與裝配部門設備）於多項競爭性的活動（甲產品與乙產品的生產活動），並決定其最佳（最大利潤）的活動水準（甲產品生產數量與乙產品生產數量），此一項問題，以下列方程式表達：

極大 $Z = 10X + 8Y \cdots\cdots\cdots\cdots\cdots(1)$

限制於 $4X + 2Y \leq 80 \cdots\cdots\cdots\cdots(2)$

$2X + 4Y \leq 100 \cdots\cdots\cdots\cdots(3)$

$X \geq 0 \cdots\cdots\cdots\cdots\cdots\cdots\cdots(4)$

$Y \geq 0 \cdots\cdots\cdots\cdots\cdots\cdots\cdots(5)$

本例僅有二項產品，若以 X 軸代表甲產品之生產數量 X；Y 軸代表乙產品之生產數量 Y，則可以圖解法解之。就上例第(2)式 $4X + 2Y \leq 80$，

可知若將此項製造設備的可供使用時間80小時，全部用於生產甲產品，而不生產乙產品（即 Y＝0）則最多可生產甲產品 20 件（即 X＝20）。同理，若不生產甲產品，而將此80小時製造部門設備時間，全部用於生產乙產品，則可最多生產乙產品40件（即 X＝0； Y＝40)。故可將4X＋2Y≦80繪圖如下：

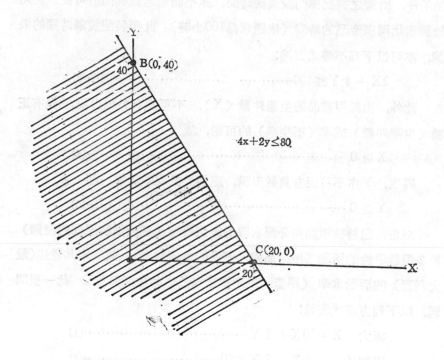

上圖中之直線及其左下方，皆爲合於4X＋2Y≦80，惟由於第(4)式及第(5)式之限制，規定X≧0； Y≧0，故上圖之有效部分，應限於正值的部分，以圖示之爲下圖中ABC三角形：

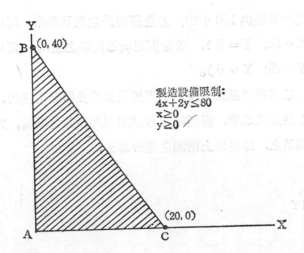

製造設備限制：
4x＋2y≦80
x≧0
y≧0

於上圖中三角形上任一點，皆能適合此項設備的限制，吾人知，於 BC 直線上之任一點，其坐標值代入第(2)式不但相符，且恆等於 80 小時，即 4X＋2Y＝80：於 BC 直線左下方三角形內各點則皆適合 4X＋2Y ＜80 之限制。換言之，此項製造設備之能量（Capacity）限制即為上圖中之三角形 △ABC。

同理，可將裝配部門設備之時間限制，以下圖表示：

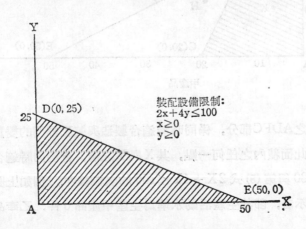

裝配設備限制：
2x＋4y≦100
x≧0
y≧0

裝配部門計可提供 100 小時，若全部用於生產甲產品，則可得甲產品50件（卽X=50；Y=0），若全部用於乙產品之生產，則可獲乙產品25件（卽Y=25；X=0）。

由於甲、乙兩種產品之生產，皆需經過製造及裝配兩部門，始能完成。故其生產活動之水準，需同時符合該兩部門設備之限制，方能有效的進行。以圖示之，卽爲以上兩圖之重合部分：

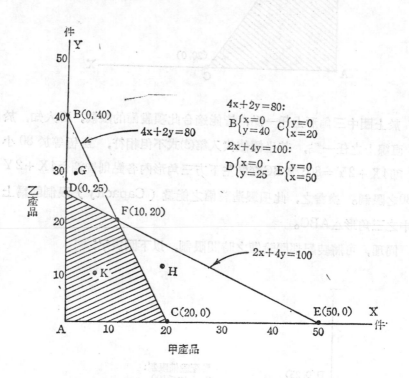

上圖中之ADFC部分，係同時能適合製造與裝配部門的雙重限制。換言之，於此面積內之任何一點，其X與Y之值，皆能同時適合第(2)式 $4X+2Y \leq 80$ 與第(3)式 $2X+4Y \leq 100$ 的限制條件。例如上圖中之K (6, 5)點所示者，卽其生產活動水準爲生產甲產品 6 件。乙產品 5 件。

顯而易見，此項生產活動水準，係位於ADFC範圍內，亦卽可以同時符合製造部門與裝配部門的設備能量之限制。換言之，K點生產活動水準所需之製造與裝配時間，皆未超過此兩項設備可供使用之時間，此項生產活動自可順利完成。惟若該廠之生產活動水準，係在G(4, 30)或在H(22, 8)兩點，則可自上圖觀察得知，皆已在 ADFC 範圍之外，超過現有可供使用的能量限制，雖尚未有超過 BC 線與 DE 線的範圍，但已不能同時符合此兩項設備能量的限制，可測試如下：

(1)G(4, 30)：卽生產甲產品4件；乙產品30件。

製造部門設備　$4X+2Y=4(4)+2(30)$

$$=16+60$$

$$=76小時 \leq 80小時（符合）$$

裝配部門設備　$2X+4Y=2(4)+4(38)$

$$=8+152$$

$$=160小時 > 100小時（不符合）$$

故知G的生產活動水準，可符合製造部門設備的能量限制（$4X+2Y \leq 100$），但不能符合裝配部門設備的能量限制（$2X+4Y \leq 80$），不能採行。

(2)H(22, 8)：卽生產甲產品22件；乙產品8件。

製造部門設備　$4X+2Y=4(22)+2(8)$

$$=88+16$$

$$=104小時 > 80小時（不符合）$$

裝配部門設備　$2X+4Y=2(22)+4(8)$

$$=44+32$$

$$=76 \leq 100小時（符合）$$

故知H的生產活動水準，雖可符合裝配部門設備的能量限制（2X＋4Y≦100），但不能符合製造部門設備的能量限制（4X＋2Y≦80），不能採行。

(3) K(6,5)：即生產甲產品6件；乙產品5件。

製造部門設備　$4X+2Y=4(6)+2(5)$

$$=24+10$$

$$=34小時<80小時（符合）$$

裝配部門設備　$2X+4Y=2(6)+4(5)$

$$=12+20$$

$$=32小時<100小時（符合）$$

可知於K點時生產活動水準，其所需之製造及裝配兩部門之設備時間，皆未超過該兩部門所可提供使用的能量（Capacity）限制，自屬可以採行。

從上述分析可知，該廠之生產活動水準，應訂於上圖中ADFC範圍內，或稱作適宜解（Feasible Solution）範圍內，惟此範圍內之可能的生產活動水準極多，究竟應以何者為最佳，仍待決定。例如上述K(6,5)點係符合此項要求，惟此K點是否即係最佳，或另有其他某一生產活動水準具有最大利潤，仍待進一步分析。將K(6,5)生產活動水準時所生產之甲產品數量（X＝6）與乙產品數量（Y＝5），代入目的方程，可求得於K點時之利潤為

$$Z=\$10X+\$8Y$$

$$=10(6)+8(5)$$

$$=60+40$$

＝100元。

並可改寫爲　10X＋8Y＝100。

亦卽K點時之生產活動水準，可獲利潤 100 元。惟觀察上式可知，實非僅K(6,5)係適合上式，尚有許多其他的生產活動水準（例如X＝16；Y＝5），亦皆可適合此項目的方程。所以，10X＋8Y＝100係爲利潤等於100元時之線性方程式，凡能適合此式之生產活動水準，其利潤皆爲 100 元。換言之，吾人可將上式視爲一項利潤水準線。下圖所示之斜直線，卽爲此項利潤水準線，於該線上各點時之生產活動水準，其所獲利潤皆爲100元。

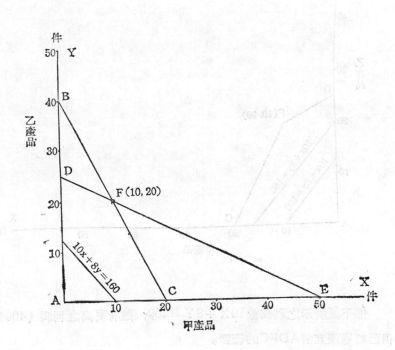

　　觀察上圖可知，此項利潤水準，即係某項利潤時之目的方程。由於此項利潤爲一常數（Constant），故知此項利潤線，實爲許多具有相同斜率之平行線，構成一個利潤線系，其愈向右上方移動者，其利潤水準亦愈高。例如下圖所示，$10X + 8Y = 160$ 利潤線，即係一條位於 $10Y + 8X = 100$ 利潤線右上方之平行線。

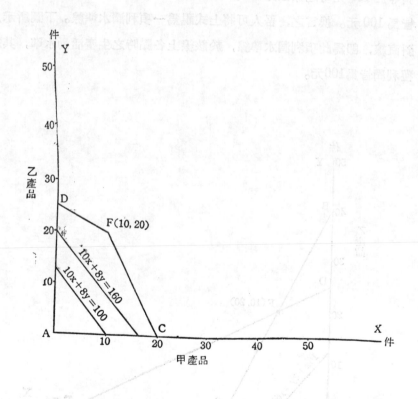

　　惟下圖所示之利潤線 $10X + 8Y = 400$，雖有更高之利潤（400元）但已超過適宜解ADFC的範圍。

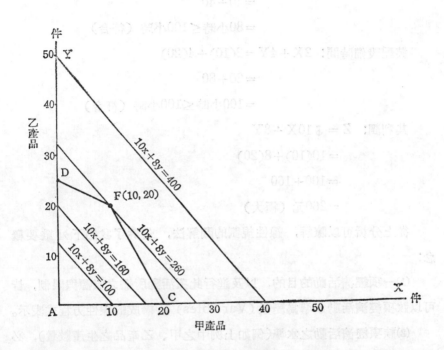

依上分析可知，能適合不脫離適宜解 ADFC 範圍要求的最高利潤線，必係通過F點之利潤線 10X＋8Y＝260，因爲越此F點後，即採脫離適宜解ADFC的範圍，而不及F點時，所獲利潤尙未達最大。故於遍過F點（圖中之突點），可獲最大利潤260元。

至此，已利用圖解法求得上述問題之解答：該廠應將其製造部門設備與裝配部門設備，分配用於從事F(10,20)點之生產活動水準，亦即從事於生產甲產品10件，乙產品20件，並可獲最大利潤 260 元。就前述之資源限制條件言，從事 F(10,20) 生產活動水準，所需耗用之資源情形如下：

　製造設備時間：$4X＋2Y＝4(10)＋2(20)$

$$=40+40$$

$$=80小時\leq100小時（符合）$$

裝配設備時間：$2X+4Y=2(10)+4(20)$

$$=20+80$$

$$=100小時\leq100小時（符合）$$

其利潤： $Z=\$10X+8Y$

$$=10(10)+8(20)$$

$$=100+160$$

$$=260元（極大）$$

從上分析可以瞭解，線性規劃的圖解法，告訴了我們下列重要概念：

(1)一項經濟活動的目的，以及進行此項活動所需之資源與限制，皆可以該項經濟活動水準爲變數（Variables）所構成的線性方程式表示。

(2)該項經濟活動之水準（例如上例中之甲、乙產品之生產數量），必受各項資源限制而構成一個適宜解的範圍（Feasible Solution Area），越此範圍卽超過資源能量（Capacity）的所及。

(3)目的方程可以一系列的利潤線來表示。該等平行的利潤線，其愈位於右上方者，其線上各點之生產活動水準可獲之利潤亦愈高。

(4)可以實現的最高利潤線，必係通過適宜解範圍所及之最高點，亦卽通過生產範圍所及最高點，越過此點必將脫離適宜解的範圍；不及此點則尙可向右上方移動，以爭取最大利潤，此項最高點往往爲適宜解範圍的一個突點（Vertex），故適宜解範圍的各個突點，卽爲線性規劃之基本解（Basic Solution）。若將各個突點列出，並比較其可獲利潤，亦可求得最佳解（Optimum Solution）。例如就上例資料爲例，適宜解範圍ADFC的突點有A、D、F、C四個，茲列表計算其利潤，可知於

F點時有最大利潤。

突　點	X	Y	Z = 10X + 8 Y
A	0	0	$ 0
D	0	25	200
F	10	20	260*
C	20	0	200

* 最大利潤

　　(6)若單位產品利潤改變，則利潤線亦將可能隨之變動。若利潤線（或目的方程）斜率有所改變，則通過適宜解範圍所及的最高突點，亦可能隨之變動。其結果將導致生產活動水準的變更。例如下圖(a)係原有之利潤線，其通過之最高頂點為C，惟利潤線斜率變動為下圖(b)時，則其通過之最高頂點係為D。換言之，將由原有之生產活動水準C，變更至新的生產活動水準D。

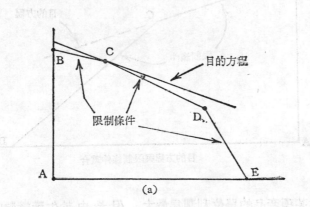

B

C

目的方程

限制條件

D

A

E

(a)

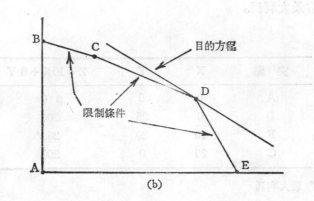

(b)

(6)若利潤線之斜率，恰與一項適宜解範圍上的一邊的斜率相同，亦即利潤線若與適宜解範圍的一邊平行，則所求得之最佳解，將不止一個，該線段之各點，具有相同之最大利潤，皆爲最佳解，如下圖所示：

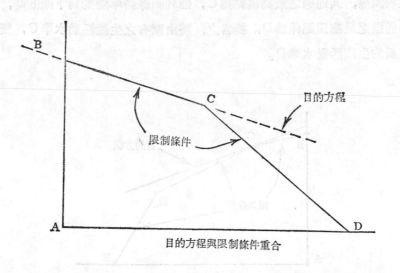

目的方程與限制條件重合

(7)雖然某項產品的單位利潤爲最大，但是由於生產資源的限制，最佳的生產活動水準，並非一定係該項最大單位利潤產品的產量或產出

（Output）爲最多。例如就上例計算結果可知，雖然甲產品每件獲利$10；乙產品每件獲利僅$8，但是最大利潤時之生產活動水準係在F（10, 20）點，甲產品之產量僅及乙產品之一半。此種現象卽係由於生產甲產品所需製造部門設備較多，造成瓶頸（Bottle　Neck）的現象，不能再多生產單位利潤較高的甲產品。

(8)圖解法並非一項有效的解法，遇有三種產品，雖尙可以立體圖解（X, Y, Z）求解，實已十分繁瑣。若有超過三種產品的情況時，則將不能適用圖解法。惟圖解法對幫助瞭解線性規劃的意義，極有幫助，初習者宜多作研究分析。

茲再舉例說明如下：

某工業公司從事A與B兩種工業品之生產，每單位產品邊際貢獻，A產品爲$10；B產品爲$12。每種產品皆須經該公司之加工、裝配、包裝三部門始能完成，每單位產品所需之時間及各部門所可供應之時間（小時）如下：

部　門	需　要　時　間		可供應時間
	A產品	B產品	
加　工	2	3	1,500
裝　配	3	2	1,500
包　裝	1	1	600

依上述題意，可列出其目的方程與限制條件如下：

極大　$Z = \$10A + \$12B$ ················(1)　利潤額

限制於　　$2A + 3B \leq 1,500$ ···········(2)　加工部門能量

$$3A + 2B \leq 1,500 \quad \cdots\cdots\cdots\cdots\cdots (3) \quad 裝配部門能量$$

$$A + B \leq 600 \quad \cdots\cdots\cdots\cdots\cdots (4) \quad 包裝部門能量$$

$$A \geq 0 \quad \cdots\cdots\cdots\cdots\cdots\cdots\cdots (5) \quad A產品件數$$

$$B \geq 0 \quad \cdots\cdots\cdots\cdots\cdots\cdots\cdots (6) \quad B產品件數$$

就加工、裝配、包裝三部門的設備能量限制言，可將問題的適宜解範圍 (Area of Feasible Solution) DEFG 如下圖所示陰影部分：

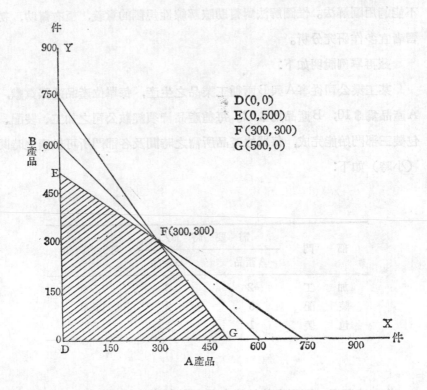

目的方程 $Z = \$10A + \$12B$，亦可加繪於上圖中，可指示出最高利潤線係通過 F 點之利潤線。

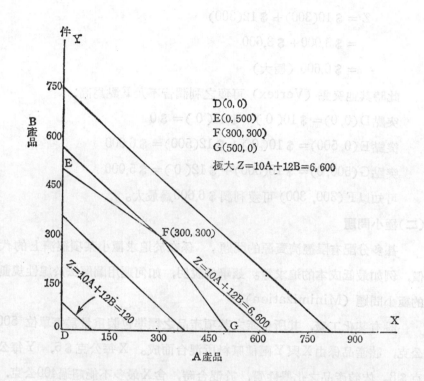

D(0, 0)
E(0, 500)
F(300, 300)
G(500, 0)
極大 $Z=10A+12B=6,600$

上圖中，F 點之坐標值，除可就圖中標尺測量獲得外，亦可用下法求得：由於 F 點係為加工與包裝部門兩限制條件之交點，故可解此兩限制條件方程式：

$$2A+3B=1,500 \quad \cdots\cdots\cdots\cdots\cdots\cdots\cdots\cdots\cdots\cdots\cdots(1)$$

$$A+B=600 \quad \cdots\cdots\cdots\cdots\cdots\cdots\cdots\cdots\cdots\cdots\cdots\cdots(2)$$

將第(2)式乘以 -2，得 $-2A-2B=-1200$ $\cdots\cdots\cdots\cdots(3)$

(1)$+$(3)式得　$B=300$

代入(2)式得　$A=300$

故得 F 點之坐標為 F(300, 300)，將此值代入目的方程得：

$$Z = \$10(300) + \$12(300)$$
$$= \$3,000 + \$3,600$$
$$= \$6,600 \text{ (極大)}$$

此時其他突點（Vertex）可獲之利潤皆不及 F 點為高：

突點 D $(0,0)=\$10(\,0\,)+\$12(\,0\,)=\$0$

突點 E $(0,500)=\$10(\,0\,)+\$12(500)=\$6,000$

突點 G $(500,0)=\$10(500)+\$12(\,0\,)=\$5,000$

可知以 F $(300,300)$ 可獲利潤 $\$6,600$ 為最大。

(二)極小問題

甚多分配有限經濟資源的問題， 係在於追求極小某項經濟上的代價，例如最低成本的追求等。茲舉例說明，如何運用圖解法於線性規劃的極小問題（Minimization）。

設有某化工廠，其所生產之某項產品之標準包裝重量為每單位 500 公克，該產品係由 X 與 Y 兩種原料所混合而成。X 每公克 $\$5$，Y 每公克 $\$8$。依該產品之化學性質，於混合時，含 X 最多不能超過400公克，含 Y 最多不能少於200公克。則可將上述題意，列式如下：

極小 $Z = \$5X + \$8Y$

限制 $\quad X \le 400$公克

$\quad\quad\quad Y \ge 200$公克

$\quad\quad\quad X + Y = 500$公克

首先可將 X 與 Y 兩項原料之重量限制，分別繪圖於下頁。上圖係表示 X 原料的重量不得多於 400 公克之限制；下圖係表示 Y 原料重量不得少於200公克之限制。

當水上兩個和函數，當 X 成為直線限制點，共達目標直線圖 (Area of feasible Solution) 的函……線上範圍圖面下，繼續畫面圖前，之於……顯明的這不得水加…………面……線站 CD，為 B 線，AB之左及以D的……

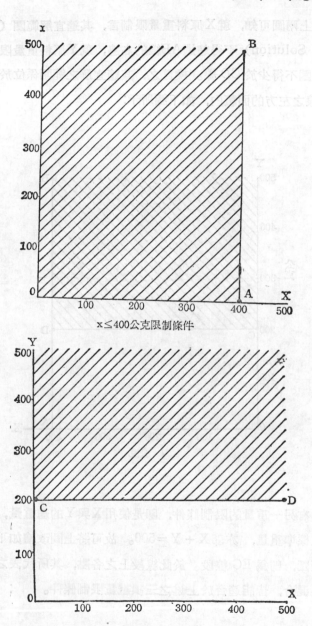

x≦400公克限制條件

他本書中……部直須面以上，成以直顯 Y 直直前圖，同樣此……高中之間以前且，於前 Z 之 X + Y ≡ C°°。面……線上面加以下圖，直面圖之面加中間，亦直 BC 前前，其他直前上之面前，同面，之各直各圖 Y 直前前之 L。L 之之三面顯其面面圖。

觀察上兩圖可知，就X原料重量限制言，其適宜解範圍 (Area of Feasible Solution) 不得超過AB線的右邊；就Y原料重量限制言，其適宜解範圍不得少於 CD 線。換言之，其適宜解之範圍係位於 CD 線上方，AB線之左方的面積內，如下圖所示：

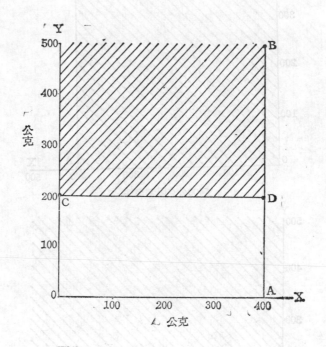

惟尚有另一重量的限制條件，即是使用X與Y的總重量，應均等於該產品之標準重量，亦即X＋Y＝500。故可將上圖改繪如下圖，其適宜解之範圍，即為 EG 線段。於此線段上之各點，其所代表之各種X與Y原料之混合，皆能適合於上述之三項重量限制條件。

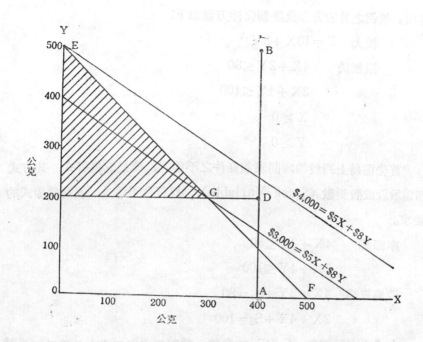

再次，需將該問題之目的方程予以繪出。於上圖中可以觀察得知，二條成本線係由 \$ 4,000 ，降至 \$ 3,000 。至此已無再降之可能，否則將脫離適宜解範圍 EG 線段。故知通過 G 點之成本線 $5X + 8Y = 3,000$ 爲最低成本，其合於此成本線之適宜解（Feasible Solution）僅爲 G（300, 200）一點。觀察上圖可知，G 之坐標爲 $X = 300$ ；$Y = 200$ ，亦卽生產該項產品，應使用 X 原料300公克，Y 原料200公克，有最低成本 \$ 3,000 。

二、代　數　法

爲便於比較說明起見，仍沿用上節說明極大問題示例說明代數法之

應用。該例之目的方程及限制條件方程如下:

極大 $Z=10X+8Y$

限制於 $4X+2Y\leq80$

$2X+4Y\leq100$

$X\geq0$

$Y\geq0$

首先需將上列設備時間限制條件之不等式，變換成爲等式，其方式即爲增設虛設變數 (Slack Variable)，以符合不等式，改寫爲等式的要求。

亦即將 $4X+2Y\leq80$

$2X+4Y\leq100$

改寫成爲 $4X+2Y+S_1=80$

$2X+4Y+S_2=100$

上式中虛設變數，S_1與S_2的意義。就不等式與等式之差異言，係補足不等式與等式間之差異，亦即:

$S_1=80-4X-2Y$

$S_2=100-2X-4Y$

惟就S_1與S_2之經濟意義言，可分述爲二:

(1)可視爲設備之未能充分利用的部分,亦即閒置時間(Idle Time)。例如$4X+2Y+S_1=80$，係表示該廠於生產若干件X與Y後，所耗用之製造部門設備尚未達到80小時，故於加上S_1小時後，始等於80小時。同理，就裝配部門設備言，$2X+4Y+S_2=100$，係表示該廠於生產若干件X與Y後，所耗用之裝配時間尚未達到 100 小時，故於加上 S_2 小時後，始等於100小時。事實上此項虛設變數S_1與S_2之值並非一定係大於零之值 (表示確有若干空閒時間)，亦可有等於零的情形。若S_1或 S_2 等於零，係表示此項設備並無空閒（Idle）。亦即於生產若干件X與Y後，恰可將設備時間耗用完。就本例資料言，自圖解法已知最佳生產活動水準係在F(10, 20)，若代入

$$4X + 2Y + S_1 = 80$$

$$2X + 4Y + S_2 = 100$$

可得 $X = 10$；　$Y = 20$；　$S_1 = 0$；　$S_2 = 0$

亦即生產甲產品 10件（$X = 10$）；乙產品 20件（$Y = 20$）後，此兩項設備皆已無任何空閒或閒置之時間（$S_1 = 0$；　$S_2 = 0$）。

(2)虛設變數之另一意義，與上述之設備之閒置時間相同，但係自另一觀點說明，認為 S_1 係僅使用製造部門設備一小時所生產之假想產品（虛設產品）， S_2 係為僅使用裝配部門一小時所生產之假想產品。亦即將該等設備之閒置時間，假想係從事「生產」，惟所生產者為假想之虛無產品，自無任何實際生產活動。當然此等假想產品，對於利潤亦無任何貢獻，其實際情形，即為閒置而已。故於目的方程中， S_1 與 S_2 的係數皆為零，以其無任何貢獻。由於係數既為零，故亦可不予目的方程中寫出來。所以目的方程將成為

$$Z = \$10X + \$8Y + \$0 \cdot S_1 + \$0 \cdot S_2$$

或仍為　$Z = \$10X + \$8Y$。

惟吾人目的，係在求取極大利潤，而 S_1 與 S_2 皆無利潤可言，故於求解時，仍須依目的方程之定義，極大 Z 值，亦即極大 $Z = 10X + 8Y$，而將 S_1 與 S_2 盡量維持於最低的數值，亦即應盡量充分利用設備，不使設備有閒置時間，於不得已時，亦應將閒置時間維持於最低的數值。就假想產品言亦然，應盡量不去從事「生產」此項無經濟價值之假想產品。

仍以上例，說明代數法之計算步驟如下：

1.初解 (Initial Solution) 自線性規劃之圖解法可知，線性規劃之突點 (Vertex) 必有其最佳解 (Optimum Solution)，故其初解係設於原點 (0,0)，亦即皆不生產甲產品或乙產品，$X=0$；$Y=0$。故其初解爲

$$X = 0 \quad 甲產品產量爲零$$

$$Y = 0 \quad 乙產品產量爲零$$

$$S_1 = 80 - 4X - 2Y = 80 - 4(0) - 2(0) = 80$$

$$S_2 = 100 - 2X - 4Y = 100 - 2(0) - 4(0) = 100$$

$$Z = \$10X + \$8Y + \$0\,S_2 + \$0\,S_2$$

$$= \$10(0) + \$8(0) + \$0(80) + \$0(100)$$

$$= 0 \quad 利潤爲零$$

以上 $S_1 = 80$；$S_2 = 100$，可以視爲設備之閒置時間，亦可視爲無經濟價値之假想產品，所獲利潤爲零。

2.初解的改進 初解雖未能覓得最佳解，且其利潤爲零，與最佳解必相去甚遠，惟已奠定解的基礎，爲一項良好的起點，可以予以改進。觀察目的方程，可知係甲產品具有最大貢獻 $\$10$，故應全力從事甲產品之生產，以爭取最大利潤。惟究竟可生產甲產品若干件，尚需分析可供使用之設備能量而定。就製造部門設備言，目前 $S_1 = 80$，亦即尚空餘 80 小時，而生產甲產品一件，需該設備 4 小時，故可用於生產甲產品：

$$\frac{80小時}{4 小時/件} = 20件。$$

另就裝配部門設備言，目前 $S_2 = 100$，亦即尚空餘 100 小時，而生產甲產品一件，需該設備 2 小時，亦即可用於生產甲產品：

$$\frac{100小時}{2 小時/件} = 50件。$$

比較上兩式可知，由於受生產設備能量限制，選取兩者最低者，最多能生產甲產品20件，即 $X = 20$。其改進結果如下：

$$X = 20$$

$$Y = 0$$

$$S_1 = 80 - 4X - 2Y = 80 - 4(20) - 2(0) = 0$$

$$S_2 = 100 - 2X - 4Y = 100 - 2(20) - 4(0) = 60$$

$$Z = \$10X + \$8Y + \$0S_1 + \$0S_2$$

$$= \$10(20) + \$(0) + \$0(0) + \$0(60)$$

$$= \$200$$

至此，已將利潤提高至 $200。

3. 最佳解的覓取

自上分析可知，改進後之甲產品產量為20件，並已將製造設備時間全部用完（$S_1 = 0$），故須將關係方程中之 S_1 以 X 替代之，亦即將 $S_1 = 80 - 4X - 2Y$ 移項整理為

$$X = 20 - \frac{1}{2}Y - \frac{1}{4}S_1 = 20$$

將上式代入 $S_2 = 100 - 2X - 4Y$ 中，得

$$S_2 = 100 - 2\left(20 - \frac{1}{2}Y - \frac{1}{4}S_1\right) - 4Y$$

$$= 100 - 40 + Y + \frac{1}{2}S_1 - 4Y$$

$$= 60 - 3Y + \frac{1}{2}S_1$$

為測試以上所求得之 $200，是否為極大利潤，可將所求得之新關係方程 (Relationship Equations)：

$$X = 20 - \frac{1}{2}Y - \frac{1}{4}S_1$$

$$S_2 = 60 - 3Y + \frac{1}{2}S_1$$

代入目的方程，得

$$Z = \$10X + \$8Y + \$0S_1 + \$0S_2$$

$$= \$10(20 - \frac{1}{2}Y - \frac{1}{4}S_1)$$

$$+ \$8Y + \$0S_1 + \$0(60 - 3Y + \frac{1}{2}S_1) =$$

$$= \$200 - \$5Y - \frac{\$5}{2}S_1 + \$8Y$$

$$= \$200 + \$3Y - \$5/2S_1$$

　　觀察上式可知，目的方程之值，係由三項數值所構成。第一項爲常數 $\$200$，係目前生產甲產品 20 件（$X = 20$）所獲得之利潤；第二項係爲 $\$3Y$，卽表示若能增加生產乙產品一件（卽 $Y = 1$），就可獲 $\$3$ 利潤，自宜就增產乙產品着手，再予改進；第三項爲 $-\$5/2S_1$，係表示若將製造部門設備時間減去一小時，卽將發生 $\$2.5$ 的損失。換言之，若能將製造部門設備時間增加一小時，卽可增加利潤 $\$2.5$。

　　上述之第二項 $\$3Y$ 尚須說明者，卽依原目的方程

$$Z = \$10X + \$8Y + \$0S_1 + \$0S_2$$

可知每件乙產品之利潤爲 $\$8$，而就新獲之目的方程

$$Z = \$200 + \$3Y - \$5/2S_1$$

則每件乙產品之利潤僅爲 $\$3$。其所以發生如此差異，係由於生產設備之利用問題。因爲於目前已將全部之製造部門設備80小時皆用於生產甲

產品，若爲增進利潤而增產乙產品，必須減少甲產品之生產。由於每生產一件乙產品需耗製造部門 2 小時，而每生產一件甲產品則需耗該部門 4 小時，故知爲增加一件乙產品之生產，將減少 $\frac{1}{2}$ 件的甲產品生產。就利潤之增減分析言，增加一件乙產品可獲利 $ 8，而減少 $\frac{1}{2}$ 件甲 產 品，將減少利潤 $\frac{1}{2}$（$ 10）或減少 $ 5，故知增產一件乙產品之淨利爲 $ 8 － $ 5＝ $ 3。

　　分析至此，吾人可知目前所獲利潤 $ 200，尚有改進餘地，每增產 Y 一件，即可增加利潤 $ 3。惟此項增加亦非無限制，亦必受設備能量之限制，茲再分析如下：

　　由於目前製造部門時間已全由甲產品所佔用，故若增產乙產品，必減少甲產品之生產，而於目前甲產品係生產20件，並依上分析每增產一件乙產品將減少 $\frac{1}{2}$ 件甲產品之生產，故就製造部門設備時間言，乙產品最多可生產：

$$\frac{20件甲產品}{1/2件甲產品 \,/\, 一件乙產品}=40件乙產品。$$

　　惟每件乙產品亦需耗用裝配部門設備 4 小時。由於每增產一件乙產品需減少生產 $\frac{1}{2}$ 件甲產品，而 甲 產 品每件原需耗用裝配部門設備 2 小時，故每件乙產品之生產所引起 $\frac{1}{2}$ 件甲產品之減產結果，可以釋放出其所佔用裝配部門設備時間 $\frac{1}{2}$(2)小時，亦即釋出一小時。由於此種關係，使得每生產一件乙產品對於從裝配部門所要求的時間， 可以減少一小時，其對於裝配部門所需要的淨時間，每件乙產品將爲 3 小時。故就裝配部門之設備時間言，乙產品最多可生產：

$$\frac{60 \text{小時}}{3 \text{小時}/\text{件}} = 20 \text{件乙產品。}$$

從上兩式分析可知，乙產品之增產最多爲20件。由於每增產一件乙產品可獲增加淨利 $3， 故自應從事此項增產乙產品20件之生產活動。並可獲增加利潤 $3×20 = $60。其計算可列式如下：

原有之關係方程　$X = 20 - \frac{1}{2} Y - \frac{1}{4} S_1$

$$S_2 = 60 - 3 Y + \frac{1}{2} S_1$$

新增產乙產品20件，即 $Y = 20$，代入上式得

$$X = 20 - \frac{1}{2}(20) - \frac{1}{4}(0) = 10$$

$$S_2 = 60 - 3(20) + \frac{1}{2}(0) = 0$$

$$Z = \$10X + \$8Y + \$0 S_1 + \$0 S_2$$

$$= \$10(10) + \$8(20) + \$0(0) + \$0(0)$$

$$= \$100 + \$160$$

$$= \$260$$

此時，已將利潤提高至 $260。

自上分析可知，由於生產甲產品 10件（$X = 10$）；乙產品 20件（$Y = 20$），已將裝配部門設備時間亦用完（$S_2 = 0$），故須將關係方程中之 S_2 以 Y 代替之，亦即將

$$S_2 = 60 - 3Y + \frac{1}{2}S_1$$

移項　$3Y = 60 + \frac{1}{2}S_1 - S_2$

即　　$Y = 20 + \frac{1}{6}S_1 - \frac{1}{3}S_2$

代入　$X = 20 - \frac{1}{2}Y - \frac{1}{4}S_1$

得　　$X = 20 - \frac{1}{2}(20 + \frac{1}{6}S_1 - \frac{1}{3}S_2) - \frac{1}{4}S_1$

$$= 20 - 10 - \frac{1}{12}S_1 + \frac{1}{6}S_2 - \frac{1}{4}S_1$$

$$= 10 - \frac{1}{3}S_1 + \frac{1}{6}S_2$$

亦即獲得新的關係方程:

$$X = 10 - \frac{1}{3}S_1 + \frac{1}{6}S_2$$

$$Y = 20 + \frac{1}{6}S_1 - \frac{1}{3}S_2$$

將上兩式代入目的方程，得

$$Z = \$10X + \$8Y + \$0S_1 + \$0S_2$$

$$= \$10(10 - \frac{1}{3}S_1 + \frac{1}{6}S_2) + \$8(20 + \frac{1}{6}S_1 - \frac{1}{3}S_2)$$

$$+ \$0S_1 + \$0S_2$$

$$= \$100 - \$10/3S_1 + \$10/6S_2 + \$160 + \$8/6S_1 - \$8/3S_2$$

$$= \$260 - \$2S_1 - \$1S_2$$

觀察上列目的方程可知，其常數項為正值 \$260，而以後的各項皆為負號。換言之，若 S_1 與 S_2 皆有數值（不可為負數），則必將引起對於既有利潤 $260 之減少。由此可知，已無任何改進餘地。亦即當 $S_1=0$，$S_2=0$ 時，Z 有極大值：

$$Z = \$260 - \$2S_1 - \$1S_2 = \$260 - \$2(0) - \$1(0)$$
$$= \$260 \quad 極大值$$

至此，已獲最佳解：

$X = 10$	甲產品生產10件
$Y = 20$	乙產品生產20件
$Z = \$260$	最高利潤 $260
$S_1 = 0$	製造部門設備無空閒時間
$S_2 = 0$	裝配部門設備無空閒時間

此外，就最後所獲得之目的方程式中之 S_1 與 S_2 係數皆為負號一事，可以瞭解若於此時減少製造部門設備或裝配部門設備之時間，皆將引起對於利潤之減少。或可視為若能增加該兩部門之設備時間，可以增加利潤。並且就 S_1 的係數為 -2 以及 S_2 的係數為 -1，可以觀察得知，增加製造部門設備時間一小時，可增加利潤 $2；而增加裝配部門設備一小時，可增加利潤僅 $1。故知該廠若有意擴充設備，自以先從增加製造部門設備着手為宜，該部門設備時間之貢獻較大。相較之下，該部門之設備時間，亦為此項生產活動之瓶頸。

以上所述係代數法之正統解法，若線性規劃問題之變數與其限制條件方程之數量為相等式或相差無幾，例如上例係有兩項限制條件方程及兩個變數，則可用簡捷代數法以測試如下：

已知　$4X + 2Y + S_1 = 80$

$$2X + 4Y + S_2 = 100$$

將虛設變數移項至等號右端，得

$$4X + 2Y = 80 - S_1$$

$$2X + 4Y = 100 - S_2$$

解上列兩方程式，得

$$X = 10 - \frac{1}{3}S_1 + \frac{1}{6}S_2$$

$$Y = 20 + \frac{1}{6}S_1 - \frac{1}{3}S_2$$

再將上列 X 與 Y 之值，代入目的方程，得

$$Z = \$10X + \$8Y + \$0S_1 + \$0S_2$$

$$= \$10(10 - \frac{1}{3}S_1 + \frac{1}{6}S_2) + \$8(20 + \frac{1}{6}S_1 - \frac{1}{3}S_2)$$

$$= \$100 - \$10/3\,S_1 + \$10/6\,S_2 + \$160 + \$8/6\,S_1 - \$8/3\,S_2$$

$$= \$260 - \$2S_1 - \$1S_2$$

其結果與上述正統之計算方法相同，至此已可自此目的方程之值觀察分析，其常數項為正值，其餘各項之係數皆為負號，故知其餘各項之值必須為零，否則將減低該項目的方程之值。亦即 S_1 與 S_2 必須為零，則可獲最大利潤 \$260。

茲再舉例說明此法之應用：

設某生產企業生產 X、Y、Z 三種產品，皆須使用車床及鑽床兩種設備。而此兩種設備之可供使用時間，於計劃時間內，最多各為 100 小時。並且已知生產 X、Y、Z 產品各一件所需之設備時間，如下表所列數值。並悉生產 X 一件可獲利 4 元，Y 一件可獲利 3 元，Z 一件可獲利 7 元：

設備	單位產品生產需用時間			可供使用時間
	X	Y	Z	
鑽床	1	2	2	100
車床	3	1	3	100
利潤	4	3	7	極大

設X、Y、Z即爲產品X、Y、Z之生產數量,亦即計劃期間內之此項生產活動水準, 則可列出線性規劃之目的方程及限制條件式如下:

極大　　$Z = 4X + 3Y + 7Z$

限制於　$X + 2Y + 2Z \leq 100$

$3X + Y + 3Z \leq 100$

$X \geq 0 ; Y \geq 0 ; Z \geq 0$

於增設虛設變數 S_1 與 S_2 後,可改寫成爲:

極大　　$Z = 4X + 3Y + 7Z + 0S_1 + 0S_2$

限制於　$X + 2Y + 2Z + S_1 = 100$

$3X + Y + 3Z + S_2 = 100$

$X \geq 0 ; Y \geq 0 ; Z \geq 0$

$S_1 \geq 0 ; S_2 \geq 0$

由於上列線性規劃問題, 係有二個限制方程, 故可先選擇具有較高單位利潤之產品 Z 與 X 從事生產活動。亦即將 Y、S_1、S_2 等項變數, 移至限制方程式之右端:

$X + 2Z = 100 - 2Y - S_1$

$3X + 3Z = 100 - Y - S_2$

解上列兩式, 得

$$Z = \frac{200}{3} - \frac{5}{3}Y - S_1 + \frac{1}{3}S_2$$

$$X = -\frac{100}{3} + \frac{4}{3}Y + S_1 - \frac{2}{3}S_2$$

由於X之值，已有負的常數項出現，可知其不應與Z同時生產。換言之，X不應包含在解的範圍內，故應改將Y替代X，亦即應選擇Z與Y兩項產品之生產，應將X、S_1、S_2等項變數，移至限制方程式之右端：

$$2Y + 2Z = 100 - X - S_1$$

$$Y + 3Z = 100 - 3X - S_2$$

重新求解上列兩式得

$$Y = 25 + \frac{3}{4}X - \frac{3}{4}S_1 + \frac{1}{2}S_2$$

$$Z = 25 - \frac{5}{4}X + \frac{1}{4}S_1 - \frac{1}{2}S_2$$

代入目的方程

$$Z = 4X + 3Y + 7Z + 0S_1 + 0S_2$$

$$= 4X + 3(25 + \frac{3}{4}X - \frac{3}{4}S_1 + \frac{1}{2}S_2)$$

$$+ 7(25 - \frac{5}{4}X + \frac{1}{4}S_1 - \frac{1}{2}S_2)$$

$$= 250 - \frac{5}{2}X - \frac{1}{2}S_1 - 2S_2$$

故知當X＝0；S_1＝0；S_2＝0時 Z＝250為極大值。

上式中，X的係數$-\frac{5}{2}$，表示若從事生產X產品一單位，減少利

潤 $2.5；而 S_1 與 S_2 的係數，則表示增加鑽床一小時，可增加利潤
$0.5；增加車床一小時，可增加利潤 $2。如該兩種設備之投資金額相
近，自以投資於車床較有利，因車床爲該廠生產X、Y、Z產品，所最
缺乏之設備，其邊際效用亦較大。

三、單 純 法

用於解答線性規劃問題的最適宜方法，係由 G. B. Dantzig 所領
導的研究小組，於1947年所發展成功的單純法 (Simplex Method)，
亦譯作簡單法，單體法或簡捷法等名稱。依據此法發展的單純法列表
(Simplex Tabular)，係將其程序化。

(一)極大問題

仍沿用上例，利用鑽床與車床設備，生產X、Y、Z三種產品的資
源分配問題，並列出原式如下：

極大　　$Z = 4X + 3Y + 7Z$

限制於　　$1X + 2Y + 2Z \leq 100$

　　　　　$3X + 1Y + 3Z \leq 100$

　　　　　$X \geq 0；Y \geq 0；Z \geq 0$

上式中X、Y、Z分別爲X、Y、Z產品的生產數量或活動水準。
若將上式，增加虛設變數 (Slack Variables) S_1 與 S_2 後，則可改寫
如下：

極大　　$Z = 4X + 3Y + 7Z + 0S_1 + 0S_2$

限制於　　$1X + 2Y + 2Z + S_1 = 100$

　　　　　$3X + 1Y + 3Z + S_2 = 100$

　　　　　$X \geq 0；Y \geq 0；Z \geq 0$

$$S_1 \geq 0 \; ; \; S_2 \geq 0$$

茲爲簡明起見，特將X、Y、Z、S_1、S_2 分別以 X_1、X_2、X_3、X_4、X_5 來代表，則可列出全式如下：

極大 $\quad Z = 4X_1 + 3X_2 + 7X_3 + 0X_4 + 0X_5$

限制於 $\quad 1X_1 + 2X_2 + 2X_3 + 1X_4 = 100$

$$3X_1 + 1X_2 + 3X_3 + 1X_5 = 100$$

$$X_i \geq 0 , \quad i = 1, 2, 3, 4, 5$$

以上的限制方程，亦可再改寫成爲：

$$1X_1 + 2X_2 + 2X_3 + 1X_4 + 0X_5 = 100$$

$$3X_1 + 1X_2 + 3X_3 + 0X_4 + 1X_5 = 100$$

依此項限制方程及目的方程，可列表如下：

	4	3	7	0	0	
基礎	X_1	X_2	X_3	X_4	X_5	數量
X_4	1	2	2	1	0	100
X_5	3	1	3	0	1	100

上表係將目的方程與限制條件方程式中之係數與等號右端之常數，依順序排列成表。爲了將表中各行列的位置，可以明確標明起見，故將空項（缺項），用係數"零"來表示之。當然，虛設變數係每一限制條件僅有一個，故於填入空項補零後，即成爲恒等矩陣 (Identity Matrix) 的形式。例如上表中的X_4 與 X_5 兩虛設變數的係數，就成爲下列形式：

$$
\begin{array}{cc}
X_4 & X_5
\end{array}
$$

$$
\begin{pmatrix}
1 & 0 \\
0 & 1
\end{pmatrix}
$$

此種形式，對於計算程序上有很大的便利。尤堪注意者，上表卽係本項線性規劃問題的初解（Initial Solution），一如圖解法中適宜解範圍（Area of Feasible Solution）的原點初解。此項初解所列表亦稱初解表（Simplex Initial Solution Tableau）。表中的解，卽係恒等矩陣中為"1"的係數所指的變數。就本言，卽係 X_4 與 X_5 兩變數為初解的構成分子，亦稱為基礎（Basis），以圖形表之如下：

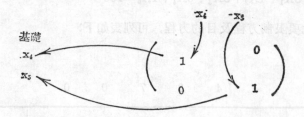

換言之，自恒等矩陣的係數，可以觀察得知構成解的分子係那些變數。其次，卽係此項基礎中各變數的值應為若干？就本例言，亦卽 X 與 X_5 的初解值應為若干？觀察上表，其最後一欄的數值，亦卽"數量"欄下的數值，卽為基礎中各變數解的值。就上表言，表中第一欄（基礎）中的變數為 X_4 與 X_5；表中最右端欄（數量）的數值係兩個 100，故可得初解：

$$X_4 = 100$$

$$X_5 = 100$$

以上列表所獲初解，亦可以圖形表之如下：

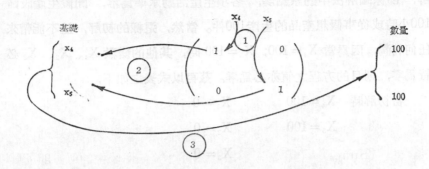

上圖中第①項步驟，係標明表中第一列與恒等矩陣中有"1"的係數所相對應的變數（本例為 X_4 與 X_5）；第②項步驟，係經由第①步驟相對應的變數，即係基礎解的構成分子（本例基礎解即為 X_4 與 X_5）；第③項步驟，係經由第②步驟求得基礎解之值，即為數量欄內的數值（本例即為 $X_4 = 100$；$X_5 = 100$）。總之，單純法列表中的解，即是下表中第一欄（基礎）與最後一欄（數量）的值，其初解為：

基礎	X_1	X_2	X_3	X_4	X_5	數量
4	3	7	0	0		
X_4	1	2	2	1	0	100
X_5	3	1	3	0	1	100

亦即是　　　$X_4 = 100$

　　　　　　$X_5 = 100$

它的意義就是於線性規劃的初解中，僅有虛設變數係有大於零的數值。就本例言，係虛設變數 X_4 與 X_5 分別等於 100。可知線性規劃的初

解， 卽係圖解法中的原點解， 各項生產活動水準爲零， 閒置生產設備
100小時或從事假想產品的生產100件。當然，這樣的初解，並不能帶來
任何利潤，因爲當 $X_4 = 100$; $X_5 = 100$ 時，其他的變數 X_1、X_2、X_3 必
皆爲零，則目的方程之值亦必爲零。茲再以式表之如下：

當初解時　$X_4 = 100$　　　　$X_1 = 0$

$X_5 = 100$　　　　$X_2 = 0$

$X_3 = 0$

代入限制條件方程

$1X_1 + 2X_2 + 3X_3 + 1X_4 + 0X_5$

$= 1(0) + 2(0) + 3(0) + 1(100) + 0(100)$

$= 100$ 　　（符合）

$3X_1 + 1X_2 + 3X_3 + 0X_4 + 1X_5$

$= 3(0) + 1(0) + 3(0) + 0(100) + 1(100)$

$= 100$ 　　符合

代入目的方程

$Z = 4X_1 + 3X_2 + 7X_3 + 0X_4 + 0X_5$

$= 4(0) + 3(0) + 7(0) + 0(100) + 0(100)$

$= 0$

自上計算可知，當 X_4 與 X_5 分別等於 100 時，X_1、X_2、X_3 的值皆
爲零，皆適合各項限制條件的規定，惟此項初解的目的方程值爲零，不
符理想，必須予以改進。所以，線性規劃的初解，祇是解決線性規劃問
題的起步，但亦建立了尋求最佳解的基礎，經由不斷的改進，直至目的
方程的值已無改進可能時，卽已達最佳解。

茲再將本例的初解表列出，並就該表作必要之計算，以求更佳的解：

初解表

	4	3	7	0	0	
基　礎	X_1	X_2	X_3	X_4	X_5	數　量
X_4	1	2	2	1	0	$100/2=50$
X_5	3	1	3	0	1	$100/3=100/3\leftarrow$
C_j	4	3	7	0	0	
Z_j	-1×0	-2×0	-2×0	-1×0	-0×0	
	-3×0	-1×0	-3×0	-0×0	-1×0	
C_j-Z_j	4	3	7	0	0	

此表與原列之初解表相同，僅將其擴大包括必要之計算，以求改進目的方程之值。依前所述，此表之解爲：

$$X_1=X_2=X_3=0 ; \quad X_4=100; \quad X_5=100$$

目的方程值　$Z=0$

其改進之道，爲從事較有利之產品生產，不應從事X_4與X_5等虛設變數的閒置時間或假想產品的浪費活動。亦即要設法將現有的基礎（X_4，X_5），改爲由X_1、X_2或X_3所組成的基礎，因該等產品（X_1、X_2、X_3）皆爲具有實利者。惟列表法，每次祇能就一項產品的生產作改進，故需逐步的列表以完成之，茲說明如下：

目前之生產情況（即初解），爲從事虛設產品X_4與X_5之生產（或將設備閒置），並無任何眞正利益，要改爲生產其他產品，有三項問題，要待解決：

(1)應改爲從事何項產品之生產始最有利？

(2)此項最有利的產品應生產若干？

(3)對於目前的生產產品組合（Product Mix）有何影響？亦即何種舊產品可能因而停止生產，或減產若干？

為了解答上列問題，故在初解表之下方列出 $C_j - Z_j$ 的計算。表中 C_j 為生產各項產品之可能獲得利潤，亦即目的方程中各項變數的係數，就本例言，目的方程的係數 C_j 為 4、3、7、0、0。表中 Z_j 為欲生產該項產品 (X_j) 所必須犧牲從事其他產品生產之代價，故 $C_j - Z_j$，為從事從事該項 X_j 產品的淨利（Net）。例如 X_1 產品的 $C_j - Z_j = 4$, 係指生產 X_1 產品一件，可獲利 4 元 (C_j)。但是為了要從目前的生產組合 ($X_4 = 100$; $X_5 = 100$ 初解)，改為從事生產 X_1 產品一件，必須要減少生產 X_4 產品一件（亦即需要使用鑽床一小時），與減少生產 X_5 產品三件（亦即需要使用車床三小時）。其實際情況，即係將設備閒置時間轉為從事有利的生產活動。這種為了從事生產 X_1 產品，而減少 X_4 與 X_5 產品生產，即係一種替代的關係。它們的替代率，可以基礎欄的變數與表中 X_1 項縱欄的數值表示：

$$
\begin{array}{cc}
基礎 & X_1 \\
X_4 & \\
X_5 &
\end{array}
\begin{pmatrix} 1 \\ 3 \end{pmatrix}
$$

其替代率即為 $X_1 = 1X_4 + 3X_5$。其實際意義即為生產一件 X_1 產品，需要鑽床一小時 ($X_4 = 1$)，與需要車床三小時 ($X_5 = 3$)，或生產一件 X_1 產品減少生產假想產品 X_4 一件與 X_5 三件。由於 X_4 與 X_5 對於目的方程的貢獻為零，故其 $C_j - Z_j$ 的計算如下：

生產一件 X_1 可獲利益 (C_j)	4
減去目前生產之獲利 (Z_j)：	
X_4 減少一件的代價	-1×0
X_5 減少三件的代價	-3×0
$C_j - Z_j$(Net)	4

所以，就初解的生產情況 ($X_4=100$; $X_5=100$) 言，從事 X_1 產品生產，每件可獲淨利 4 元。

同理，可求得從事 X_2 與 X_3' 生產的淨利 (C_J-Z_J) 如下：

初解表 X_2 的 C_J-Z_J 計算：

生產一件 X_2 可獲利益 (C_J)	3
減去目前生產之獲利 (Z_J)：	
X_4 減少二件的代價	-2×0
X_5 減少一件的代價	-1×0
C_J-Z_J(Net)	3

初解表 X_3 的 C_J-Z_J 計算：

生產一件 X_3 可獲利益 (C_J)	7
減去目前生產之獲利 (Z_J)：	
X_4 減少二件的代價	-2×0
X_5 減少三件的代價	-3×0
C_J-Z_J(Net)	7

自上計算可知，以 X_3 具有最大的淨利（Net Contribution）其 C_J-Z_J 值為 7（即 $C_3-Z_3=7$）。換言之，就目前之生產活動水準（$X_4=100$; $X_5=100$ 初解），應改為從事 X_3 產品之生產，可獲最多的利潤，故應將 X_3 帶入基礎解中，從事 X_3 產品之生產，解答了上列的第一項問題。

關於此項 X_3 產品，究竟應能生產多少的第二項問題，須視生產設備能量的限制而定。由於生產 X_3 需減少 X_4 與 X_5 假想產品之生產或閒置時間之減少，故 X_3 產品究竟能生產若干，將視 X_4 與 X_5 的現有數量而定。自初解表中的數量欄，可以獲知，$X_4=100$; $X_5=100$，而生產

X_3 一件需要 X_4 二件，X_5 三件（或時間）的替代，亦即依替代率

$$X_3 = 2X_4 + 3X_5$$

將數量欄的數值，分別除以 X_3 欄下的係數，亦即

$$100/2 = 50$$

$$100/3 = 100/3 \leftarrow 較小$$

上式中以 $100/3$ 較小，亦即將目前可供使用的鑽床與車床時間 ($X_4 = 100$；$X_5 = 100$) 全部用於生產 X_3 產品，則因設備能量的限制，從事 X_3 產品生產的數量，最多不能超過 $100/3$ 件。換言之，依 $X_3 = 2X_4 + 3X_5$ 的替代率，每件 X_3 產品需耗用鑽床二小時（亦即需犧牲二件 X_4 假想產品之生產）與需耗用車床三小時（亦即需犧牲三件 X_5 假想產品之生產），故最多能完成 X_3 產品 $100/3$ 件。亦即解答了上面曾提出的第二項問題。

最後一項問題是需計算出，從事 X_3 產品 $100/3$ 件的生產後，原有的產品（$X_4 = 100$；$X_5 = 100$ 初解），有何變化？根據上面的計算，由於 X_3 有最大的利潤（$C_j - Z_j = 7$ 元），故應從事生產 X_3。由於 X_3 的利潤最佳，故應全力生產 X_3，但受生產設備的限制，最多祇能生產 $100/3$ 件。同時爲了要生產此批 X_3 產品，需耗用車床 100 小時，亦即要犧牲 X_5 假想產品 100 件的生產（或減少閒置車床 100 小時）。由於生產 X_3 產品 $100/3$ 件，已將車床設備時間 100 小時耗盡，故 X_5 將爲零，亦即需將 X_5 自基礎解中刪除，而以 X_3 替代之，得到新的基礎解（X_4，X_3）。

此時，另一項新的問題，即是要將不在基礎解中之變數 X_1、X_2、X_5，以此新的基礎（X_4、X_3）來表示其替代率，以便列表。其計算程序如下：

爲更易瞭解起見，特再將初解表之主要部分（不含計算）重列於下，並一一指出其替代率的關係，再進而求得新表中的各項替代率的關係：

初解表

基礎	X_1	X_2	X_3	X_4	X_5	數量
X_4	1	2	2	1	0	100
X_5	3	1	3	0	1	100

$$X_3 = 2X_4 + 3X_5$$
$$X_2 = 2X_4 + 1X_5$$
$$X_1 = 1X_4 + 3X_5$$

自上列初解表可知

$$X_3 = 2X_4 + 3X_5$$

移項得　$X_5 = \dfrac{1}{3}X_3 - \dfrac{2}{3}X_4$

將上式代入　$X_1 = 1X_4 + 3X_5$

得　$X_1 = X_4 + 3\left(\dfrac{1}{3}X_3 - \dfrac{2}{3}X_4\right) = X_3 - X_4$

同理　$X_2 = 2X_4 + X_5 = 2X_4 + \dfrac{X_3}{3} - \dfrac{2}{3}X_4 = \dfrac{4}{3}X_4 + \dfrac{1}{3}X_3$

上列計算，已將 X_1、X_2、X_5 分別以新基礎（X_4、X_3）表示。此項關係式中之係數，即為將來新表（第二表）中的數值。其次就生產能量言，初解表中之數量欄係為 $\binom{100}{100}$。係以生產 X_4 與 X_5 各 100 單位（件）來表示該兩項設備之可供使用的生產能量。現由於有新的基礎解產生，亦即從事（X_4、X_3）產品的生產，而非從事原有的基礎（X_4、X_5）產品的生產，故新表中的數量欄，亦應以 X_4 與 X_3 表示之。由於已知 X_3 係等於100/3，故需另計算 X_4 的數量，其計算之方式及意義如下：

由於每件 X_3 的生產需耗用鑽床二小時，亦即需以二件X_4替代一件 X_3，或增產一件 X_3 需減少 X_4 二件，現已知 X_3 最多生產 $100/3$ 件，故需耗用鑽床時間 $2(100/3)$小時，亦即 X_4 將減少 $200/3$件。由於原數量欄內 $X_4=100$，故所剩餘之 X_4 將爲 $100-200/3=100/3$。亦即 X_4 尚有 $100/3$ 件，或尚有鑽床閒置時間$100/3$小時。

茲整理以上各項計算之結果如下：

(1)替代率：

$$X_1=-1X_4+1X_3$$
$$X_2=\frac{4}{3}X_4+\frac{1}{3}X_3$$
$$X_3=0X_4+1X_3$$
$$X_4=1X_4+0X_3$$
$$X_5=-\frac{2}{3}X_4+\frac{1}{3}X_3$$

(2)　　基礎　　　　數量

$$\begin{pmatrix}X_4\\X_3\end{pmatrix}\quad\begin{pmatrix}\dfrac{100}{3}\\\dfrac{100}{3}\end{pmatrix}$$

以上替代率的計算式中的負號，係表示多餘或釋放出其生產所佔用的資源。例如

$$X_1=-1X_4+1X_3$$

上式中 X_4 的係數爲-1，係由於每件 X_3 產品的生產，需耗用二小時鑽床與三小時車床的時間，亦即初解表 X_3 欄的係數$\begin{pmatrix}2\\3\end{pmatrix}$，或$X_3$與$X_4$ 及X_5 的替代率關係：

$$X_3=2X_4+3X_5$$

同理，每件 X_1 產品的生產，需耗用一小時鑽床與三小時的車床，亦即初解 X_1 欄的係數 $\left(\dfrac{1}{3}\right)$，或 X_1 與 X_4 及 X_5 的替代率關係：

$$X_1 = 1X_4 + 3X_5$$

依上述二項替代率關係式可知，若將 X_1 產品由 X_4 與 X_3 表示之，則因 X_3 本身即含有二單位 X_4 與三單位 X_5，而每件 X_1 本身僅需一單位 X_4 與三單位 X_5，相較之下，尚多出一個單位的 X_4。故可得

$$X_1 = -1X_4 + 1X_3$$

同理，上列 $X_5 = -\dfrac{2}{3}X_4 + \dfrac{1}{3}X_3$ 式中的負號，亦係由於 $\dfrac{1}{3}X_3$ 所

含 X_5 外，尚多餘 $\dfrac{2}{3}X_4$。以式證之如下：

已知　$X_3 = 2X_4 + 3X_5$

即　　$3X_5 = -2X_4 + X_3$

$$\therefore X_5 = -\frac{2}{3}X_4 + 1X_3。$$

茲將以上結果，列出線性規劃第二表如下：

第二表

基礎	X_1	X_2	X_3	X_4	X_5	數量
X_4	-1	$\dfrac{4}{3}$	0	1	$-\dfrac{2}{3}$	100/3
X_3	1	$\dfrac{1}{3}$	1	0	$\dfrac{1}{3}$	100/3

$\uparrow\ X_5 = -\dfrac{2}{3}X_4 + \dfrac{1}{3}X_3$

$X_4 = 1X_4 + 0X_3$

$X_3 = 0X_4 + 1X_3$

$X_2 = \dfrac{4}{3}X_4 + \dfrac{1}{3}X_3$

$X_1 = -1X_4 + 1X_3$

上表中基礎欄係新獲得的基礎解 (X_4、X_3), 此乃由於增產 X_3 產品, 替代 X_5 產品生產並將 X_5 全部耗盡而得, 由 X_3 取代了初解表中基礎解 (X_4、X_5) 中的 X_5 的地位, 而獲得者。關於 X_1、X_2、X_3、X_4、X_5 各欄中的係數, 則皆係依替代率的關係, 而求得各變數與新基礎解 (X_4、X_3) 的新的替代率關係式, 其係數卽爲表中之數值。至於數量欄, 亦係將生產數全部以新基礎解 (X_4、X_3) 所生產的數量來表示。至於 X_3 與 X_4 兩欄中之係數, 由於其本身卽爲所求得的基礎解, 故其係數卽爲恆等矩陣, 卽

$$X_3 = 0X_4 + 1X_3$$
$$X_4 = 1X_4 + 0X_3$$

以上已將第二表（自初解表改進而得）中各欄有關數值予以說明其計算及意義。此解卽爲第一欄基礎解, 其 值 卽爲最後一欄數量欄內之值, 亦卽:

$$X_4 = 100/3; \; X_3 = 100/3$$
$$X_1 = X_2 = X_5 = 0$$

其目的方程

$$Z = 4X_1 + 3X_2 + 7X_3 + 0X_4 + 0X_5$$
$$= 4(0) + 3(0) + 7(100/3) + 0(100/3) + 0(0)$$
$$= 233.33 元$$

經由上述的改進, 該線性規劃問題之目的方程值已由零增至 233.33 元。惟是否仍可繼續予以改進, 則可依自初解表化算至上表（第二表）的步驟, 重複的運用卽可, 直至無改善的餘地爲止。其步驟可扼述如下:

(1)計算各項產品之 $C_j - Z_j$

(2)決定各項產品之 $C_j - Z_j$ 爲最大（正值）, 並以此爲新增產之產品。

(8)將此產品所需資源, 亦卽其與基礎解之替代率, 分別去除數量欄

中之值，其最小值卽爲從事增產此項最大利潤產品之最多數量。

　　(4)將此新增產產品代入基礎中，獲得新基礎解，並求各產品(變數)與此新基礎解的替代率。

　　(5)數量欄亦以此新基礎解表示之。

　　(6)重新再求各產品（變數）之C_j-Z_j，若各項C_j-Z_j已無正值，卽已獲最佳解（Optimum Solution）；若尙有正值，卽表示仍有改進餘地，自可重複上述步驟，繼續改進之，直至新表之C_j-Z_j已無正值，亦卽已無改進餘地時爲止。

　　茲爲說明其有關之計算，特再將第二表重列如下，並增列出其有關之C_j-Z_j計算式：

第二表

基礎	X_1	X_2	X_3	X_4	X_5	數　量
X_4	-1	$\dfrac{4}{3}$	0	1	$-\dfrac{2}{3}$	$\dfrac{100}{3}/\dfrac{4}{3}=25\leftarrow$
X_3	1	$\dfrac{1}{3}$	1	0	$\dfrac{1}{3}$	$\dfrac{100}{3}/\dfrac{1}{3}=100$
C_j	4	3	7	0	0	
Z_j	$-(-1)\times 0$	$-\dfrac{4}{3}\times 0$	-0×0	-1×0	$-\left(-\dfrac{2}{3}\right)\times 0$	
C_j-Z_j	-1×7	$-\dfrac{1}{3}\times 7$	-1×7	-0×7	$-\dfrac{1}{3}\times 7$	
	-3	$\dfrac{2}{3}$	0	0	$-\dfrac{7}{3}$	
		$\uparrow$				

上表中的 X_1 與 X_2 欄的 C_j-Z_j 的計算，如前所述，係爲生產一件

X_1 與 X_2 所獲之利與為此項生產活動所犧牲其他生產活動之代價。

X_1 的 $C_j - Z_j$ 計算:

生產 X_1 一件可獲利益 (C_j) 　　　　　4

減去目前生產之獲利 (Z_j):

$-X_4$ 釋放出一件的代價　　　　$-(-1) \times 0$

X_3 減少一件的代價　　　　　　-1×7

$C_j - Z_j$　　　　　　　　　　-3

可知此時若增產 X_1, 因每件 X_1 的生產將減少一件 X_3 的生產, 故將導致 -3 的損失。

X_2 的 $C_j - Z_j$ 計算:

生產 X_2 一件可獲利益 (C_j) 　　　　　3

減去目前生產之獲利 (Z_j):

X_4 減少 $\dfrac{4}{3}$ 件的代價　　　　$-\dfrac{4}{3} \times 0$

X_3 減少 $\dfrac{1}{3}$ 件的代價　　　　$-\dfrac{1}{3} \times 7$

$C_j - Z_j$　　　　　　　　　　$2/3$

可知此時若增產 X_2, 則每件將可增加利潤 $2/3$ 元, 自以增產 X_2 為佳, 亦卽要將 X_2 帶入基礎, 而獲得新的基礎。依前所述, 究應將 X_3 與 X_4 兩者中之何者自基礎解中刪除 (亦卽不從事生產), 則需視下列兩者何者為較小而定:

將 X_2 欄係數 $\begin{pmatrix} \dfrac{4}{3} \\ \dfrac{1}{3} \end{pmatrix}$ 分別去除數量欄數值 $\begin{pmatrix} 100/3 \\ 100/3 \end{pmatrix}$, 卽

$$\frac{100}{3} \Big/ \frac{4}{3} = 25 \leftarrow 較小$$

$$\frac{100}{3} \Big/ \frac{1}{3} = 100$$

故應改為生產 X_2 產品25件，而將 X_4 刪除不生產（自基礎中剔除）。

為計算新表中之有關係數，需計算以新基礎（X_2、X_3）為基準的替代率。關於替代率之計算程序，則與前述第二表者相同，茲列出如下：

自表二 已知 $X_2 = \frac{4}{3} X_4 + \frac{1}{3} X_3$

移項整理 $X_4 = \frac{3}{4} X_2 - \frac{1}{4} X_3$

自表二 已知 $X_1 = -X_4 + X_3$

將 X_4 式代入得

$$X_1 = -\frac{3}{4} X_2 + \frac{1}{4} X_3 + X_3 = -\frac{3}{4} X_2 + \frac{5}{4} X_3$$

自表二 已知 $X_5 = -\frac{2}{3} X_4 + \frac{1}{3} X_3$

將 X_4 式代入得

$$X_5 = -\frac{2}{3} \Big(\frac{3}{4} X_2 - \frac{1}{4} X_3 \Big) + \frac{1}{3} X_3 = -\frac{1}{2} X_2 + \frac{1}{2} X_3$$

至於 X_3 之數量欄內數值，應為

$$\frac{100}{3} - \Big(25 \times \frac{1}{3} \Big) = \frac{75}{3} = 25 件$$

依以上計算，可得下列新表：

第三表

基礎	X_1	X_2	X_3	X_4	X_5	數量
X_2	$-\dfrac{3}{4}$	1	0	$\dfrac{3}{4}$	$-\dfrac{1}{2}$	25
X_3	$\dfrac{5}{4}$	0	1	$-\dfrac{1}{4}$	$\dfrac{1}{2}$	25

$$X_5 = -\frac{1}{2}X_2 + \frac{1}{2}X_3$$
$$X_4 = \frac{3}{4}X_2 - \frac{1}{4}X_3$$
$$X_3 = 0X_2 + 1X_3$$
$$X_2 = 1X_2 + 0X_3$$
$$X_1 = -\frac{3}{4}X_2 + \frac{5}{4}X_3$$

　　觀察上表可知，其解即爲第一欄基礎解，其值即爲最後一欄數量欄
內之值，亦即：

$$X_2 = 25$$
$$X_3 = 25$$
$$X_1 = X_4 = X_5 = 0$$

其目的方程　$Z = 4X_1 + 3X_2 + 7X_3 + 0X_4 + 0X_5$
$$= 4(0) + 3(25) + 7(25) + 0(0) + 0(0)$$
$$= 75 + 175 = 250 元$$

　　經由上述之改進，此線性規劃問題目的方程之值已由 233.33 元增至
250 元。惟是否仍可繼續予以改善，則需按前述之步驟，再次計算上表
（第三表）中各項產品（即各變數）之 $C_j - Z_j$ 值。若此值仍有正值出現，
即顯示尚有增加利潤之產品可從事生產；若此值皆係零或負值，即顯示
已無產品係有利可圖，則所已求得之解已無改善可能，即係最佳解。

茲爲計算各項變數之$C_j - Z_j$值，特再將第三表重列於下，並加入必要之計算程序於該表$C_j - Z_j$欄：

第三表

基礎	X_1	X_2	X_3	X_4	X_5	數量
X_2	$-\dfrac{3}{4}$	1	0	$\dfrac{3}{4}$	$-\dfrac{1}{2}$	25
X_3	$\dfrac{5}{4}$	0	1	$-\dfrac{1}{4}$	$\dfrac{1}{2}$	25
C_j	4	3	7	0	0	
Z_j	$-\left(-\dfrac{3}{4}\right)\times 3$ $-\dfrac{5}{4}\times 7$	-1×3 -0×7	-0×3 -1×7	$-\dfrac{3}{4}\times 3$ $-\left(-\dfrac{1}{4}\right)\times 7$	$-\left(-\dfrac{1}{2}\right)\times 3$ $-\dfrac{1}{2}\times 7$	
$C_j - Z_j$	$-\dfrac{10}{4}$	0	0	$-\dfrac{2}{4}$	$-\dfrac{4}{2}$	

觀察上表可知，各項淨貢獻值$C_j - Z_j$，皆已爲零或負債，並無正值，亦即已無任何產品可以帶入基礎而有利潤之增加。換言之，現有之生產活動水準，即爲最佳解，已無改善之餘地。就本例言，其最佳解爲：

$$X_2 = 25件$$
$$X_3 = 25件$$
$$Z = 250元$$

其計算結果與前述之代數法所獲結果相符。

爲便利閱讀起見，以上各表可整理排列如下：

基礎(解)		X$_1$	X$_2$	X$_3$	X$_4$	X$_5$	數　量
		4	3	7	0	0	
（初解表）	X$_4$	1	2	2	1	0	$100/2=\dfrac{100}{2}$
	X$_5$	3	1	3	0	1	$100/3=\dfrac{100}{3}$ ←
C$_j$－Z$_j$		4	3	7↑	0	0	
（表二）	X$_4$	-1	$\dfrac{4}{3}$	0	1	$-\dfrac{2}{3}$	$\dfrac{100}{3}/\dfrac{4}{3}=25$ ←
	X$_3$	1	$\dfrac{1}{3}$	1	0	$\dfrac{1}{3}$	$\dfrac{100}{3}/\dfrac{1}{3}=100$
C$_j$－Z$_j$		-3	$\dfrac{2}{3}$↑	0	0	$-\dfrac{7}{3}$	
（表三）	X$_2$	$-\dfrac{3}{4}$	1	0	$\dfrac{3}{4}$	$-\dfrac{1}{2}$	25
	X$_3$	$\dfrac{5}{4}$	0	1	$-\dfrac{1}{4}$	$\dfrac{1}{2}$	25
C$_j$－Z$_j$		$-\dfrac{10}{4}$	0	0	$-\dfrac{2}{4}$	$-\dfrac{4}{2}$	

　　以上對於線性規劃單純法列表程序的說明，係運用替代率的關係，以說明其計算程序及其含義。明白了各表間變化關係之意後，即可進一步說明其計算過程較爲簡便的樞列（Pivot　Row）概念以求取各表中各列數值。

　　觀察上列三表可知各表中，基礎解的構成分子，即係恆等矩陣（Identity Matrix）各欄的變數。例如

初解表:	基礎	X_4	X_5	數量
（部分）	X_4	1	0	100
	X_5	0	1	100

表二:	基礎	X_3	X_4	數量
（部份）	X_4	0	1	100/3
	X_3	1	0	100/3

表三:	基礎	X_2	X_3	數量
（部份）	X_2	1	0	25
	X_3	0	1	25

樞列法，卽係將依據 $C_j - Z_j$ 所求得最大單位利益貢獻的那一欄（稱最佳欄）係數，逐予以化算成為恆等矩陣的形式。例如上列初解表中 X_3 欄係數 $\binom{2}{3}$，化算成為表二中 X_3 欄係數 $\binom{0}{1}$；表二中 X_2 欄係數 $\begin{pmatrix} \frac{4}{3} \\ \frac{1}{3} \end{pmatrix}$，化算成為表三中 X_2 欄係數 $\binom{1}{0}$ 的形式。為配合此項更改，自需將基礎解的各列（Row）中係數予以變更。

列如上例初解表中基礎解的兩列數值如下：

基礎	X_1	X_2	X_3	X_4	X_5	數量
X_4	1	2	2	1	0	100
X_5	3	1	3	0	1	100

上表中X_5列將被X_3列所替代，且 X_3 最佳欄係數$\begin{pmatrix} 2 \\ 3 \end{pmatrix}$將變爲$\begin{pmatrix} 0 \\ 1 \end{pmatrix}$，故可將 X_5 列各數值 （3、1、3、0、1、100）分除以 3，卽得表二中新增基礎解 （X_3）列的數值 （1、$\frac{1}{3}$、1、0、$\frac{1}{3}$、$\frac{100}{3}$）。原基礎解 X_4 列雖未剔除，但其數值需配合變更。其計算按下列公式：

原列數值	−	（最佳欄值×新基礎列值）		新列數值
1	−	（2 × 1）	=	− 1
2	−	（2 × $\frac{1}{3}$）	=	$\frac{4}{3}$
2	−	（2 × 1）	=	0
1	−	（2 × 0）	=	1
0	−	（2 × $\frac{1}{3}$）	=	− $\frac{2}{3}$
100	−	（2 × $\frac{100}{3}$）	=	$\frac{100}{3}$

所求得之新列 （New Row） 數值， 卽爲表二中 X_4 列的數值。最佳欄值係爲最佳欄中該原列的數值。例如 X_3 係最佳欄， 其值爲$\begin{pmatrix} 2 \\ 3 \end{pmatrix}$，其中"2"數值係屬於$X_4$基礎解列，亦卽待更改列的原有數值，稱爲最佳欄值。

將所求得第二表之基礎解列數值列出如下：

基礎	X_1	X_2	X_3	X_4	X_5	數量
X_4	− 1	$\frac{4}{3}$	0	1	− $\frac{2}{3}$	100/3
X_3	1	$\frac{1}{3}$	1	0	$\frac{1}{3}$	100/3

由於表二之最佳欄爲 X_2 欄，亦卽需將 $\begin{pmatrix} \frac{4}{3} \\ \frac{1}{3} \end{pmatrix}$ 改爲 $\begin{pmatrix} 1 \\ 0 \end{pmatrix}$，故先將$X_4$

列各數值 $\left(-1 \text{、} \frac{4}{3} \text{、} 0 \text{、} 1 \text{、} -\frac{2}{3} \text{、} \frac{100}{3} \right)$ 分別除以 $\frac{4}{3}$，卽得表三中 X_2

新增基礎解列數值 $\left(-\frac{3}{4} \text{、} 1 \text{、} 0 \text{、} \frac{3}{4} \text{、} -\frac{1}{2} \text{、} 25 \right)$，並再依上述方式，將

X_3 基礎解列數值更改：

原列數值	－	（最佳欄值×新增基礎列值）		新列數值
1	－	$\left(\frac{1}{3} \times -\frac{3}{4} \right)$	$=$	$\frac{5}{4}$
$\frac{1}{3}$	－	$\left(\frac{1}{3} \times 1 \right)$	$=$	0
1	－	$\left(\frac{1}{3} \times 0 \right)$	$=$	1
0	－	$\left(\frac{1}{3} \times \frac{3}{4} \right)$	$=$	$-\frac{1}{4}$
$\frac{1}{3}$	－	$\left(\frac{1}{3} \times -\frac{1}{2} \right)$	$=$	$\frac{1}{2}$
$\frac{100}{3}$	－	$\left(\frac{1}{3} \times 25 \right)$	$=$	25

所求得之新列數值，卽係表三中X_3列的數值。至此已完成第三表。

樞列法僅係求取甚礎解各列的數值，至於最佳單位貢獻 $(C_j - Z_j)$ 之判斷以及最大生產計量等項仍按前述步驟求得，茲將樞列法所求各表，綜合列出其計算過程如下：

			4	3	7	0	0	
代號(列)	計算	基礎(解)	X_1	X_2	X_3	X_4	X_5	數量
(1)··············X_4			1	2	2	1	0	$100/2=\dfrac{100}{2}$
(2)··············X_5			3	1	3	0	1	$100/3=\dfrac{100}{3}$ ←
	C_j-Z_j		4	3	7	0	0	
(3)·····$(1)-2\times(4)$······X_4			-1	$\dfrac{4}{3}$	0	1	$-\dfrac{2}{3}$	$100/3 / \dfrac{4}{3}=25$ ←
(4)·····$(2)/3$······X_3			1	$\dfrac{1}{3}$	1	0	$\dfrac{1}{3}$	$100/3 / \dfrac{1}{3}=100$
	C_j-Z_j		-3	$\dfrac{2}{3}$↑	0	0	$-\dfrac{7}{3}$	
(5)·····$(3)/\dfrac{4}{3}$······X_2			$-\dfrac{3}{4}$	1	0	$\dfrac{3}{4}$	$-\dfrac{1}{2}$	25
(6)·····$(4)-\dfrac{1}{3}\times(5)$······$X_3$			$\dfrac{5}{4}$	0	1	$-\dfrac{1}{4}$	$\dfrac{1}{2}$	25
	C_j-Z_j		$-\dfrac{10}{4}$	0	0	$-\dfrac{2}{4}$	$-\dfrac{4}{2}$	

(二)極小問題

若線性規劃問題係爲極小成本，則亦利用上述方法求解，僅需作若干配合的變動即可。茲舉例以說明之。

設某化學工廠生產某項化學混合物，其每單位標準重量爲1000公克，由X、Y、Z三種化學物混合而成。其組成成份，每單位產品中X不得超過300公克；Y不得少於150公克；Z不得少於200公克，目前X、Y、Z的每公克成本分別爲 $5、$6、$7。應如何調製此項化學混合物並有最低成本。

以上問題，可以線性規劃方程式及不等式列出如下：

極小成本 $Z = \$5X_1 + \$6X_2 + \$7X_3$

限制於 $X_1 + X_2 + X_3 = 1000$ 公克

$X_1 \leq 300$ 公克

$X_2 \geq 150$ 公克

$X_3 \geq 200$ 公克

$X_i \geq 0$; $i = 1, 2, 3$

以上 X_1、X_2、X_3 分別為 X、Y、Z 混合物化學原料之混合使用數量（公克）。

線性規劃極小問題與極大問題相似，需要將上列不等式改為等式。若該不等式係為小於或等於的形式，則可於加入虛設變數 (Slack Variable) 後，逕改為等式，並可保持此項虛設變數大於或等於零的要求。例如上式中

$X_1 \leq 300$

可改寫為 $X_1 + X_5 = 300$

且符合初解 $X_1 = 0$; $X_5 \geq 0$ ($X_5 = 300$) 的要求。

惟若有大於或等於的不等式形式，則需減去虛設變數後，始能得到等式，如此將不能保持虛設變數大於或等於零的要求。例如上式中

$X_2 \geq 150$

若改寫為 $X_2 - X_6 = 150$

其初解將為 $X_2 = 0$; $X_6 = -150$ 將不符 $X_6 \geq 0$ 的要求。為能保持於初解時各解皆能大於或等於零，故特別加入一項稱為設定變數 (Artificial Variable) 的人為變數，以保證能達到初解各值皆為大於或等於零的要求。亦即將上式再予改寫為

$$X_2 - X_6 + X_7 = 150$$

其初解將爲 $X_2=0$；$X_6=0$；$X_7=150$

惟由於此項設定變數純係人爲設定者，其值必須爲零，否則將不能保持上式之恆等（由於 $X_2-X_6=150$；故 $X_2-X_6+X_7=150$ 中 X_7 必須爲零）。換言之，X_7 不可於基礎解中出現，卽 X_7 的值必爲零。爲達到此項要求，故於目的方程中，將設定變數的係數定爲一項非常高的成本 M，於此極小問題中，X_7 設定變數的成本非常高（遠超過其他現有的成本），此 X_7 設定變數自不可能於最佳解中出現，亦卽其值必爲零。

同理，該線性規劃問題限制條件

$$X_3 \geq 200$$

可改寫爲 $X_3 - X_8 + X_9 = 200$

其中 X_8 爲虛設變數；X_9 爲設定變數。於目的方程中，X_8 的係數與前述虛設變數者相同應爲零；X_9 的係數則應爲非常高的成本M。

上述線性規劃問題的限制條件方程中，尙有一項原來卽係恆等式形式的條件式

$$X_1 + X_2 + X_3 = 1,000$$

上式雖係恆等式，看似已符合各式皆需爲恆等式的要求，但其困難係在於缺乏適當的初解。上述大於或等於不等式改爲恆等式後，其虛設變數將有負值初解出現，故需另增加設定變數，以達到有適合的初解。此處之恆等式限制條件方程，則係發生缺乏適當初解的現象，自前述極大問題時已知，線性規劃之初解係以原點解爲開始，其實際之生產活動水準爲零，僅有虛設變數（設備閒置）爲有正值，故上式中 X_1、X_2、X_3 於初解中必爲零，如此則反而不能維持該恆等式之恆等要求，亦卽無適合的初解。爲克服此項困難，亦是加入設定變數（Artificial Variable），以符合初解的要求，亦卽將 $X_1 + X_2 + X_3 = 1,000$

改寫成為　$X_1 + X_2 + X_3 + X_4 = 1000$

上式中 X_4 為設定變數，其值必須為零。故於目的方程中其係數亦為非常高大的成本M。

依據以上討論分析，可綜合列式如下：

極小成本　$5X_1 + 6X_2 + 7X_3 + MX_4 + 0X_5 + 0X_6 + MX_7 + 0X_8 + MX_9$

限制於　　$X_1 + X_2 + X_3 + X_4 = 1,000$

$$X_1 + X_5 = 300$$

$$X_2 - X_6 + X_7 = 150$$

$$X_3 - X_8 + X_9 = 200$$

觀察上列各式可知，由於增加設定變數 X_4、X_7、X_9 將該線性規劃問題的變數總和，擴大至九個之多。惟由於設定變數的目的方程係數為遠超過一般成本的M，故將不會於最佳解中出現，實際可能於最後的最佳解中出現者將僅有六個變數中的四個（因有四項限制條件方程式）。

為便於編列線性規劃問題的初解表，可將上列各式的全部變數予以列出如下：

極小成本　$5X_1 + 6X_2 + 7X_3 + MX_4 + 0X_5 + 0X_6 + MX_7 + 0X_8 + MX_9$

限制於　　$X_1 + X_2 + X_3 + X_4 + 0X_5 + 0X_6 + 0X_7 + 0X_8 + 0X_9 = 1,000$

$$X_1 + 0X_2 + 0X_3 + 0X_4 + X_5 + 0X_6 + 0X_7 + 0X_8 + 0X_9 = 300$$

$$0X_1 + X_2 + 0X_3 + 0X_4 + 0X_5 - X_6 + X_7 + 0X_8 + 0X_9 = 150$$

$$0X_1 + 0X_2 + X_3 + 0X_4 + 0X_5 + 0X_6 + 0X_7 - X_8 + X_9 = 200$$

觀察上列各式可知，若

$$X_1 = 0 \text{ ; } X_2 = 0 \text{ ; } X_3 = 0$$

$$X_6 = 0 \text{ ; } X_8 = 0$$

則　$X_4 = 1,000 \text{; } X_5 = 300 \text{; } X_7 = 150 \text{; } X_9 = 200$

可符合以上各項限制條件方程的要求，惟此項初解之成本將為非常高，以其初解中包含有單位成本爲M之 X_4、X_7、X_9 在內，其總成本高達 \$1,350M，自應予以改進。

以上初解，亦可列出線性規劃初解表予以表達。於 未 列出初解表前，需先說明者，線性規劃極小問題之目的在求成本之極小，故每次之改進在追求成本之降低，對於討論極大問題時所求之單位產品之邊際貢獻淨值 $C_j - Z_j$，於此極小問題時，則應選取最大的負值 (Largest Negative Value) 的產品爲最佳欄 (Optimum Column)，而將此項最佳欄的產品（變數），帶入基礎解中，以獲得較低的成本，並重複此項改善成本的步驟，直至各產品（或各變數）的 $C_j - Z_j$ 值皆爲零或大於零的情形，此時已無減低成本之可能，卽已達最佳解。茲依上列各式，列出其初解表如下：

初解表	5	6	7	M	0	0	M	0	M	
基礎(解)	X_1	X_2	X_3	X_4	X_5	X_6	X_7	X_8	X_9	數量
X_4	1	1	1	1	0	0	0	0	0	1,000/1=1000
X_5	1	0	0	0	1	0	0	0	0	300/0無意義
X_7	0	1	0	0	0	-1	1	0	0	150/1=150←
X_9	0	0	1	0	0	0	0	-1	1	200/0無意義
C_j	5	6	7	M	0	0	M	0	M	
Z_j	M	2M	2M	M	0	-M	M	-M	M	
$C_j - Z_j$	5-M	6-2M	7-2M	0	0	M	0	M	0	

依上表中各產品（變數）的 $C_j - Z_j$ 值比較結果，係 X_2 混合物原料有最大的負值 6-2M，故 X_2 欄卽爲最佳欄，並將此欄的係數（1、0、1、0）分別去除數量欄內各值（1000、500、150、200），得結果如下：

X_4 列　　1000/1＝1000

X_5 列　　500/0　無意義

X_7 列　　150/1＝150　　←最小

X_9 　　　 200/0　無意義

　　故知 X_7 列，亦卽 X_7 變數（產品）將自初解的基礎中剔除，而代之以 X_2 產品的使用（進入基礎解），故 X_7 列將被替代，亦卽最佳欄（X_2 欄）的係數與 X_7 列相交者將改變成爲"1"，此最佳欄其餘各係數將改變成爲零，亦卽

$$
\begin{array}{cc}
 & X_2 \\
\begin{array}{c} X_4 \\ X_5 \\ X_7 \\ X_9 \end{array} &
\begin{pmatrix} 1 \\ 0 \\ 1 \\ 0 \end{pmatrix}
\end{array}
\quad \xrightarrow{\text{改變爲}} \quad
\begin{array}{cc}
 & X_2 \\
\begin{array}{c} X_4 \\ X_5 \\ X_2 \\ X_9 \end{array} &
\begin{pmatrix} 0 \\ 0 \\ 1 \\ 0 \end{pmatrix}
\end{array}
$$

　　其意義與討論極大問題時所需作同樣變換者爲相同，係將基礎解各變數欄改爲恆等矩陣（Identity Matrix）。

　　上表中之 $C_j - Z_j$ 值之求得，係由下列各式計算而來：

$$\underline{Z_j \text{ 列}}$$

$$Z_{x1} = 1X_4 + 1X_5 + 0X_7 + 0X_9$$

$$= \$\,M(1) + \$\,0(1) + \$\,M(0) + \$\,M(0) = \$\,M$$

$$Z_{x2} = 1X_4 + 0X_5 + 1X_7 + 0X_9$$

$$= \$\,M(1) + \$\,0(0) + \$\,M(1) + \$\,M(0) = \$\,2M$$

$$Z_{x3} = 1X_4 + 0X_5 + 0X_7 + 1X_9$$

$$= \$\,M(1) + \$\,0(0) + \$\,M(0) + \$\,M(1) = \$\,2M$$

$$Z_{x4} = 1X_4 + 0X_5 + 0X_7 + 0X_9$$

$$= \$M(1) + \$0(0) + \$M(0) + \$M(0) = \$M$$

$$Z_{x5} = 0X_4 + 1X_5 + 0X_7 + 0X_9$$

$$= \$M(0) + \$0(1) + \$M(0) + \$M(0) = \$0$$

$$Z_{x6} = 0X_4 + 0X_5 - 1X_7 + 0X_9$$

$$= \$M(0) + \$0(0) + \$M(-1) + \$M(0) = -\$M$$

$$Z_{x7} = 0X_4 + 0X_5 + 1X_7 + 0X_9$$

$$= \$M(0) + \$0(0) + \$M(1) + \$M(0) = \$M$$

$$Z_{x8} = 0X_4 + 0X_5 + 0X_7 - 1 - X_9$$

$$= \$M(0) + \$0(0) + \$M(0) + \$M(-1) = -\$M$$

$$Z_{x9} = 0X_4 + 0X_5 + 0X_7 + 1X_9$$

$$= \$M(0) + \$0(0) + \$M(0) + \$M(1) = \$M$$

$$\underline{C_J - Z_J \text{列}}$$

$$C_{x1} - Z_{x1} = \$5 - \$M$$

$$C_{x2} - Z_{x2} = \$6 - \$2M$$

$$C_{x3} - Z_{x3} = \$7 - \$2M$$

$$C_{x4} - Z_{x4} = \$M - \$M = \$0$$

$$C_{x5} - Z_{x5} = \$0 - \$0 = \$0$$

$$C_{x6} - Z_{x6} = \$0 - (-\$M) = \$M$$

$$C_{x7} - Z_{x7} = \$M - \$M = \$0$$

$$C_{x8} - Z_{x8} = \$0 - (-\$M) = \$M$$

$$C_{x9} - Z_{x9} = \$M - \$M = \$0$$

$$\text{目的方程} = 1{,}000X_4 + 300X_5 + 150X_7 + 200X_9$$

$$= \$M(1{,}000) + \$0(300) + \$M(150) + \$M(200)$$

$$= \$1{,}350M$$

　　自初解表可知其 X_7 列 （X_7 Row） 將被 X_2 新增基礎列 （Replac-ing Row） 所替代, 其新增基礎解爲 X_2, 自原基礎解剔除者爲 X_7, 其最佳欄 （Optimum Column） 爲 X_2 欄。 故第二表中 X_2 列的各值, 係由原被替代之 X_7 列各值分別除以該列中位所最佳欄的交叉處的值。 就本例極小問題言, 亦卽下列 X_7 列各值 （0、1、0、0、0、－1、1、0、0、150） 被最佳欄 （卽 X_2 欄） 各值 （1、0、1、0） 中的該列與欄的交叉處的值 “1” 分別去除, 卽得 X_2 列各值。 由於此項交會處之值恰爲 “1”, 故其商與被除數各值相同, 亦卽所求得之 X_2 列 （新增基礎解列） 各值不變, 仍然爲 （0、1、0、0、0、－1、1、0、0、150） 。 依前述樞列方式, 將初解中基礎解其他各列 （卽 X_4、X_5、X_9 各列） 數值, 應依下列公式予以修正:

待修正列原數值－（該列於最佳欄內數值×新增基礎列數值）＝修正後新
　　列數值。

　　例如表二中的 X_4 列的數值, 係由初解表中 X_4 列數值依下計算, 修正而來:

原列數值	－ （	最佳欄值	×	新增基礎列值	） ＝	新列數值
1	－ （	1	×	0	） ＝	1
1	－ （	1	×	1	） ＝	0
1	－ （	1	×	0	） ＝	1
1	－ （	1	×	0	） ＝	1
0	－ （	1	×	0	） ＝	0
0	－ （	1	×	－1	） ＝	1
0	－ （	1	×	1	） ＝	－1
0	－ （	1	×	0	） ＝	0
0	－ （	1	×	0	） ＝	0
1000	－ （	1	×	150	） ＝	850

同理，X_5 列與 X_9 列的修正後數值，爲

	X_5 列				X_9 列	
$1-(0$	$\times$	$0)=$	1	$0-(0$	$\times$	$0)=$	0
$0-(0$	$\times$	$1)=$	0	$0-(0$	$\times$	$1)=$	0
$0-(0$	$\times$	$0)=$	0	$1-(0$	$\times$	$0)=$	1
$0-(0$	$\times$	$0)=$	0	$0-(0$	$\times$	$0)=$	0
$1-(0$	$\times$	$0)=$	1	$0-(0$	$\times$	$0)=$	0
$0-(0$	$\times-1)=$	0	$0-(0$	$\times-1)=$	0
$0-(0$	$\times$	$1)=$	0	$0-(0$	$\times$	$1)=$	0
$0-(0$	$\times$	$0)=$	0	$-1-(0$	$\times$	$0)=-1$
$0-(0$	$\times$	$0)=$	0	$1-(0$	$\times$	$0)=$	1
$300-(0$	$\times$	$150)=$	300	$200-(0$	$\times$	$150)=$	200

　　由於 X_5 與 X_9 兩列位於最佳欄（上例爲 X_2 欄）皆爲零，故所求得之新列數值皆仍原列未變。故遇計算時有此情形，即可逕將原列數值塡入新表，無需逐值計算，節省時間。經由以上計算，可得表二如下（爲清晰起見，特將初解表重列於下，並註明各列之代號，以釋示運用樞列概念之計算過程）：

初解表：

			5	6	7	M	0	0	M	0	M	
代號	計算過程	基礎(解)	X_1	X_2	X_3	X_4	X_5	X_6	X_7	X_8	X_9	數量
(1)		X_4	1	1	1	1	0	0	0	0	0	$1000/1=1000$
(2)		X_5	1	0	0	0	1	0	0	0	0	$300/0$無意義
(3)		X_7	0	1	0	0	0	-1	1	0	0	$150/1=150\leftarrow$
(4)		X_9	0	0	1	0	0	0	0	-1	1	$200/0$無意義
		C_j-Z_j	5-M	6-2M	7-2M	0	0	M	0	M	0	

表二：

代號	計算過程	基礎(解)	5 X_1	6 X_2	7 X_3	M X_4	0 X_5	0 X_6	M X_7	0 X_8	M X_9	數量
(5)	(1)-[(7)×1]	X_4	1	0	1	1	0	1	-1	0	0	850/1 =850
(6)	(2)-[(7)×0]	X_5	1	0	0	0	1	0	0	0	0	300/0 無意義
(7)	(2)/1	X_2	0	1	0	0	0	0	-1	1	0	150/0 無意義
(8)	(4)-[(7)×0]	X_9	0	0	1	0	0	0	0	0	-1	1	200/1=200←
		C_j-Z_j	5-M	0	7-2M	0	0	0	6-M	2M-6	M	0

↑

$$成本 = \$ MX_4 + \$ 0X_5 + \$ 6X_2 + \$ MX_9$$

$$= \$ M(850) + \$ 0(300) + \$ 6(150) + \$ M(200)$$

$$= \$ 1,050M + \$ 900$$

自表二可知，其各個C_j-Z_j值，以$7-2M$為最大負值，對於成本之減低可有最大的單位邊際貢獻，故知X_3為應帶入基礎解（即應使用X_3原料混合製造該項混合化學物），而X_3欄即成為最佳欄（Optimum Column）。並將此欄各值（1、0、0、1）分別去除數量欄內各值（850、300、150、200），其結果以X_9列之商150為最低，故知此項X_9列應為被X_2列所替代，亦即X_9為被替代列（Replaced Row），新計算獲得之X_2列則為替代列（Replacing Row）或稱新增基礎解列。除表二中之X_9列將為X_2列替代外，其餘X_4、X_5、X_2各列之值，亦將相應配合變動（以新基礎解變數表示之），其計算過程仍以樞列（Pivot Row）求解如下：

表三：

		M	O			5	6	7	M	O	O	M	O	M	
代號	計算過程	基礎(解)		X_1	X_2	X_3	X_4	X_5	X_6	X_7	X_8	X_9	數量	
(9)	(5)−[(12)×1]	X_4	1	0	0	1	0	1	−1	1	−1	650/1=650	
(10)	(6)−[(12)×0]	X_5	1	0	0	0	1	0	0	0	0	300/1=300←	
(11)	(7)−[(12)×0]	X_2	0	1	0	0	0	−1	1	0	0	150/0無意義	
(12)	(8)/1	X_3	0	0	1	0	0	0	0	−1	1	200/0無意義	
		C_J−Z_J	5−M	0	0	0	0	6−M	2M−6	7−M	2M−7		

↑

$$\text{成本}= \$\,MX_4 + \$\,0X_5 + \$\,6X_2 + \$\,7X_3$$
$$= \$\,M(650)+ \$\,0(300)+ \$\,6(150)+ \$\,7(200)$$
$$= \$\,650M + \$\,2,300$$

觀察上表可知，其C_J−Z_J列各值，以5−M為最大負值，亦即X_1對於成本之減低，有最大的單位邊際貢獻，故知需將 X_1 帶入基礎解（亦即應使 X_1 為該項化學混合物之原料），而上表中之 X_1 欄 即 成 為最佳欄。並應將該欄各值（1、1、0、0）分別去除數量欄各值（650、300、150、200），其結果以 X_5 列之商300為最低，故知此項 X_5 列應被 X_1 列所替代，亦即 X_5 成為被替代列，X_1 列為替代列。有關 X_1 列及 原 有 X_4、X_2、X_3 各列數值之計算，仍以樞列法列出其計算過程如下：

表四:

代號	計算過程	基礎(解)	X_1 5	X_2 6	X_3 7	X_4 M	X_5 0	X_6 0	X_7 M	X_8 0	X_9 M	數量
(13)	(9)−[(10)×1]	X_4	0	0	0	1	−1	1	−1	1	−1	350/1=350←
(14)	(10)/1	X_1	1	0	0	0	1	0	0	0	0	300/0 無意義
(15)	(9)−[(10)×0]	X_2	0	1	0	0	0	−1	1	0	0	150/−1不符
(16)	(9)−[(10)×0]	X_3	0	0	1	0	0	0	0	−1	1	200/0無意義
	C_j-Z_j		0	0	0	0	0	M−5	6−M	2M−6	7−M	2M−7

$$\text{成本} = \$ MX_4 + \$ 5X_1 + \$ 6X_2 + \$ 7X_3$$
$$= \$ M(350) + \$ 5(300) + \$ 6(150) + \$ 7(200)$$
$$= \$ 350M + \$ 3,800$$

觀察上表可知，其C_j-Z_j各值，以$6-M$爲最大負值，亦卽X_6對於成本之減低，有最大的單位邊際貢獻，故知應將X_6帶入基礎解中（亦卽應使用X_6爲該項化合物生產原料），而上表中之X_6欄卽成爲最佳欄，並應將該欄各值(1、0、-1、0)分別去除數量欄各值(350、300、150、200)，其結果以X_4列之商350爲最低(X_2列所得之商爲負值，不合限制條件要求，其餘各列皆係以零去除自無意義)，故知此項X_4列應被X_6列所替代，亦卽X_4列成爲被替代列，X_6列成爲替代列。有關X_6列之新增基礎列各值，以及原有X_1、X_2、X_3各列之新列值的計算，列出其計算過程如下:

表五：

代號	計算過程	基礎(解)	X₁	X₂	X₃	X₄	X₅	X₆	X₇	X₈	X₉	數量
			5	6	7	M	0	0	M	0	M	
⑰	⒀/1	X₆	0	0	0	1	−1	1	−1	1	−1	350
⒅	⒁−[⒄×0]	X₁	1	0	0	0	1	0	0	0	0	300
⒆	⒂−[⒄×−1]	X₂	0	1	0	1	−1	0	0	1	−1	500
⒇	⒃−[⒄×0]	X₃	0	0	1	0	0	0	0	−1	1	200
		Cj−Zj	0	0	0	M−6	1	0	M	1	M−1	

$$\text{成本} = \$ 0X_6 + \$ 5X_1 + \$ 6X_2 + \$ 7X_3$$

$$= \$ 0(350) + \$ 5(300) + \$ 6(500) + \$ 7(200) = \$ 5,900$$

觀察上表可知，其$C_j − Z_j$列各值皆係大於或等於零，已無任何變數（混合用原料）可以有助於成本之減低，亦卽其基礎解（X_6、X_1、X_2、X_3）已爲最佳解，其值分別爲

$$X_6 = 350; \quad X_1 = 300$$

$$X_2 = 500; \quad X_3 = 200$$

$$X_4 = X_5 = X_7 = X_8 = X_9 = 0$$

亦卽該項化學混合物應使用X原料300公克、Y原料500公克、Z原料200公克調製而成。至於 $X_6 = 350$ 之意義係爲 Y 原料較不得少於150公克之使用量差額。換言之，若規定 Y 原料最低之混合用量卽使增加350公克，亦卽提高至最少使用500公克（150加350）仍符合最佳解的要求。以上最佳解時之成本爲

$$\$ 5 \times 300 + \$ 6 \times 500 + \$ 7 \times 200 = \$ 5,900$$

係最低成本。

將上解代入原列限制條件式以測試其是否相符：

$$X_1 + X_2 + X_3 + X_4 = 1,000$$

代入之　$300+500+200+0=1,000$　符合

$$X_1 + X_5 = 300$$

代入之　$300+0=300$　符合

$$X_2 - X_6 + X_7 = 150$$

代入之　$500-350+0=150$　符合

$$X_3 - X_8 + X_9 = 200$$

代入之　$200-0+0=200$　符合

　　自上分析可知，所得之最佳解，經檢算係正確無誤。

　　茲舉數例，說明線性規劃之應用：

　　例一　某公司生產甲、乙、丙三種產品，皆須經過加工、裝配、包裝三項程序。其中甲、乙兩種產品的加工程序，可以外包給其他工廠代為加工，惟費用較高，且裝配及包裝兩項程序，仍須自本廠自己做。丙產品則不能委由其他廠加工，必須全部自做。茲將產品之單位售價及成本（直接成本），列表如下：

單位售價及成本	甲產品	乙產品	丙產品
售價	$1.50	$1.80	$1.97
成本：加工：			
自製	.30	.50	.40
外包	.50	.60	—*
裝配：	.20	.10	.27
包裝：	.30	.20	.20

＊：丙產品加工不能外包

　　該公司製造此等產品，其使用加工、裝配、包裝各項設備之時間情

形如下表（每件耗用時數）:

產品 設備	甲產品		乙產品		丙產品	可供使用時間
	自做	加工外包	自做	加工外包	自 做	
加工	6	0	10	0	8	8,000
裝配	6	6	3	3	8	12,000
包裝	3	3	2	2	2	10,000

設 X_1 爲加工自做的甲產品生產數量；X_2 爲加工外包的甲產品生產數量；X_3 爲加工自做的乙產品生產數量；X_4 爲加工外包的乙產品生產數量；X_5 爲丙產品的生產數量，則可依上述資料，列出線性規劃問題如下:

極大　$0.7X_1 + 0.5X_2 + 1.0X_3 + 0.9X_4 + 1.1X_5$

限制:　$6X_1 \qquad +10X_3 \qquad +8X_5 \le 8,000$

$\qquad 6X_1 + 6X_2 + 3X_3 + 3X_4 + 8X_5 \le 12,000$

$\qquad 3X_1 + 3X_2 + 2X_3 + 2X_4 + 2X_5 \le 10,000$

$\qquad\qquad X_i \ge 0 , \quad i = 1, 2, \cdots\cdots 5$

例二

某肥料公司生產甲、乙、丙三種肥料,皆使用氮、磷、鉀三種原料,茲設其利潤方程式爲:

$\qquad 4X_1 + 9.25X_2 + 11.5X_3$

上式 X_1、X_2、X_3 分別爲甲、乙、丙三種肥料之生產數量（某期間內）。由於原料供應來源有限, 該期間內可供應氮、磷、鉀分別爲 1,000 1,800; 1,200 噸, 則依各種肥料生產所耗原料數量, 可列出其限制條件如下：

$$.05X_1 + .05X_2 + .1X_3 \leq 1,000$$

$$.1X_1 + .1X_2 + .1X_3 \leq 1,800$$

$$.05X_1 + .1X_2 + .1X_3 \leq 1,200$$

若該公司決策部門，因某項理由，決定於該期間內，甲型肥料至少需生產6,000噸。則於可供使用原料中，必須先減去此6,000噸甲型肥料所需之原料：

氮：$.05 \times 6,000 = 300$噸

磷：$.10 \times 6,000 = 600$噸

鉀：$.05 \times 6,000 = 300$噸

假定此6,000噸甲型肥料可獲利24,000元，則本問題可列出線性規劃問題如下：

極大　$Z = 24,000 + 4X_1 + 9.25X_2 + 11.5X_3$

限制　$.05X_1 + .05X_2 + .1X_3 \leq 1,000 - 300$

$.1X_1 + .1X_2 + .1X_3 \leq 1,800 - 600$

$.05X_1 + .1X_2 + .1X_3 \leq 1,200 - 300$

$X_i \geq 0 ; \quad i = 1, 2, 3$

例三　某食品廠對某項水菓罐頭原料之採購問題，經研究分析後，發現有下列資料：

產品	甲地產	乙地產	銷售潛能
整片	.2	.3	1.8
半片	.2	.1	1.2
碎片	.3	.3	2.4
廢品	.3	.3	
利潤	5	6	極大

其意義爲購自甲地出產原料，可有 20％者製成整片； 20％製成半片；30％製成碎片罐頭水菓，其餘30％則爲廢品。產自乙地原料，則分別30％；10％；30％可製成整片、半片、碎片罐頭。銷售潛能係指各型罐頭可以銷售之數量，其單位爲百萬箱或其他單位。利潤則爲每單位的獲利，其單位爲百萬元，或其他單位金額。依上述題意，可列出線性規劃問題如下：

極大　$5P_1 + 6P_2$

限制　$.2P_1 + .3P_2 \leq 1.8$

　　　$.2P_1 + .1P_2 \leq 1.2$

　　　$.3P_1 + .3P_2 \leq 2.4$

　　　$P_1 \geq 0$ ； $P_2 \geq 0$

上式中 P_1 與 P_2 爲分別向甲地與乙地採購原料的數量（以製成百萬箱所需原料爲單位）。

例四　某廠生產A與B產品兩種，計有四種作業方式，其生產方式之選擇，可就下列資料運用線性規劃求解：

產品 資源	A產品		B產品		總能量
	作業甲	作業乙	作業丙	作業丁	
人工(時)	1	1	1	1	15
原 料 W	7	5	3	2	120
原 料 Y	3	5	10	15	100
單位利潤	4	5	9	11	極大
生 產 量	X_1	X_2	X_3	X_4	

$$5X_1 + 3X_2 \qquad \leq 500$$

$$1.3X_1 \quad 1.95X_2 \qquad \leq$$

$$X_1 \geq 0 ;$$

極大　$Z = 4X_1 + 5X_2 + 9X_3 + 11X_4$

限制　$\quad 1X_1 + 1X_2 + 1X_3 + 1X_4 \leq 15$

$\qquad\quad 7X_1 + 5X_2 + 3X_3 + 2X_4 \leq 120$

$\qquad\quad 3X_1 + 5X_2 + 10X_3 + 15X_4 \leq 100$

$\qquad\qquad X_i \geq 0 , \quad i = 1, 2, 3, 4$

例五　某廠生產混合飼料，係以穀類甲、乙、丙、三項混合而成。
每種穀類所含營養成分（單位重量）與該飼料所需之最低營養成分規定
量、各穀類的單位成本等項資料如下：

	單位重量穀類所含營養成分量			單位重量飼料所需最低營養成分規定量
	甲穀類	乙穀類	丙穀類	單位重點
營養成分 A	2	3	7	1250
營養成分 B	1	1	0	250
營養成分 C	5	3	0	900
營養成分 D	1.6	1.25	1	232.5
成　　本	41	35	96	極小
混合使用重量	X_1	X_2	X_3	

依上述資料，可列出求解混合飼料最低成本的原料使用量，線性規
劃問題如下：

極小　$C - 41X_1 + 35X_2 + 96X_3$

限制　$\quad 2X_1 + 3X_2 + 7X_3 \geq 1,250$

$\qquad\quad X_1 + X_2 \qquad\qquad \geq 250$

$$5X_1 + 3X_2 \qquad \geq 900$$
$$1.6X_1 + 1.25X_2 + X_3 \geq 232.5$$
$$X_i \geq 0 \; ; \quad i = 1, 2, 3$$

習 題

7-1 某公司生產A與B兩種產品，出售A與B的單位利潤貢獻分別爲6元及 5元。生產該兩產品皆須經過加工與裝配過程，A產品生產一件需使用加工設備4 小時，裝配設備4小時；B產品生產一件則需使用加工設備3小時，裝配設備5小 時。若計劃期間內加工設備可用時間400小時，裝配設備可用時間300小時，試以線 性規劃圖解法，決定其最佳產品生產數量。

7-2 某公司製造兩種產品A與B。每種產品的單位利潤貢獻爲A產品15元， B產品11元。每種產品皆製自兩種原料X及Y；A與B所需原料之數量（磅）如下：

	X	Y
A	4	3
B	2	1

若X可供量爲400磅，B可供量爲500磅，試以線性規劃代數法，決定A與B所 能產生最大利潤貢獻的組合。

7-3 某廠產銷三種產品，各產品的單位利潤貢獻如下：

$$X_1: \$2$$
$$X_2: \$4$$
$$X_3: \$3$$

該三種產品皆須經過三個製造部門，其製造每一單位產品所需要的時間如下：

產品 \ 部門	甲	乙	丙
X_1	3小時	2小時	1小時
X_2	4	1	3
X_3	2	2	2

該廠每週各部門可供使用時間如下：

　　　　甲部門：60小時

　　　　乙部門：40小時

　　　　丙部門：80小時

試以線性規劃單純法，決定每週應生產各種產品各若干單位有最大利潤。

7-4　　某公司擬製造混合飼料一種，計有三種原料可用，各原料的每磅成本如下：

　　　　X_1：　$ 2/磅

　　　　X_2：　　3/磅

　　　　X_3：　　4/磅

依該項混合飼料規格，每一千磅混合飼料，使用X_1原料不得超過400磅；使用X_2原料至少200磅；使用X_3原料至少100磅，試以線性規劃單純法求解此一千磅混合飼料應如何調製始有最低成本。

7-5　　某公司產銷某種產品，計有三個工廠分設於各地，供應附近五個地區市場的需要，其每廠的每週供應能量為：甲廠200噸；乙廠100噸；丙廠300噸。自各廠運送一單位產品（噸）至各地區市場的運輸成本如下：

工廠 ＼ 市場	Ⅰ	Ⅱ	Ⅲ	Ⅳ	Ⅴ
甲	$ 5	2	6	3	1
乙	2	3	6	6	5
丙	4	2	5	2	2

各地區市場的每週需要量如下：Ⅰ區80噸；Ⅱ區90噸；Ⅲ區100噸；Ⅳ區70噸；Ⅴ區60噸。試決定於最低成本下，應由各廠供應各地區市場若干噸?

7-6　　設有一工廠於下週內的預估銷售量（件）如下表：

產品項目	X_1	X_2	X_3	X_4	X_5
預計銷售量	100	50	90	70	30

設廠的製造設備，計分爲四個部門，各產品視其需要的製造步驟，經由此四個部門製造。各單位產品對每部門的需要製造時間（小時）及各部門於下週內可供使用的時數如下表：

單位產品生產時間表（小時/單位）

產品＼部門	甲部門	乙部門	丙部門	丁部門
X_1	3	8	2	6
X_2	4	3	1	
X_3	2	2	—	
X_4	2	1	3	4
X_5	5	4	4	3
各部門可供使用時間	700	600	400	900

該五種產品皆係由 A、B、C、D、E 五種原料製成，其每單位所需原料數量，以及下週內各種原料可用數，可列表如下，若該公司要使各種產品對成本及利潤貢獻爲最有利的情形下，其下週的製造計劃中各種產品應各生產若干：

單位產品生產用料量（磅/單位）表

產品 ＼ 原料	A	B	C	D	E
X_1	4	2	0	1	3
X_2	7	4	4	0	4
X_3	6	2	5	7	0
X_4	1	1	6	4	2
X	3	0	2	3	4
各種原料可供使用數量（磅）	1,000	900	300	400	1,600

7-7　試解下列線性規劃問題：

極小　　$-3x_1 + 4x_2$

限制於　　$x_1 + 3x_2 \geq 4$

　　　　　$3x_1 + x_2 \geq 2$

　　　　　$x_1 - x_2 \leq 3$

　　　　　$x_1 + x_2 \leq 5$

7-8　某公司生產甲、乙、丙三種產品，皆需經由該公司現有A與B兩套設備的加工始能完成。其中A設備又可分為A_1與A_2兩組機器，B設備可分為B_1，B_2與B_3三組機器。甲產品可由A設備內任一組機器及B設備內任一組機器製造；乙產品則可由A設備內任一組機器及B_1組機器製造；丙產品可由A_2組機器及B_2機器製造。下表說明此三種產品於每種機器每單位產品的製造時間以及成本等項資料：

機　器	單位產品生產時間			每週可供使用機
	甲	乙	丙	器時間及成本
A_1	5	10	—	12,000 分鐘 300元
A_2	6	9	12	6,000　　 400
B_1	7	8	—	8,000　　 250
B_2	8	—	11	7,000　　 700
B_3	9	—	—	4,000　　 200
單位材料成本	0.2	0.3	0.4	
單位售價	1.5	2.5	1.0	

該廠欲使其總利潤為最大，每週應生產此三種產品各若干件?

第八章　運輸模式

　　運輸模式 (Transportation Model) 為線性規劃問題的一種特殊形態，係研究如何以最低成本，自數個或更多個不同的供應地點運輸某項物品，供應多個不同的需要地點，並同時能適合各個供應地點的供應能量與各個需要地點的需要量。茲舉例說明如下：

　　設某企業產銷某種產品，於 W、X、Y 三地皆設有工廠生產供應，其主要市場係於 A、B、C 三市，並皆設有營業所，各營業所需要之貨品皆可由此三個工廠供應，惟其供應成本，由於運輸之距離不同，以及當地情況之特殊，成本並非一致。該企業各工廠之全年供應能量、各營業所之全年需要量、以及自各廠供應各營業所之每單位產品成本可列表如下：

工廠 \ 營業所	A	B	C	供應量
W	$4	$8	$8	56
X	$16	$24	$16	82
Y	$8	$16	$24	77
需要量	72	102	41	215

　　上表中 A、B、C 係三個營業所，其在一定期間(一年)的需要量，分別為 72、102、41 單位；W、X、Y 係三個工廠，於同期間內之供應

量分別爲56、82、77單位。各營業所需要貨品可由三廠供應，其成本並非相同。例如由Ｘ廠供應Ａ營業所係每單位＄16；供應Ｂ營業所每單位＄24；供應Ｃ營業所每單位＄16，餘類推。

一、行列優先法

運輸模式之一般解法有階石法（Stepping–Stone Method）以及較近發展的修正法（Modified Distribution Method 簡稱 MODI）。運輸模式之初解，並無嚴格要求，雖選擇不佳，其最終結果最佳解仍爲相同，僅所需程序步驟較多。即使就該企業之目前實際營運情況（由某些廠供應某些需要地各若干）作爲初解，並求繼續改進，亦未始不可。茲先以行列優先法（Mutually Preferred Method）來說明運輸模式的重要特性。此法係觀察法之一種，其決定選擇由何廠供應何地需要之準則，係自行與列皆係最低成本之途徑着手。例如就上表觀察得知，自Ｗ廠供應Ａ營業所，或稱爲ＷＡ途徑，每單位僅有＄4成本，係爲最低，故優先啓用。由於Ｗ廠於該期間內僅可供應56單位，而Ａ營業所於該期間內需要72單位，故將Ｗ廠生產全部供應Ａ營業所。可得結果如下表：

工廠＼營業所	A	B	C	供應量
W	＄4　56	＄8	＄8	56
X	＄16	＄24	＄16	82
Y	＄8	＄16	＄24	77
需要量	72	102	41	215

依上最低成本之選擇，已將 W 廠全部生產能量分配於供應 A 營業所，故可將上表簡化爲：

工　廠 ＼ 營業所	A	B	C	供應量
X	$16	$24	$16	82
Y	$8　　　16	$16	$24	77
需要量	16	102	41	159

觀察上表可知，自Y廠供應A營業所，亦卽啓用 YA 途徑，每單位之成本係最低（＄8），故應優先啓用。若自Y廠供應A營業所16單位後，則可將上表簡化成爲：

工　廠 ＼ 營業所	B	C	供應量
X	$24	$16　　41	82
Y	$16	$24	61
需要量	102	41	143

於分配Y廠供應能量16單位給A營業所後，A營業所已獲全部所需供應量，故可將其表中刪除，簡化爲上表。觀察上表可知，其最低成本係 XC 途徑＄16與 YB 途徑＄16，兩者皆係＄16爲最低成本。設優先供應C營業所所需，自X廠供應C營業所41單位，並可再簡化成下表：

工廠 \ 營業所	B	供應量
X	$ 24　41	41
Y	$ 16　61	61
需要量	102	102

　　觀察上表可知，X廠所餘能量41單位，Y廠所餘能量61單位，正恰可供應B營業所需要。至此已依最低成本，將各廠供應能量分配於各營業所，並能供應各營業所之需要，茲將以先利用行列優先法所得結果，彙總列表如下：

工廠 \ 營業所	A	B	C	供應量
W	$ 4　56	$ 8	$ 8	56
X	$ 16	$ 24　41	$ 16　41	82
Y	$ 8　16	$ 16　61	$ 24	77
需要量	72	102	41	215

　　以上分配結果之總成本如下：

$$\$ 4 \times 56 + \$ 8 \times 16 + \$ 24 \times 41 + \$ 16 \times 61 + \$ 16 \times 41 = \$ 2,968$$

　　惟以上所獲總成本，並非一定為最低成本，以其係就個別途徑衡量其最低成本，其總成本並非一定最低。換言之，可能尚有更佳之分配方式或運輸途徑可獲最低成本。一般常用之方式，已如前述係為階石法與修正法，尤以後者為更具效率，惟後者實以前者為其基礎，故首先仍說明階石法的意義及計算程序。

二、階　石　法

階石法（Stepping-Stone Method）係一項程序性方法，逐步改善初解，直至已無改進可能而獲得最佳解。雖然運輸模式之初解並無嚴格限制，亦卽任何分配方式皆可，惟有一項最具效率的初解，係稱為西北角法則（Northwest Corner Rule）。此法所提供之初解，對於謀求繼續改進（成本之降低）較為便利，所費程序步驟亦較少。所謂西北角法，卽是先自左上角起，自各工廠供應各營業所的需要，直至右下角將各營業所之需要滿足為止。就上例言，運用西北角法則，所獲之初*解*表如下：

工廠 ＼ 營業所	A	B	C	供應量
W	$4　　56	$8	$8	56
X	$16　　16	$24　　66	$16	82
Y	$8	$16　　36	$24　　41	77
需要量	72	102	41	215

上表係先自左上角開始，首先自W廠供應A營業所需要56單位。由

於A營業所需要量大，超過該W廠之供應量，故需以第二列之X廠供應
其不足數量16單位。於A營業所獲得其所需數量後，即向右移供應B營
業所之需要，此係由X廠供應B營業所66單位，另再由Y廠供應B營業
所36單位。最後已分配至該表之右下角，由Y廠供應C營業所41單位。
觀察上表可知，其分配程序係自左上方（西北角）開始逐漸向右下方推
進，直至各營業所已獲其所需之數量為止。當然，此項分配方式，僅係
初解，尚須運用階石法或其他方法予以改進（若初解即係最佳解，則係
巧合）。本例以西北角法則所獲初解之總成本為：

$$\$4\times56+\$16\times16+\$24\times66+\$16\times36+\$24\times41=\$3,624$$

其結果自非理想（較觀察法行列最低成本法為高），故需予以改進。

觀察以西北角法則所求得之初解表，其啟用之途徑係為WA、XA、
XB、YB、YC 各廠供應各營業所。尚有甚多未曾啟用之運輸途徑（或
供應路線）如 WB、WC、XC、YA 等項之供應方式。故改善之方式，
即為計算該等尚未啟用之途徑，若予以啟用，是否可以降低成本。若係
可以降低成本，自應改由該途徑供應。惟再觀察此項初解表（上表）可
知，該表中各項供需，皆已達平衡狀態。若開啟新的供應途徑（即指尚
未使用的WB, WC……等途徑），則必將引起原有供應之減少。例如若
啟用WB 途徑，亦即自W廠供應B營業所需要，則原由W廠供應A營業
所者必將減少。換言之WB 增加一單位，WA 即將減少一單位。惟自另
一角度言，若B營業所由W廠供應，則B營業所原由X廠供應（或Y廠
供應）者亦必須相對的減少，以免供應超過需要。以上情形，可以圖示
之如下：

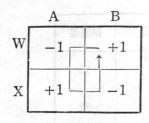

WB 增加一單位供應，將使WA 減少一單位供應，XA 增加一單位供應，XB 減少一單位供應。

以上所構成的一項循環方式，即係階石法 (Stepping-Stone Method) 名稱之由來，係由WB→WA→XA→XB。根據此項分析，並可求得若啓用 WB，對於成本之影響如何。就本例資料言，此等途徑之單位成本爲：

WA= $ 4; WB= $ 8; XA= $ 16; XB= $ 24

故知增加WB 一單位之運輸，對於成本之影響（增減），或稱 WB 的隱值 (Implicit Value) 如下：

$$I_{WB} = WB - WA + XA - XB$$
$$= \$ 8 - \$ 4 + \$ 16 - \$ 24$$
$$= - \$ 4$$

由於 WB 的隱值爲 - $ 4，係表示於目前情況，若啓用 WB 途徑（自W廠供應B營業所），將引起每單位減低成本 $ 4。換言之，於目前情況下，若能經由WB運輸途徑供應一單位，即能對於目前成本（ $ 3,624 ）減低 $ 4。惟由於尚有其他途徑未曾啓用，故需將所有未啓用途徑之隱值或對於總成本之影響求出，並選擇其最有利者予以啓用。觀察本例初解表可知，新闢 WC 途徑，所需經過之階石 (Steppingstone) 甚爲漫長，始能完成一項平衡的循環。新闢 WC 途徑，所需經過之階石爲：

$$(+)WC \rightarrow (-)WA \rightarrow (+)XA \rightarrow (-)XB \rightarrow (+)YB \rightarrow (-)YC$$

茲重複列出本例初解表，並註明此項循環如下：

工廠＼營業所	A	B	C	供應量
W	$4 —　56	$8	$8 +	56
X	$16 +　16	$24 —　66	$6	82
Y	$8	$10 +　36	$24　— 41	77
需要量	72	102	41	215

故啓用 WC 途徑之隱值爲:

$$I_{wc} = WC - WA + XA - XB + YB - YC$$

$$= \$8 - \$4 + \$16 - \$24 + \$16 - \$24$$

$$= - \$12$$

亦即每經由 WC 途徑（由 W 廠供應 C 市營業所）供應一單位, 可節省成本 $12。

同理, 依據 XC 與 YA 之階石循環, 可求得此兩項未啓用途徑之隱值如下:

$$I_{xc} = XC - XB + YB - YC$$

$$= \$16 - \$24 + \$16 - \$24 = - \$16$$

$$I_{YA} = YA - XA + XB - YB$$

$$= \$8 - \$16 + \$24 - \$16$$

$$= \$0$$

依以上分析, 已求得初解表中 WB, WC, XC, YA 各項尙未啓用途徑之對於總成本之影響（隱值）。茲再將初解表重列於下, 並註明所求得各個未啓用途徑之隱值。

工廠＼營業所	A	B	C	供應量
W	$4　　56	$8　　−4	$8　　−12	56
X	$16　　16	$24　　66	$16　　−16	82
Y	$8　　0	$16　　36	$24　　41	77
需要量	72	102	41	215

　　上表中有斜線者，係表示業已啓用之運輸供應途徑，斜線之上方註明單位成本，斜線之下方註明經由該途徑之運送數量。上表中未劃斜線者，係表示尚未啓用之供應途徑，其左上方仍係註明該途徑之單位成本，其右下方則係註明該途徑之隱值 (Implicit Value)。

　　觀察上表可知，各未啓用途徑中，以 XC 途徑具有最大的負值（−$16），亦即若啓用 XC 途徑，由每經由該途徑供應一單位，即可節省成本 $16，自屬最爲有利，應予啓用，盡量改由 X 廠供應 C 營業所之需要。惟究竟可改由 X 廠供應 C 營業所若干單低（目前係由 Y 廠供應），則需視 XC 之階石循環中具有負號（需移出或減少供應）階石中之最低數量者。就 XC 途徑言，其階石循環如下：

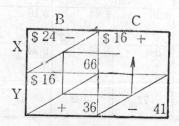

XC 階石循環係由(+)XC→(-)XB→(+)YB→(-)YC 所組成，其中 XB 與 YC 皆係負號，亦即將由此等途徑移出其供應量，改由註有正號之途徑（XC 與 YB），增加供應。由於註有負號途徑 XB 與 YC 之原有供應量，以 YC 爲41單位係最低，故此階石循環之新闢 XC 途徑後之供應數量如下：

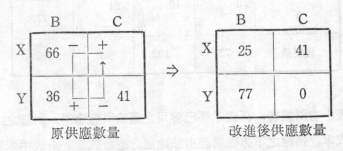

原供應數量　　　　　　　改進後供應數量

由於自YC移出之數量最多爲41單位，故改進後之供應情況，係XC增爲41單位，YC降爲 0 單位（放棄使用該途徑）。此外由於啓用 XC 途徑，使得 XB 途徑減少41單位而僅供應25單位，而 YB 途徑則增加41單位，供應達77單位，仍維持供需之平衡。

經由上述分析，對於初解之改進，係將 YC 途徑關閉，另新闢 XC 途徑供應C市營業所的需要。茲將此項新解（第二解），列表如下：

工廠＼營業所	A	B	C	供應量
W	$ 4　　56	$ 8	$ 8	56
X	$ 16　　16	$ 24　　25	$ 16　　41	82
Y	$ 8	$ 16　　77	$ 24	77
需要量	72	102	41	215

其總成本爲:

$$\$4 \times 56 + \$16 \times 16 + \$24 \times 25 + \$16 \times 77 + \$16 \times 41 = \$2,968$$

較初解之總成本 $\$3,624$，已減低 $\$656$。此項節省係由 XC 途徑每單位可節省 $\$16$，第二解中 XC 途徑已運送41單位，故知可節省 $\$6 \times 41 = \$656$。

於求得第二解列表後，其進一步改進程序與對於初解之改進程序完全相同，卽係:

(1)首先分析各項尙禾使用途徑之隱值，並選取其最大負值，作爲新闢途徑。

(2)再分析該新闢途徑之階石循環中，各項負號途徑之最低數量者（如初解改進時 XC 途徑階石循環中之 YC），卽爲可以移至該新闢途徑之可以供應數量。

(3)求得此項新解後，再重複上述第一與第二項步驟，直至各項尙未啓用途徑之隱值皆已爲零或大於零時，卽已達最佳解。

觀察上列第二解列表，可知其尙未啓用途徑，計有WB, WC, YA, YC 諸途徑。此等途徑之階石循環如下:

$\qquad$ WB 途徑: $(+)$WB$\rightarrow(-)$WA$\rightarrow(+)$XA$\rightarrow(-)$XB

$\qquad$ WC 途徑: $(+)$WC$\rightarrow(-)$WA$\rightarrow(+)$XA$\rightarrow(-)$XC

$\qquad$ YA 途徑: $(+)$YA$\rightarrow(-)$XA$\rightarrow(+)$XB$\rightarrow(-)$YB

$\qquad$ YC 途徑: $(+)$YC$\rightarrow(-)$XC$\rightarrow(+)$XB$\rightarrow(-)$YB

依上述階石循環，可求得 WB, WC, YA, YC 各項未啓用途徑之隱值如下:

$$I_{WB} - WB - WA + XA - XB = \$8 - \$4 + \$16 - \$24 = -\$4$$

$$I_{wc} = WC - WA + XA - XC = \$8 - \$4 + \$16 - \$16 = \$4$$

$$I_{YA} = YA - XA + XB - YB = \$8 - \$16 + \$24 - \$16 = 0$$

$$I_{Yo} = YC - XC + XB - YB = \$24 - \$16 + \$24 - \$16 = \$16$$

自上分析可知，以 WB 途徑於目前之供應方式下，係有負值的隱值 −$4。對於總成本之減低尚有幫助，每單位可減低 $4，故應啓用 WB 途徑。再分析 WB 途徑之階石循環，其中有負號途徑之最低供應量者爲 XB 途徑25單位，故知 WB 途徑可以增闢之運輸能量爲25單位：

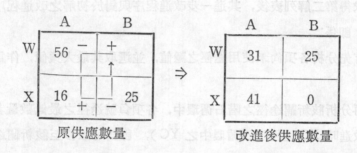

原供應數量　　　⇒　　　改進後供應數量

經上述分析後可知對於第二解之改進，係將 XB 途徑關閉，另新闢 WB 途徑，供應25單位。茲將此項求得之新解（第三解），列表如下：

工廠＼營業所	A	B	C	供應量
W	$ 4　　31	$ 8　　25	$ 8	56
X	$ 16　　41	$ 24	$ 16　　41	82
Y	$ 8	$ 16　　77	$ 24	77
需要量	72	102	41	215

其總成本爲

$$\$4 \times 31 + \$6 \times 41 + \$8 \times 25 + \$16 \times 77 + \$16 \times 41 = \$2,868$$

觀察上列第三解列表可知，其尚未啓用之途徑計有 WC, XB, YA, YC 各個途徑。此等途徑之階石循環如下：

WC 途徑：$(+)WC \rightarrow (-)WA \rightarrow (+)XA \rightarrow (-)XC$

XB 途徑：$(+)XB \rightarrow (-)WB \rightarrow (+)WA \rightarrow (-)XA$

YA 途徑：$(+)YA \rightarrow (-)WA \rightarrow (+)WB \rightarrow (-)YB$

YC 途徑：$(+)YC \rightarrow (-)YB \rightarrow (+)WB \rightarrow (-)WA$
$\rightarrow (+)XA \rightarrow (-)XC$

依上述階石循環，可求得 WC, XB, YA, YC 等未啓用途徑之隱值如下：

$$I_{WC} = WC - WA + XA - XC = \$8 - \$4 + \$16 - \$16 = \$4$$

$$I_{XB} = XB - WB + WA - XA = \$24 - \$8 + \$4 - \$16 = \$4$$

$$I_{YA} = YA - WA + WB - YB = \$8 - \$4 + \$8 - \$16 = -\$4$$

$$I_{YC} = YC - YB + WB - WA + XA - XC$$
$$= \$24 - \$16 + \$8 - \$4 + \$16 - \$16 = \$12$$

自上分析可知，YA 途徑目前之隱值已成爲負值，對於總成本之減低，自有幫助，故應啓用 YA 途徑。進一步分析 YA 途徑之階石循環，其中有負號途徑之最低供應者，以 WA 途徑31單位爲最低，故知 YA 途徑增闢後，可以經由途徑之供應量爲31單位：

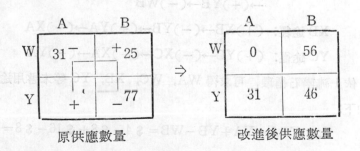

原供應數量 ⇒ 改進後供應數量

　　經上述分析可知，對於第三解之改進，係將原有之WA途徑予以關閉，並另新闢YA途徑，供應31單位。茲將此項求得之新解（第四解），列表如下：

工廠 ＼ 營業所	A	B	C	供應量
W	$4	$8	$8 56	56
X	$6 41	$24	$16 41	82
Y	$8 31	$16 46	$24	77
需要量	72	102	41	215

其總成本爲

$$\$8 \times 56 + \$16 \times 41 + \$8 \times 31 + \$16 \times 46 + \$16 \times 41 = \$2,744$$

　　觀察上表，其尚未啓用之途徑係爲 WA, WC, XB, YC 各途徑。此等途徑之階石循環如下：

WA 途徑： $(+)WA \rightarrow (-)YA \rightarrow (+)YB \rightarrow (-)WB$

WC 途徑： $(+)WC \rightarrow (-)XC \rightarrow (+)XA \rightarrow (-)YA$
　　　　　　$\rightarrow (+)YB \rightarrow (-)WB$

XB 途徑： $(+)XB \rightarrow (-)YB \rightarrow (+)YA \rightarrow (-)XA$

YC 途徑： $(+)YC \rightarrow (-)XC \rightarrow (+)XA \rightarrow (-)YA$

　　依上述階石循環，可求得 WA, WC, XB, YC 等未啓用途徑之隱值如下：

$$I_{WA} = WA - YA + YB - WB = \$4 - \$8 + \$16 - \$8 = \$4$$

$$I_{wc} = WC - XC + XA - YA + YB - WB$$
$$= \$8 - \$16 + \$16 - \$8 + \$16 - \$8 = \$8$$
$$I_{XB} = XB - YB + YA - XA = \$24 - \$16 + \$8 - \$16 = 0$$
$$I_{YC} = YC - XC + XA - YA = \$24 - \$16 + \$16 - \$8 = \$16$$

以上各項未啓用途徑之隱值皆爲零或爲正值，對於總成本之減低已無任何幫助，故知已獲最佳解，其最低之供應（或運輸）成本爲 $2,744。

以上運輸問題，其初解之總成本爲 $3,624。經過逐步之改善，其最佳解已降低至 $2,744，總計減低 $880。此項最佳解較運用行列優先最低成本法 (Mutually Preferred Method) 解得之總成本 $2,968，尚要低出 $224。故知卽使就各行各列之最低成本途徑予以優先啓用，亦並非一定能獲得最佳解。其意義與線性規劃問題相同，必須考慮其各途徑之邊際貢獻(Marginal Contribution)與機會成本 (Opportunity Cost)，方能獲得眞正之最佳解。

觀察上列第四解（最佳解）列表之各項未啓用途徑，可以發現 XB 途徑之隱值爲零。換言之，若增闢此項途徑供應所需，將對總成本無影響，亦卽該運輸問題尚另有他解而其總成本仍爲 $2,744。故可知，若於最佳解列表中之未使用途徑有零值之隱值者，則此項最佳解不止一個，惟其最低成本額仍係相同。就本例言，若啓用 XB 途營，則可獲下列最佳解，惟其最低成本額相同仍爲 $2,744。

工廠＼營業所	A	B	C	供應量
W	$4　+4	$8　56	$8　+8	56
X	$16　0	$24　41	$16　41	82
Y	$8　72	$16　5	$24　+16	77
需要量	72	102	41	216

上表中係啓用 WB, XB, XC, YA, YB 各途徑, 其總成本為 $ 8
× 56＋ $ 24 × 41＋ $ 16 × 41＋ $ 8 × 72＋ $ 16 × 5＝ $ 2,744 與 前 獲 之 最
佳解有相同之最低成本。自上表, 並可求得各個未啓用途徑之隱值（皆
已列出於表中）皆已為零或大於零之正值, 故知已獲最佳解。同理 XA
途徑隱值為零, 亦指示尚另有最佳解, 其成本相等。

三、供需量不等時的修正

以上說明運輸模式階石法例示, 係供需平衡情況, 亦卽 W、X、Y
三工廠之供應量與 A、B、C 三地營業所之需要量皆為合計 215 單位,
供需數量一致。若供需數量不相等, 則需如線性規劃問題, 設立虛設變
數（Slacks）。惟運輸模式之虛設變數性質略有不同, 係指虛設工廠（
若供應不足）或虛設營業所（需要不足）。茲仍就上例擴充如下。

工廠＼營業所	A	B	C	供應量
W	$ 4	$ 8	$ 8	76
X	$ 16	$ 24	$ 16	82
Y	$ 8	$ 16	$ 24	77
需要量	72	102	41	235 / 215

上表中之 W 廠供應量, 較原例增加20單位而為76單位, 故各廠供應
總量為235單位; 各營業所需要總量則仍為215單位。於此供應量大於需

要量場合，可以虛設消費市場（或營業所）以滿足前例之供需平衡形式

要求。於虛設需要市場（Slack）後之列表及其初解（以西北角規則列

出初解）如下：

工廠＼營業所	A	B	C	S	供應量
W	$4 72	$8 4	$8	$0	76
X	$16	$24 82	$16	$0	82
Y	$8	$16 16	$24 41	$0 20	77
需要量	72	102	41	20	235

　　由於虛設需要市場，並非眞有供應（運輸），故無任何實際成本發

生，於S欄下各途徑之成本皆爲零。其總成本爲

$$\$4 \times 72 + \$8 \times 4 + \$24 \times 82 + \$16 \times 16 + \$24 \times 41 + \$0 \times 20$$

$$= \$3,528$$

　　其 YS 途徑之20單位之眞正意義，係指Y廠將因W廠之增加供應20

單位，而於Y廠減少供應20單位。因爲並非眞有S營業所，故由Y廠眞

正供應者爲運輸至B營業所16單位；C營業所41單位。Y廠供應S營業

所20單位並未眞正運出，而係Y廠之空閒能量，一如線性規劃之虛設變

數（Slack Variable）係表示生產資源之多餘能量。

　　若將上列初解，依前述之階石法解之，叫得最佳解如下：

工廠＼營業所	A	B	C	S	供應量
W	$4	$8 76	$8	$0	76
X	$16	$24 21	$16 41	$0 20	82
Y	$8 72	$16 5	$24	$0	77
需要量	72	102	41	20	235

其總成本爲

$$\$8 \times 76 + \$24 \times 21 + \$16 \times 41 + \$0 \times 20 + \$8 \times 72 + \$16 \times 5$$
$$= \$2,424$$

由於W廠之供應能量自 56 單位提高至 76 單位，而使總成本又降低 $320。

上列最佳解中S欄下之20單位係由X廠供應（XS＝20），其實際意義係X廠減少供應20單位而有閒置生產能量20單位。此外自上表中亦可觀察得知，具有最低成本之供應途徑 WA（$4）並未予以啓用，此乃由於若啓用該途徑，將迫使動用成本更高之途徑，以達供應平衡。故知單獨分析一項供應或運輸之成本高低，則未必能可獲得總成本之最低。故優先啓用具有最低單位運輸（供應）成本之WA途徑，並不能保證可獲得未來之最低總成本。就本例言，最佳解中並未啓用WA途徑。

以上係就供應大於需要之情形言，若係需要大於供應之數量，則可仿上述方式，增列虛設變數於供應工廠列，以滿足供需平衡之形式要求。茲仍就上例擴充如下：

工廠＼營業所	A	B	C	供應量
W	$ 4	$ 8	$ 8	56
X	$ 16	$ 24	$ 16	82
Y	$ 8	$ 16	$ 24	77
需要量	82	102	61	215 245

　　上表中A營業所之需要量較原例增加 10 單位；C營業所增加 20 單位，合計增加需要量30單位，超出供應總30單位。於此需要量大於供應量之場合，可虛設供應工廠，以滿足運輸模式之供需平衡要求。下表係增設虛設供應工廠後之初解表：

工廠＼營業所	A	B	C	供應量
W	$ 4　56	$ 8	$ 8	56
X	$ 16　26	$ 24　56	$ 16	82
Y	$ 8	$ 16　46	$ 24　31	77
S	$ 0	$ 0	$ 0　30	30
需要量	82	102	61	245

　　上表中S廠係虛設者，並非真有其廠，亦無實際生產或供應，故其

單位供應成本爲零。其實際之意義係缺乏供應。 例如上列初解表中 SC
途徑供應30單位之實際意義卽爲 C 營業所將缺貨30單位。此項初解之總
成本爲:

$$\$ 4\times56 + \$ 16\times26 + \$ 24\times56 + \$ 16\times46 + \$ 24\times31 + \$ 0\times30$$
$$= \$ 3,464$$

若將上列初解,以前述之階石法 (Stepping-Stone Method) 解
之,則可得最佳解如下表:

工廠 \ 營業所	A	B	C	供應量
W	$4	$8 56	$8	56
X	$16 21	$24	$16 61	82
Y	$8 61	$16 16	$24	77
S	$0	$0 30	$0	30
需要量	82	102	61	245

上表之總成本爲

$$\$ 8\times56 + \$ 16\times21 + \$ 16\times61 + \$ 8\times61 + \$ 16\times16 + \$ 0\times30$$
$$= \$ 2,504$$

上表中 SB 途徑爲30單位, 係表示 B 營業所將有缺貨30單位,因 S
(Slack) 廠係虛設者, 並無眞正供應。 惟經由運輸模式求得最佳解,
可以將此項供應不足分配由何營業所(需要者)負擔,以獲最低供應總
成本,並同時能將可供應之貨品, 悉 數 於 此項最低供應總成本之前提

下，分配至各營業所。換言之，由於供應不足係屬先天性問題，除非增加供應量或減少需要量，並無其他方法可以解決，而運輸模式則無論於供需平衡，供應大於需要或需要大於供應等情形下，皆可覓得最低總供應（運輸）成本之供應（運輸）方式。

四、階石及觀察法

階石法 (Stepping–Stone Method) 配合應用西北角法則 (Northwest Corner Rule) 自可順利列出運輸模式之初解，並逐步改進，求得最佳解。惟甚多場合，自初解至最佳解之所需步驟，甚為繁多，故可

配合觀察法，先將各欄 (Column) 中之最低成本者，列於左端，並依遞增順序向右端排列，然後再依西北角法則列出初解表，並以階石法逐步改進至最佳解。茲舉例說明如下：

該某企業於R、S、T三地設有工廠，供應其設於A、B、C、D、E、F、G各地之營業所（倉庫，配銷處）之需要，其各廠之供應量及各地之需要量（一定期間內）以及自各廠供應各地營業所一單位之供應成本（或運輸成本）等資料如下：

工廠＼營業所	A	B	C	D	E	F	G	供應量
R	$6	$7	$5	$4	$8	$6	$5	7,000
S	$10	$5	$4	$5	$4	$3	$2	4,000
T	$9	$5	$3	$6	$5	$9	$4	10,000
需要量	1,000	2,000	4,500	4,000	2,000	3,500	3,000	21,000 / 20,000

若將上表遂以西北角法則列出初解表, 則其總成本將爲 $ 116,000:

工廠 \ 營業所	A	B	C	D	E	F	G	S	供應量
R	$6 1,000	$7 2,000	$5 4,000	$4	$8	$6	$5	$0	7,000
S	$10	$5	$4 500	$5 3,500	$4	$3	$2	$0	4,000
T	$9	$5	$3	$6 500	$5 2,000	$9 3,500	$4 3,000	$0 1,000	10,000
需要量	1,000	2,000	4,500	4,000	2,000	3,500	3,000	1,000	21,000

依上列初解, 其總成本爲

$$\$6 \times 1{,}000 + \$7 \times 2{,}000 + \$5 \times 4{,}000 + \$4 \times 500$$
$$+ \$5 \times 3{,}500 + \$6 \times 500 + \$5 \times 2{,}000 + \$9 \times 3{,}500$$
$$+ \$4 \times 3{,}000 + \$0 \times 1{,}000 = \$116{,}000$$

若先將上表依各欄之成本高低, 盡可能以遞增之順序排列, 然後再依西北角法則求初解, 可得較接近最佳解值 (亦卽較低) 之初解值。茲將上例資料重新予以排列並求其西北角法之初解表如下:

工廠 \ 營業所	D	C	F	G	E	B	A	S	供應量
R	$4 4,000	$5 3,000	$6	$5	$8	$7	$6	$0	7,000
S	$5	$4 1,500	$3 2,500	$2	$4	$5	$10	$0	4,000
T	$6	$3	$9 1,000	$4 3,000	$5 2,000	$5 2,000	$9 1,000	$0 1,000	10,000
需要量	4,000	4,500	3,500	3,000	2,000	2,000	1,000	1,000	21,000

上表之總成本爲:

　$4×4,000＋$5×3,000＋$4×1,500＋$3×2,500

　　＋$9×1,000＋$4×3,000＋$5×2,000＋$5×2,000

　　＋$9×1,000＋$0×1,000＝$94,500

先以觀察法重排各欄次序，再以西北角法列出初解之總供應成本爲$94,500，較直接以西北角法列出初解之總供應成本爲低。

茲爲便於讀者複習階石法 (Stepping-Stone Method) 之應用，特將上例之階石法各表列出。首先將上列初解表中各項未啓用途徑之隱值求出，並加註各個未啓用途徑方格內之右下方。已啓用途徑之供應量亦加註於已啓用途徑方格之右下方，並加斜線以示區別。

初解表:

工廠＼營業所	D	C	F	G	E	B	A	S	供應量
R	4 ／4,000	5 ／3,000	6 ＋2	8 ＋6	7 ＋8	6 ＋7	＋2	0 ＋5	7,000
S	5 ＋2	4 ／1,500	3 ／2,500	2 ＋4	4 ＋5	5 ＋6	10 ＋7	0 ＋6	4,000
T	6 −3	3 −7	9 ／1,000	4 ／3,000	5 ／2,000	5 ／2,000	9 ／1,000	0 ／1,000	10,000
需要量	4,000	4,500	3,500	3,000	2,000	2,000	1,000	1,000	21,000

觀察上表可知，各尚未啓用之途徑中，係以 TC 途徑之隱值 −$7 爲最大負值。若經由此途徑供應，則每單位可減低成本$7，故應啓用此 TC 途徑以節省成本。依階石法分析，TC 途徑之階石循環爲（＋）TC ⟶（−）SC ⟶（＋）SF ⟶（−）TF。由於（−）TF目前供應量爲 1,000 單位，故最多可移出1,000單位而改由TC 供應。經由此項改進之結果，

以及改進後之各項未啓用途徑之隱值，如下表：

第二表：

工廠＼營業所	D	C	F	G	E	B	A	S	供應量
R	4 / 4,000	5 / 3,000	6 / +2	5 / −1	8 / +1	7 / 0	6 / −5	0 / −2	7,000
S	5 / +2	4 / 500	3 / 3,500	2 / −3	4 / −2	5 / −1	10 / 0	0 / −1	4,000
T	6 / +4	3 / 1,000	9 / +7	5 / 3,000	5 / 2,000	5 / 2,000	9 / 1,000	0 / 1,000	10,000
需要量	4,000	4,500	3,500	3,000	2,000	2,000	1,000	1,000	21,000

觀察上表可知，各項未啓用途徑中，係以 RA 途徑之隱值 −$5 爲最大負值，若經由此途徑供應，則每單位可減低成本 $5，故應啓用此項 RA 途徑以節省供應總成本。依階石法分析，RA 途徑之階石循環爲 (+)RA ⟶ (−)TA ⟶ (+)TC ⟶ (−)RC，其中 (−)TA 之目前供應量爲1,000單位，故最多可移出 1,000 單位而改由 RA 途徑供應。經由此項改進之結果，以及改進後之各項未啓用途徑之隱值，如下表：

第三表：

工廠＼營業所	D	C	F	G	E	B	A	S	供應量
R	4 / 4,000	5 / 2,000	6 / +2	5 / −1	8 / +1	7 / 0	6 / 1,000	0 / −2	7,000
S	5 / +2	4 / 500	3 / 3,500	2 / −3	4 / −2	5 / −1	10 / +5	0 / −1	4,000
T	6 / +4	3 / 2,000	9 / +7	5 / 3,000	5 / 2,000	5 / 2,000	9 / +5	0 / 1,000	10,000
需要量	4,000	4,500	3,500	3,000	2,000	2,000	1,000	1,000	21,000

　　觀察上表可知，各未啓用途徑中，係以 SG 途徑之隱值 － $3 爲最大負值，若經由此途徑供應，則每單位可以減低成本 $3，故應啓用此 SG 途徑以節省供應總成本。依階石法分析，SG 途徑之階石循環係爲 (＋)SG ──→(－)SC ──→(＋)TC ──→(－)TG。由於其中(－)SC 目前供應量爲500單位，故最多可移出500單位而改由 SF 供應。經由此項改進之結果，以及改進後之各項未啓用途徑之隱值，如下表：

第四表：

工廠＼營業所	D	C	F	G	E	B	A	S	供應量
R	4　　4,000	5　　2,000	6　　－1	5　　－1	8　　＋1	7　　0	6　　1,000	0　　－2	7,000
S	5　　＋5	4　　＋3	3　　3,500	2　　500	4　　＋1	5　　＋2	10　　＋8	0　　＋2	4,000
T	6　　＋4	3　　2,500	9　　＋4	4　　2,500	5　　2,000	5　　2,000	＋5	0　　1,000	10,000
需要量	4,000	4,500	3,500	3,000	2,000	2,000	1,000	1,000	21,000

　　觀察上表可知，各項未曾啓用的途徑中，係以 RS途徑之隱值 － $2 爲最大負值，若經由此途徑自 R 廠供應 S 營業所（實際卽係將多餘之供應能量改由 R 廠承擔），則每單位可以減低成本 $2，故應啓用此項RS途徑以節省供應總成本。換言之，若將 R 廠減少供應 1,000 單位，而將 T 廠之供應能量全部恢復（原由 TS 途徑承擔此 1,000 單位亦卽係 T 廠閒置生產能量1,000單位），則每單位可節省成本 $5。依階石法分析，RS 途徑之階石循環係爲 (＋)RS ──→(－)RC ──→(＋)TC ──→(－)TS。由於其中(－)TS 之供應量爲 1,000單位，故最多僅可移出 1,000單位，而改由 RS 供應。經由此項改進之結果，以及改進後之各項未啓用途徑之

隱值，可以下表表示:

第五表:

工廠\營業所	D	C	F	G	E	B	A	S	供應量
R	4 / 4,000	5 / 1,000	6 / −1	5 / −1	8 / +1	7 / 0	6 / 1,000	0 / 1,000	7,000
S	5 / +5	4 / +3	3 / 3,500	2 / 500	4 / +1	5 / +2	10 / +8	/ +4	4,000
T	6 / +4	3 / 3,500	9 / +4	4 / 2,500	5 / 2,000	5 / 2,000	9 / +5	/ +2	10,000
需要量	4,000	4,500	3,500	3,000	2,000	2,000	1,000	1,000	21,000

觀察上表可知，各項尚未啓用途徑中，以 RG 途徑之隱值−$1爲最大負值（RS 亦有相同之−$1隱值，可任選其一）。若啓用 RG 途徑供應，則每單位可減低成本$1，故應啓用此 RG 途徑以節省成本。依階石法分析，RG 途徑之階石循環爲（＋）RG ⟶（−）RC ⟶（＋）TC ⟶（−）TG。由於其中（−）RC 目前總數量爲 1,000 單位，故最多可移出1,000單位而改由 RG 供應。經由此項改進之結果，以及改進後之各項未啓用途徑之隱值，如下表所示:

第六表（最佳解表）:

工廠\營業所	D	C	F	G	E	B	A	S	供應量
R	4 / 4,000	5 / +1	6 / 0	5 / 1,000	8 / +2	7 / +1	6 / 1,000	0 / 1,000	7,000
S	5 / +4	4 / +3	3 / 3,500	2 / 500	4 / +1	5 / +2	10 / +7	0 / +3	4,000
T	6 / +3	3 / 4,500	9 / +4	4 / 1,500	5 / 2,000	5 / 2,000	9 / +4	0 / +1	10,000
需要量	4,000	4,500	3,500	3,000	2,000	2,000	1,000	1,000	21,000

　　觀察上表，各未啓用途徑之隱值皆已爲零或大於零之正值，對於成本之減低已無可能，已達最佳解。其總供應成本爲：

$$\$4\times4,000+\$5\times1,000+\$6\times1,000+\$0\times1,000$$
$$+\$3\times3,500+\$2\times500+\$3\times4,500+\$4\times1,500$$
$$+\$5\times2,000+\$5\times2,000=\$78,000$$

五、修正分配法

　　修正分配法（MODI, Modified-Distribution Method）簡稱 MODI 法，與階石法極爲相似，係另以關鍵值（Key Value）計算各項未啓用途徑之隱值或對於減低成本之貢獻，故亦稱關鍵值法。其計算過程較階石法爲簡便。茲仍以說明階石法例示，解釋本法之意義及計算程序。

　　MODI法之初解，仍係運用西北角法則獲得，惟於每欄及每列另設定一項關鍵值。一般係將各列（Row）的關鍵值以符號 R_i 表示；各欄的關鍵值以符號 K_j 表示。以上符號中 i 係表示列數（Row Number）；j 係表示欄數（Column Number）。茲將原例以 MODI 法列表如下：

K_j / R_i		K_1	K_2	K_3	
	工廠 \ 營業所	A	B	C	供應量
R_1	W	4 　　56	8	8	56
R_2	X	16 　　16	24 　　66	16	82
R_3	Y	8	16 　　36	24 　　41	77
	需要量	72	102	41	215

利用各欄與各列的關鍵值，卽可求出各個途徑（或階石）的成本指數 (Cost Indices)。亦卽

$$R_i + K_j = C_{ij} = ij \text{ 途徑的成本指數,}$$

就本例言，可列出下列關係式（已啓用途徑）：

$$R_1 + K_1 = 4 \quad \cdots\cdots\cdots\cdots\cdots\cdots\cdots\cdots\cdots\cdots\cdots\cdots\cdots (1)$$

$$R_2 + K_1 = 16 \quad \cdots\cdots\cdots\cdots\cdots\cdots\cdots\cdots\cdots\cdots\cdots (2)$$

$$R_2 + K_2 = 24 \quad \cdots\cdots\cdots\cdots\cdots\cdots\cdots\cdots\cdots\cdots\cdots (3)$$

$$R_3 + K_2 = 16 \quad \cdots\cdots\cdots\cdots\cdots\cdots\cdots\cdots\cdots\cdots\cdots (4)$$

$$R_3 + K_3 = 24 \quad \cdots\cdots\cdots\cdots\cdots\cdots\cdots\cdots\cdots\cdots\cdots (5)$$

由於此項關鍵值僅係一項指標，表示其相對的價值，故可首先設定 $R_1 = 0$ 以解上式各值：

設 $R_1 = 0$ 代入(1)式得 $K_1 = 4$

將 $K_1 = 4$ 代入(2)式得 $R_2 = 12$

將 $R = 12$ 代入(3)式得 $K_2 = 12$

將 $K_2 = 12$ 代入(4)式得 $R_3 = 4$

將 $R_3 = 4$ 代入(5)式得 $K_3 = 20$

於求得各欄與各列之關鍵值後，卽可運用此等關鍵值，計算各個尙未啓用途徑之隱值，其計算係依照下列公式求得：

$$I_{ij} = C_{ij} - R_i - K_j$$

例如上列初解表中第一列（W列）與第二欄（B欄）交會處WB途徑之隱值 I_{12}（卽階石法中之 I_{WB}）爲：

$$I_{12} = C_{12} - R_1 - K_2$$

$$= 8 - 0 - 12 = -4$$

同理，其他各項未使用途徑之隱值爲：

$$I_{13} = C_{13} - R_1 - K_3$$

$$=8-0-20=-12$$

$$I_{23}=C_{23}-R_2-K_3$$

$$16-12-20=-16$$

$$I_{31}=C_{31}-R_3-K_1$$

$$=8-4-4=0$$

將上列初解表及其未使用途徑之隱值之計算結果，重新列出 MODI 初解表如下：

初解表：

K_J / R_I	工廠 營業所	K_1=4 A	K_2=12 B	K_3=20 C	供應量
$R_1=0$	W	4 56	8 −4	8 −12	56
$R_2=12$	X	16 16	24 66	16 −16	82
$R_3=4$	Y	8 0	16 36	24 41	77
	需要量	72	102	41	215

以上計算結果，與階石法所獲結果完全相同，以 XC 途徑之隱值－＄16爲各未啓用途徑隱值中之最大負值。故知若啓用此 XC 途徑，則每單位可減低成本＄16，對於總供應成本之降低自有幫助，故應啓用此途徑供應 C 營業所。由上分析並可得知 MODI 法係利用關鍵值求得各個未啓用途徑之隱值，其計算僅就該未啓用途徑所在位置之行列關鍵值與其成本指標計算方式（卽 $I_{IJ}=C_{IJ}-R_I-K_J$）求得，甚爲便利。而前述

之階石法係就階石循環中各階石之供應成本求取該未啓用途徑之隱值，由於其階石循環長短不一致，其計算自較為不便。惟MODI法每解必須重新計算各欄與各列的關鍵值，亦甚為不便。

自上分析，係以 I_{23} 為具有最大負值，故應啓用 XC 途徑。分析XC途徑之階石循環可知最多自 YC 途徑移出41單位改由 XC 途徑供應，故應啓用 XC 途徑供應41單位。經由此項改進之結果，以及改進後之各未啓用途徑隱值，可以下表表示:

第二解:

K_J / R_I	工廠 \ 營業所	$K_1 = 4$ A	$K_2 = 12$ B	$K_3 = 4$ C	供應量
$R_1 = 0$	W	4 / 56	8 / -4	8 / $+4$	56
$R_2 = 12$	X	16 / 16	24 / 25	16 / 41	82
$R_3 = 4$	Y	8 / 0	16 / 77	24 / $+16$	77
	需要量	72	102	41	215

由於啓用 XC 途徑供應41單位，故使 XB 減為供應25單位; YB 途徑增加供應至77單位，並關閉 YC 途徑之供應。惟為計算上表中各未啓用途徑之隱值（業已註明於上表中各未啓用途徑方格之右下方），需重新就已啓用途徑之現有成本，計算各欄與各列之關鍵值（亦業已註明於上表中各欄與各列之首）。其計算方式仍係運用公式$R_1 + K_J = C_{1J}$求得。茲將上表（第二表）各欄各列之關鍵值之計算列式如下:

設 $R_1 = 0$ ， $R_1 + K_1 = C_{11}$ $\therefore$ $K_1 = C_{11} - R_1 = 4 - 0 = 4$

$\because K_1 = 4$ ， $R_2 + K_1 = C_{21}$ $\therefore$ $R_2 = C_{21} - K_1 = 16 - 4 = 12$

$\because R_2 = 12$, $R_2 + K_2 = C_{22}$ $\therefore$ $K_2 = C_{22} - K_2 = 24 - 12 = 12$

$\because R_2 = 12$, $R_2 + K_3 = C_{23}$ $\therefore$ $K_3 = C_{23} - R_2 = 16 - 12 = 4$

$\because K_2 = 12$, $R_3 + K_2 = C_{32}$ $\therefore$ $R_3 = C_{32} - K_2 = 16 - 12 = 4$

上表中各未啓用途徑之隱值，係經由下列計算得來：

$I_{12} = C_{12} - R_1 - K_2 = 8 - 0 - 12 = -4$

$I_{13} = C_{13} - R_1 - K_3 = 8 - 0 - 4 = +4$

$I_{31} = C_{31} - R_3 - K_1 = 8 - 4 - 4 = 0$

$I_{33} = C_{33} - R_3 - K_3 = 24 - 4 - 4 = +16$

自第二解各未啓用途徑之隱值分析，係以 WB 途徑之隱值－$4（$I_{12} = -4$）爲最大負值，故應啓用此項尚未啓用之途徑以節省成本。上述分析結果與階石法所獲結果完全相同。茲將 MODI 法之步驟彙總如下：

(1)依下列公式計算各欄（Column）與各列（Row）的關鍵值K_j與R_i：

$$R_i + K_j = C_{ij}$$

（C_{ij} 係第 i 列與 j 欄方格中之成本；R_1 設定爲零）。

(2)依下列公式計算各個未啓用途徑之隱值。

$$C_{ij} - R_i - K_j$$

(3)選擇具有最大負值之隱值者爲新關途徑以節省運輸或供應成本。若各項未啓用途徑之隱值皆已爲零或爲大於零之正值，則係表示已無減低成本之可能，即已獲最佳解。

(4)若尚未達最佳解，則就所選新關途徑之階石循環中之須移出供應能量（負符號）途徑之最低供應量爲新關途徑之可以供應數量。

(5)重新依上述(1)步驟再次作改進，直至獲最佳解爲止。

依上述程序，本例之第三解與最終之最佳解列表爲：

第三解：

K_j \ R_i		$K_1 = 4$	$K_2 = 8$	$K_3 = 4$	
	工廠 \ 營業所	A	B	C	供應量
$R_1 = 0$	W	4 / 31	8 / 25	8 / +4	56
$R_2 = 12$	X	16 / 41	24 / +4	16 / 41	82
$R_3 = 8$	Y	8 / −4	16 / 77	24 / +12	77
	需要量	72	102	41	215

最佳解：

K_j \ R_i		$K_1 = 0$	$K_2 = 8$	$K_3 = 0$	
	工廠 \ 營業所	A	B	C	供應量
$R_1 = 0$	W	4 / +4	8 / 56	8 / +8	56
$R_2 = 16$	X	16 / 41	24 / 0	16 / 41	82
$R_3 = 8$	Y	8 / 31	16 / 46	24 / +16	77
	需要量	72	102	41	215

以上各個未啓用途徑之隱值皆已爲零或爲大於零之正值，故知已無

減低成本之可能，已達最佳解。以上以MODI法所求解之各表，與以階石法求解各表之結果完全相同。兩者最大差別係MODI法以各欄各列之關鍵值計算各個未啓用途徑之隱值，餘皆無甚差別。

六、解的退化

解的退化（Degeneracy）係指運輸模式所獲得有效解或適宜解（Feasible solution）的個數，較 m＋n－1 為少。例如上例中 m＝3；n＝3（m為列的個數，n為欄的個數）故其適宜解係為 3＋3－1＝5。若所獲解少於此數即有解的退化現象發生。運輸模式解的退化與線性規劃解的退化相似，其性質亦相同，皆可視其為"零的解"，亦即將"零"亦視為係適宜解，而逕以正常程序解之。適宜解少於m＋n－1個的情形可能發生於運輸模式的初解，亦可能發生於以後階段的解。

例如就下列運輸模式問題言，依西北角法則所獲得之初解僅有四個適宜解（亦即僅 WA，WB，XB，YC 四個途徑被啓用），較該問題之應有適宜個數m＋n－1＝3＋3－1＝5為少，故係解的退化現象。

工廠＼營業所	A	B	C	供應量
W	4　　35	8　　20	8	55
X	16	24　　25	16	25
Y	8	16	24　　35	35
需要量	35	45	35	115

　　上表中僅有四個途徑有解（有大於零的運輸量），故係解的退化。

當發生解的退化時，將不能計算某些個尚未使用途徑的隱值。例如上列

初解中 WC 未使用途徑隱值之計算，無論係運用階石法（Stepping-

Stone Method）或 MODI 法，皆無法求得。此乃由於自第二欄（B欄）

至第三欄（C欄）之階石循環，缺乏連結關係（如鍵之缺環）而中斷。

爲補救此項因解的退化而引起之困難，可將 XC 或 YB 途徑視爲業已啓

用之途徑，惟其供應量係極爲微小，可以無限小 ϵ 來表示（甚至以零表

示）之，如下表：

工廠＼營業所	A	B	C	供應量
W	4　　　　35	8　　　　20	8	55
X	16	24　　　　25	16　　ϵ	25
Y	8	16	24　　　　35	35
需要量	35	45	35	115

　　上表中之 XC 途徑已設定爲啓用途徑，惟其實際之運輸量爲無限小

ϵ 或 0 。經由此項修正，則 WC 之階石循環即可順利完成，而觀察自

WA→WB→XB→XC→YC 亦形成一連接鍵而無中斷現象。

　　以上之退化現象亦可能於以後階段的解中產生，惟其解決辦法仍係

相同，選定一項未使用途徑（若係缺一個適宜解）爲業已使用之途徑，

而設定其目前之運輸或供應量爲無限小 ϵ （或逕設定爲 0 ），而構成一

條連接不斷之鍵，並符合適宜解應恰爲 m＋n－1 個。

　　若遇有適宜解係爲超過m＋n－1個。例如初解係就該企業之實際運輸供應情況而求得者。例如該企業之目前運輸供應情況如下表，若逕以其此項目前情況爲初解（並無此必要），爲符合適宜解m＋n－1個數的要求，必須作適當的修正。

工廠＼營業所	A	B	C	供應量
W	4　　　10	8　　　30	8　　　15	55
X	16　　　5	24　　　10	16　　　10	25
Y	8　　　20	16　　　5	24　　　10	35
需要量	35	45	35	115

　　上表顯示該企業目前之每個工廠皆有供應每個營業所，其非最佳解已甚明顯。若逕以此爲初解，運用運輸模式階石法或 MODI 法予以改善，必須將以上 9 個解減少成爲 5 個解（3＋3－1），其方法甚爲簡易，可逕用消去法予以減少解的個數，例如：

	A	B
W	10	30
X	5	10

可化成爲

	A	B
W	15	25
X		15

　　將 XA 途徑消去，減少解的個數。並可仿照此種方法，將解的個數化簡成爲m＋n－1個。

七、運輸模式的線性規劃解

運輸模式實爲線性規劃問題的特殊形態，故仍可以將其以線性規劃問題解之。仍沿用前例說明兩者間之關係：

工廠 \ 營業所	A	B	C	供應量
W	4	8	8	56
X	16	24	16	82
Y	8	16	24	77
需要量	72	102	41	215

以上係爲標準的運輸模式問題。若設 X_i 爲自各廠運輸供應各營業所之數量，亦卽

$$X_1 = 自W廠運至A營業所之數量$$
$$X_2 = 自W廠運至B營業所之數量$$
$$X_3 = 自W廠運至C營業所之數量$$
$$X_4 = 自X廠運至A營業所之數量$$
$$X_5 = 自X廠運至B營業所之數量$$
$$X_6 = 自X廠運至C營業所之數量$$
$$X_7 = 自Y廠運至A營業所之數量$$
$$X_8 = 自Y廠運至B營業所之數量$$

$X_9 =$ 自 Y 廠運至 C 營業所之數量

則上列問題可以下列形式表之：

	A	B	C	
W	X_1	X_2	X_3	56
X	X_4	X_5	X_6	82
Y	X_7	X_8	X_9	77
	72	102	41	

依上述分析，爲符合各廠之供應量及各營業所之需要量的要求，可得下列各項限制條件：

$$X_1 + X_4 + X_7 = 72$$

$$X_2 + X_5 + X_8 = 102$$

$$X_3 + X_6 + X_9 = 41$$

$$X_1 + X_2 + X_3 \leq 56$$

$$X_4 + X_5 + X_6 \leq 82$$

$$X_7 + X_8 + X_9 \leq 77$$

以上各式之意義係表示需要必須正確供應（過多係浪費），而供應量不能超過各廠之能量。

其目的方程係爲求取最低之供應總成本：

極小　　$\$4X_1 + \$8X_2 + \$8X_3 + \$16X_4 + \$24X_5 + \$16X_6$

$$+ \$8X_7 + \$16X_8 + \$24X_9$$

故上列運輸模式問題業已轉化成爲線性規劃的標準形式。以上線性規劃問題於增加虛設變數S_i(Slack Variable)與設定變數A_i(Artificial

Variable) 後，可改寫成爲:

極小　$\$4X_1 + \$8X_2 + \$8X_3 + \$16X_4 + \$24X_5 + \$16X_6$

$+ \$8X_7 + \$16X_8 + \$24X_9 + \$0S_1 + \$0S_2 + \$0S_3$

$+ \$MA_1 + \$MA_2 + \$MA_3$

限制於　$X_1 + X_4 + X_7 + A_1 = 72$

$X_2 + X_5 + X_8 + A_2 = 102$

$X_3 + X_6 + X_9 + A_3 = 41$

$X_1 + X_2 + X_3 + S_1 = 56$

$X_4 + X_5 + X_6 + S_2 = 82$

$X_7 + X_8 + X_9 + S_3 = 77$

並可將上列各線性規劃目的方程及限制條件，以單純列表法(Simplex Tableau) 求得其初解如下表:

初解表:

	$\$4$	$\$8$	$\$8$	$\$16$	$\$24$	$\$16$	$\$8$	$\$16$	$\$24$	$\$0$	$\$0$	$\$0$	$\$M$	$\$M$	$\$M$	
基礎(解)	X_1	X_2	X_3	X_4	X_5	X_6	X_7	X_8	X_9	S_1	S_2	S_3	A_1	A_2	A_3	數量
A_1	1	0	0	1	0	0	1	0	0	0	0	0	1	0	0	72
A_2	0	1	0	0	1	0	0	1	0	0	0	0	0	1	0	102
A_3	0	0	1	0	0	1	0	0	1	0	0	0	0	0	1	41
S_1	1	1	1	0	0	0	0	0	0	1	0	0	0	0	0	56
S_2	0	0	0	1	1	1	0	0	0	0	1	0	0	0	0	82
S_3	0	0	0	0	0	0	1	1	1	0	0	1	0	0	0	77

初解值: $A_1 = 72$; $A_2 = 102$; $A_3 = 41$

$S_1 = 56$; $S_2 = 82$; $S_3 = 77$

目的方程值 $= \$215M$

自上分析可知，運輸模式實爲線性規劃問題的特殊形態。惟雖可將運輸模式轉化成爲線性規劃的標準形式，由於其有關的變數數量，將大爲增加，於求解時極爲不便。上例卽係含有15個變數，容易使得問題變得龐大，不如逕以運輸模式求解較爲簡便。

習　　題

8-1　試解下列運輸問題:

單位成本及供需數量:

需 供 應　　要	W₁	W₂	W₃	供應量
F₁	$ 80	$ 90	$ 100	10
F₂	85	70	60	20
F₃	120	105	115	30
需要量	10	28	22	60

8-2　某公司有兩個工廠，生產產品一種，供應三個地區的市場需要，其產品的單位運輸成本，因工廠與市場間距離與交通狀況不同而略有差異，可列表如下:

	市　　場		
	M₁	M₂	M₃
工廠　F₁	$ 2	$ 2	$ 5
Γ₂	4	1	1

該公司兩個工廠之單位生產成本，亦因設備關係而有所差異，F₁廠每單位生

產成本＄4； F_2 廠每單位生產成本＄3。各廠之生產量 F_1 廠每年可供應 25 單位；
F_2 廠每年可供應40單位。各市場每年之需要量，M_1 為 20 單位，M_2 為 10 單位，
M_3 為 25 單位，試求自各工廠供應各地區市場各若干單位，始有最低總成本？
（註：由於各單位生產成本有差異，將各單位生產成本與運輸成本相加卽為總成本）

8-3 某公司研究發展成功A、B、C、D四項新產品，並擬訂四項生產計
劃，據以向銀行洽貸生產資金，經洽談結果，各銀行願貸資金及利率如下：

銀 行 ＼ 新產品	利 率				最高貸 款額度
	A	B	C	D	
W	6％	8％	9％	7％	＄20,000
X	5	5	5	5	10,000
Y	7	6	8	8	20,000
Z	8	9	9	8	30,000
需要金額	＄40,000	＄30,000	＄20,000	＄20,000	

若各項生產計劃獲利能力相當，該公司可從事此四項全部新產品的生產或任何
幾項新產品的生產，試問該公司應從事何項新產品的生產並向各家銀行借若干，其
所支付利息為最低？

8-4 某貨櫃運輸公司於A、B、C、D四地各有多餘貨櫃4、3、6、1
個；而於X、Y、Z三地各需5、3、6個貨櫃，各地間的運輸距離（哩）如下，
該公司應如何調派其貨櫃方有最低運輸成本：

供應地＼需要地	X	Y	Z	供應數量
A	50	40	80	4
B	30	10	90	3
C	60	100	20	6
D	90	90	30	1
需要數量	5	3	6	14

8-5　某公司製造甲、乙兩種產品，其銷售量估計如下：

銷售量估計表　　（單位：千件）

月　份	甲產品	乙產品	總　件
1	4	2	6
2	6	2	6
3	6	6	12
4	8	10	18
5	8	12	20
6	4	8	12

　　工廠每月份正常生產能量為10,000件，加班生產能量為8,000件。惟加班生產計費單位生產成本要較正常生產高出 2 元一單位。該公司為減低成本，可以銷量較低月份的生產，儲存供較高銷量月份出售，以避免不必要的加班，惟甲產品儲存成本每月每件需費 1 元，乙產品儲存成本每月每件 1.2 元。該公司應如何安排此六個月的生產，以供應上列的銷售估計數量？

8-6 某廠具有甲、乙、丙三個分廠，均可生產A與B兩種產品。茲擬將上半年與下半年視爲兩個期間，作生產日程安排。第一期間（上半年），A與B產品的需求量分別爲300及600單位；第二期間（下半年），分別爲400與700單位需求量。設各廠生產A與B產品所需時間均各爲1小時，工廠生產能量時數及成本如下表：

工　　廠		生產能量（小時）		生產成本（每件）	
		第 I 期	第 II 期	A產品	B產品
甲廠	正常生產	100	110	$ 1.5	$ 2.5
	加班生產	60	65	1.8	2.6
B廠	正常生產	150	160	$ 1.6	$ 2.4
	加班生產	80	90	1.9	2.6
C廠	正常生產	500	500	1.7	2.6
	加班生產	250	250	2.0	2.8

該廠上半年生產產品供下半年銷售者，需每件負擔倉儲費用如下：A每件 $ 0.20；B每件0.15；C每件 $ 0.10，試以運輸模式及線性規劃模式列出本問題（不必求解）。

第九章　指派問題與分枝界限

一、指派問題

指派問題（Assignment Problem）係爲運輸問題的一項特例，亦有其特殊的解法。當運輸問題中的行與列的數目相等，其供需量皆分別爲1，且其各行各列數值非爲零 卽 爲1，則此項特殊形式的運輸問題，卽成爲指派問題，通常皆係用於分派工作之用或類似的分派問題。

去路 來源	I	II	III	IV	供應
A	0	1	0	0	1
B	0	0	0	1	1
C	1	0	0	0	1
D	0	0	1	0	1
需　要	1	1	1	1	

來源係相當於被分派的事或物；去路相當於分派的去處，問題在於如何分派方能有最低成本。

指派問題雖亦可用線性規劃或運輸模式求解，惟將如運用線性規劃求解運輸模式，缺乏效率。

設有三項工作（A、B、C）需待完成，皆可於三部機器（X、Y、Z）做。各項工作於各機器上做因效率關係，其成本不等：

工作	機	器	
	X	Y	Z
A	$ 25	$ 31	$ 35
B	15	20	24
C	22	19	17

指派問題係求解如何分派A、B、C於X、Y、Z而獲最低成本。

此項問題首先可以運輸模式來表示，並可瞭解其缺乏效率之原因。

上列問題之運輸模式初解表如下：

工 機 作 器	X	Y	Z	工作量
A	$ 25　　1	$ 31	$ 35	1
B	$ 15	$ 20　　1	$ 24	1
C	$ 22	$ 19	$ 17　　1	1
機器能量	1	1	1	3

上列初解表之意義係將A工作指派由X機器完成；B工作由Y機器完成；C工作由Z機器完成。此項初解僅有三個適宜解（Feasible Solution），較 m＋n－1＝3＋3－1＝5 個適宜解的要求尚較少二個解。故需增設二個虛設的解，以打破此項解的退化（Degeneracy）。為滿足運輸模式的階石循環連接的要求，可將此兩個值為零的虛設解置於AY與BZ途徑，亦即如下表：

工作 ＼ 機器	X	Y	Z	工作量
A	25 1	31 0	35	1
B	15	20 1	24 0	1
C	22	19	7 1	1
機器能量	1	1	1	3

經修改後之初解已能符合運輸模式的要求, 故可按運輸模式之正常程序, 計算各項未使用途徑的隱值, 以謀求總成本的減低。惟值得注意者, 由於祇有三項工作須分派至三部機器, 故以後各階段所求得之解, 仍然係祇有三個解, 故仍需經過增設二個虛設解後方能進行運輸模式的正常程序。換言之, 指派問題雖係運輸模式之特殊形式, 但由於其經常產生解的退化問題, 使得運用運輸模式方法去求解, 甚爲不便並缺乏效率。

一般常用於指派問題的方法有勾牙利法 (Hungarian Method of Assignment) 與分枝界限法 (Branch and Bound) 兩種。首先說明勾牙利法意義及求解程序, 其主要之步驟有三項:

(1)決定工作機會成本與機器機會成本 (Job and Machine Opportunity Costs)。例如就上例言, 若將工作A派由機器X去做, 計需成本＄25。並將犧牲將工作B或工作C由機器X去做的機會。惟事實上若將工作B由機器X去做, 可以節省成本＄25－＄15＝＄10。由於工作B由機器X做之成本爲最低 (＄15), 故無論工作A或工作C由機器X做皆非相宜, 前者將發生機會成本＄10; 後者將發生機會成本＄7 (＄22－

$ 15)。茲將工作機會成本列表計算如下：

工作機會成本

工作＼機器	X	Y	Z
A	25−15＝10	31−19＝12	35−17＝18
B	15−15＝0	20−19＝1	24−17＝7
C	22−15＝7	19−19＝0	17−17＝0

就本例言， 工作機會成本係將表中各項數值， 減去其各行（Column）中之最低值。其簡化列表格式如下：

	X	Y	Z
A	25	31	35
B	15	20	24
C	22	19	17
	−15	−19	−17

$\Longrightarrow$

	X	Y	Z
A	10	12	18
B	0	1	7
C	7	0	0

同理， 就機器之機會成本觀點言， 若將工作A派由機器Y去做，計需成本 $ 31；並犧牲將工作A派由機器X去做的機會，而後者僅需成本 $ 25， 故發生 $ 31－ $ 25＝ $ 6 的機器機會成本。所以機器機會成本，係將上表中各數值， 減去其各列（Row）的最低值。換言之， 工作與機器機會成本， 係將上表中之各數值， 減去其各欄與各列的最低數值。茲就上例工作機會成本表中數值， 再減去其各列中之最低值， 即可得總機會成本表， 茲以簡表列出其計算程序如下：

	X	Y	Z	
A	10	12	18	−10
B	0	1	7	−0
C	7	0	0	−0

$\Longrightarrow$

	X	Y	Z
A	0	2	8
B	0	1	7
C	7	0	0

(2)匈牙利法之第二項步驟係決定可否求得最佳之指派，其原則爲指派具有零值的機會成本去完成工作爲最佳。 若 獲 得 之總機會成本表係爲:

	X	Y	Z
A	0	2	8
B	0	0	7
C	7	0	0

就可將工作A派由X機器; 工作B派由Y機器; 工作C派由Z機器做, 亦即:

	X	Y	Z
A	[0]	2	8
B	0	[0]	7
C	7	0	[0]

即係最佳解。

惟就本例言, 所獲得總機會成本係爲:

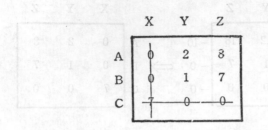

其具有零值機會成本的途徑，不足以分派完畢全部的工作。觀察上表，僅有兩條通過零的劃線（以最少的線劃去所有的零），而無三條線（表示有三個解），故需進行下列第三項步驟。

(8)重新計算總機會成本表：由於目前的機會成本水準，尚不足以將三個工作分派完畢，故需重新求總機會成本，亦即需啓用新的途徑以便將三項工作全部分派出去。其程序如下：(a)未劃線部分的各項數值，均減去其最低數值（由於有零值者必已劃線，故此項最低數值必係大於零）；(b)劃線部分之數值，除兩線交會點處之數值需加上此項最低數值外，其餘皆不予變動。仍就本例計算如下：

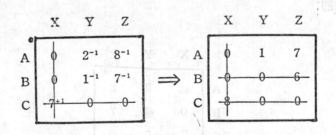

經由以上之改進，已將 BY 途徑改成為零值，故必須以三條直線始可將表中所有的零值劃去，故知已可將三項工作全部分派出去。其分派方式如下：

	X	Y	Z
A	⓪	1	7
B	0	⓪	6
C	8	0	⓪

其總成本爲：

AX：	$ 25
BY：	20
CZ：	17
合計	$ 62

茲再舉例說明如下：

例一　某廠擬裝置三部機器（A、B、C），計有四處位置（Ⅰ、Ⅱ、Ⅲ、Ⅳ）可以安裝。由於各處對該機器之需要，因其離開某工場中心之遠近而不同，因此，吾人之目的在將機器安裝於最適合之場所，以便原料運送之總成本最低，茲將於各處之不同機器，其單位時間所需之原料運送成本估計如下：

		Ⅰ	Ⅱ	Ⅲ	Ⅳ	位置
機器	A	13	10	12	11	
	B	15	M	13	20	
	C	5	7	10	6	
	S	0	0	0	0	

上表中 S 機器係一項虛設變數（Slack Variable）或虛設機器，以符合指派問題之行數與列數相等之要求。於最佳解中 S 係安置於某一位置，則此位置卽係空閒，並無機器安裝。此外上表中 B 機器不可安裝於第Ⅱ位置，故以鉅額成本 M 表示，以保證於最佳解中不會將 B 機器安裝於此位置（目的係最低成本）。

如前例，將每列各數減去該列之最低數值，得：

	I	II	III	IV	
A	13	10	12	11	—10
B	15	M	13	20	—13
C	5	7	10	6	—5
D	0	0	0	0	—0

$\Rightarrow$

	I	II	III	IV
A	3	[0]	2	1
B	2	M	[0]	7
C	[0]	2	5	1
D	0	0	0	[0]

本例於求得總機會成本表，即已獲得最佳解，其分派爲：A—II；B—III；C—I；第IV位置則閒置未予使用。其總成本爲：

A—II	$ 10
B—III	13
C—I	5
合計	$ 28

上例顯示指派問題亦如運輸問題可以於行或列，增設虛設變數以維持平衡，此外亦可於成本額方面加以修正（例如設爲M成本）以配合必須之限制。

例二

設有一項工作的指派問題，其成本矩陣如下：

	I	II	III	IV	V
A	11	17	8	16	20
B	9	7	12	6	15
C	13	16	15	12	16
D	21	24	17	28	26
E	14	10	12	11	15

仿前例，將各列皆減去其該列的最低數，得：

	I	II	III	IV	V
A	3	9	0	8	12
B	3	1	6	0	9
C	1	4	3	0	4
D	4	7	0	11	9
E	4	0	2	1	5

由於尚未能獲得求解所需的全部零位 (Zero Position)，故再在每行皆減去其該行的最低數，得：

	I	II	III	IV	V
A	2	9	0	8	8
B	2	1	6	0	5
C	0	4	3	0	0
D	3	7	0	11	5
E	3	0	2	1	1

上表中各行及各列，皆已有零位可供分配，故可依次試作分派。惟由於每行（或每列）僅能有一個零位可用，故若已分派A—III，則D—III零位必須予以廢棄（即不能成為解）：

	I	II	III	IV	V
A			⓪		
B				0	
C	0		0	0	0
D			✕		
E	0				

同理，若分派 B—IV，則必須捨棄 C—IV，然後再分派 E—II：

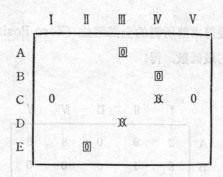

	I	II	III	IV	V
A			⓪		
B				⓪	
C	0			✕	0
D			✕		
E		⓪			

若 C—I 已被採用，則必須捨棄 C—V，如此可得：

	I	II	III	IV	V
A			⓪		
B				⓪	
C	⓪			✕	
D					
E		⓪			

　　依上分配，已將五項工作中的四項，予以分派完成，惟尙缺一項工作未有分派，　故必須再增零位方敷應付。　惟一如前述，　此項零位的增加，並非皆很容易的判斷出來，往往係費一番功夫。現仍採用劃線法，使各線能蓋去所有的零位，但所劃的線數 (Number of Lines)，必須爲最少，如下表所示：

	I	II	III	IV	V
A	2	9	0	8	8
B	2	1	6	0	5
C	0	4	3	0	0
D	3	7	0	11	5
E	3	0	2	1	1

　　關於如何始能找出最少數目的劃線，將於後列的步驟中，再予說明。就本例言，所劃線數必須等於可能分派工作的數目，亦卽應爲 4 條線。

　　劃線後，卽可於上表中找出未經劃線的成本數爲最低者，卽爲A─I位置的"2"，然後將未經劃線的各行各列數值皆減去 2，並在各個直線相交叉的位置加上 2，可得結果如下：

	I	II	III	IV	V
A	0	7	0	6	6
B	2	1	8	0	5
C	0	4	5	0	0
D	1	5	0	9	3
E	3	0	4	1	1

經此番加減後，即可進行再度的分派，結果可得 B—Ⅳ，D—Ⅲ，E—Ⅱ，C—Ⅴ及A—Ⅰ各項工作指派：

	Ⅰ	Ⅱ	Ⅲ	Ⅳ	Ⅴ
A	⓪	7	X	6	6
B	2	1	8	⓪	5
C	X	4	5	0	⓪
D	1	5	⓪	9	3
E	3	⓪	4	1	1

此項分派已屬完成，係爲一最佳解。惟若經過上述之增零位後，若尙無法獲得全部的分派，可再增加零位以求解。

當求解指派問題時，常遭遇到沒有零位或多於二個零位的行或列出現，在一般的情況下，可運用下列步驟求解：

(1)於指派問題的成本矩陣中，將各行的數，皆減去其該行中的最小值，各列亦減去其各列的最小值。

(2)依次觀察各行及各列，對祇有一個零位的各行或各列，皆保留該項零位作爲分派之用，而消去在同行或同列的其他零位，如此繼續下去，直至將所有的零位予以處理後，若各被分派（或保留）的零位，可形成一個完整的分派，則該項分派即爲最佳，否則須按下述步驟予以改進。

(3)劃最少的線，以劃去所有的零位：

①在未有分派的各行前端，皆註以一個符號（如√）

②觀察各列，若已有零位被劃去者，亦在其上端註一個符號。

③在經有註號的各列中，若已有分派的零位，則於相對應於零位

的各行，亦註以符號。

　　④重複②與③兩項步驟，直至已無行或列可再予註號時爲止。

　　⑤劃線於每一尚未註號的行或已註號的列。

　　(4)觀察各個未被劃線的成本數，找出其中的最小值，將未被劃線的各行與各列數值，皆減去此項最小值（必可增加零位的出現），然後再將此最小值加於有兩條線交叉點的數字上，然後再繼續上述第(2)步驟，直至各項分派完成爲止。

二、分枝與界限

　　上節所述指派問題，皆係有限個適宜解，卽可需經由列舉法(Enumeration) 亦尙可不至於過分龐大。惟若遇到有較多變數之場合，例如10部機器需分別安裝於10個位置，而且其成本結構又非明顯可以作少數試驗卽可作最佳分派，於理論上，此種情況將有10! 的可能分派方式，卽使運用電子計算機亦無法一一予以列舉比較。分枝界限法（ Branch and Bound）雖亦係屬於列舉法的性質，惟其較具效率，通常僅需要分析與比較所有可能分派途徑或可能分派方式之一部分，卽可求得最佳解，而無需將全部可能分派方式作列舉的分析比較。所以，分枝界限的主要概念係將適宜解 (Feasible Slution) 的各種可能情況，盡可能的逐漸區分爲更小的範圍，直至最後可以找出其中的一種適宜解，可以將問題的目的方程極大或極小。茲先舉一簡例說明如下：

　　設有四項工作 (A, B, C, D)，皆可於四部不同的機器 (Ⅰ, Ⅱ, Ⅲ, Ⅳ) 完成，惟由於工作之性質以及機器之性能關係，各工作於各種機器上做之成本並非相同，由於每部機器僅能安排一項工作，故需考慮如何以最低成本將此四項工作安置於此四部機器上完成。其成本資料，可列表示之如下：

工作成本表

工作＼機器	I	II	III	IV
A	$ 90	$ 5	$ 48	$ 73
B	69	14	83	86
C	57	93	2	79
D	7	77	75	23

　　上項問題，依分枝界限法，可按下列四項步驟解之：

　　(1)首先分析所有的分派方式中，以何種分派方式的成本爲最低。此項最低成本卽爲該問題所能達到的最低成本，故稱爲下限（Lower Bound）。本例所有的分派方式計有24種（4!），此項最低成本之分派方式並非一定爲適宜解（Feasible Solution）。惟其作用僅在建立各種分派方式之最低成本，以備逐漸改進，故雖係非適宜解亦屬可行。求得下限的最簡便方法，卽是將各欄（Column）中的最低成本數值相加。就本例言，卽係：

$$7+5+2+23=37$$

其意義卽係將工作D分配至機器I；工作A分配至機器II；工作C分配至機器III；工作D分配至機器IV；工作B未予分配。可知此項分派工作的方式非爲適宜解，必須予以改善，不但係最低成本，並同時爲適宜解。若能找得此項最低成本之適宜解，卽已獲最佳解。

　　(2)以上第一步驟係建立問題之下限，其第二步驟係將可能分派的方式予以分割，以便於尋找最佳解。就本例言，可首先將機器I予以派工。下表卽是將工作A、B、C、D分派於機器Ⅰ的成本計算表：

派　工	總成本的下限
A派由機器Ⅰ完成	90＋14＋2＋23＝129（適宜解）
B派由機器Ⅰ完成	69＋5＋2＋23＝99　（適宜解）
C派由機器Ⅰ完成	57＋5＋48＋23＝133（非適宜解）
D派由機器Ⅰ完成	7＋5＋2＋73＝87　（非適宜解）

　　上表中各項成本之計算，係先將一項工作分派於機器Ⅰ後，其餘三部機器皆選擇其可以達成的最低成本去工作。例如將 A 派由機器Ⅰ去做，與所餘三欄（卽三部機器）之最低成本相加卽爲129。由於其分派恰無重複或衝突，故此129的成本亦爲適宜解（係A由機器Ⅰ；B由機器Ⅱ；C由機器Ⅲ；D由機器Ⅳ）。分析將B派由機器Ⅰ完成之成本亦相似，除B由機器Ⅰ做之成本69外，其餘皆選取每欄（卽每部機器）之最低成本數值相加而得99。此項分派亦爲可行，稱爲適宜解（係B由機器Ⅰ；A由機器Ⅱ；C由機器Ⅲ；D由機器Ⅳ）。至於將C派由機器Ⅰ做，其成本爲57，並與其餘三欄中之最低成本值相加而得 133。此項分欄則非爲適宜解，因爲其餘三欄中之最低成本，有屬同一工作者，故將造成同一工作之重複分派（A派由機器Ⅱ與機器Ⅲ做），係爲非適宜解（係C由機器Ⅰ；A由機器Ⅱ與機器Ⅲ；D由機器Ⅳ；B未分派）。最後將D派由機器Ⅰ做，其成本爲7，再與其餘三欄中之最低成本值相加而得成本87。此項分派亦非適宜解，與將C派由機器Ⅰ做之情形相同，將造成同一工作之重複分派（A派由機器Ⅱ與機器Ⅳ做）。故將D派由機器Ⅰ做之成本87亦爲非適宜解（係D由機器Ⅰ；A由機器Ⅱ與Ⅳ；C由機器Ⅲ；B未分派）。以上第二步驟所求得之成本及其分派方式，可歸如

下表:

派工	總成本的下限	分派方式
A–Ⅰ	129	A–Ⅰ；B–Ⅱ；C–Ⅲ；D–Ⅳ（適宜解）
B–Ⅰ	99	B–Ⅰ；A–Ⅱ；C–Ⅲ；D–Ⅳ（適宜解）
C–Ⅰ	133	C–Ⅰ；A–Ⅱ–Ⅲ；D–Ⅳ （非適宜解）
D–Ⅰ	87	D–Ⅰ；A–Ⅱ–Ⅳ；C–Ⅲ （非適宜解）

　　依據上述分析可知，適宜解中以99為最低，故可將成本 129 的分派方式暫時不予理會（除非於以後的分派方式中發生成本超過 129 者方始重返回此項分派方式），而可將目前可以達成之最低適宜解成本 99 為上限 (Upper Bound)。換言之，若於以後的分派方式，其成本若有超過此99數值者，即可迻返至此項具有成本99的分派方式，並選用此項99成本數值者為最佳分派方式。自上分析亦可得知，由於將此成本99訂為上限，故已可將成本為 129（即 A—Ⅰ分派方式）的分派方式予以刪除，不予考慮，此即分枝界限法的主要優點。換言之，理論上雖係說若於以後的分派方式中若有成本超過129者，即可重返至成本129的分派方式，惟事實上成本99的分派方式，具有更低的成本，故於以後的分派方式中若成本超過 99 者即已重返至成本 99 的分派方式，故於實際上已將此成本129的分派方式剔除，不會重返至此種分派方式。故稱此成本 99 係為上限。

　　以上分析所獲四種成本數值，係以87為最低，雖係非適宜解，為尚可繼予改進，故可將 87 訂為本問題成本的下限（下限為非適宜解）。並可將上述第一與第二步驟繪分枝 (Branch) 圖如下：

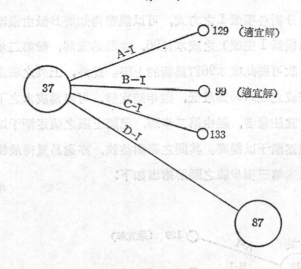

(8)經由以上分析，已將可能分派的方式刪去了近大半，但並無將最佳解刪去的危險。惟由於下限非適宜解，且上限與下限間尚有許多可能的分派方式，均較上限的成本爲低，故需予以改進。其改進之法，即在尋找新的上限與下限，其方式與上述第二步驟相同，自上述第二步驟所獲下限值87開始，僅需分析將工作Ａ、Ｂ、Ｃ，分別派由機器Ⅱ完成的成本（工作Ｄ已派由機器Ⅰ做，其最低成本爲87），其計算成本之方式與前相同，係就已指定派Ⅰ之機器以外的機器，皆選取其最低成本（於計算程序中即係選擇其餘各欄的最低值）。將工作Ｄ派於機器Ⅰ後，再分別將工作Ａ、Ｂ、Ｃ派由機器Ⅱ完成的成本計算，可列出如下表：

派工（D-Ⅰ）	總成本下限值	派工方式
Ａ由機器Ⅱ完成	(7)＋〔5＋2＋79〕＝93	D-Ⅰ；A-Ⅱ；C-Ⅲ；C-Ⅳ（非適宜解）
Ｂ由機器Ⅱ完成	(7)＋〔14＋2＋73〕＝96	D-Ⅰ；B-Ⅱ；C-Ⅲ；A-Ⅳ（適宜解）
Ｃ由機器Ⅱ完成	(7)＋〔93＋48＋73〕＝221	D-Ⅰ；C-Ⅱ；A-Ⅲ；A-Ⅳ（非適宜解）

自上表分析各項派Ⅰ之方式，可以觀察得知將B派由機器Ⅱ完成（D業已派由機器Ⅰ完成）之成本係96，並爲適宜解，較第二步驟之上限值99爲低，故可將此成本96訂爲新的上限。此外，上列之總成本中以A由機器Ⅱ完成之成本93爲最低，雖非適宜解，可訂爲成本之下限，以謀繼續改進。宜注意者，經由第二步驟，已將上限之值逐漸予以下降，並將下限之值逐漸予以提高。其間之範圍益狹，亦逾易覓得最佳解。

茲將上述第三項步驟之圖解繪出如下：

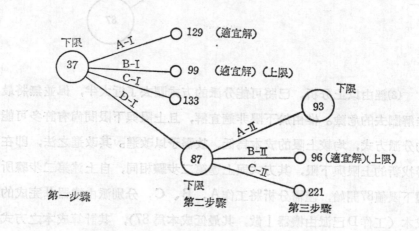

(4)第四步驟仍係就下限值93探求最佳解。由於經過上述各步驟，已將機器Ⅰ與Ⅱ分派完畢，故本步驟僅需將工作B與C分派與機器Ⅲ或Ⅳ即可。其派Ⅰ之總成本可列表計算如下：

派工(D-Ⅰ；A-Ⅱ)	總成本下限值	派工方式
B由機器Ⅲ完成　(7)+(5)+(83+79)=174		D-Ⅰ；A-Ⅱ；B-Ⅲ；C-Ⅳ（適宜解）
C由機器Ⅲ完成　(7)+(5)+(2+86)=100		D-Ⅰ；A-Ⅱ；C-Ⅲ；B-Ⅳ（適宜解）

由於上表中各總成本值均較上限值96爲高，故皆可刪除不予考慮。分析至此已將可能之情況均予考慮，以成本96之分派方式爲最佳，係最低成本之適宜解，其他任何分派方式，均較成本96爲高。此項成本96之分派方式係爲：

最佳解：

D—I	$ 7	
B—Ⅱ	14	
C—Ⅲ	2	
A—Ⅳ	73	
成本	$ 96	

茲將上述各步驟分析之圖解列出於下：

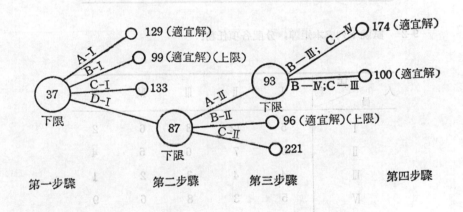

第一步驟　　　　　第二步驟　　　　第三步驟　　　　　第四步驟

本問題之四個步驟，再予以綜合如下：

(1)建立總成本之下限值 $ 37。

(2)建立總成本之上限值 $ 99與新的總成本下限值 $ 87（上限值爲適宜解）。

(3)建立新的總成本之上限值 $ 96與下限值 $ 93。

(4)最後所獲適宜解皆高於上限值 $ 96，故此上限值 $ 96 係爲最佳

解。（此項成本＄96並爲第四步驟之下限值並與此上限值相等）

習　題

9-1　試就下列成本矩陣，求解最低成本時應指派人員擔任任務：

人員＼任務	I	II	III
甲	13	12	10
乙	7	4	6
丙	19	20	21

9-2　試就下列成本矩陣，分配各項任務：

人員＼任務	I	II	III	IV	V
I	5	12	3	6	2
II	5	7	6	5	4
III	4	4	3	2	1
IV	5	3	8	6	9
V	6	1	3	7	4

9-3　試將上題（9-2）改以運輸模式，列出其初解表（Initial Table），並以線性規劃列出其目的方程及限制條件（不必求解）。並討論指派問題、運輸模式、線性規劃三者間的關係。

9-4　爲何一項指派問題，不以運輸模式去求解？

9-5　某公司有三項設備可做三項工作,各項工作於各項設備上做的成本如下:

工　作 　設備	X	Y	Z
A	$ 4	$ 6	$ 8
B	2	3	4
C	4	8	5

應如何安排各項工作於此三部設備上做?

9-6　某廠有三項工作待完成，計有四部機器可分配，惟每項工作僅能分派於一部機器上做，各項工作於各部機器上工作的成本如下：

工　作 　機器	W	X	Y	Z
A	$ 18	$ 24	$ 28	$ 32
B	8	13	17	19
C	10	15	19	22

應如何分配各項工作?

9-7　某機構標售物資四種，規定每家廠商雖可對此四種物資全部投標，但僅可獲准一種物資，不可全部標得。設目前有四家廠商投標，報價如下：

廠　商 　物資	W	X	Y	Z
A	$ 1,000	$ 900	$ 1,100	$ 900
B	1,100	1,000	950	950
C	1,050	950	900	1,050
D	1,150	1,000	950	1,000

該機構應如何決標，以獲取最大收益（註：本題爲極大問題，將各數乘以−1，即可轉換成爲極小問題）。

9-8 下表顯示五位工作人員，去做五種不同的工作，每人做每種工作所花的時間，應如何分配工作，可獲最少工作時間。

人員\工作	I	II	III	IV	V
A	2	9	2	7	1
B	6	8	7	6	1
C	4	6	5	3	1
D	4	2	7	3	1
E	5	3	9	5	1

9-9 某航空公司於甲乙兩地，設有往返航程，若一組以甲地機場爲基地的修護人員，乘某一班次飛機到達乙地，則必須於下一班次返回乙地（可能隔一天），該公司擬分析選擇返航班次以減少修護人員在地面的就擱時間：

班 次	甲地 → 乙地		班 次	乙地 → 甲地	
1	07:30	09:00	2	07:00	10:00
3	08:15	09:45	4	07:45	10:45
5	14:00	15:30	6	11:00	14:00
7	17:45	19:15	8	18:00	21:00
9	19:00	20:30	10	19:30	22:30

試求：(1)往返航程應如何選擇?

(2)若往返航程已選定，航員應以何地機場爲基地？

9-10　某公司有四所工廠，供應四個配貨中心的需要，每一所工廠必須分配一個配貨中心，而每一配貨中心亦祇能由一所工廠供應。由各工廠至各配貨中心的全年供應總成本如下表所列，試以指派問題匈牙利法與分枝界限法，分別測試最低成本解：

工廠＼配貨中心	I	II	III	IV
A	10	33	41	20
B	24	17	50	60
C	39	32	62	29
D	22	27	39	37

9-11　若將上題（9-10）中A—I的全年供應總成本由10改爲15，試以分枝與界限法求出最低成本解。

9-12　某旅行推銷員需赴A、B、C、D等四地旅行，試以分枝與界限法，列出最短旅程的旅行路線。各地間的距離如下：

從＼到	A	B	C	D
A	0	13	41	20
B	24	0	50	60
C	39	32	0	29
D	29	27	39	0

9-13　試以分枝與界限法，求解下列指派問題：

工作＼機器	I	II	III	IV	V
A	$ 101	$ 16	$ 59	$ 84	$ 73
B	80	25	94	97	49
C	68	104	13	90	59
D	18	88	86	34	70
E	112	27	70	95	102

第十章 競賽與策略

競賽理論(Games)的發展可追溯到1928年紐曼 (Von Newman) 提出其主要的理論，以及於1944與1947年所發表之「競賽與經濟行為的理論與實務」(Theory and Practice of Games and Economic Behavior) 為最重要貢獻。顧名思義，所謂競賽（Games）即是指一項具有相互競爭性的狀態。最明顯的例子如球賽、橋牌賽等項競賽。惟此項概念亦被應用於工商企業之競賽。競賽理論即是探討以數量方法與邏輯推理以求得最佳的競賽策略。每項競賽必具有競爭性，雖然競爭的結果可能使有者成功，有者失敗，惟參與者必努力使其競爭結果為對其最有利，亦即最大利潤或最小損失。本章將僅說明兩人競賽（Two-person Games）之意義及策略。雖企業界之競爭情況，常非限於兩方，而係涉及多方面之競爭。惟已超出本書範圍，茲僅就兩人競賽予以說明。

一、兩人零和既定競賽

所謂兩人零和既定競賽（Strictlv Determined Two-Person Zero-Sum Games)，係指一項競賽僅有兩人或雙方參加，競賽的結果一方得勝，即是另一方的失敗，故其結果永遠為零，同時此項競賽之結果係為既定。

設參加某項競賽之一方稱為R，其可能採取之行動有m種，而另一方稱為C，其可能採取之行動有 n 種，故雙方可能發生之結果有 m × n

種。每種結果之值(勝或負若干)以V_{ij}表示，亦卽R採取第 i 項策略,而 C 採取第 j 項策略之結果爲V_{ij}值。將競賽的結果或值以矩陣 (Matrix) 表示，卽爲:

$$G = (V_{ij}), \quad i = 1, 2, \dots\dots, m; \quad j = 1, 2, \dots\dots, n。$$

例如下表係一項競賽的結果:

R方＼C方	採取策略甲	採取策略乙
採取策略 I	0 (無勝負)	1 (R方勝1點)
採取策略 II	-3 (C方勝3點)	10 (R方勝10點)

可以矩陣表示爲:

$$R \begin{pmatrix} 0 & 1 \\ -3 & 10 \end{pmatrix}$$

上列競賽中$V_{11} = 0$；$V_{12} = 1$；$V_{21} = -3$；$V_{22} = 10$，其意義如上表所示，正值係對R方有利或C方不利，負值係對R方不利或對C方有利。所謂零和之意義卽係一方之勝利卽係另一方之損失。所謂旣定競賽卽是依據雙方追求最大利益或最小損失之目標,必將採取一項策略,若此項策略係可經常採用而勿需變動者,卽稱爲單純策略 (Pure Strategy) 由於雙方皆採行某項不變之策略,則其競賽結果,亦將旣定不變,故稱爲旣定競賽 (Strictly Determined Game)；而雙方所採旣定策略之交會點,稱爲鞍點 (Saddle Point),鞍點之值卽爲此項競賽之值。茲就上例說明其意義:

本例為

$$R \begin{pmatrix} 0 & 1 \\ -3 & 10 \end{pmatrix} \quad C$$

就C方言，若採取乙策略，將使對方（R方）獲勝1點或10點。設若C方係非常瞭解此項競賽之結果，必不願採取乙策略。就C方言，其甲策略之結果將為無勝負（若R方採策略Ⅰ）或獲勝3點（若R方採策略Ⅱ）。此項競賽，就R方言，若採策略Ⅱ，將有可能獲勝10點（若C方採策略乙），惟亦有可能負3點（若C方採策略甲）。就R方言，若採策略Ⅰ，則亦有可能獲勝1點（若C方採策略乙），或係無勝負（若C方採策略甲）。由於R方深信C方亦係競爭能手，對於各項競賽策略運用之結果極為瞭解，故R方不採策略Ⅱ（C方將採策略甲以對抗），而採策略Ⅰ。同理由於C方瞭解R方亦係競爭能手，對此競賽情況極為瞭解，故C方採策略甲。

依上分析可知，此項競賽係屬既定。C方必採取策略甲；R方必採取策略Ⅰ。競賽結果所獲之鞍點即係位於第一列與第一行的交會點，其值為0，競賽結果無勝負。此項競賽必有兩項重要之前提：

(1)雙方必皆具有完全資情（Perfect Information），能確知此項競賽之各種後果。

(2)雙方皆採保守政策，不願負擔任何風險（Risk）。

依據上述保守政策，既定競賽鞍點的求得，須符合下列要求：競賽矩陣G中各列（Row）極小值中之極大值，必同時亦為各行（Column）極大值中之極小值。

例如 $G = \begin{bmatrix} 0 & 1 \\ -3 & 10 \end{bmatrix}$

各列中之極小值爲$\begin{pmatrix} 0 \\ -3 \end{pmatrix}$，其中以 0 爲極大；各行中之極大值爲(0,

10)，其中以 0 爲極小。兩者重合，故爲旣定競賽，其值$V_{11} = 0$。

例一　(a)　　　　　　C

$$R \begin{pmatrix} 0 & -2 & -4 \\ 3 & 1 & 5 \\ -4 & -3 & 0 \end{pmatrix}$$

各列中之極小值爲$\begin{pmatrix} -4 \\ 1 \\ -4 \end{pmatrix}$，其中以 1 爲極大；各行中之極大值爲

(3, 1, 5)，其中以 1 爲極小，且兩者重合，故爲旣定競值，其值卽爲

$V_{22} = 1$。

(b)若將各列中之極小值以方格表示，各行中之極大值以圓圈表示，

並將前者之極大以及後者之極小皆註以 "*" 號，若兩者重合，卽係具有

鞍點，亦卽爲旣定競賽。例如：

$$\begin{array}{cccccc} & & & C & & \\ & ⑱ & 5 & 2 & ⑯ & \boxed{0} \\ & 12 & 10 & \boxed{⑧*} & 12 & 14 \\ R & \boxed{4} & 8 & 6 & 10 & ⑯ \\ & 10 & ⑫ & 4 & 4 & \boxed{2} \end{array}$$

故知上項競賽之鞍點爲　$V_{23} = 8$。亦卽R方必須採用其第二列策略；

C方必須採用其第三行策略。

例二　　　　C

$$R \begin{pmatrix} -5 & 4 \\ -4 & -8 \end{pmatrix}$$

上項競賽中各列極小值中之極大值為－5；各行極大值中之極小值為－4。兩者非同一值，故非為既定競賽。

例三 設有R與C兩公司生產同類產品甲、乙、丙三種。R公司計劃擴充市場，並準備增加廣告費用一百萬元，惟不知應增加於何項產品最有利。而且C公司亦可能同時增加廣告費以對抗之。設R公司估計兩公司之各項行動之結果如下：

C公司

	增加甲產品廣告費	增加乙產品廣告費	增加丙產品廣告費	不採取行動
R公司　增加甲產品廣告費	60	－30	150	－110
增加乙產品廣告費	70	10	90	50
增加丙產品廣告費	－30	0	－50	80

本例係一項既定競賽，因為該競賽具有鞍點，其值為$V_{22}=10$：

$$R \begin{pmatrix} 60 & -30 & \boxed{150} & \boxed{-110} \\ \boxed{70} & \boxed{10} & 90 & 50 \\ -30 & 0 & \boxed{-50} & \boxed{80} \end{pmatrix}$$

故係既定競賽，R公司增加乙產品廣告費用後,至少可獲益\$100,000,而且此時C公司必須亦以增加乙產品廣告費用為對抗手段，若不幸採取其他對策，則將使R公司獲得更大的利益。

分析本例可知，零和競賽之假定前提為一方之"得"即為另一方之"失"，可能與事實不符。因R公司增加廣告開拓銷路，並非一定使C公司蒙受損失，亦可能因市場之開拓，引起社會上對此項產品需要之增加，而間接使C公司受益。故對於零和競賽之應用宜注意其特有之性質。

二、混合策略

以上所述既定競賽，係指該項競賽具有鞍點，故雙方應選之最佳策略係爲既定。惟另有所謂未既定競賽（Nonstrictly Determined Game)，係指此項競賽未具有鞍點，故雙方不能固定採行一項既定的策略。例如下列競賽係無鞍點:

$$
\begin{array}{cc}
& \text{C方} \\
& \begin{array}{cc} b_1 & b_2\text{策略} \end{array} \\
\text{R方}\begin{array}{c} a_1\text{策略} \\ a_2\text{策略} \end{array} & \begin{pmatrix} 1 & 0 \\ -4 & 3 \end{pmatrix}
\end{array}
$$

亦卽不能找出一個分子，同時爲各列（Row）極小值中之極大值，亦爲各行（Column）極大值中之極小值。因爲就R言，各列極小值爲 0；-4，其中以 0 爲最大，故應採 a_1 策略。而就C言，各行極大值爲 1：3，其中以 1 爲最小，故應採 b_1 策略。惟於各列極小值中之極大值以及各行極大值中之極小值，兩者並非重合，或無法找出一值同時爲該列中之極小值與該行中之極大值，故雙方之策略運用結果，無法獲得均衡。例如當R採取 a_1 策略時，C方爲維護其自身之利益（最大收益或最小損失），必採取 b_2 策略以對抗之。惟當R知悉C將採取 b_2 策略後，R方必將改採 a_2 策略，以追求其自身之利益（此時R可獲益 3 單位）。惟C方於知悉R改採 a_2 策略後，亦必轉爲採行 b_1 策略，冀使其能獲益 4 單位。同理當R方知悉C已經改採 b_1 策略後，R亦必再轉而改採 a_1 策略以維護其利益。如此將循環不已，無法獲得均衡，而不能有穩定的策略可行。換言之，R與C雙方皆不能固守某項既定策略，必須時常變換，以隨機（Random）方式運用其可採行之 a_1 與 a_2 策略（R方）或 b_1 與

b_2 策略（C方），以使對方無法於事先知悉其所採策略究竟爲何項。惟各項策略之變換運用，並非毫無原則可循，仍須使其獲益最大或損失最小，故有混合策略（Mixed Strategy）的應用，所謂混合策略卽是一方所採取各項策略之次數混合比例，將使另一方在採取任何一項策略對抗時，所獲之結果相同。例如

$$C方$$

$$\begin{array}{cc} & b_1 \quad\quad b_2 \end{array}$$

$$R方 \quad \begin{array}{c} a_1 \\ a_2 \end{array} \begin{pmatrix} -3 & 7 \\ 6 & 1 \end{pmatrix} \quad \begin{array}{l} R方策略A=(a_1, a_2) \\ C方策略B=(b_1, b_2) \end{array}$$

混合策略之意義係爲R方所採取 a_1 或 a_2 策略之次數比例，可使C方於採取 b_1 或 b_2 策略所產生之結果相等（就 C 方言係爲 C 方所採取 b_1 或 b_2 策略之次數比例，將使 R 方於採行 a_1 或 a_2 策略所產生之結果相等）。以式表之卽爲

(A, b_1)期望值$=(A, b_2)$期望值

或 (B, a_1)期望值$=(B, a_2)$期望值

例如R採取 a_1 策略之次數比爲X；採取 a_2 策略之次數比爲 $1-X$，則當C方採取 b_1 策略以對抗時， R方可獲競賽之期望值將爲 $(A, b_1)=$ $-3X+6(1-X)$；當C方採取 b_2 策略以對抗時，R方可獲競賽之期望值爲

$$(A, b_2)=7X+1(1-X)$$

設 $(A, b_1)=(A, b_2)$

卽 $-3X+6(1-X)=7X+1(1-X)$

解之 $X=\dfrac{1}{3}$; $1-X=\dfrac{2}{3}$

亦即R方應採取 a_1 與 a_2 兩項策略之次數比，應分別爲 $\frac{1}{3}$ 與 $\frac{2}{3}$。換

言之，若有90次競賽，則R應採行 a_1 策略30次； a_2 策略60次。惟需注

意者，此項 a_1 與 a_2 策略之運用次數比，雖係分別爲 $\frac{1}{3}$ 與 $\frac{2}{3}$，但兩者係

隨機的混合運用，務使對方於競賽時不能預知其將採取何項策略。

依隨機方式採行此項混合策略，R可獲之競賽期望值爲

$$-3\left(\frac{1}{3}\right)+6\left(1-\frac{1}{3}\right)=3$$

由於競賽期望值 (Expected Game Value) 爲正值，故係對R方

有利，亦即R可獲益3單位。

本例亦可就C方所採行 b_1 與 b_2 兩項策略之次數比予以分析。設C

方採行 b_1 策略之次數爲y；採行 b_2 策略之次數比爲 $1-y$，則可仿上

述分析，列式於下。

$$-3y+7(1-y)=6y+1(1-y)$$

$$y=\frac{2}{5}; \quad 1-y=\frac{3}{5}$$

亦即C方應採取 b_1 與 b_2 兩項策略之次數比，應分別爲 $\frac{2}{5}$ 與 $\frac{3}{5}$。C

方於依隨機方式所採行此項混合策略後，其可獲之競賽期望值將爲

$$\frac{2}{5}(-3)+\frac{3}{5}(7)=3$$

此項競賽期望值與就R方所採 a_1 與 a_2 策略次數比所獲計算結果相

同，係R方可獲利3單位。

以上結果可以下列方式表示之：

$$\begin{array}{cc} & C方 \\ & \begin{array}{cc} \dfrac{2}{5} & \dfrac{3}{5} \end{array} \\ R方\begin{array}{c} \dfrac{1}{3} \\[2mm] \dfrac{2}{3} \end{array} & \begin{pmatrix} -3 & 7 \\ 6 & 1 \end{pmatrix} V=3 \end{array}$$

　　無論R方或C方皆應依上述方式求得之混合策略次數比，按隨機方式採行混合策略，始可獲最佳結果（最大收益或最小損失）。惟需注意者，此項競賽值係一項期望值，亦卽係一項多次競賽結果之平均值，並非每次皆獲此項結果。就本例言，R方並非每次競賽皆可獲利 3 單位，而係長期多次競賽結果，平均競賽值爲正 3 。

三、（2×2）競賽

（一）算術法

　　設有 2×2 競賽如下

$$\begin{array}{cc} & C \\ R & \begin{pmatrix} 5 & 1 \\ 3 & 4 \end{pmatrix} \end{array}$$

　　首先，將各列（各行）中之較小值，自各列（各行）中之較大值中減去，亦卽

$$\begin{array}{ccc} & C & \\ R\begin{pmatrix} 5 & 1 \\ 3 & 4 \end{pmatrix} & \begin{array}{c} 4 \\ 1 \end{array} & \begin{array}{c} 5-1=4 \\ 4-3=1 \end{array} \end{array} \quad \begin{array}{cc} 5 & 4 \\ \underline{-3} & \underline{-1} \\ 2 & 3 \end{array}$$

$$\begin{array}{cc} 2 & 3 \end{array}$$

並將計算結果互換位置，得下式

$$\text{R} \begin{pmatrix} 5 & 1 \\ 3 & 4 \end{pmatrix} \begin{matrix} 1 \\ 4 \end{matrix}$$

並計算其次數比如下：

$$\begin{pmatrix} 5 & 1 \\ 3 & 4 \end{pmatrix} \begin{matrix} \dfrac{1}{1+4} \\[2mm] \dfrac{4}{1+4} \end{matrix} = \begin{pmatrix} 5 & 1 \\ 3 & 4 \end{pmatrix} \begin{matrix} \dfrac{1}{5} \\[2mm] \dfrac{4}{5} \end{matrix}$$

$$\dfrac{3}{3+2} \qquad \dfrac{2}{3+2} \qquad\qquad \dfrac{3}{5} \qquad \dfrac{2}{5}$$

其競賽值　$V = 5 \times \dfrac{1}{5} + 3 \times \dfrac{4}{5} = \dfrac{17}{5}$

(二)矩陣代數法

設有矩陣　$G = \begin{pmatrix} g_{11} & g_{12} \\ g_{21} & g_{22} \end{pmatrix}$

並設 G 的隣矩陣 (Adjoint) 爲 J；J 的移矩陣 (Transpose) 爲 J'；G 的行列式 (Determinant) 爲 |G|，則 R 方的最佳策略爲

$$\dfrac{(1 \quad 1) \cdot J}{(1\,1) \cdot J \cdot \begin{pmatrix} 1 \\ 1 \end{pmatrix}}$$

C 方的最佳策略爲　$\dfrac{(1 \quad 1) \cdot J'}{(1\,1) \cdot J \cdot \begin{pmatrix} 1 \\ 1 \end{pmatrix}}$

G 的值 V 爲　$\dfrac{|G|}{(1\,1) \cdot J \cdot \begin{pmatrix} 1 \\ 1 \end{pmatrix}}$

例如　$G = \begin{pmatrix} 5 & 1 \\ 3 & 4 \end{pmatrix}$

則　$J = \begin{pmatrix} 4 & -1 \\ -3 & 5 \end{pmatrix}$；$J' = \begin{pmatrix} 4 & -3 \\ -1 & 5 \end{pmatrix}$；$|G| = \begin{vmatrix} 5 & 1 \\ 3 & 4 \end{vmatrix}$

R方最佳策略為：

$$\frac{(1 \quad 1)\begin{pmatrix} 4 & -1 \\ -3 & 5 \end{pmatrix}}{(1 \ 1)\begin{pmatrix} 4 & -1 \\ -3 & 5 \end{pmatrix}\begin{pmatrix} 1 \\ 1 \end{pmatrix}} = \frac{(1 \quad 4)}{(1 \ 4)\begin{pmatrix} 1 \\ 1 \end{pmatrix}} = \frac{(1 \quad 4)}{5}$$

即 R 方最佳策略為　$\left(\dfrac{1}{5},\ \dfrac{4}{5}\right)$。

C 方最佳策略為：

$$\frac{(1 \ 1)\begin{pmatrix} 4 & -3 \\ -1 & 5 \end{pmatrix}}{5} = \frac{(3 \quad 2)}{5} = \left(\dfrac{3}{5},\ \dfrac{2}{5}\right)$$

競賽值：$V = \begin{pmatrix} \dfrac{1}{5} & \dfrac{4}{5} \end{pmatrix}\begin{pmatrix} 5 & 1 \\ 3 & 4 \end{pmatrix}\begin{pmatrix} \dfrac{3}{5} \\ \dfrac{2}{5} \end{pmatrix} = \dfrac{17}{5}$。

(三)聯合機率法

聯合機率法 (Joint Probability) 可用於求得競賽值。例如下列
競賽及其混合策略

C 方

$$\begin{array}{c} \quad \dfrac{3}{5} \qquad \dfrac{2}{5} \quad \text{次數比} \\ \text{R 方} \quad \begin{array}{c} \dfrac{1}{5} \\ \dfrac{4}{5} \end{array}\begin{pmatrix} 5 & 1 \\ 3 & 4 \end{pmatrix} \begin{array}{l} \text{R 方策略 A} = (a_1, a_2) \\ \text{C 方策略 B} = (b_1, b_2) \end{array} \\ \text{次數比} \end{array}$$

由於R方與C方各按其混合策略次數比進行競賽，並以隨機方式選擇應用，故雙方所採策略並無關聯，係相互獨立，故雙方選用策略之機率亦爲相互獨立（Independence）。惟由於雙方競賽時係同時運用其策略，而無先後區別（於競賽時，雙方皆不知對方所用之策略），故雙方選用策略之機率亦爲聯合機率。依此可列表計算其競賽值如下：

競賽矩陣分子	運用策略	機率	競賽值
5	a_1, b_1	$\frac{1}{5} \times \frac{3}{5} = \frac{3}{25}$	$5 \times \frac{3}{25} = 15/25$
1	a_1, b_2	$\frac{1}{5} \times \frac{2}{5} = \frac{2}{25}$	$1 \times \frac{2}{25} = 2/25$
3	a_2, b_1	$\frac{4}{5} \times \frac{3}{5} = \frac{12}{25}$	$3 \times \frac{12}{25} = 36/25$
4	a_2, b_2	$\frac{4}{5} \times \frac{2}{5} = \frac{8}{25}$	$4 \times \frac{8}{25} = 32/25$
		1.0	17/5

所求得該競賽之期望值 $V = \frac{17}{5}$。

四、特殊形態的競賽矩陣

（一）2×M或M×2競賽

求解二人（或雙方）競賽之第一步工作，即係尋求此項競賽有無鞍點，若有鞍點，則爲一項既定競賽，其雙方所用策略係爲既定，故可逐求得其競賽值。遇有2×M與M×2競賽時，自亦應先探求其有無鞍點以求解。若探求結果係無鞍點，則可進一步分析其可否運用支配法

（Dominance）將其簡化成爲 2×2 競賽，以求取其最佳策略及期望值。例如有下列 $2 \times M$ 競賽

$$
\begin{array}{c}
\qquad\qquad\qquad C \quad 方 \\
\qquad\quad b_1 \qquad b_2 \qquad b_3 \qquad b_4 \\
R方 \quad
\begin{array}{c} a_1 \\ a_2 \end{array}
\left(
\begin{array}{cccc}
1 & -1 & 2 & -3 \\
-1 & 1 & 0 & 1
\end{array}
\right)
\begin{array}{l} R方策略 A = (a_1, a_2) \\ C方策略 B = (b_1, b_2, b_3, b_4) \end{array}
\end{array}
$$

就 C 方言，其 b_1 策略恒較 b_3 策略爲佳，無論 R 方採取 a_1 或 a_2 策略，C 採取 b_1 策略之結果皆較其採取 b_3 策略之結果爲佳，故 C 方將永不使用 b_3 策略。同理就 C 方言，b_4 策略亦恆較 b_2 策略爲佳，故 C 方亦將捨棄 b_2 策略而不用。上述競賽可以簡化成爲下列 2×2 競賽：

$$
\begin{array}{c}
\qquad\qquad C方 \\
\qquad\quad b_1 \qquad b_4 \\
R方 \quad
\begin{array}{c} a_1 \\ a_2 \end{array}
\left(
\begin{array}{cc}
1 & -3 \\
-1 & 1
\end{array}
\right)
\begin{array}{l} R方策略 A = (a_1, a_2) \\ C方策略 B = (b_1, b_4) \end{array}
\end{array}
$$

就此簡化後之 2×2 競賽求解，可得其混合策略次數比爲：

$$
\begin{array}{c}
\qquad\qquad C方 \\
\qquad\quad \dfrac{2}{3} \qquad \dfrac{1}{3} \\[4pt]
R方 \quad
\begin{array}{c} \dfrac{1}{3} \\[4pt] \dfrac{2}{3} \end{array}
\left(
\begin{array}{cc}
1 & -3 \\
-1 & 1
\end{array}
\right)
\end{array}
\qquad
\begin{array}{l}
競賽值 V = \dfrac{1}{3} \times 1 + \dfrac{2}{3}(-1) \\[6pt]
\qquad\qquad = -\dfrac{1}{3}
\end{array}
$$

亦卽此項 $2 \times M$ 競賽之解爲

$$C\ 方$$

$$\frac{2}{3}\quad 0\quad 0\quad \frac{1}{3}$$

$$R方\quad \begin{array}{c}\frac{1}{3}\\[4pt]\frac{2}{3}\end{array}\begin{pmatrix}1 & -1 & 2 & -3\\ -1 & 1 & 0 & 1\end{pmatrix}\qquad 兢賽值\,V=-\frac{1}{3}$$

例一：

$$\begin{array}{cc} & C\qquad 方\\ & b_1\quad b_2\quad b_3\quad b_4\end{array}$$

$$R方\quad \begin{array}{c}a_1\\ a_2\end{array}\begin{pmatrix}-1 & -6 & 3 & 1\\ -7 & -4 & 2 & 0\end{pmatrix}$$

可簡化爲

$$\begin{array}{cc} & C方\\ & b_1\qquad b_2\end{array}$$

$$R方\quad \begin{array}{c}a_1\\ a_2\end{array}\begin{pmatrix}-1 & -6\\ -7 & -4\end{pmatrix}$$

其解爲 a_1 與 a_2 策略次數比爲 $\frac{3}{8}$ 與 $\frac{5}{8}$；　b_1 與 b_2 策略次數比爲 $\frac{2}{8}$ 與

$\frac{6}{8}$。其競賽期望值 $V=-\frac{19}{4}$。

故可列出其解爲

$$C\quad 方$$

$$\frac{2}{8}\quad \frac{6}{8}\quad 0\quad 0$$

$$R方\quad \begin{array}{c}\frac{3}{8}\\[4pt]\frac{5}{8}\end{array}\begin{pmatrix}-1 & -6 & 3 & 1\\ -7 & -4 & 2 & 0\end{pmatrix}\qquad 競賽值\,V=-\frac{19}{4}$$

例二: 另就 M × 2 競賽言, 亦往往可先予簡化再求解, 例如有下列 M × 2 競賽:

C方

$$
\begin{array}{c}
\quad\quad\quad b_1 \quad\quad b_2 \\
R方 \quad
\begin{array}{c}
a_1 \\
a_2 \\
a_3 \\
a_4
\end{array}
\left(
\begin{array}{cc}
-1 & 0 \\
-2 & 0 \\
0 & -1 \\
0 & -2
\end{array}
\right)
\end{array}
$$

R方策略 $A = (a_1, a_2, a_3, a_4)$
C方策略 $B = (b_1, b_2, b_3, b_4)$

上列競賽就 R 方言, a_1 策略恆較 a_2 策略為佳; a_3 策略恆較 a_4 策略為佳, 故可予以簡化成為 2 × 2 競賽

C方

$$
\begin{array}{c}
\quad\quad\quad b_1 \quad\quad b_2 \\
R方 \quad
\begin{array}{c}
a_1 \\
a_3
\end{array}
\left(
\begin{array}{cc}
-1 & 0 \\
0 & -1
\end{array}
\right)
\end{array}
$$

R方策略 $A = (a_1, a_3)$
C方策略 $B = (b_1, b_2)$

就上列 2 × 2 競賽求解, 其最佳策略次數比及競賽期望值如下:

C方

$$
\begin{array}{c}
\quad\quad\quad \frac{1}{2} \quad\quad \frac{1}{2} \\
R方 \quad
\begin{array}{c}
\frac{1}{2} \\
\frac{1}{2}
\end{array}
\left(
\begin{array}{cc}
-1 & 0 \\
0 & -1
\end{array}
\right)
\end{array}
\quad V = \frac{1}{2}(-1) + \frac{1}{2}(0) = -\frac{1}{2}
$$

故上述 M × 2 競賽之解為

$$C方$$

$$
\begin{array}{cc}
\dfrac{1}{2} & \dfrac{1}{2}
\end{array}
$$

$$
R方 \quad
\begin{array}{c}
\dfrac{1}{2} \\[4pt]
0 \\[4pt]
\dfrac{1}{2} \\[4pt]
0
\end{array}
\begin{pmatrix}
-1 & 0 \\
-2 & 0 \\
0 & -1 \\
0 & -2
\end{pmatrix}
\quad V = -\dfrac{1}{2}
$$

(二)較大競賽

若干非 $2 \times M$ 或 $M \times 2$ 競賽，有時亦可應用予以簡化成為 2×2 競賽予以求解。例如

$$C \qquad 方$$

$$
\begin{array}{ccccc}
& b_1 & b_2 & b_3 & b_4 \\
a_1 & +0.25 & +0.14 & +0.15 & +0.32 \\
R方 \quad a_2 & +0.40 & +0.17 & +0.13 & +0.16 \\
a_3 & +0.30 & +0.05 & +0.12 & +0.15 \\
a_4 & -0.01 & +0.08 & +0.11 & +0.03
\end{array}
$$

上列競賽就 R 方言， 由於 a_4 策略恆較 a_1 或 a_2 策略為劣， 故 R 方將捨棄此項 a_4 策略，而成為下列競賽：

$$C \qquad 方$$

$$
\begin{array}{ccccc}
& b_1 & b_2 & b_3 & b_4 \\
a_1 & +0.25 & +0.14 & +0.15 & +0.32 \\
R方 \quad a_2 & +0.40 & +0.17 & +0.13 & +0.16 \\
a_3 & +0.30 & +0.05 & +0.12 & +0.15
\end{array}
$$

上列競賽就 C 方言， b_4 策略恆較 b_3 策略為劣， 故 C 方將捨棄 b_4 策

略而不用，故可進一步簡化成爲：

C　方

$$
R方\quad
\begin{array}{c}
\\ a_1 \\ a_2 \\ a_3
\end{array}
\begin{array}{ccc}
b_1 & b_2 & b_3 \\
\end{array}
\left(
\begin{array}{ccc}
+0.25 & +0.14 & +0.15 \\
+0.40 & +0.17 & +0.13 \\
+0.30 & +0.05 & +0.12
\end{array}
\right)
$$

上列競賽就 R 方言，其 a_3 策略又恆較 a_2 策略爲劣，故 R 方亦將捨棄不用 a_3 策略，而成爲下列競賽：

C　方

$$
R方\quad
\begin{array}{c}
\\ a_1 \\ a_2
\end{array}
\begin{array}{ccc}
b_1 & b_2 & b_3 \\
\end{array}
\left(
\begin{array}{ccc}
+0.25 & +0.14 & +0.15 \\
+0.40 & +0.17 & +0.13
\end{array}
\right)
$$

就上列競賽言，C 方必將瞭解其 b_1 策略較 b_2（或 b_3）策略爲劣，故可進一步簡化成爲 2×2 競賽

C　方

$$
R方\quad
\begin{array}{c}
\\ a_1 \\ a_2
\end{array}
\begin{array}{cc}
b_2 & b_3 \\
\end{array}
\left(
\begin{array}{cc}
+0.14 & +0.15 \\
+0.17 & +0.13
\end{array}
\right)
$$

簡化至此，可依前述混合策略法，求解此項 2×2 競賽而得本例 4×4 競賽之解。

五、次競賽法

所謂次競賽法 (Subgames)，卽是將原競賽化簡成爲數個 2×2

競賽以求解。例如有下列 2×6 競賽

$$
\begin{array}{c}
\text{C 方} \\
\begin{array}{cccccc}
b_1 & b_2 & b_3 & b_4 & b_5 & b_6
\end{array} \\
\text{R方} \quad
\begin{array}{c}
a_1 \\
a_2
\end{array}
\begin{pmatrix}
-6 & -1 & 1 & 4 & 4 & 3 \\
7 & -2 & 6 & 3 & -5 & 7
\end{pmatrix}
\end{array}
$$

R方策略 $A = (a_1, a_2)$

C方策略 $B = (b_1, b_2, b_3, b_4, b_5, b_6)$

以上 2×6 競賽可依支配法先予以化簡成爲一個 2×3 的競賽

$$
\begin{array}{c}
\text{C方} \\
\begin{array}{ccc}
b_1 & b_2 & b_5
\end{array} \\
\text{R方} \quad
\begin{array}{c}
a_1 \\
a_2
\end{array}
\begin{pmatrix}
-6 & -1 & 4 \\
7 & -2 & -5
\end{pmatrix}
\end{array}
$$
R方策略 $A = (a_1, a_2)$
C方策略 $B = (b_1, b_2, b_5)$

惟上述 2×3 競賽仍較 2×2 競賽爲大，爲較易求得其混合策略及競賽值，可將此項 2×3 競賽分化成爲三個 2×2 次競賽如下：

次競賽一：

$$
\begin{array}{c}
\text{C方} \\
\begin{array}{cc}
b_1 & b_2
\end{array} \\
\text{R方} \quad
\begin{array}{c}
a_1 \\
a_2
\end{array}
\begin{pmatrix}
-6 & -1 \\
7 & -2
\end{pmatrix}
\end{array}
$$

次競賽二：

$$
\begin{array}{c}
\text{C方} \\
\begin{array}{cc}
b_1 & b_5
\end{array} \\
\text{R方} \quad
\begin{array}{c}
a_1 \\
a_2
\end{array}
\begin{pmatrix}
-6 & 4 \\
7 & -5
\end{pmatrix}
\end{array}
$$

次競賽三:

$$\begin{array}{cc} & C\,方 \\ & \begin{array}{cc} b_2 & b_5 \end{array} \\ R\,方\;\begin{array}{c} a_1 \\ a_2 \end{array} & \begin{pmatrix} -1 & 4 \\ -2 & -5 \end{pmatrix} \end{array}$$

　　以上三項次競賽之組成，係假定C方雖有三項策略可供選用（b_1，b_2, b_5），但C方每次皆僅選用其中二項而捨棄另一項，其結果即形成三個次競賽。C方將再自此三個次競賽中選擇一項對其最有利者作為其混合策略的運用依據。事實上C方的此項決定將於以後證明，確係一項明智的最佳決策。

　　依據前述之混合策略求解法，分別求得此三項次競賽之混合策略及競賽期望值如下：

次競賽一:

$$\begin{array}{cc} & C\,方 \\ & \begin{array}{cc} \dfrac{1}{14} & \dfrac{13}{14} \end{array} \\ R\,方\;\begin{array}{c} \dfrac{9}{14} \\ \dfrac{5}{14} \end{array} & \begin{pmatrix} -6 & -1 \\ 7 & -2 \end{pmatrix} \end{array} \qquad V = -\dfrac{19}{14}$$

次競賽二:

$$\begin{array}{cc} & C\,方 \\ & \begin{array}{cc} \dfrac{9}{22} & \dfrac{13}{22} \end{array} \\ R\,方\;\begin{array}{c} \dfrac{12}{22} \\ \dfrac{10}{22} \end{array} & \begin{pmatrix} -6 & 4 \\ 7 & -5 \end{pmatrix} \qquad V = -\dfrac{1}{11} \end{array}$$

次競賽三：

$$
\begin{array}{c}
\text{C方} \\
\begin{array}{cc} 1 & 0 \end{array} \\
\text{R方} \quad
\begin{array}{c} 1 \\ 0 \end{array}
\begin{pmatrix} -1 & 4 \\ -2 & -5 \end{pmatrix}
\quad V = -1
\end{array}
$$

以上三項次競賽，以次競賽一對Ｃ方所作貢獻最大，具有競賽期望值 $V = -\dfrac{19}{14}$。故Ｃ方必依次競賽一為基礎而求得之混合策略次數比：運用 b_1 與 b_2 的次數比分別為 $\dfrac{1}{14}$ 與 $\dfrac{13}{14}$，作為其最佳競賽策略，以式表之如下：

$$
\begin{array}{c}
\text{C \quad 方} \\
\begin{array}{cccccc} \dfrac{1}{14} & \dfrac{13}{14} & 0 & 0 & 0 & 0 \end{array} \\
\text{R方} \quad
\begin{array}{c} \dfrac{9}{14} \\[2mm] \dfrac{5}{14} \end{array}
\begin{pmatrix} -6 & -1 & 1 & 4 & 4 & 3 \\ 7 & -2 & 6 & 3 & -5 & 7 \end{pmatrix}
\quad V = -\dfrac{19}{14}
\end{array}
$$

前曾述及Ｃ方之此項混合策略亦為其最佳策略，茲就其原有之 2×3 競賽證明於下：

設 $A = (a_1, a_2)$；$B = (b_1, b_2, b_3)$ 為Ｒ與Ｃ方運用其混合策略之次數比，亦即

$$
\begin{array}{c}
\text{C方} \\
\begin{array}{ccc} b_1 & b_2 & b_3 \end{array} \\
\text{R方} \quad
\begin{array}{c} a_1 \\ a_2 \end{array}
\begin{pmatrix} -6 & -1 & 4 \\ 7 & -2 & -5 \end{pmatrix}
\end{array}
$$

吾人已知當 C 方依次競賽一（Subgame One）所作混合策略運用時可獲之競賽期望值（Expected Game Value）爲 $-\frac{19}{14}$。故就上列 2×3 競賽言，當 C 方運用其 b_1, b_2 或 b_3 各項策略時，R 方之期望值應能至少等於或大於此項 $-\frac{19}{14}$ 的期望值。以式列出即爲：

R 方之期望值

C 方運用 b_1 策略　　　　$-6a_1 + 7a_2 \geq -\frac{19}{14}$

C 方運用 b_2 策略　　　　$-1a_1 - 2a_2 \geq -\frac{19}{14}$

C 方運用 b_3 策略　　　　$4a_1 - 5a_2 \geq -\frac{19}{14}$

換言之，R 方因 C 方依據次競賽一所爲之混合策略運用結果，R 方將註定損失 $\frac{19}{14}$ 單位。故就上列 2×3 競賽言，所列出之大於或等於（$\geq$）符號實係期望其能損失減低。茲將 R_1 與 R_2 的次數比 $\left(\frac{9}{14}, \frac{5}{14}\right)$ 代入上式，可得

$$-6\left(\frac{9}{14}\right) + 7\left(\frac{5}{14}\right) \geq -\frac{19}{14} \quad 即 \quad -\frac{54}{14} + \frac{35}{14} = -\frac{19}{14}$$

$$-1\left(\frac{9}{14}\right) - 2\left(\frac{5}{14}\right) \geq -\frac{19}{14} \quad 即 \quad -\frac{9}{14} - \frac{10}{14} = -\frac{19}{14}$$

$$4\left(\frac{9}{14}\right) - 5\left(\frac{5}{14}\right) \geq -\frac{19}{14} \quad 即 \quad \frac{36}{14} - \frac{25}{14} = \frac{11}{14}$$

所求結果皆符合 $\geq -\frac{19}{14}$。故知上述策略運用實爲最佳策略。自上計

算並可觀察得知當 C 方運用 b_3 策略時，將損失 $\frac{11}{14}$ 單位，故 C 方自必不予採用，故實際可供運用者，僅為 b_1 與 b_2 策略，其結果與依次競賽一所求者相符合。

本例亦可就 R 方予以分析如下：

C 方之期望值

R 方運用 a_1 策略　　　$-6b_1-1b_2+4b_3 \leq -\dfrac{19}{14}$

R 方運用 a_2 策略　　　$7b_1-2b_2-5b_3 \leq -\dfrac{19}{14}$

將 b_1，b_2 與 b_3 之混合策略次數比 $\left(\dfrac{1}{14},\ \dfrac{13}{14},\ 0\right)$ 各值代入上式得：

$$-6\left(\frac{1}{14}\right)-1\left(\frac{13}{14}\right)+4(0) \leq -\frac{19}{14} \quad 即 \quad -\frac{6}{14}-\frac{13}{14}=-\frac{19}{14}$$

$$7\left(\frac{1}{14}\right)-2\left(\frac{13}{14}\right)-5(0) \leq -\frac{19}{14} \quad 即 \quad \frac{7}{14}-\frac{26}{14}=-\frac{19}{14}$$

計算結果皆符合上列不等式之要求，故可知其為最佳解。

六、圖 解 法

圖解法對於選擇何項次競賽 (Subgame) 係為最佳混合策略之運用依據，往往極有幫助。此外圖解法對於協助瞭解競賽與線性規劃之間的關係亦有益處，特於本節中予以說明：

設有下列二人零和競賽：

$$
\begin{array}{c}
\text{C　方} \\
\begin{array}{cccc}
b_1 & b_2 & b_3 & b_4
\end{array}
\end{array}
$$

$$
\text{R方}\quad
\begin{array}{c}
a_1 \\
a_2 \\
a_3 \\
a_4
\end{array}
\left(
\begin{array}{cccc}
19 & 6 & 7 & 5 \\
7 & 3 & 14 & 6 \\
12 & 8 & 18 & 4 \\
8 & 7 & 13 & -1
\end{array}
\right)
$$

依求解競賽之一般法則，首先觀察其有無鞍點。就本例言，由於其並非既定競賽，無鞍點存在，故需進一步運用支配法則將其簡化。觀察上列競賽矩陣，由於 b_2 策略恒較 b_1 與 b_3 兩項策略為佳：

$$19 > 6 < 7$$
$$7 > 3 < 14$$
$$12 > 8 < 18$$
$$8 > 7 < 13$$

故可將上列競賽簡化成為一項（4×2）的競賽：

$$
\begin{array}{c}
\text{C方} \\
\begin{array}{cc}
b_2 & b_4
\end{array}
\end{array}
$$

$$
\text{R方}\quad
\begin{array}{c}
a_1 \\
a_2 \\
a_3 \\
a_4
\end{array}
\left(
\begin{array}{cc}
6 & 5 \\
3 & 6 \\
8 & 4 \\
7 & -1
\end{array}
\right)
$$

再觀察上式，可知 a_3 策略亦恆較 a_4 策略為佳，原應仿上述原理，將 a_4 策略予以刪除。惟為便於較清晰的說明競賽的圖解法，及於圖上觀察其性質，故將 a_4 策略暫予保留。以上（4×2）競賽，當R方運用 a_1 策略時，R方將可獲得6單位或5單位的利益，其結果將視C方

係採取 b_2 或 b_4 策略而定。R方與C方對於各項策略的運用，以及其對抗的結果，可以下列圖形表示：

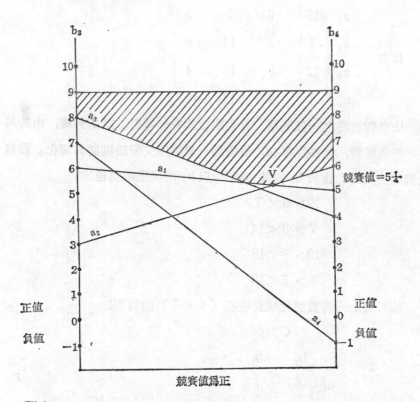

觀察上圖可知，a_3 策略恒較 a_4 策略為佳，於圖中 a_4 線段實係多餘，不必繪出。故依支配法則，可將 a_4 策略於原競賽中刪除，簡化成為下列 2×3 競賽：

$$
\begin{array}{c}
 & \text{C方} \\
 & \begin{array}{cc} b_2 & b_3 \end{array} \\
\text{R方}\begin{array}{c} a_1 \\ a_2 \\ a_3 \end{array} &
\begin{pmatrix} 6 & 5 \\ 3 & 6 \\ 8 & - \end{pmatrix}
\end{array}
$$

　　觀察上圖並可發現 R₃ 策略可以獲得最高利益（8單位），惟當R方採取 a₃ 策略後，C方必將隨之改採 b₄ 策略，使R方獲益減低至4單位。惟當C方採行 b₄ 策略後，R方亦必改爲採行 a₂ 策略以對抗之，將R方之獲益提高至6單位。當然，於C方瞭解R方已改採 a₂ 策略後，C方將改採 b₂ 策略以對抗，而 R 方亦可能改採 a₁ 策略或 a₃ 策略以追求較高獲益，惟C方亦將因應對抗之。總之，雙方若能依理性與最佳智能進行競賽，則其競賽之結果或競賽期望值將爲上圖中之V點，此點係爲圖中陰影部分之最低點，實爲競賽之必然結果，若C方略有疏忽，必將遭致更大之損失。換言之，若 C 方有足夠之智慧與理性進行此項競賽，則R方所能獲得者即係此項利益。由於競賽值爲正值，係對R方有利，惟若將上列競賽改變成爲下列情形，則將形成對C方有利，亦即**競賽期望值爲負值**：

$$
\begin{array}{c}
\qquad\qquad \text{C } \; \text{方} \\
\qquad\quad b_1 \qquad b_2 \qquad b_3 \qquad b_4 \\
\text{R方}\;\begin{array}{c} a_1 \\ a_2 \end{array}
\begin{pmatrix}
-6 & -3 & -8 & -7 \\
-5 & -6 & -4 & +1
\end{pmatrix}
\end{array}
$$

以上競賽（2×4）可以下圖（次頁）表之：

　　觀察下圖，可知該競賽之最佳解競賽期望值爲 $V = -\dfrac{21}{5}$ 係爲負值，對C方有利。

　　運用圖解法可求得最佳解時之競賽期望值，惟雙方之混合策略仍需依前述各種方式予以求解，不能自圖中觀察得混合策略之最佳次數比。

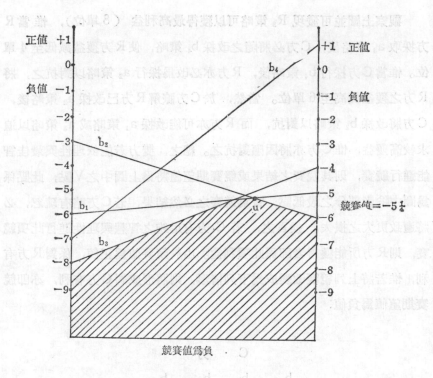

七、 3×3與更大競賽（線性規劃法）

　　前述各節所列尋求競賽之混合策略及競賽值，皆係首先考慮其具否鞍點，如有鞍點即爲既定競賽，即可逕求得其競賽值。若該競賽無鞍點，則可試用支配法（Dominance）以簡化之，並可配合運用次競賽（Subgame）法以冀最後能將該競賽化爲 2×2 競賽以求解。惟若經由以上所述方法，該項競賽仍係大於 2×2 競賽，則可試用線性規劃方法以求解。一般言，3×3 競賽或更大競賽，應用線性規劃求解實爲一良好之方法。茲說明該法之意義如下：

　　設有下列競賽（m×n）：

$$
\text{R 方}\begin{pmatrix} g_{11} & g_{12}\cdots\cdots g_{1n} \\ g_{21} & g_{22}\cdots\cdots g_{2n} \\ \vdots & \vdots \\ g_{m1} & g_{m2}\cdots\cdots g_{mn} \end{pmatrix}
$$

C 方

若 $A=(a_1, a_2, \cdots\cdots a_m)$ 係爲 R 方於此競賽 G 的最佳策略; $B=(b_1,$ $b_2, \cdots\cdots b_n)$ 係爲 C 方於此競賽 G 的最佳策略。並假定雙方於運用此項最佳策略時之競賽值（Game Value）爲 V，則就 R 方言，勿論 C 方所採策略爲何者，其所採策略 A 皆能至少獲得最佳策略之競賽值，以式表示之即爲

$$AG \geq V$$

亦即 $\quad (a_1, a_2, \cdots\cdots a_m)\begin{pmatrix} g_{11} & g_{12}\cdots\cdots g_{1n} \\ g_{21} & g_{22}\cdots\cdots g_{2n} \\ \vdots & \vdots \\ g_{m1} & g_{m2}\cdots\cdots g_{mn} \end{pmatrix} \geq (V, V, \cdots\cdots V)$

同理，就 C 方言，勿論 R 方所採策略爲何項，務期其所採策略 B，能不超過最佳策略之競賽值（就 C 方言，競賽值爲負時對其有利，故競賽值愈小愈佳）。以式表之爲

$$GB \leq V$$

亦即 $\quad \begin{pmatrix} g_{11} & g_{12}\cdots\cdots g_n \\ g_{21} & g_{22}\cdots\cdots g_{2n} \\ \vdots & \vdots \\ g_{m1} & g_{m2}\cdots\cdots g_{mn} \end{pmatrix}\begin{pmatrix} b_1 \\ b_2 \\ \vdots \\ b_n \end{pmatrix} \leq \begin{pmatrix} V \\ V \\ \vdots \\ V \end{pmatrix}$

上式中 $a_i \geq 0$; $\sum a_i = 1$, $\quad i = 1, 2, \cdots m$

$\qquad\qquad b_j \geq 0$; $\sum b_j = 1$, $\quad j = 1, 2, \cdots n$

此外就前節所述圖解法中可觀察得知，就 R 方言，其期望值 V 值係極大，而就 C 方言則期望 V 值會極小。

自上述分析可知矩陣競賽（Matrix Game）即相當於線性規劃（Linear Programming），以式表示如下：

R方	C方
極大V值	極小V值
$AG \geq V$	$GB \leq V$
$A \geq 0$	$B \geq 0$
$\sum a_i = 1$	$\sum b_j = 1$

由於一般線性規劃之變數多以X與Y表示之，故若設X爲R方的策略，Y爲C方的策略以替代A與B符號，則可將上式改寫成爲下列一般通式

R方	C方
極大V值	極小V值
$XG \geq V$	$GY \leq V$
$X \geq 0$	$Y \geq 0$
$\sum x_i = 1$	$\sum y_j = 1$

設e爲n個"1"分子的列向量；f爲m個"1"分子的行向量。並設

$$\overline{X} = \frac{1}{V}X \left(即\ \bar{x}_i = \frac{1}{V}x_i \right)$$

$$\overline{Y} = \frac{1}{V}Y \left(即\ \bar{y}_j = \frac{1}{V}y_j \right)$$

則 $\overline{X}f = \sum \frac{1}{V}x_i = \frac{1}{V}\sum x_i = \frac{1}{V}$

$e\overline{Y} = \sum \frac{1}{V}y_j = \frac{1}{V}\sum y_j = \frac{1}{V}$

$\overline{X}G = \frac{1}{V}XG \geq \frac{1}{V}V = e$

$$G\overline{Y} = \frac{1}{V}G \leq Y\frac{1}{V}V = f$$

由於極大或極小 V 即是極小或極大 $\frac{1}{V}$，故可以線性規劃表示上述競賽如下：

R方	C方
極大 $\overline{X}f$	極小 $e\overline{Y}$
受限制於 $\overline{Y}G \leq e$	$G\overline{Y} \geq f$
$\overline{X} \geq 0$	$\overline{Y} \geq 0$

設上式線性規劃之解分別為 X_0, Y_0

則 $\overline{X}_0 f = e\overline{Y}_0 = \frac{1}{V}$

故可求解原競賽 G 之解為 $X_0 = VX_0$; $Y_0 = V\overline{Y}_0$ 其競賽值為 V。

茲舉例說明如下：假設有下列競賽及雙方之策略

C 方

		y_1	y_2	y_3	
	x_1	3	2	3	
R方	x_2	2	3	4	
	x_3	5	4	2	

就 C 方之最佳策略言（V 為競賽值）：

$$3y_1 + 2y_2 + 3y_3 \leq V$$

$$2y_1 + 3y_2 + 4y_3 \leq V$$

$$5y_1 + 4y_2 + 2y_3 \leq V$$

$$y_1 + y_2 + y_3 = 1$$

將上列三項不等式各除以 V，即得

$$\frac{3y_1}{V}+\frac{2y_2}{V}+\frac{3y_3}{V}\leq 1$$

$$\frac{2y_1}{V}+\frac{3y_2}{V}+\frac{4y_3}{V}\leq 1$$

$$\frac{5y_1}{V}+\frac{4y_2}{V}+\frac{2y_3}{V}\leq 1$$

設　$\bar{y}=\frac{y}{V}$，則更可簡化上列各式爲：

$$3\bar{y}_1+2\bar{y}_2+3\bar{y}_3\leq 1$$

$$2\bar{y}_1+3\bar{y}_2+4\bar{y}_3\leq 1$$

$$5\bar{y}_1+4\bar{y}_2+2\bar{y}_3\leq 1$$

$$\bar{y}_1+\bar{y}_2+\bar{y}_3=\frac{1}{V}$$

就 C 方言其目的爲極小 V 值，亦卽極大 $\frac{1}{V}$。故於加入虛 設 變 數（Slack）後，列出下列線性規劃目的方程及限制條件：

極大　$\bar{y}_1+\bar{y}_2+\bar{y}_3+0\bar{y}_4+0\bar{y}_5+0\bar{y}_6$

限制於　$3\bar{y}_1+2\bar{y}_2+3\bar{y}_3+1\bar{y}_4+0\bar{y}_5+0\bar{y}_6=1$

$\qquad 2\bar{y}_1+3\bar{y}_2+4\bar{y}_3+0\bar{y}_4+1\bar{y}_5+0\bar{y}_6=1$

$\qquad 5\bar{y}_1+4\bar{y}_2+2\bar{y}_3+0\bar{y}_4+0\bar{y}_5+1\bar{y}_6=1$

並可列出下列初解表 (Initial Table)：

基礎（解）	1 $\bar{y}_1$	1 $\bar{y}_2$	1 $\bar{y}_3$	0 $\bar{y}_4$	0 $\bar{y}_5$	0 $\bar{y}_6$	數量
$\bar{y}_4$	3	2	3	1	0	0	1
$\bar{y}_5$	2	3	4	0	1	0	1
$\bar{y}_6$	5	4	2	0	0	1	1
Z_J	0	0	0	0	0	0	0
$C_J - Z_J$	1	1	1	0	0	0	

依線性規劃單純法（Simplex Method）解之，可得最佳解如下：

$$\bar{y}_1 = \frac{1}{8}; \quad \bar{y}_3 = \frac{3}{16}; \quad \bar{y}_4 = \frac{1}{16} \text{（虛設變數）}$$

目的方程值（極大）$\overline{y_1} + \overline{y_2} + \overline{y_3} = \frac{1}{8} + \frac{3}{16} + 0 = \frac{5}{16}$

依上結果可知競賽值 V 應為

$$\overline{y_1} + \overline{y_2} + \overline{y_3} = \frac{1}{V} = \frac{5}{16} \qquad \therefore \quad V = \frac{16}{5}$$

由於　$y_1 = \bar{y}_1 \times V$　得　$y_1 = \frac{1}{8} \times \frac{16}{5} = \frac{2}{5}$

$\qquad\qquad y_2 = \bar{y}_3 \times V$　得　$y_3 = \frac{3}{16} \times \frac{16}{5} = \frac{3}{5}$

可知此項競賽之最佳混合策略次數比，應為

$$y_1 = \frac{2}{5}$$

$$y_2 = \frac{3}{5}$$

$y_3 = 0$

同理，R方的最佳策略爲

$$3x_1 + 2x_2 + 5x_3 \geq V$$
$$2x_1 + 3x_2 + 4x_3 \geq V$$
$$3x_1 + 4x_2 + 2x_3 \geq V$$
$$x_1 + x_2 + x_3 = 1$$

設　$\bar{x} = \dfrac{x}{V}$，並將上列四式各除以 V，可得

$$3\bar{x}_1 + 2\bar{x}_2 + 5\bar{x}_3 \geq 1$$
$$2\bar{x}_1 + 3\bar{x}_2 + 4\bar{x}_3 \geq 1$$
$$3\bar{x}_1 + 4\bar{x}_2 + 2\bar{x}_3 \geq 1$$
$$\bar{x}_1 + \bar{x}_2 + \bar{x}_3 = \dfrac{1}{V}$$

故可列出R方的最佳策略線性規劃問題如下：

　　　　極小　$\bar{x}_1 + \bar{x}_2 + \bar{x}_3$

　　　限制於　$3\bar{x}_1 + 2\bar{x}_2 + 5\bar{x}_3 \geq 1$

　　　　　　　$2\bar{x}_1 + 3\bar{x}_2 + 4\bar{x}_3 \geq 1$

　　　　　　　$3\bar{x}_1 + 4\bar{x}_2 + 2\bar{x}_3 \geq 1$

於加入虛設變數（Slack Variable）及設定變數（Artificial Variable）後，可列出下列線性規劃極小問題

　　　極小　$\bar{x}_1 + \bar{x}_2 + \bar{x}_3 + 0\bar{x}_4 + 0\bar{x}_5 + 0\bar{x}_6 + M\bar{x}_7 + M\bar{x}_8 + M\bar{x}_9$

　　限制於　$3\bar{x}_1 + 2\bar{x}_2 + 5\bar{x}_3 - 1\bar{x}_4 + 0\bar{x}_5 + 0\bar{x}_6 + 1\bar{x}_7 + 0\bar{x}_8 + 0\bar{x}_9 = 1$

　　　　　　$2\bar{x}_1 + 3\bar{x}_2 + 4\bar{x}_3 + 0\bar{x}_4 - 1\bar{x}_5 + 0\bar{x}_6 + 0\bar{x}_7 + 1\bar{x}_8 + 0\bar{x}_9 = 1$

　　　　　　$3\bar{x}_1 + 4\bar{x}_2 + 2\bar{x}_3 + 0\bar{x}_4 + 0\bar{x}_5 - 1\bar{x}_6 + 0\bar{x}_7 + 0\bar{x}_8 + 1\bar{x}_9 = 1$

以上 $\bar{x}_4$，$\bar{x}_5$，$\bar{x}_6$ 爲虛設變數；$\bar{x}_7$，$\bar{x}_8$，$\bar{x}_9$ 爲設定變數。以單純法

解之, 可得

$$\bar{x}_1 = 0 \ ; \ \bar{x}_2 = \frac{3}{16} \ ; \ \bar{x}_3 = \frac{1}{8}$$

$$即 \quad \dot{x}_2 = \bar{x}_2 \times V = \frac{3}{16} \times \frac{16}{5} = \frac{3}{5}$$

$$x_3 = \bar{x}_3 \times V = \frac{1}{8} \times \frac{16}{5} = \frac{2}{5}$$

以上運用線性規劃方法求解程序雖較繁雜, 惟由於目前電子計算機已較爲普遍, 往往可運用現成之程式組合 (Program Pockage) 逕行求解此項線性規劃問題, 而無需自行發程程式, 亦頗便利。

八、競賽理論應用限制

(一)兩人非零和競賽

以上各節所述競賽, 皆係兩人零和競賽 (Two Person Zero Sum Games), 其主要特性爲競賽者僅有雙方, 且一方之"得"即爲另一方之"失", 其競賽值雙方相等僅符號意義相反, 故其和爲零。另有所謂兩人非零和競賽 (Non-zero Sum Games), 係指競賽雙方可能皆獲得某種程度之利益或皆發生某種程度之損失, 或於某種場合一方爲得另一方爲失, 但兩者並非相等。例如有 R 及 C 兩公司出售產品並無任何差別, 且無其他競爭者。設目前該兩公司之產品售價相同, 則兩公司之銷售金額皆爲10單位, 惟若其中有一家公司將產品售價降低, 而另一公司不隨之下降, 則可增加銷售金額至16單位, 至於未降價銷售公司之銷售金額將降至 6 單位; 惟如另一公司亦降價競銷, 則可將雙方之銷售金額由於單價下降關係將各爲 7 單位。此項情況可以矩陣競賽表示如下:

C公司

原價　　降價

R公司　原價 $\begin{pmatrix} 10,10 & 6,16 \\ 16,6 & 7,7 \end{pmatrix}$ 降價

若假定兩公司費用或成本皆爲 9 單位，則於銷售金額爲10單位時，皆各可獲利 1 單位；於收入爲 7 單位或 6 單位時則皆將發生虧損。換言之，任何一家公司於此場合採取極小中之極大 (Maxmin) 保守政策，皆將遭對方之「以牙還牙」，結果兩敗俱傷。若雙方能維持原有之穩定價格政策，則可維持各銷售額10單位之業務，其銷售總額係爲10＋10＝20單位，仍可適當維持業務。若雙方能達成君子協定，雙方能相互更替降價，而另一方不隨之跟進，亦卽於一個月 R 公司降價而 C 公司不降價，於另一個月則由C公司降價而R公司不降價，如此則銷售總額可提高至 16＋6＝22。惟此項君子協定是否能夠維持端視雙方之修養與實力而定，如一方感到必可擊敗對方時，必將自持實力而採取降價政策以期最後能擊敗對方，但雙方能各支持多久，則屬一項經營的決心與實力問題，而不能以平均利益爲準，故不易有穩定的策略。

(二)實用限制

競賽理論之應用，頗有實際困難。一般言，對於如何求解競賽的最佳策略與競賽值所遭遇的困難，要較如何獲得足夠的資料以精確制定一項具體的矩陣競賽所遭遇的困難爲小，其主要原因如下：

(1)現實情況中，甚少僅有雙方的競賽，多係所謂N方競賽(N-person Game)，往往受多方面的影響。

(2)一般管理決策所處情況，往往並非零和 (Zero-sum)，雙方或多方面可能經由談判、協調、妥協與種種其他手段，達成協議性的策略，以冀皆獲利益。

(3)短期目標與長期目標並非往往一致，故對於競爭者所採策略之反應亦並非一成不變。為顧及長期目標，往往作適當程度之犧牲。

(4)於現實社會中，競爭者不一定會握有相同程度之競爭資料，競賽者間之判斷能力亦非相等，往往會有「錯打錯着」的機會，亦可能是錯誤最少者即係優勝者，而非如競賽理論之全依理智與正確判斷而行事。

(5)由於影響決策之因素甚多，往往無法列出一項有意義的競賽，例如可供選擇策略很多，無從制定一項矩陣，或無從估量競爭對手所可能採取之策略。亦很可能雖然可以估計各項策略之內容，但亦無法評估競爭時各項對抗情況下各策略的運用價值 (Pay-off)。

(6)雖然可將一項缺乏具體數值的競賽以點數法來表示，惟其是否能真正代表實際情況仍待進一步的確定。例如R公司估計其與C公司就某項市場競爭所可採行競爭策略之結果雖乏具體數值，但仍可以等級或程度予以評定。例如可列出下列競賽

$$
\begin{array}{c}
& & C \\
\text{策略} & \text{甲} & \text{乙} & \text{丙} \\
\text{(一)} & \begin{pmatrix} \text{普通} & \text{不能判斷} & \text{劣} \\ \text{R方 (二)} & \text{尚可} & \text{甚佳} & \text{尚可} \\ \text{(三)} & \text{劣} & \text{良好} & \text{極佳} \end{pmatrix}
\end{array}
$$

若將上列評估分別以點數來代表:

評估	極佳	甚佳	良好	普通	尚可	劣	不能判斷
點數	6	5	4	3	2	1	0

則可將上式化爲:

C 方

$$
\text{策略} \quad 甲 \quad 乙 \quad 丙
$$

$$
\text{R方}\begin{matrix}(一)\\(二)\\(三)\end{matrix}\begin{pmatrix}3 & 0 & 1\\2 & 5 & 2\\1 & 4 & 6\end{pmatrix}
$$

惟各種情況之評估，究竟應以若干點數表示，並非定則，故仍非確實可行。

總之，競賽理論尚乏具體之普遍運用價值，對其對於決策之分析方面仍極有幫助，可助決策者進一步瞭解情況。

習 題

10–1　試求下列各項競賽的值：

$$
(1)\begin{pmatrix}1 & 5\\2 & 3\end{pmatrix} \qquad\qquad (2)\begin{pmatrix}6 & 2\\-1 & 4\end{pmatrix}
$$

$$
(3)\begin{pmatrix}9 & -3 & -6\\5 & 6 & -7\\-4 & 4 & -5\end{pmatrix} \qquad (4)\begin{pmatrix}1 & 7 & 6\\-4 & 3 & -5\\0 & -2 & 7\end{pmatrix}
$$

10–2　試用算術法求出R方與C方的最佳策略：

$$
\begin{matrix}& & C\\(1) & R & \begin{pmatrix}3 & 4\\4 & -1\end{pmatrix}\end{matrix} \qquad \begin{matrix}& & C\\(2) & R & \begin{pmatrix}-3 & 1\\2 & -1\end{pmatrix}\end{matrix}
$$

10–3　試用代數法求出R方與C方的最佳策略：

$$
\begin{matrix}& & C\\(1) & R & \begin{pmatrix}1 & 6\\3 & -4\end{pmatrix}\end{matrix} \qquad \begin{matrix}& & C\\(2) & R & \begin{pmatrix}-3 & 1\\2 & -1\end{pmatrix}\end{matrix}
$$

10-4　試用聯合機率法求出下列競賽的值及其最佳策略：

(1)　$R \begin{pmatrix} 1 & 4 \\ 2 & -2 \end{pmatrix}$　　　(2)　$R \begin{pmatrix} 3 & 4 \\ 4 & -1 \end{pmatrix}$

10-5　試用支配法化簡下列競爭，並進而求解其最佳策略（R方與C方），以及競賽的值：

(1)　$R \begin{pmatrix} 1 & 3 \\ 4 & 1 \\ 2 & 4 \end{pmatrix}$　　　$R \begin{pmatrix} 3 & 2 & 1 \\ 5 & 0 & 6 \\ -1 & 1 & -2 \end{pmatrix}$

(3)　$R \begin{pmatrix} 3 & 3 & 4 & -3 & 4 \\ 2 & -1 & 2 & 1 & -3 \end{pmatrix}$

10-6　試求下列競賽的值以及R方與C方的最佳策略：

(1)　$R \begin{pmatrix} -8 & 8 & 9 \\ -3 & -4 & -5 \\ -3 & -4 & -6 \end{pmatrix}$　　(2)　$R \begin{pmatrix} 6 & 1 & 6 & 1 & 4 \\ 4 & 4 & 5 & -2 & 4 \\ 3 & -1 & 3 & 2 & -2 \end{pmatrix}$

(3)　$R \begin{pmatrix} 4 & 1 & -3 \\ 3 & 1 & 6 \\ -3 & 4 & -2 \end{pmatrix}$　　(4)　$R \begin{pmatrix} -6 & 7 \\ -1 & -2 \\ 4 & -5 \end{pmatrix}$

10-7　若有甲與乙兩家公司，於某地區經營同類業務，其全年業務利潤額，甲公司為10萬元；乙公司為20萬元。甲公司為拓展業務，正研究改進產品，若獲成功，可將年利潤額增至38萬元。乙公司知悉甲公司的計劃後，認爲若甲公司實施其產品改進計劃，乙公司的利潤額將減少４萬元，惟乙公司亦可進行此項產品改進計劃。若甲與乙兩公司皆進行其產品改進計劃，則兩公司皆可各自增加其年利潤額５萬元，若乙公司實施產品改進計劃，而甲公司未實施其改進計劃，其結果將爲乙公司能將其年利潤額增至38萬元，而甲公司的年利潤額將減少４萬元。

　　試問各公司的最佳策略如何，試分析之。

第十一章　極大與極小

甚多管理科學應用模式，需藉方程式以表達一項企業的情況，例如 $y = f(x) = \dfrac{x^2}{100}$，$x \geq 0$ 可能係某企業的生產與投資的關係，其中 x 代表投資金額，y 係 x 的函數，代表生產金額。由於數學模式的應用，必導致設法求取此等模式之最佳解，而其中最基本的工具，即係利用微分以尋求極大（Maximum）與極小（Minimum）值。本章將介紹爲求極大或極小值的有關微分技巧及管理應用。

一、斜　　　率

下圖中之直線方程式 $y = f(x)$，可以通式 $y = mx + c$ 表示之，其中 y 爲應變數；x 爲自變數；m 爲斜率；c 爲常數項表示在 y 軸之截距。

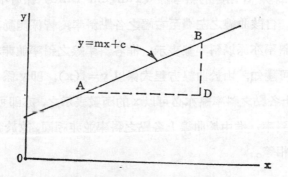

　　圖中直線 AB 之斜率　m＝BD/AD。觀察上圖並可知，直線之任何線段，其斜率不變，皆爲 m＝BD/AD，若·BD＝2；AD＝3，則m＝2/3爲固定不變。

　　若觀察下圖中曲線之斜率，可以看到其斜率於線上各點皆有變動而不同，故就曲線言，其斜率係指該線上某一特定點之斜率方始有意義。換言之，直線之斜率係指該直線線段的斜率，曲線的斜率僅係該線上某一特定點之斜率，各點之斜率除非係巧合，並不相同。

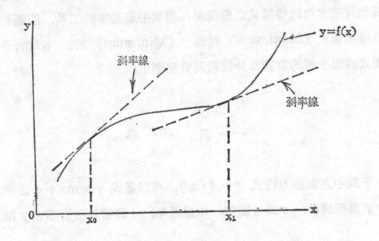

　　上圖中 x_0 與 x_1 兩點的斜率線 (Tangent Line) 係有不同之斜率，並可觀察到，自該曲線之左端至右端之各點斜率，皆係變動不一致。曲線上各點之斜率亦係以斜率線表示，惟各斜率線之斜率並非相同一致。惟就上圖亦可獲知，由於曲線方程式係以 $y＝f(x)$，卽 y 係 x 的函數表示，故曲線上各點之斜率線亦必可以 x 的函數表示之，亦卽可以 斜率＝$g(x)$，表示斜率，惟由於曲線上各點之斜率並非相同，故於各點之$g(x)$值亦非一定相等。

二、微　　　分

微分的最簡單概念，可以認爲「一個函數在 x_0 點的微分，卽爲該函數在 x_0 點的斜率」。換言之，一個函數的微分，卽係可以代表該函數上各點的斜率。雖然此項定義係簡單而非十分完全，但已掌握其最重要部分，尤其對於極大極小的概念十分有用，茲就下列兩圖進一步說明此項微分的幾何意義。

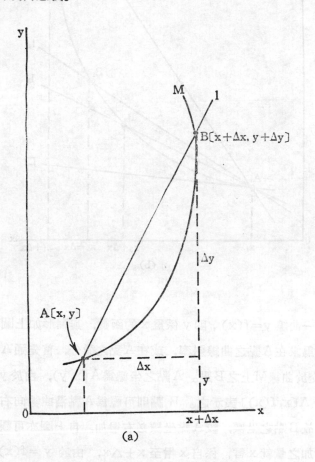

(a)

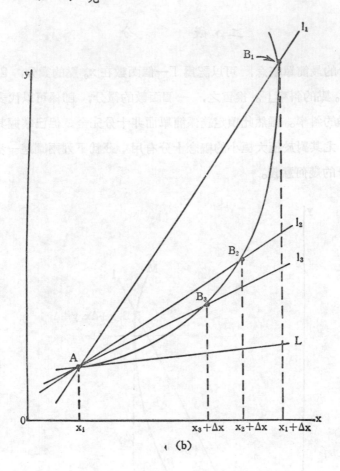

(b)

設任一曲線 $y = f(x)$，即 y 係為 x 的函數，其圖形如上圖中之M段曲線。茲為求在A點之曲線斜率，或在A點之微分，首先通A點作一割線AB，交於曲線M上之B點。A點之坐標為 $A(x, y)$，由於 $y = f(x)$，故亦可以 $A[x, f(x)]$ 表示之。B點則可視為A點沿曲線向右上方移動之結果，故B點之坐標，較A點坐標必有增加，自上圖亦可觀察得知。設此項增加之量就 x 言，係自 x 增至 $x + \triangle x$，由於 $y = f(x)$，故當 x

增加至x+△x，y 則必相對應的增加至 y＝f(x+△x)，亦卽以x+△x
替代x，代入 y＝f(x) 之中。所以，B 點之坐標卽爲圖中所示之B〔x
+△x，f(x+△x)〕。得此兩坐標點後，卽可觀察得，當A點移至B點
後，其x之增量爲 △x＝x+△x－x，其 y 之增量當爲 △y＝f(x+△x)
－f(x)。

　　自上圖的(a)圖言，可知 AB 直線的斜率係爲$\frac{\triangle y}{\triangle x}$，將以上 △y 與
△x 之値代入，卽得

$$AB線斜率＝\frac{\triangle y}{\triangle x}＝\frac{f(x+\triangle x)-f(x)}{x+\triangle x-x}＝\frac{f(x+\triangle x)-f(x)}{\triangle x}$$

　　以上所得者係爲 AB 直線之斜率，惟曲線M上A點之斜點，亦可就
此項 AB斜率發展而得。觀察上圖(b)圖，l_1 係爲通過曲線M上A點與B_1
點之割線，當 B_1 點逐漸沿曲線向左下方移動至B_2、B_3 各位置，並進而
與A點非常的接近卽將重合時（A點與B點間之距離 △x 趨近於零）。
則此割線 l_1，卽形成以A點爲中心，向下旋轉移動成爲 l_2、l_3、L 各條
割線，惟由於B點與A點已非常接近，已可將B點視爲與A點重合（雖
尙未眞正重合），故可進而將L線，視爲通過A點的切線。換言之，將
AB 直線以A爲中心旋轉至B點將與A點重合時所得之L線，卽爲A點
之斜率線，亦爲A點之微分式。再觀察上圖可知，由l_1 旋轉變化至l_2、
l_3……L 各線時，其B_1、B_2、B_3……各點於 x 軸上與A點之間的間距
△x，亦係由△x，漸減至△x_2、△x_3……並將趨近於零。可知L線之斜
率，卽係當△x —→ 0時 AB 線的斜率。其極限値以式表之爲 $\lim\limits_{\triangle \to 0}\frac{\triangle y}{\triangle x}$

$＝\lim\limits_{\triangle x\to 0}\frac{f(x+\triangle x)-f(x)}{\triangle x}$。上式卽爲在 y＝f(x) 上 x 點的斜率 g(x)，

亦即在 x 點之微分。微分之符號一般係以 $\dfrac{dy}{dx}$、$f'(x)$或 y' 表示之，故微分

$$\frac{dy}{dx} = f'(x) = \lim_{\triangle x \to 0} \frac{f(x + \triangle x) - f(x)}{\triangle x}$$

以上即爲微分的基本意義。若將微分所得結果，再予以微分一次，即稱爲第二次微分 (Second Derivative)，或第二次導來式。通常以 $\dfrac{d^2y}{dx^2}$ 或 $f''(x)$表示之（式中之數字僅爲表示第二次的符號，並非平方）。

以上所述微分之概念，尚有兩項重要的假設（ Assumptions ）必須予以說明。若求 $y = f(x)$，在 x_0 點之微分，必須

(1) $y = f(x)$ 函數在 x_0 點爲連續 (Continuous)

(2) $y = f(x)$ 函數在 x_0 點爲平滑 (Smooth)

此乃由於若在該點時爲不連續或不平滑，即無法求得其在該點之斜率。就下列兩圖觀察，可知在不連續或不平滑時，實無法繪出在該點之斜率線。

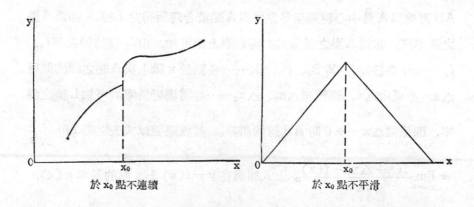

於 x_0 點不連續   於 x_0 點不平滑

若函數符合上述條件，則一般微分皆可下列公式求得，其計算極為簡便:

(1)　$y=f(x)=cx^n$　式中 c 為常數，n 為方次

$$\frac{dy}{dx}=cnx^{n-1}$$

例如　$y=3x^2$; $\frac{dy}{dx}=(3)(2)x^{2-1}=6x$

$y=8x^{-2}$; $\frac{dy}{dx}=(8)(-2)x^{-2-1}=-16x^{-3}$

(2)　$y=cx$

$$\frac{dy}{dx}=c$$　係上式中 n＝0 之特定情況

例如　$y=9x$; $\frac{dy}{dx}=9$

(3)　$y=c$

$$\frac{dy}{dx}=0$$　係上式中 n＝0, x＝1 之特定情況

例如　$y=12$; $\frac{dy}{dx}=0$

$y=100$; $\frac{dy}{dx}=0$

(4)　$y=f(x)+h(x)$

$$\frac{dy}{dx}=f'(x)+h'(x)$$　係各自分別微分之和。

例如　$y=5x+2x^{-1}$ 即 $f(x)=5x$; $h(x)=2x^{-1}$

由於　$f'(x)=5$; $h'(x)=-2x^{-2}$

$$\therefore \quad \frac{dy}{dx} = 5 - 2x^{-2}$$

例如　$y = x^2 - 6x + 8;\quad \frac{dy}{dx} = 2x - 6$

(5)　$y = \{f(x)\}^n$

$$\frac{dy}{dx} = n\{f(x)\}^{n-1}\{f'(x)\}$$

例如　$y = (\underbrace{a+bx}_{f(x)})^3,\quad$ a 與 b 爲常數

$$\frac{dy}{dx} = \underset{\underset{n}{\uparrow}}{3} \cdot \underbrace{(a+bx)^{3-1}}_{f(x)^{n-1}} \cdot \underbrace{(0+b)}_{f'(x)} = 3b(a+bx)^2$$

(6)　$y = f(x)h(x)$

$$\frac{dy}{dx} = f(x)h'(x) + f'(x)h(x)$$

例如　$y = \underbrace{4x^2}_{f(x)}(\underbrace{5x - x^{-1}}_{h(x)})$

$$\frac{dy}{dx} = (4x^2)(5 + x^{-2}) + (4 \cdot 2x)(5x - x^{-1})$$

$$= 20x^2 + 4 + 40x^2 - 8 = 60x^2 - 4$$

(7)　$y = ce^{f(x)}$　式中 e 爲自然對數之底。

$$\frac{dy}{dx} = \{ce^{f(x)}\}\{f'(x)\}$$

例如　$y = 6e^{-2x};\quad \frac{dy}{dx} = \{6e^{-2x}\}\{-2\} = -12e^{-2x}$

$$y = 3e^{(4x-2x^2)};\quad \frac{dy}{dx} = \{3e^{(4x-2x^2)}\}\{4-4x\}$$

(8)　$y = c \ln f(x)$　式中 $\ln f(x)$ 為 $f(x)$ 自然對數

$$\frac{dy}{dx} = \frac{C}{f(x)} f'(x)$$

例如 $y = 4 \ln(1+x)$; $\frac{dy}{dx} = \frac{4}{1+x}(0+1) = \frac{4}{1+x}$

由於管理中所用之函數式, 較不複雜, 故其計算亦不致十分困難。

三、極大與極小

(一)基本概念

微分之應用, 在於其作為求取極大或極小之工具, 就下圖言,

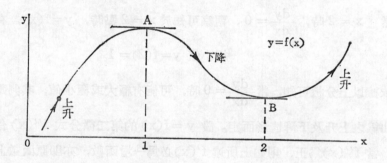

$y = f(x)$, 當 x 增加, y 亦隨之增加者稱為增函數, 故其 $\triangle x$ 為正, $\triangle y$ 亦為正; 反之, 因 x 之增加而 y 減少者, 稱為減函數, 其 $\triangle x$ 為正, $\triangle y$ 為負。故知

增函數之 $\dfrac{dy}{dx} = \lim\limits_{\triangle x \to 0} \dfrac{\triangle y}{\triangle x} > 0$

減函數之 $\dfrac{dy}{dx} = \lim\limits_{\triangle x \to 0} \dfrac{\triangle y}{\triangle x} < 0$

例如上圖中曲線 $y = 2x^3 - 9x^2 + 12x - 3$

其 $\dfrac{dy}{dx} = 6x^2 - 18x + 12 = 6(x-1)(x-2)$

當 $x < 1$ 時, $\dfrac{dy}{dx} > 0$，故 $f(x)$ 為增函數，曲線上升

當 $1 < x < 2$ 時, $\dfrac{dy}{dx} < 0$，故 $f(x)$ 為減函數，曲線下降。

當 $x > 2$ 時, $\dfrac{dy}{dx} > 0$，故 $f(x)$ 為增函數，曲線上升。

當 $x = 1$ 時, $\dfrac{dy}{dx} = 0$，觀察可知於 $x = 1$ 點時 $y = f(x)$，有極
大值 $y = f(1) = 2$

當 $x = 2$ 時, $\dfrac{dy}{dx} = 0$，觀察可知於 $x = 2$ 點時，$y = f(x)$，有
極小值 $y = f(2) = 1$

依據以上分析可知，當 $\dfrac{dy}{dx} = 0$ 時，可能有極大或極小值，其判斷則視曲線之上升及下降情形而定。設 $y = f(x)$ 的第二微分式 $f''(x)$ 係存在，當 $f''(x)$ 為正，則如上所述 $f'(x)$ 必為一增函數，亦即原函數上各點之切線之斜率，隨 x 值之增加而增加，故切線係依逆時針之方向轉

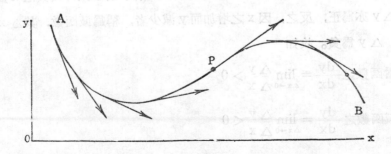

動，曲線係向上彎曲，如上圖之 AP 弧段是具此項特性，此時若有極端值，必係極小值。

當 f''(x)為負時，則其 f'(x)必爲一減函數，即原函數曲線上各點之切線之斜率，隨 x 值之增加而減少，故其切線係依順時針之方向而轉動，曲線逐向下彎曲，如上圖中之 PB 弧，此時若有極端值，必係極大值。

依以上析，可知求取 y＝f(x)函數式之極大值或極小值之步驟如下：

(1)求取該函數 y＝f(x)的微分式

(2)將此項微分式設爲零，並求解爲零時之各項 x 值

(3)試測此項 x 值，決定當 x 值時 y＝f(x)有極大或極小值：若 f'(a)＝0而

$$f''(a) > 0 ，則 f(a)爲 y＝f(x)的極小值$$

$$f''(a) < 0 ，則 f(a)爲 y＝f(x)的極大值$$

例如就上例 y＝f(x)＝$2x^3 - 9x^2 + 12x - 3$ 其第一次微分式

$$\frac{dy}{dx} = 6x^2 - 18x + 12 = 6(x-1)(x-2)$$

設上式等於零即$\frac{dy}{dx} = 6(x-1)(x-2) = 0$

解之得 x＝1 與 x＝2

g(x)＝$6x^2 - 18x + 12$ 的微分式，亦即 y＝f(x) 的第二次微分式

$$f''(x) = 12x - 18$$

當 x＝1 時　代入上式 f''(1) < 0，故知有極大值。

當 x＝2 時　代入上式 f''(2) > 0，係有極小值。

極大與極小值之決定，尚須注意其是否爲該函數之眞正極大或極

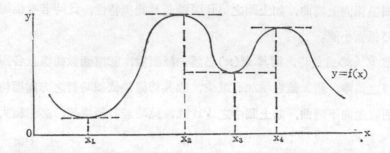

小。例如就上圖言，x_1 與 x_3 時，$y=f(x)$ 皆有極小值，惟其中 x_1 爲全線段之極小，x_3 爲該點附近之極小；同理，x_2 點時 $y=f(x)$ 有全線段之極大值，x_4 時僅爲該點附近之極大值。故 於應用微分法求取極大或極小值時，應注意其是否僅爲該點附近之區域性極大或極小值 (Local Maximum or Minimum)。惟一般成本或利潤函數，多係如下圖所示，則將皆有全盤性的極端值 (Global Optimality):

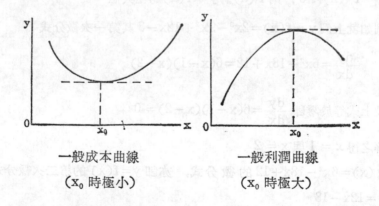

一般成本曲線　　　　　　　一般利潤曲線

（x_0 時極小）　　　　　　　（x_0 時極大）

(二)例示

　　茲舉數例說明其應用如下:

　例一　某公司研究發展成功新產品一種，正研擬訂價，以供應市場。

依該公司市場研究人員估計，其訂價高低與估計銷售數量如下表：

估計預測	建議售價（s）	估計每年銷售量（u）
A	每件　＄1,000	6,000件
B	2,000	4,000
C	3,000	2,000
D	4,000	0

以上資料可以下圖表示之：

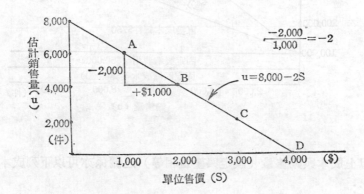

上圖係將市場部門人員估計之 A、B，C、D 四項估計預測分別繪於圖上，並連結而成爲一條直線。該線與 y 軸之截距爲在 8,000 件之處，其斜率爲每增加售價 ＄1,000 則減少售量 2,000 件，故斜率爲 $-2,000/1,000 = -2$。依以上分析可得其訂價與售銷量間之函數關係如下式：

$$u = 8,000 - 2S \cdots\cdots\cdots\cdots\cdots\cdots\cdots\cdots\cdots\cdots① $$
　　銷售量　　　　　單價

該公司成本部門估計，爲生產此項新產品，必須增加固定設備每年

$50,000；此外每年並將增加固定製造費用 $50,000，合計每年
$100,000。製造該產品之直接成本包括直接材料及人工等項爲每件$750；
此外每件所需運輸，推銷及佣金等項之雜項變動成本爲每件 $250，合計
每件 $1,000。依上述資料亦可繪圖表示之：

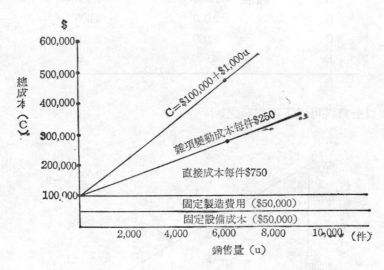

以上成本與銷售量（假定與產量相等）之關係亦可以下列成本方程
式表之：

$$C = \underbrace{\$100,000}_{\substack{\text{固定成本}}} + \underbrace{\$1,000}_{\substack{\text{變動成本}}} u \cdots\cdots\cdots\cdots ②$$
總成本　　　　　　　　　　　　件數

設該公司產銷此項新產品之每年利潤爲P，則可得下式：

$$P = R - C \cdots\cdots\cdots\cdots\cdots\cdots ③$$

式中　P＝總利潤（每年）

　　　R＝總銷售收益

　　　C＝總成本

該公司之銷售收益，係為銷售量乘以單位售價，亦卽

$$R = u \cdot s \quad\text{………………………………………………④}$$

式中　u＝總銷售量（每年）

　　　s＝單位售價

將第①式代入第④式可得

$$R = u \cdot s = (8,000 - 2s) \cdot s$$

$$= 8,000s - 2s^2 \quad\text{…………………………………⑤}$$

第⑤式係為一項二次方程式，可知單位售價與銷售收益間之函數關係為如下圖所示之曲線形態。

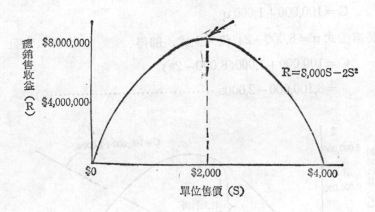

自上圖可知，當單位售價（s）於最初逐漸增加時，每年所獲銷售收益（R）亦隨之上升，惟達每件售價＄2,000時此項銷售收益達最高峯，過此點後，惟提高單位售價，其所獲銷售總收益反較以低價出售時為少而逐漸下降。以上關係乃由於高價時需要量減低所致，茲列表以說明上述之關係如下：

單位售價（s）	×	銷售量（u）	=	銷售總收益（R）
$　0		8,000		$　　0
500		7,000		3,500,000
1,000		6,000		6,000,000
1,500		5,000		7,500,000
2,000		4,000		8,000,000
2,500		3,000		7,500,000
3,000		2,000		6,000,000
3,500		1,000		3,500,000
4,000		0		0

吾人已知第②式係成本方程式

$$C = 100,000 + 1,000\,u$$

將第①式 $u = 8,000 - 2s$ 代入上式，卽得

$$C = 100,000 + 1,000(8,000 - 2s)$$

$$= 8,100,000 - 2,000s \quad \cdots\cdots\cdots\cdots\cdots\cdots\cdots\cdots ⑥$$

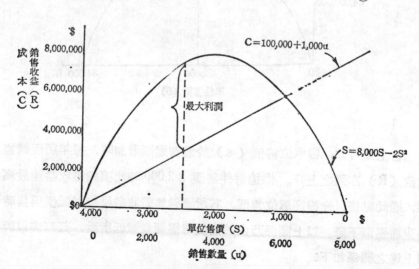

　　將第⑤式與第⑥式分別繪於上圖，即可明顯的看出其最大利潤之所在。

　　上圖顯示最大利潤之所在係在單位訂價等於 $2,500 之處。茲以微分法求解最大利潤如下：

　　就第③式　$P = R - C$，將第⑤式與第⑥式分別代入之

　　得　　　$P = (8,000s - 2s^2) - (8,100,000 - 2,000s)$

　　　　　　　$= 8,000s - 2s^2 - 8,100,000 + 2,000s$

　　　　　　　$= -2s^2 + 10,000s - 8,100,000$ ……………⑦

將 P 式對 s 微分之，並設其等於零

$$\frac{dp}{ds} = -4s + 10,000 = 0$$

　　解之　$4s = 10,000$

　　　∴　　$s = \$ 2,500$

　　再對　$-4s + 10,000$　微分之

$$\frac{d^2P}{ds^2} = -4 + 0 < 0$$

　　可知當 $s = \$ 2,500$ 時，有極大 P 值。

　　若將 $s = \$ 2,500$ 代入第⑦式，可得 $P = \$ 4,400,000$ 係可能獲得之最高利潤，其時之單位售價應訂為每件 $ 2,500。其之銷售量為

$u = 8,000 - 2s = 8,000 - 2(2500) = 3,000$ 件。故該公司之最佳訂價策略應為每件訂價 $ 2,500，可望獲取最大利潤 $ 4,400,000。

　　例二　某紙箱工廠擬製造硬紙板箱一種，須有27立方公尺之容積，其底必須為正方形，若硬紙板每平方公尺一元，試求最低成本之紙箱尺寸。

　　解　由於紙箱所用硬紙板之數量依該紙箱之各面面積總和而定，故本問題即為求可獲取要求容積之最小總面積。設 x 為該紙箱底部之一邊長

度，由於規定爲正方形底，故其面積爲 x^2，而頂部與底部面積相同，故合計爲 $2x^2$。設 y 爲該紙箱之高度，則 $4xy$ 係爲該紙箱之四邊之面積。茲以函數式表示紙箱之總面積如下：

$$f(x) = 2x^2 + 4xy, \quad x > 0, \quad y > 0$$

由於規定紙箱之容積爲27立方公尺，即

$$x^2y = 27$$

就 y 解之 $\quad y = \dfrac{27}{x^2}$

代入上列函數式 $\quad f(x) = 2x^2 + 4x \cdot \dfrac{27}{x^2}$

$$= 2x^2 + \dfrac{108}{x}$$

以求取極端值（本例爲極小值）方法：

(1)求該函數式 f(x) 的微分式

$$f'(x) = 4x - \dfrac{108}{x^2}$$

(2)設此 f'(x) 爲零，並求解 f'(x) = 0 時之 x 值

$$f'(x) = 4x - \dfrac{108}{x^2} = 0$$

即 $\quad 4x - \dfrac{108}{x^2} = 0$

$$4x^3 = 108$$

$$\therefore \quad x = 3$$

(3)測驗此項 x 值，視其是否爲所求之極小值

$$f''(x) = 4 + \dfrac{216}{x^3}$$

將 x = 3 代入上式

即　$f''(3) = 4 + \dfrac{216}{3^2} = 12 > 0$

可知當 x = 3 時 f(x)有極小值

(4)將 x = 3 代入原函數式

$$f(x) = 2x^2 + \dfrac{108}{x}$$

$$\therefore \quad f(3) = 2 \cdot 3^2 + \dfrac{108}{3} = 54 \quad 最小總面積$$

由於　$y = \dfrac{27}{x^2}$

將 x = 3 代入得　$y = \dfrac{27}{3^2} = 3$

　　故該紙箱之各邊長度尺寸應爲 3×3×3 公尺而有最低成本。

　　例三　某公司生產罐裝飲料一種，雖僅有另一家主要競爭對手廠商，但市場競爭仍甚劇烈。該公司目前正研擬其年度廣告預算，並打算將其主要競爭對手之廣告金額多寡亦作爲決定其年度廣告預算的考慮因素之一。依該公司估計，該項罐裝飲料之整個市場納胃於短期內，並不受該罐裝飲料工業之廣告費用總額多寡之影響，惟該工業之各家公司之銷路，係依該公司之廣告費用佔整個工業廣告開支之比例大小而定。換言之，該兩家主要生產廠商之廣告開支總額，雖對整個市場銷路無甚影響，但若一家企業之廣告預算不足（亦即廣告活動不足），即將影響其產品之銷路，而可能由另一家競爭對手所趁機擴張其市場銷路。

　　茲設 x 爲該公司尚未決定的年度廣告預算；b 爲其競爭對手之廣告金額；Q 爲該罐裝飲料工業之年度銷貨總量（件）的預測值。則該公司之年度銷售量將爲

$$Q\left(\frac{x}{x+b}\right) \cdots\cdots\cdots\cdots\cdots\cdots\cdots\cdots\cdots\cdots\cdots\cdots\text{①}$$

另設該公司之年度固定成本爲F；單位變動成本每件爲V；其單位售價爲P，則該公司之成本函數式將爲

$$C(x)=F+V\left(\frac{Qx}{x+b}\right)+x \cdots\cdots\cdots\cdots\cdots\cdots\text{②}$$

以上成本總額C係由固定成本、變動成本與廣告預算額三者相加而得。該公司之銷貨金額則將爲

$$S(x)=P\left(\frac{Qx}{x+b}\right)\cdots\cdots\cdots\cdots\cdots\cdots\cdots\cdots\cdots\cdots\text{③}$$

故其利潤函數式G(x)＝S(x)－C(x) 將爲

$$G(x)=P\left(\frac{Qx}{x+b}\right)-\left[F+V\left(\frac{Qx}{x+b}\right)+x\right]\cdots\cdots\cdots\text{④}$$

以上利潤G(x) 係將第③式銷貨金額減去第②式成本所得。該第④式之右端僅有 x 值係爲未知數，故可將第④式對 x 微分，即可求得其極大利潤時之年度廣告預算額(x)。

將第④式微分得 $G'(x)=\dfrac{PbQ}{(x+b)^2}-\left[\dfrac{VbQ}{(x+b)^2}+1\right]$

設 G′(x)＝0 ，解 x 得 $x=\sqrt{(P-V)bQ}-b \cdots\cdots\cdots\text{⑤}$

而有最大利潤（讀者請試求G(x) 的第二次微分式以證明）

例如該公司市場研究人員估計，明年度其罐裝飲料之整個工業之產銷估計爲Q＝8,000,000罐； 另估計其競爭對手之年度廣告費 用 爲 b ＝ $500,000； 此 外 該公司生產與財務人員共同估計其每罐之單位變動成本爲 $6.7，若市場售價爲每罐 $10，則可代入第⑤式，得

$$x=\sqrt{(10-6.7)(500,000)(8,000,000)}-500,000$$

$\doteqdot$ $ 3,134,000

依此分析該公司之年度廣告預算，應約爲三百萬元。此項數值可供該公司決策人員參考其他各項考慮因素，以綜合決定該公司之實際年度廣告預算額。

(三)經濟批量方式

　　第六章曾討論有關存貨管理的經濟批量公式(Economic Lot Size)多種，皆係依存貨的全年訂購成本 (Total Ordering Costs) 與其全年持有成本 (Total Carrying Costs) 兩者相等時，有最低存貨總成本的原理發展而來。惟就經濟批量模式的基本意義言，係求解於存貨總成本爲最低時的批量，故可應用本章所述以微分法求存貨總成本爲極小值時的批量。觀察下圖可知，存貨總成本線，係一條向上彎曲的曲線，故可求得其極小值。

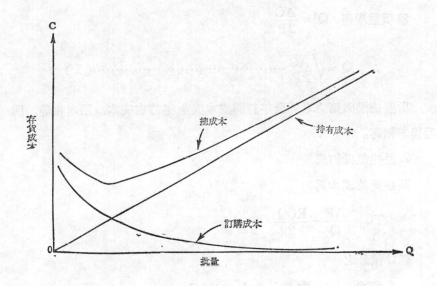

茲將第六章所述各項經濟批量公式，仍依該章原列順序逐一運用微

分法，求證其具有最低總成本的經濟批量：

1. 最佳訂購次數

仍沿上第六章經濟批量原有公式的符號，可得其總成本如下

$$TC = QP + \frac{AC}{2Q}$$

就 Q 微分

$$\frac{dTC}{dQ} = \frac{d}{dQ}\left(QP + \frac{AC}{2Q}\right)$$

$$= \frac{d}{dQ}(QP) + \frac{d}{dQ}\left(\frac{AC}{2Q}\right)$$

$$= P - \frac{AC}{2Q^2}$$

設 $\frac{dTC}{dQ} = 0$，即 $P - \frac{AC}{2Q^2} = 0$

移項整理得 $Q^2 = \frac{AC}{2P}$

$$\therefore \quad Q = \sqrt{\frac{AC}{2P}} \quad \cdots\cdots\cdots\cdots\cdots\cdots\cdots\cdots\cdots\cdots\cdots\cdots\cdots(\text{I})$$

所獲結果與第六章就全年訂購成本與全年持有成本，兩者相等，所獲得者相同。

2. 最佳每批訂購量

其存貨總成本爲

$$TC = \frac{AP}{Q} + \frac{RCQ}{2}$$

就 Q 微分之

$$\frac{dTC}{dQ} = \frac{d}{dQ}\left(\frac{AP}{Q}\right) + \frac{d}{dQ}\left(\frac{RCQ}{2}\right)$$

$$= \frac{-AP}{Q^2} + \frac{RC}{2}$$

設　$\dfrac{dTC}{dQ} = 0$，即　$\dfrac{-AP}{Q^2} + \dfrac{RC}{2} = 0$

移項整理，得　$\dfrac{AP}{Q_2} = \dfrac{RC}{2}$

即　$Q^2 = \dfrac{2AP}{RC}$

$\therefore \quad Q = \sqrt{\dfrac{2AP}{RC}}$ ⋯⋯⋯⋯⋯⋯⋯⋯⋯⋯⋯（Ⅱ）

3. 最佳每次訂購供用天數

其存貨總成本為

$$TC = \frac{365\,P}{Q} + \frac{ARC}{730/Q}$$

$$\therefore \quad \frac{dTC}{dQ} = \frac{d}{dQ}\left(\frac{365\,P}{Q}\right) + \frac{d}{dQ}\left(\frac{ARC}{730/Q}\right)$$

$$= -\frac{365\,P}{Q^2} + \frac{ARC}{730}$$

設　$\dfrac{dTC}{dQ} = 0$，即　$\dfrac{365\,P}{Q^2} = \dfrac{ARC}{730}$

移項整理，得　$Q^2 = \dfrac{266,450\,P}{ARC}$

$\therefore \quad Q = \sqrt{\dfrac{266,450\,P}{ARC}}$ ⋯⋯⋯⋯⋯⋯⋯⋯⋯（Ⅲ）

4. 最佳每批訂購金額

其存貨總成本為

$$TC = \frac{AP}{Q} + \frac{QC}{2}$$

$$\therefore \quad \frac{dTC}{dQ} = \frac{d}{dQ}\left(\frac{AP}{Q}\right) + \frac{d}{dQ}\left(\frac{QC}{2}\right)$$

$$= \frac{-AP}{Q^2} + \frac{C}{2}$$

設 $\frac{dTC}{dQ} = 0$，得 $\frac{-AP}{Q^2} + \frac{C}{2} = 0$

移項整理，得 $\frac{AP}{Q^2} = \frac{C}{2}$

即 $Q^2 = \frac{2AP}{C}$

$$\therefore \quad Q = \sqrt{\frac{2AP}{C}} \quad \cdots\cdots\cdots\cdots\cdots\cdots\cdots\cdots (IV)$$

5. 陸續供應與使用：

其存貨總成本為

$$TC = \frac{AP}{Q} + \frac{RCQ}{2}\left(1 - \frac{y}{x}\right)$$

$$\therefore \quad \frac{dTC}{dQ} = \frac{d}{dQ}\left(\frac{AP}{Q}\right) + \frac{d}{dQ}\left[\frac{RCQ}{2}\left(1 - \frac{y}{x}\right)\right]$$

$$= \frac{-AP}{Q^2} + \frac{RC}{2}\left(1 - \frac{y}{x}\right)$$

設 $\frac{dTC}{dQ} = 0$，得 $\frac{-AP}{Q^2} + \frac{RC}{2}\left(1 - \frac{y}{x}\right) = 0$

移項整理，得 $Q^2 = \frac{2AP}{RC(1 - y/x)}$

$$\therefore \quad Q = \sqrt{\frac{2AP}{RC(1-y/x)}} \cdots\cdots\cdots\cdots\cdots\cdots(V)$$

6.年持有成本批量：

就持有成本爲以每件每年若干金額爲計算標準言，其應用微分法以求得經濟批量公司第（II′）與（V′）兩式，亦係相同的簡易。

就第（II′）式的導來言，其存貨總成本爲

$$TC = \frac{AP}{Q} + \frac{QC}{2}$$

$$\therefore \quad \frac{dTC}{dQ} = \frac{d}{dQ}\left(\frac{AP}{Q}\right) + \frac{d}{dQ}\left(\frac{QC}{2}\right)$$

$$= \frac{-AP}{Q^2} + \frac{C}{2}$$

設 $\dfrac{dTC}{dQ} = 0$，即 $\dfrac{-AP}{Q^2} + \dfrac{C}{2} = 0$

亦即 $\dfrac{AP}{Q^2} = \dfrac{C}{2}$

$$\therefore \quad Q^2 = \frac{2AP}{C}$$

$$Q = \sqrt{\frac{2AP}{C}} \cdots\cdots\cdots\cdots\cdots\cdots\cdots\cdots\cdots(II')$$

就第（V′）式的導來言，其存貨總成本爲

$$TC = \frac{Q}{2}\left(1 - \frac{y}{x}\right)C + \frac{y}{Q} \cdot P$$

$$\frac{dTC}{dQ} = \frac{d}{dQ}\left[\frac{Q}{2}\left(1 - \frac{y}{x}\right)C\right] + \frac{d}{dQ}\left(\frac{y}{Q} \cdot P\right)$$

$$= \frac{1}{2}\left(1 - \frac{y}{x}\right)C - \frac{yP}{Q^2}$$

設 $\dfrac{dTC}{dQ} = 0$，即 $\dfrac{1}{2}\left(1 - \dfrac{y}{x}\right)C - \dfrac{yP}{Q^2} = 0$

移項整理 $Q^2 = \dfrac{2yP}{C(1-y/x)}$

$\therefore \quad Q = \sqrt{\dfrac{2yP}{C(1-y/x)}}$ ....(V′)

以上結果與原獲結果完全相同，且更簡單明瞭。

習 題

11-1 某公司估計其每週生產X件產品之總成本為$\dfrac{1}{25}X^2 + 3X + 100$；其每週市場銷量為 X＝75－3P；P為每件產品售價，試分析其最大利潤時，每週產銷量應為若干件？每件售價應訂為若干？最大利潤為若干？

11-2 某公司發展成功新產品一種，其市場研究部門估計該新產品之可能訂價及其第一年銷售數量如下：

單位訂價	第一年銷售量
$ 100	9,000件
200	6,000
300	3,000
400	0

該公司成本部門並估計該新產品之生產及銷售總成本如下：

每年固定成本	$ 100,000
單位變動成本	$ 75

試問：

⑴該公司第一年可獲極大利潤之單位訂價為何?

⑵銷售量應為若干件?

⑶極大利潤為若干?

11-3　某公司業務部門估計分析其銷售收入（S）與廣告費用（X）的關係，就單位產品言，有如下式:

$$S = \frac{20,000\,X}{500 + X}$$

該公司並估計得其未化費廣告費用前的利潤為銷售收益的百分之二十，故可得利潤（P）與銷售及廣告費用的關係如下:

$$P = \frac{1}{5}S - X$$

試求可獲最大利潤的廣告費用為若干?

11-4　某公司產品經積極改進品質後，可供內外銷。估計供內銷者，每件需負擔2元貨物稅，供外銷者可不負擔此項貨物稅。該公司並估計該項產品之總成本（TC）與銷售件數（S）的關係，以及單位售價（P）與銷售件數的關係如下:

$$TC = 25,000 + 40\,S$$

$$S = 10,000 - 80\,P$$

試求可獲最大利潤的內銷與外銷單位售價應各為若干?

11-5　某客運公司估計，當票價每張為2元時，可有旅客10,000人。若減低票價1角，即可增加400人;反之若增加票價1角，將減少旅客400人，試求票價應訂為若干，可獲最大收益?

11-6　設T為某項產品之總成本，X為其生產數量，A為其單位平均成本，亦即 $T = AX$。

試分析該項產品邊際總成本、單位平均成本、邊際單位平均成本三者間的關係。

11-7　某公司發展成功一項新產品，希望能於推出的第一年內能獲得最大利潤。依該公司市場研究部門分析，該項新產品之市場需要量與其單位訂價間的關係如下:

單位訂價	需要量估計
$ 50	3,000件
75	2,000
100	1,000

該公司生產部門估計，爲生產此項新產品所需生產設備之投資，於第一年內負擔者，應爲 30,000元，每單位產品所需人工及材料費用爲25元。另據營業部門估計銷售及運輸費用爲平均每單位 10 元，而會計部門資料顯示，此項新產品於第一年內，應分攤製造費用及折舊等項固定費用 20,000元，試問訂價應訂爲若干，始可獲最大利潤？其利潤額爲若干？

11-8　某鐵盒工廠接訂單一批之規格如下：容量爲27立方公尺，其底應爲正方形。若製材爲每平方公尺10元，試求每單位製品的最低成本應爲若干元？

若該廠對此項製品所使用材料爲該鐵盒之底部及頂部爲每平方公尺20元，四週邊仍爲每平方公尺10元，試求每單位的最低成本應爲若干？

若該廠另準備生產無蓋鐵盒一種，擬用120×120公分鐵片截去四角而摺成，試求可以製成鐵盒之最大容量應爲若干？

第十二章　馬可夫分析

馬可夫分析法，最初係由 A. A. Markov 於 1907 年對於一項稱爲布朗寧運動 (Brownian Motion) 的物理現象的數學說明，其基本意義係經由鏈環 (Chain) 的程序，自一項已知的情況，推計以後的情況，並由 N. Wisner 於 1923 發展成爲一項數學模式，並經 A. N. Kolmagorov, W. Feller, W. Doeblin 等及其他多位學者於1930—40 年間繼予拓展成爲一項完整的理論。

一、鏈環程序

關於鏈環程序 (Chain Process) 的基本意義，可舉例說明如下：

設下列矩陣中，P_{1j} 係爲表示各個 a_j 隨著 a_1 所發生的機率：

$$
\begin{array}{cccc}
 & a_1 & a_2 & a_3 \\
a_1 & P_{11} & P_{12} & P_{13} \\
a_2 & P_{21} & P_{22} & P_{23} \\
a_3 & P_{31} & P_{32} & P_{33}
\end{array}
\quad
例如 P =
\begin{array}{cccc}
 & a_1 & a_2 & a_3 \\
a_1 & 0 & 1 & 0 \\
a_2 & 0 & 1/2 & 1/2 \\
a_3 & 1/3 & 0 & 2/3
\end{array}
$$

下圖即表示 a_1 隨 a_3 發生的機率爲1/3；a_2 隨 a_1 發生的機率爲1；a_2 隨 a_2 發生的機率爲1/2；a_3 隨 a_2 發生的機率爲 1/2；a_3 隨 a_3 發生的機率爲2/3；a_1 隨 a_1 發生的機率，a_1 隨 a_2 發生的機率與 a_3 隨 a_1 發生的機率皆爲零。

以圖表示其鏈環的特質：

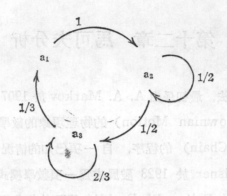

上列鏈環圖，亦可以下列分枝圖表示其變化程序：

馬可夫鏈環程序的主要功能，係在計算自 i 開始，經 n 步驟至 j 的機率$P_{ij}^{(n)}$爲何值。第 n 步驟的三級（n-step 3-state）馬可夫鏈環矩陣的表示方法爲：

$$P^{(n)} = \begin{pmatrix} P_{11}^{(n)} & P_{12}^{(n)} & P_{13}^{(n)} \\ P_{21}^{(n)} & P_{22}^{(n)} & P_{23}^{(n)} \\ P_{31}^{(n)} & P_{32}^{(n)} & P_{33}^{(n)} \end{pmatrix}$$

例如就上列分枝圖言，

$$P_{13}^{(3)} = 1 \cdot \frac{1}{2} \cdot \frac{1}{2} + 1 \cdot \frac{1}{2} \cdot \frac{2}{3} = \frac{7}{12}$$

$$P_{12}^{(3)} = 1 \cdot \frac{1}{2} \cdot \frac{1}{2} = \frac{1}{4}$$

$$P_{11}^{(3)} = 1 \cdot \frac{1}{2} \cdot \frac{1}{3} = \frac{1}{6}$$

依此類推，可求出下列轉換機率矩陣 (Transition Probability Matrix)：

$$P^{(3)} = \begin{vmatrix} \dfrac{1}{6} & \dfrac{1}{4} & \dfrac{7}{12} \\[2mm] \dfrac{7}{36} & \dfrac{7}{24} & \dfrac{37}{72} \\[2mm] \dfrac{4}{27} & \dfrac{7}{18} & \dfrac{25}{54} \end{vmatrix}$$

上列機率矩陣的各列分子之和爲1。

二、轉換機率

以上說明其基本理論，茲舉例以說明轉換採率應用：

設某地食品市場，有四家供應廠商，其產品性質相同，各廠商之顧客，常有變遷情形，其六月份之顧客增減情形如下：

供應商	月初顧客人數	新增	失去	月終顧客人數
A	220	50	45	225
B	300	60	70	290
C	230	25	25	230
D	250	40	35	255
	1,000	175	175	1,000

自上列資料顯示， A於該月份中新增顧客50人， 失去原有顧客45人，於月終計有顧客225人。其餘各廠商亦皆有新增與失去顧客之情形。因上表係假定顧客總數未變，月初與月終皆爲1,000人， 故所有新增顧客皆係來自其他廠商之原有顧客，而所有失去顧客亦皆係轉而成爲其他供應廠商之顧客。經進一步分析，可獲知顧客們之變遷情形如下：

供應商	月初顧客	新	增			失	去			月終顧客
		自A	自B	自C	自D	至A	至B	至C	至D	
A	220	0	40	0	10	0	20	10	15	225
B	300	20	0	25	15	40	0	5	25	290
C	230	10	5	0	10	0	25	0	0	230
D	250	15	25	0	0	10	15	10	0	255
	1,000									1,000

上表顯示， A月初有顧客 220 人， 於月中自B處獲得顧客40人，自D處獲得顧客10人，計新增顧客50人，惟同時亦失去顧客予B、C、D各20人、10人與15人，至月終尙有顧客225人。其餘各供應商情況相仿，詳細數字如上表所列。以上顧客變遷情形，並可列轉換矩陣（Transition Matrix) 如下：

（新增）

$$
\begin{array}{c} \\ \text{（失去）} \end{array}
\begin{array}{c} A \\ B \\ C \\ D \end{array}
\begin{pmatrix}
\begin{array}{cccc} A & B & C & D \end{array} \\
175 & 40 & 0 & 10 \\
20 & 230 & 25 & 15 \\
10 & 5 & 205 & 10 \\
15 & 25 & 0 & 215
\end{pmatrix}
$$

上列矩陣之意義爲表示各供應商間顧客之變化情形。各欄（Column)

係表示其保留以及失去的顧客，各列（Row）係表示保留及新增的顧客
（對角線中爲保留顧客人數）。例如A於該月份總計失去顧客45人，於
月初原有220人，故其保留住的顧客人數爲220－45＝175人。B的情形
亦相仿，其原有顧客300人，失去顧客70人，故保留300－70＝230人，
依此類推，可求行C與D之保留顧客人數分別爲230－25＝205人；　250
－35＝215人。旣明上列矩陣之意義，即可進而計算轉換機率矩陣如下：

$$
\begin{array}{cccc}
\quad A & \quad B & \quad C & \quad D \\
\end{array}
$$

$$
\begin{array}{l}
A \\[2mm] B \\[2mm] C \\[2mm] D
\end{array}
\left(
\begin{array}{cccc}
\dfrac{175}{220}=.796 & \dfrac{40}{300}=.133 & \dfrac{0}{230}=0 & \dfrac{10}{250}=.040 \\[4mm]
\dfrac{20}{220}=.091 & \dfrac{230}{300}=.767 & \dfrac{25}{230}=.109 & \dfrac{15}{250}=.060 \\[4mm]
\dfrac{10}{220}=.046 & \dfrac{5}{300}=.017 & \dfrac{205}{230}=.891 & \dfrac{10}{250}=.040 \\[4mm]
\dfrac{15}{220}=.067 & \dfrac{25}{300}=.083 & \dfrac{0}{230}=0 & \dfrac{215}{250}=.860
\end{array}
\right)
$$

　　上列轉換機率，亦可以下圖表示其變化的情形：

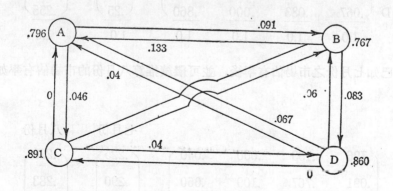

　　並可列出其轉換機率矩陣（Transition Probability Matrix）如
下：

$$
\begin{array}{ccccc}
 & A & B & C & D \\
A & .796 & .133 & .000 & .040 \\
B & .091 & .767 & .109 & .060 \\
C & .046 & .017 & .891 & .040 \\
D & .067 & .083 & .000 & .860
\end{array}
$$

→新增

↓
失去

　　宜注意者，以上描述顧客人數變遷情況的轉換機率矩陣，係以六月份一個月的資料為基礎計算者，依此為起點，可以推算七月份的市場情況。例如假定 A、B、C、D 四家供應廠商於此食品市場之佔有率（Market Share）為 .22, .30, .23, .25, 則可求得其七月份之市場佔有率將為

$$
\begin{array}{cccc}
A & B & C & D \\
\end{array}
\qquad 六月份 \qquad 七月份
$$

$$
A\begin{pmatrix} .796 & .133 & .000 & .040 \\ .091 & .767 & .109 & .060 \\ .046 & .017 & .891 & .040 \\ .067 & .083 & .000 & .860 \end{pmatrix} \times \begin{pmatrix} .22 \\ .30 \\ .23 \\ .25 \end{pmatrix} = \begin{pmatrix} .225 \\ .290 \\ .230 \\ .255 \end{pmatrix}
$$

$$
\begin{array}{cccccc}
1.0 & 1.0 & 1.0 & 1.0 & 1.0 & 1.0
\end{array}
$$

　　已知七月份之市場佔有率後，並可繼續推算八月份的市場佔有率如下：

$$
\qquad\qquad\qquad\qquad\qquad\qquad\qquad 七月份 \qquad 八月份
$$

$$
\begin{pmatrix} .796 & .133 & .000 & .040 \\ .091 & .767 & .109 & .060 \\ .046 & .017 & .891 & .040 \\ .067 & .083 & .000 & .860 \end{pmatrix} \times \begin{pmatrix} .225 \\ .290 \\ .230 \\ .225 \end{pmatrix} = \begin{pmatrix} .228 \\ .283 \\ .231 \\ .258 \end{pmatrix}
$$

以上計算，可簡化為

$$\begin{pmatrix} .796 & .133 & .000 & .040 \\ .091 & .767 & .109 & .060 \\ .046 & .017 & .891 & .040 \\ .067 & .083 & .000 & .860 \end{pmatrix}^2 \times \begin{pmatrix} .22 \\ .30 \\ .23 \\ .25 \end{pmatrix} = \begin{pmatrix} .228 \\ .283 \\ .231 \\ .258 \end{pmatrix}$$

三、高階馬可夫程序

上述以轉換機率矩陣，分析市場佔有率，係依據其前月份的市場佔有率（或前一期的市場佔有率）而求得，故稱為第一階(First-Order)馬可夫程序。若運用前三期的市場佔有率，推計該月份的市場佔有率，則稱為三階的馬可夫程序 (Three-Order Markov Process)，餘類推。

茲以下例說明高階的分析法（三階）：

		A	B	C
第一期（前三期）轉換機率	A	.4	.3	.3
	B	.3	.5	.3
	C	.3	.2	.4
		A	B	C
第二期（前二期）轉換機率	A	.3	.2	.3
	B	.5	.5	.4
	C	.2	.3	.3
		A	B	C
第三期（前一期）轉換機率	A	.3	.2	.3
	B	.4	.3	.3
	C	.3	.5	.4

上表係一項相同商品，三種不同廠牌間的最近三期間的轉換機率，由於各家廠商的品質改善、價格競爭、或其他推銷活動，故此三期之轉換機率並不相等。為求得本期（第四期）市場佔有率的估計，需自最早一期的市場佔有率計算，逐步推算。茲列表計算如下：

第一期期初　第一期期末
市場佔有率　市場佔有率

$$\text{第一期}\begin{pmatrix}.4 & .3 & .3\\ .3 & .5 & .3\\ .3 & .2 & .4\end{pmatrix}\times\begin{pmatrix}.3\\ .4\\ .3\end{pmatrix}=\begin{pmatrix}.33\\ .38\\ .29\end{pmatrix}$$

第二期期初　第二期期末
市場佔有率　市場佔有率

$$\text{第二期}\begin{pmatrix}.3 & .2 & .3\\ .5 & .5 & .4\\ .2 & .3 & .3\end{pmatrix}\times\begin{pmatrix}.33\\ .38\\ .29\end{pmatrix}=\begin{pmatrix}.262\\ .471\\ .267\end{pmatrix}$$

第三期期初　第三期期末
市場佔有率　市場佔有率

$$\text{第三期}\begin{pmatrix}.3 & .2 & .3\\ .4 & .3 & .3\\ .3 & .5 & .4\end{pmatrix}\times\begin{pmatrix}.262\\ .471\\ .267\end{pmatrix}=\begin{pmatrix}.253\\ .326\\ .421\end{pmatrix}$$

四、均衡狀態

所謂均衡狀態（Equilibrium）係指經由鏈環程序的變化，其變化輻度，愈來愈小最後達到均衡的狀態，不再有任何進一步的變化。

最顯明的例子，係由於轉換機率中，有一強有力的廠商存在，而將所有的顧客引去。例如下列轉換機率矩陣中，由於C從無失去可能，故最終將全歸C所有：

$$
\begin{array}{c c c c}
 & A & B & C \\
A & .90 & .15 & 0 \\
B & .05 & .75 & 0 \\
C & .05 & .10 & 1.0
\end{array}
$$

下列則最終將由B與C平分市場：

$$
\begin{array}{c c c c}
 & A & B & C \\
A & .90 & 0 & 0 \\
B & .05 & .50 & .50 \\
C & .05 & .50 & .50
\end{array}
$$

惟並非上述特殊情況，始可達到均衡，一般情形亦可達到均衡。例如某產品之市場變化情形，係有下列轉換矩陣：

$$
\begin{array}{c c c c}
 & A & B & C \\
A & .800 & .070 & .083 \\
B & .100 & .900 & .067 \\
C & .100 & .030 & .850
\end{array}
$$

吾人知，欲達均衡狀態，必有下列關係式：

$$A = .800\,A + .070\,B + .083\,C \quad\cdots\cdots\cdots\cdots\cdots\cdots(1)$$

$$B = .100\,A + .900\,B + .067\,C \quad\cdots\cdots\cdots\cdots\cdots\cdots(2)$$

$$C = .100\,A + .030\,B + .850\,C \quad\cdots\cdots\cdots\cdots\cdots\cdots(3)$$

$$A + B + C = 1.0 \quad\cdots\cdots\cdots\cdots\cdots\cdots\cdots\cdots\cdots\cdots(4)$$

移項：　$0 = -.200\,A + .070\,B + .083\,C \quad\cdots\cdots\cdots\cdots\cdots(5)$

$$0 = .100\,A - .100\,B + .067\,C \quad \cdots\cdots\cdots\cdots\cdots\text{(6)}$$

$$0 = .100\,A + .030\,B - .150\,C \quad \cdots\cdots\cdots\cdots\cdots\text{(7)}$$

$$1.0 = A + B + C \quad \cdots\cdots\cdots\cdots\cdots\cdots\cdots\cdots\text{(8)}$$

將(6)式乘 .07 再與(5)式相加得

$$0 = -.130\,A + .130\,C$$

$$\text{即} \quad A = C \cdots\cdots\cdots\cdots\cdots\cdots\cdots\cdots\cdots\cdots\cdots\text{(9)}$$

將(6)式乘 2 再與(5)式相加得：

$$0 = -.130\,B + .217\,C$$

$$\text{即 B} = 1.67\,C \cdots\cdots\cdots\cdots\cdots\cdots\cdots\cdots\cdots\cdots\text{(10)}$$

將(9)(10)兩式代入第(8)式，得

$$C = .273$$

解之即得　A = .273；　B = .454；　C = .273

茲驗算如下：

$$
\begin{pmatrix}
.800 & .070 & .083 \\
.100 & .900 & .067 \\
.100 & .030 & .850
\end{pmatrix}
\times
\begin{pmatrix}
.273 \\
.454 \\
.273
\end{pmatrix}
=
\begin{pmatrix}
.273 \\
.454 \\
.273
\end{pmatrix}
$$

可知將此項已達均衡狀態之市場佔有率，乘以轉換機率矩陣，所獲結果，仍爲原有之市場佔有率。上述均衡狀態之達成，實係由於經由多次之變化，其變化幅度逐次減少，終至維持均衡不變，可以圖示之如下：

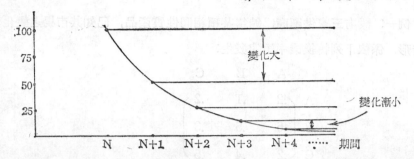

自上分析可知，不論初期的市場佔有率如何，其最終的均衡係不變，且係相同。例如某商品之A、B、C三家供應廠商之市場佔有率分別爲30%，60%，10%。若該市場之轉換機率 (Transition Probability) 爲:

$$
\begin{array}{c}
\quad\quad A \quad\quad B \quad\quad C \\
\begin{array}{c} A \\ B \\ C \end{array}
\left(\begin{array}{ccc}
.90 & .05 & .20 \\
.10 & .80 & .20 \\
0 & .15 & .60
\end{array}\right)
\end{array}
$$

則依上述計算，可得其均衡之市場佔有率分別爲:

　　A: .476; B: .381; C: .143

若該三家供應廠商之初期市場佔有率，係分別爲20%，45%，35%，則其最終均衡市場佔有率，仍然分別爲:

　　A: .476; B: .381; C: .143

當然，此項計算之前提，係爲該項轉換機率維持不變。換言之，若轉換機率不變，不論起始之狀態如何，最終之均衡狀態爲相同，惟若最初之狀態接近均衡狀態，則可經由較少期間，卽達成均衡狀態。

茲舉例說明其管理應用:

例一: 設有三家供應商, 銷售某項相同性質產品, 已知其市場之變化情形, 係依下列轉換機率矩陣發生:

$$
\begin{array}{cccc}
 & A & B & C \\
A & \begin{pmatrix} .2 & .1 & .2 \\ B & .6 & .5 & .3 \\ C & .2 & .4 & .5 \end{pmatrix}
\end{array}
$$

若此三家供應廠商間對於市場變化之影響力並未改變, 亦卽皆未從事任何努力, 以求改變此項轉換機率, 則該項產品市場之均衡市場佔有率 (卽爲最終的市場佔有率), 將爲: A: .156; B: .434; C: .410。

若A供應商擬加強其市場推銷, 以改變上項轉移機率, 則至少有下列二項方式可供採取:

(甲) 努力向其原有之顧客加強宣傳與服務, 冀求能留住更多的老主顧。

(乙) 努力發展新市場, 爭取新顧客。

茲分別說明上述兩項市場策略之後果:

(甲) 假設經由一番努力, 於爭取留住老顧客方面已獲有成就, 得新的轉換機率矩陣如下:

$$
\begin{array}{cccc}
 & A & B & C \\
A & \begin{pmatrix} .4 & .1 & .2 \\ B & .4 & .5 & .3 \\ C & .2 & .4 & .5 \end{pmatrix}
\end{array}
$$

依上轉換機率, 可得均衡市場佔有率爲:

A: .2; B: .4; C: .4

雖已有改善, 但其自B處所獲新顧客, 仍有被C吸引之情形。

（乙）若A努力發展新市場，得新的轉換機率如下：

$$
\begin{array}{c c c c}
 & A & B & C \\
A & \begin{pmatrix} .2 & .1 & .4 \\ B & .6 & .5 & .1 \\ C & .2 & .4 & .5 \end{pmatrix}
\end{array}
$$

依上轉換機率，可得均衡市場佔有率爲：

A: .233；B: .391；C: .376

　　若（甲）與（乙）兩項市場推廣策略之成本相同，則自以（乙）法較佳。從上分析，亦可發現，A的努力雖然係以C爲競爭對象，但結果B亦受到很大影響。此乃因爲B以往係自C處，可獲得30％的顧客。現在由於A的努力推廣市場，可自C處獲得40％的顧客，故B僅能自C處獲得10％的顧客，相對之下，大爲減少，惟B最可能自A處獲得其原從C處爭取得的顧客，故情形尚可應付。

　　例二：設某廠有生產設備一套，其運轉情況有時正常，有時不正常。依以往資料顯示，若該設備目前係運轉正常，則其第二天仍爲正常的機率爲0.7；變爲不正常的機率爲0.3。若該設備已處於不正常的運轉狀態，則其第二天將爲正常的機率爲0.6；仍爲不正常的機率爲0.4。此項變換的機率，可以下表顯示：

從 ＼ 變成	正　常	不　正　常
正　　常	0.7	0.3
不　正　常	0.6	0.4

上表亦可以下列機率分枝圖表示：

最初狀態	第一天	第二天	第三天	各途徑機率

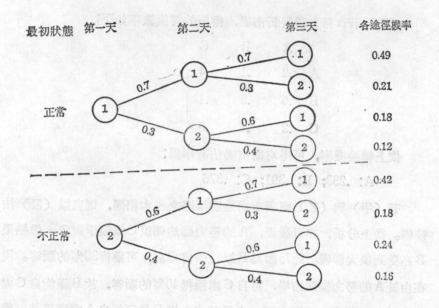

觀察上圖可知，第一天爲正常，至第三天仍爲正常的機率，係 0.49 +0.18＝0.67。

上項機率，亦可用下列方式求得：

設 $P\left(\dfrac{\text{第三天}}{\text{正常}}\middle|\dfrac{\text{第一天}}{\text{正常}}\right)=$ 已知第一天正常，至第三天仍爲正常的機率。

則由於已知

$$P\left(\frac{\text{第三天}}{\text{正常}}\middle|\frac{\text{第二天}}{\text{正常}}\right)=0.7$$

$$P\left(\frac{\text{第三天}}{\text{正常}}\middle|\frac{\text{第二天}}{\text{不正常}}\right)=0.6$$

故： $P\left(\dfrac{\text{第三天}}{\text{正常}}\middle|\dfrac{\text{第一天}}{\text{正常}}\right)=(0.7)\,P\left(\dfrac{\text{第二天}}{\text{正常}}\middle|\dfrac{\text{第一天}}{\text{正常}}\right)$

$$+(0.6)\,P\left(\frac{\text{第二天}}{\text{不正常}}\middle|\frac{\text{第一天}}{\text{正常}}\right)$$

$$= (0.7)(0.7) + (0.6)(0.3)$$

$$= 0.49 + 0.18$$

$$= 0.67$$

依上計算，可以求得該設備於第四天仍屬正常的機率如下：

$$P\begin{pmatrix} 第四天 \\ 正常 \end{pmatrix}\begin{vmatrix} 第一天 \\ 不正常 \end{vmatrix} = 0.7\, P\begin{pmatrix} 第三天 \\ 正常 \end{pmatrix}\begin{vmatrix} 第一天 \\ 正常 \end{vmatrix}$$

$$+ (0.6)\, P\begin{pmatrix} 第三天 \\ 不正常 \end{pmatrix}\begin{vmatrix} 第一天 \\ 正常 \end{vmatrix}$$

$$= (0.7)(0.67) + (0.6)(0.33)$$

$$= 0.469 + 0.198$$

$$= 0.667$$

（上式中第一天正常第三天仍屬正常的機率爲 $0.21 + 0.12 = 0.33$）

同理，第一天正常至第四天爲不正常的機率，等於自 1 減去 0.667 即 0.333。

當 n 天後，其 n 天與第 n＋1 天的正常狀態機率將會逐漸接近，若 n 非常大時，其 n 與 n＋1 天的狀態機率將相等，即：

$$P\begin{pmatrix} 第 n+1 天 \\ 正常 \end{pmatrix}\begin{vmatrix} 第一天 \\ 正常 \end{vmatrix} = P\begin{pmatrix} 第 n 天 \\ 正常 \end{pmatrix}\begin{vmatrix} 第一天 \\ 正常 \end{vmatrix} 當 n \to \infty 時，$$

由於

$$P\begin{pmatrix} 第 n+1 天 \\ 正常 \end{pmatrix}\begin{vmatrix} 第一天 \\ 正常 \end{vmatrix} = (0.7)\, P\begin{pmatrix} 第 n 天 \\ 正常 \end{pmatrix}\begin{vmatrix} 第一天 \\ 正常 \end{vmatrix}$$

$$+ (0.6)\, P\begin{pmatrix} 第 n 天 \\ 不正常 \end{pmatrix}\begin{vmatrix} 第一天 \\ 正常 \end{vmatrix}$$

故：$$P\begin{pmatrix} 第 n 天 \\ 正常 \end{pmatrix}\begin{vmatrix} 第一天 \\ 正常 \end{vmatrix} = (0.7)\, P\begin{pmatrix} 第 n 天 \\ 正常 \end{pmatrix}\begin{vmatrix} 第一天 \\ 正常 \end{vmatrix}$$

$$+ (0.6)\, P\begin{pmatrix} 第 n 天 \\ 不正常 \end{pmatrix}\begin{vmatrix} 第一天 \\ 正常 \end{vmatrix}$$

$$= (0.7) P\begin{pmatrix}\text{第 n 天} & | & \text{第一天} \\ \text{正常} & | & \text{正常}\end{pmatrix}$$

$$+ (0.6)\left\{1 - P\begin{pmatrix}\text{第 n 天} & | & \text{第一天} \\ \text{正常} & | & \text{正常}\end{pmatrix}\right\}$$

解之:

$$P\begin{pmatrix}\text{第 n 天} & | & \text{第一天} \\ \text{正常} & | & \text{正常}\end{pmatrix} = \frac{0.6}{1 - 0.7 + 0.6} = \frac{0.6}{0.9} = \frac{2}{3} \quad \text{當 n} \rightarrow \infty \text{時。}$$

此項 $\frac{2}{3}$ 即為穩定狀態 (Steady-State) 或均衡狀態(Equilibrium) 時的機率。

對於某些決策問題,可以就問題的情況,建立起適當的馬可夫分析模式。利用轉換機率 (Transition Probability) 找出穩定狀態機率,以協助達成決策。例如上述該廠設備假定係租借而來,由於時有不正常情況,擬另換租一部同樣設備來替代之。假定該考慮中的設備,其正常與不正常的變換機率如下:

從 ＼ 變　　成	正　　　　常	不　正　　常
正　　　常	0.8	0.2
不　正　常	0.5	0.5

觀察上表可知,此套設備由正常狀況變成不正常狀況的機率要較目前使用中的設備為小 (0.2 對 0.3),惟該設備自不正常恢復至正常的機率亦較小 (0.5 對 0.6),為決定是否換租此套設備,必須先計算其穩定狀態機率如下:

$$P\left(\begin{matrix}\text{第 n 天}\\\text{正常}\end{matrix}\middle|\begin{matrix}\text{第一天}\\\text{正常}\end{matrix}\right) = (0.8)\,P\left(\begin{matrix}\text{第 n 天}\\\text{正常}\end{matrix}\middle|\begin{matrix}\text{第一天}\\\text{正常}\end{matrix}\right)$$

$$+ (0.5)\left\{1 - P\left(\begin{matrix}\text{第 n 天}\\\text{正常}\end{matrix}\middle|\begin{matrix}\text{第一天}\\\text{正常}\end{matrix}\right)\right\}$$

即　$P_1 = 0.8P_1 + (0.5)[1-P_1]$

移項整理　$P_1 = \dfrac{0.5}{1-0.8+0.5} = \dfrac{0.5}{0.7} = \dfrac{5}{7}$　當 n→∞時，

依上分析，該新設備之穩定狀態時之正常機率爲 $\dfrac{5}{7}$，要較目前使用

中的設備所具有的機率 $\dfrac{2}{3}$ 爲高，故應予以換租（若成本相當）。

習　　題

12-1　試分析下列轉換機率矩陣，並決定各公司的平衡市場佔有率：

(1)
	A公司	B公司	C公司
A公司	.8	0	0
B公司	.1	.8	.4
C公司	.1	.2	.6

(2)
	A公司	B公司	C公司
A公司	1.0	.1	.3
B公司	0	.8	0
C公司	0	.1	.7

12-2　七月一日，麵包商A有50%的當地市場佔有率，麵包商B與C各有25%佔有率。據市場研究人員分析，A每月的客戶保留率爲80%，並向B與C爭取客戶各10%；B每月客戶保留率爲90%，並取得A與C客戶各爲5%；C每月客戶保留率爲85%，並取得A與B客戶各爲10%與5%。試求於九月一日，此三家麵包商的市場佔有率爲若干？又每家的平衡市場佔有率爲若干？

12-3 七月一日，超級市場Ａ有當地市場的22％佔有率，另有兩家超級市場Ｂ與Ｃ各有50％與28％的市場佔有率。惟據市場研究人員的調查分析，當地市場的消費者頗具流動性，其流動狀態可以下表說明：

		得到數			失去數			
	七月一日	自	自	自	到	到	到	八月一日
超級市場	客戶數	Ａ	Ｂ	Ｃ	Ａ	Ｂ	Ｃ	客戶數
Ａ	200	0	35	25	0	20	20	220
Ｂ	500	20	0	20	35	0	15	490
Ｃ	300	20	15	0	25	20	0	290

試問於九月一日，各家超級市場的佔有率各爲若干？各家的平衡市場佔有率爲若干？

12-4 某旅遊勝地的天氣，以晴天爲多，依過去氣象資料分析，於一個晴天以後，跟着轉變爲暴風雨的天氣的機率爲0.1；於一個暴風雨天之後，跟着轉變爲晴天的機率爲0.98。試列出該地天氣晴天與暴風雨天的機率轉換表，以及其均衡狀態的機率。

12-5 若例二新設備之轉換機率爲：

縱　　變成	正　常	不　正　常
正　常	0.8	0.4
不　正　常	0.2	0.6

是否應予換租

第十三章　等待線模式

　　等待線理論（Queues or Waiting–line Theory）早自1909年由歐蘭（A. K. Erlang）所發展，惟多限於電話交換系統的通話方面，例如由於電話機的線路在講話中，或由於交換機的連線已被佔用而發生擁擠與等待的情形。直至二次大戰末期方始將此項等待線問題，擴張用於其他一般問題。由於等待線模式往往涉及較多數學方面的知識，故本章將僅限於單線（Single-channel）等待線模式的公式發展，或僅以數值證明其屬正確，而不予嚴格的數學證明。由於近年來電子計算機的快速發展，運用模擬程式語言（Simulation Language）作系統模擬，其應用範圍遠較以波氏（Poisson）或指數（Exponential）分配等理論分配（Theoretical Distributions）爲基礎的數學分析性模式（Analytical Models）爲廣泛。電腦模擬（Computerized Simula-tion）可說發展迅速，尤其對於等待線類問題的模擬（Queuing Typy Problem Simulation）更有甚多模擬程式語言可用。惟以理論分配爲基礎的等待線模式，對於機率的應用，自有其貢獻，故本章仍將予以作適當說明，下章將說明模擬模式。

一、等待線的構成

　　此處所謂等待線（Waiting-line or Queue）係指任何一項具有排隊等待的現象。卽是有某種形式的顧客到達，需使用某種形式的設施，惟由於設施的能量不足以應付顧客的需要，致形成排隊等待的現象。此項排隊之形成，實係基於一項基本的假定，即是先到達先服務，而後到達者，必須依到達順序列隊等待。雖然於實際上有越隊或優先的情況發生，惟一般討論的分析性的等待線模式，皆不予理論此種優先的問題，尤其是現代的電腦模擬，可以包含多種複雜的變化，故遇有此等複雜情況，自以運用電子計算機從事模擬分析為宜。等待線的情形，於日常生活或事業經營中皆常發生。例如：車輛於加油站等待加油；航機於機坪等待使用跑道起飛；紡紗機斷紗等待紡工予以接紗頭；機器損壞等待修理；超級市場購物等待算帳付款及包裝……。自以上數例亦可看出，等待線問題之形式，主要係由於設備能量不足供應需要，惟不足應付需付之主要原因，係由於顧客到達之相隔時間，以及顧客個別所需之服務時間，並非一致，而有相當的變化。換言之，有時服務人員空閒無事可做，而有時因顧客大批擁到而大擺長龍。所以，等待線理論所考慮者，主要係因此項到達與服務時間參差變化所引起的問題，此等變化以及其所引起之影響，皆係屬於機率（Probability）問題。所以，等待線問題包含兩項主要的分子，即是等待的隊伍以及服務設施，可以圖示之如下：

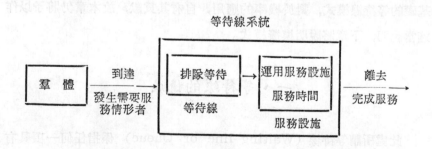

於說明等待線理論前，尚有一項需說明者，即本章所討論者為一項等待線系統之穩定狀態（Steady State）而非其轉換狀態（Transient

State)。由於一項等待線系統，於剛開始運行的初期，將不甚穩定，所排隊伍可能一直在變化增減，但當該項系統歷經一段適當長度的時間後，其等待線往往呈現一種穩定的現象，好似馬可夫鏈程序 (Markov Process)，其變化程度逐漸減緩，而達一種穩定的狀態。故等待線理論所討論者係此項穩定狀態，而非剛開始初期之轉換狀態。

二、單線波氏到達指數服務模式

單線波氏到達指數服務模式 (Single-Channel Poisson Arrivals with Exponential Service)，係一項最簡單的等待線模式，僅包含一項服務設施或一條等待線；到達者由無限大的羣體發生；其到達為波氏分配的形態；服務為指數分配的形態；依先到先服務的順序，完成服務後即行離去。

為協助瞭解波氏分配與指數分配運用於此項等待線問題之意義，於發展有關公式前，宜先說明有關的假設前提與推論。其主要目的在說明等待線問題中有關到達 (Arrivals) 與服務時間 (Service Times) 的性質。瞭解了到達與服務時間是如何產生的，或是依何種形態發生的，就對於進一步瞭解整個等待線系統的運行，將有極大的幫助。

(一)波氏到達

首先說明關於到達的性質。本模式係假定將時間劃分成為許多連續的等長小區段 (Intervals)，設 r 係此小段時間中發生一次到達的機率，並由於此小區段時間非常短，故發生此項到達的機率亦很小，此外並假定各個小區段時間中的 r 機率皆為相等。換言之，各個相等長度的時間間段雖小，其發生一次到達的 r 機率則相同，故雖在上一間段時間中已發生一次到達，仍不能影響該區段時間發生一次到達的可能（機率

r)，各時間小間段皆有相同的 r 機率。

依據上述之假定，可得到第一項推論：若每一小區段時間中的到達機率 r 甚小，則某一長段時間中的到達機率，等於該段時間中所含等長小段時間的倍數。所以，於二分鐘時間長度內發生一次到達的機率，係約爲於一分鐘時間長度內發生一次到達機率的二倍。例如於一分鐘內到達的機率 r 爲 0.01，則於二分鐘時間內發生一次到達的機率，將非常接近 0.02。因爲若設 q＝1－r 爲表示於一小區段時間中沒有到達的機率，則連續二區段沒有到達的機率將爲 q×q，就本例言，r＝0.01; q＝0.99，故於二分鐘時間長度內，沒有發生一次到達的機率爲 0.99×0.99＝0.9801，亦卽於二分鐘時間長度內，發生一次到達的機率係爲 1－0.9801 或等於 0.0199，此項數值，極爲接近 0.02。事實上，若 r 愈小，將愈極近。就三個間段（卽三分鐘）來說，於此三分鐘內無到達的機率爲 $(0.99)^3＝$ 0.970299，故於三分鐘內發生一次到達的機率爲 1－0.970299＝0.029701，此項數值亦非常接近 0.03。惟以上說明，實際係一項接近的說法，因爲於一段時間內，尚有發生二次到達或更多次到達的機會，惟由於原先已假定發生一次到達的機率 r 爲很小，故發生二次的到達機率 r^2 將極微小，而發生更多次的到達機率將更微小。例如本例 r＝0.01，則 0.01× 0.01＝0.0001，已屬非常微小，故可以略而不計。所以上述於一段時間內發生一次到達的機率，實係項近似值，包含有二次或更多次到達的機率在內，但是由於 r 值已屬微小，故可逕將其作爲發生一次到達的機率。依上分析，可列表比較說明自一分鐘至十分鐘（連續10個一分鐘）時間內的到達機率：

$$r＝0.01/分鐘$$

分鐘(m)	沒有到達機率	發生到達(一次)機率	m×0.01
1	0.99	0.01	0.01
2	0.99²=0.9801	0.0199	0.02
3	0.99³=0.9703	0.0297	0.03
4	0.99⁴=0.9606	0.0394	0.04
5	0.99⁵=0.9510	0.0490	0.05
6	0.99⁶=0.9415	0.0585	0.06
7	0.99⁷=0.9321	0.0679	0.07
8	0.99⁸=0.9227	0.0773	0.08
9	0.99⁹=0.9135	0.0865	0.09
10	0.99¹⁰=0.9044	0.0956	0.10

　　以上依假定以一分鐘爲一個小區段，於此區段時間，發生一次到達之機率爲 r ，則可觀察得知，於某一特定長度時間內之發生一次到達的機率，係與此段時間之長度成正比例。亦卽上表中最後二欄數值甚爲接近，惟當時間愈長時，則其接近之程度愈差。

　　歸納上述分析，可知於某一特定長度時間內之發生一次到達的機率，可以下式表示之：

　　　P（於△t區段時間中發生一次到達）＝λ△t。

　　上式中△t爲一個微小的區段時間，於此間段中發生一次到達之機率爲λ，且各個小區段內之λ爲相等，故此項λ亦可視爲一項平均到達率（Mean Arrival Rate）。例如上例中λ爲0.01，△t則爲分鐘。

　　若前述之小段區段時間長度較長，或其到達機率因區段時間較長，已不能適用上述之方式求得接近準備之到達機率，則可應用波氏分配（Poisson Distribution）求得某特定區段時間的到達數（Number of Arrivals）。波氏分配之基本形態爲

$$P(x) = \frac{e^{-a}a^x}{x!}$$

x 爲 0，1，2，……隨機變數；e 爲自然對數的底數，a 爲 x 隨機變數的平均數或期望值，則發生 x 隨機變數各值的機率係以上式表達。例如已知於八分鐘爲一區段時間內之平均到達人數爲 0.08，則以波氏分配，計算於此區段時間內，到達人數之機率爲：

波氏分配計算表（平均值 a = 0.08；8 分鐘區段）

到達人數（x）	$P(x) = \dfrac{e^{-a}a^x}{x!} = \dfrac{e^{0.08}(0.08)^x}{x!}$
0	0.9231
1	0.0738
2	0.0030
3	0.0001
4	0.0000
5	0.0000
6 ⋮	⋮

　　爲說明波氏分配之應用，若將上表所列八分鐘時間，改爲四個二分鐘的區段時間，並設每區段的到達機率爲 0.02，則依前述分析可知，於此四區段時間內，無到達的機率係爲 $(1-0.02)^4$ 或 $0.98^4 = 0.9224$。

　　惟若進一步分析於此四區段內發生一次到達的情形，則可發現，此項到達可發生於任一個區段內（四個二分鐘區段），而於其他三個時間區段內無到達，故計有四種發生一次到達的情形，其計算到達機率應爲

$$P \text{（一次到達）} = 4 \times 0.02 \times 0.98^3 = 0.0753$$

上式中 0.02 係一次到達之機率，0.98³ 係三次無到達之機率，再全式乘以 4，以包含四種發生一次到達的可能情形。以圖形表之即爲：

| 到達 | 無 | 無 | 無 | 0.02×0.98^3 |

0　　2　　4　　6　　8 分鐘

| 無 | 到達 | 無 | 無 | 0.02×0.98^3 |

0　　2　　4　　6　　8 分鐘

| 無 | 無 | 到達 | 無 | 0.02×0.98^3 |

0　　2　　4　　6　　8 分鐘

| 無 | 無 | 無 | 到達 | 0.02×0.98^3 |

0　　2　　4　　6　　8 分鐘　　$\overline{4 \times 0.02 \times 0.98^3}$

同理，於此四區段時間中發生二次到達，即其中有二個區段有各一次的到達，另二個區段內無到達，其機率如下：

P（二次到達）$= 6 \times 0.02^2 \times 0.98^2 = 0.0023$

同理，於此四區段內發生三次到達之機率爲

P（三次到達）$= 4 \times 0.02^3 \times 0.98 = 0.0000$

同理，於此四區段內發生四次到達之機率爲

P（四次到達）$= 1 \times 0.02^4 = 0.0000$

以上所獲計算結果，與上表計算所獲者極爲相近，玆再予併列比較可知以波氏分配作爲到達之估計，極有其價值：

到達人數	$P(x)=\dfrac{e^{0.08}(0.08)^x}{x!}$	機率分析（四個二分鐘區段，每區段到達機率0.02）
0	0.9231	0.9224
1	0.0733	0.0753
2	0.0023	0.0030
3	0.0001	0.0000
4	0.0000	0.0000

　　惟事實上，上述以波氏分配作爲到達之估計，尚可予以改進，獲得更精確的估計，其辦法即是將此項八分鐘的區段自劃分爲四個二分鐘區段，進一步劃分爲八個一分鐘區段，每分鐘區段內的到達機率爲 0.01。仿照上述分析，以此八個一分鐘區段爲到達之機率分析，可得下表

到達人數	$P(x) = \dfrac{e^{0 \cdot 08}(0.08)^x}{x!}$	機率分析（八個一分鐘區段，每區段到達機率 0.01）
0	0.9231	0.9227
1	0.0738	0.0746
2	0.0023	0.0026
3	0.0001	0.0001
4	0.0000	0.0000

　　本表計算結果，較上表計算結果，格外接近波氏機率分配，若將此八分鐘區段，再進一步劃分爲十六個半分鐘的小區段，每區段的到達機率爲 0.005，所獲結果則將再更接近。所以，於任何一段長度的時間 T 中，若已知其平均到達率爲 λ，則以 λT 爲平均數的波氏分配，即爲於 T 時間內，到達人數（或其他隨機變數）的機率，以式表之，即爲

$$P(x) = \frac{e^{-\lambda T}(\lambda T)^x}{x!}$$

　　明瞭了上述以波氏分配可以求得於 T 時間內之各項到達數值的機率，即可進一步分析，如何求得到達的間隔時間（Time Between Intervals）。首先須瞭解指數分配（Exponential Distribution）之性質及圖形如下：

　　　　$f(t) = \lambda e^{-\lambda t}$　　指數分配機率密度方程

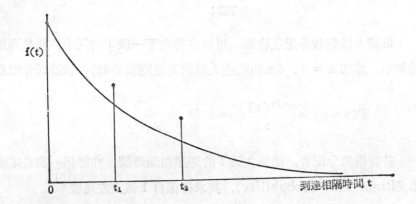

t 之平均或期望值：$E(t)=1/\lambda$

左尾機率（ 0 與 t_1 間面積）：$P(0 \leq t \leq t_1)=1-e^{-\lambda t_1}$

於 t_1 與 t_2 間隔時間內，發生一次到達之機率：

$$P(t_1 \leq t \leq t_2)=e^{-\lambda t_1}-e^{-\lambda t_2}$$

例如平均到達率 (Mean Arrival rate) 爲 $\lambda=0.01$，則到達相隔時間 (Time Between Intervals) 的平均值或期望值爲

$$\frac{1}{\lambda}=\frac{1}{0.01}=100$$

亦卽是就平均說來，相隔 100 分鐘有一次到達。

到達相隔時間小於 100 分鐘之機率爲：

$$P(0\leq t \leq 100)=1-e^{-\lambda t_1}=1-e^{-0 \cdot 01(100)}$$
$$=1-e^{-1}=1-0.368$$
$$=0.632$$

到達相隔時間介於50至150分鐘之間者之機率爲：

$$P(50\leq t \leq 150)=e^{-0 \cdot 01(50)}-e^{-0 \cdot 01(150)}$$
$$=e^{-0 \cdot 5}-e^{-1 \cdot 5}$$

$$= 0.3834$$

依據上述指數分配之性質，可以求得在下一段 T 時間中，將無到達的機率，亦即 x = 0，（x 為到達人數或其他隨機變數），依波氏分配為

$$P(x=0) = \frac{e^{-\lambda T}(\lambda T)^x}{x!} = e^{-\lambda T}$$

若就指數分配言，係為大於 T 的到達相隔時間，亦即係一項右尾機率 (Right Tail Probability)，其求得係自 1 減去左尾機率：

$$1 - (1 - e^{-\lambda T}) = e^{-\lambda T}$$

其計算結果，與運用波氏分配求得者完全相同。

自上分述，吾人可獲得一項重要之結論：一項等待線系統（Waiting-line System)中於一段時間中之到達次數(Number of Arrivals)係依波氏分配發生者，則其到達相隔時間 (Time Between Intervals or Inter-arrival Time) 可以指數分配(Exponential Distribution)表示之。

最後，關於等待線系統中之到達現象，尚有一點需再予說明者，即是各項到達係隨機 (Random) 發生者，亦即其整個系統之到達狀況，係按某一種形態發生，例如按波氏分配，或按其他形態，但其個別之到達，則係一項隨機現象，無法指認其確實之發生時間，一如擲一個均勻的銅幣，雖然擲了一次係得到正面，仍然不能確認下次擲出係正面或反面。就等待線系統的到達言，亦是如此，一項到達之間隔時間，並不依上次發生到達的間隔時間長短。茲以例說明如下：

設 B 事件 (Event) 為自現在起 50 分鐘這段時間內，沒有到達的發生；A 事件為自現在起 150 分鐘內這段時間，沒有到達的發生。若以 B 事件為 A 事件的條件，則 A 事件的發生機率為：

$$P(A|B) = \frac{P(A與B)}{P(B)}$$

其意義為若已知自現在起50分鐘內無到達的發生，則自現在起 150 分鐘內，沒有到達發生的機率為 P(A|B)。

由於自現在起 150 分鐘內沒有到達，已包含自現在起50分鐘內沒有到達，故上式 P(A與B) 機率即是 P(A) 機率。所以可將上式化簡為

$$P(A|B) = \frac{P(A)}{P(B)}$$

亦即　P (150分鐘無到達 |50分鐘無到達) $= \dfrac{e^{-\lambda(150)}}{e^{-\lambda(50)}} = e^{-\lambda(100)}$

$$= P(100分鐘無到達)$$

自上分析，可得一明顯之事實，即雖然已知自現在起50分鐘內無到達，自現在起至150分鐘內沒有到達的機率，係等於自現在起至100分鐘內到達的機率。所以將於 T 段時間內發生到達的機率，並不受到自上次到達迄今已有多長時間的影響。當然，此種到達的現象，主要係由於本節開始討論時所設定的一項假設而得到。此項假設係將時間分成為許多相等的小段時間，每小段時間內的到達機率皆係相等的微小值 r。

(二)指數服務時間

上節說明了到達的性質，並同時說明了波氏分配與指數分配，對於到達次數的發生以及到達相隔時間之機率應用。本節將進一步說明關於服務時間 (Service Times) 的性質。當一項服務設施（包括服務人員運用服務設備提供服務），係在閒置的狀態，則由於其未提供任何服務，沒有做任何事情，故無需予以分析，僅需記錄其閒置時間的長度，作為成本資料的參考。就服務時間方面言，主要係分析其提供服務的"忙碌"情形，亦即其正在為顧客或其他到達，提供服務時的情形。所以服務時

間係指正在運用服務設施，提供服務的這一段時間。

分析服務時間的方式，可以說與分析到達的情形相同，亦是將一段時間，劃爲許多相等的小段時間，在此小區段時間內的顧客（卽使用服務設施者）離去機率爲 β，此項 β 機率於各個小段時間，皆係相等。此處所謂離去的機率，卽是該顧客所需的服務，業已完成而離去的機率，所以卽是顧客所需服務時間長短的機率。

由於以上的假設，與分析到達情形時的假設完全相同，僅是將到達情況中的 γ 換爲離去機率 β，所以亦可仿照上節的分析，獲得下列各項推論：

(1)若 β 值甚微小，則於某特定區段時間內完成服務的機率，與該特定區段時間的長度成正比例。此項比例係爲一常數值 μ，稱爲平均服務率 (Mean Service Rate)。

(2)在任何長度的時間 T 中，完成服務的次數（或顧客離去的次數），係以平均值爲 μT 的波氏分配形態產生。

(3)完成服務或顧客離去的間隔時間，係以平均服務時間爲 $1/\mu$ 的指數分配形態產生。

(4)服務完成或顧客離去的時間長短，亦係一項隨機的現象。自現在起，經多長時間，將有一位顧客完成其所需服務而離去，係與以前的顧客完成服務離去的時間，並無直接關連，並不受到已經發生的服務完成時間的影響。所以，雖然整個等待線系統的服務完成相隔時間（Time Between Service Completions），係以指數分配的形態而發生，但個別的服務完成時間，係一項依指數分配的隨機現象。

以上有關服務時間的四項說明，其原理與分析到達的情形完全一樣，僅需將上節所述的平均到達率 (Mean Arrival Rate) λ 改換爲平均服務率 (Mean Service Rate) μ；以服務完成 (Service Completion)

替代到達 (Arrival) 即可獲上述結論，不再贅論。

(三)系統狀態機率

上節說明了一項簡單的等待線系統的性質；平均到達率 λ 與平均服務率 μ 的意義，以及運用波氏分配與指數分配說明該系統的原理。本節將進一步說明如何以機率值，來表示系統狀態 (State of System)。等待線系統的狀態，通常係以在系統中被服務及在等待中的個數（n）來表示，例如在加油站的等待線系統中，即是指正在加油，以及排隊等待加油的車輛數；在銀行櫃臺作業的等待線系統中，即是指正在辦理提存手續，以及尚在等待辦理提存手續的顧客數。所以代表系統狀態 n 的單位需視系統的性質而定，可能是車輛數、人數、件數……。本節為說明之便利起見，特以顧客人數為單位，表示系統狀態 n 的單位數，遇有其他情況時，僅需改換單位數，並無實質上的不同。此外並將一般常用之符號及其意義，綜列於下，以求清晰與統一：

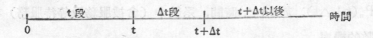

λ：平均到達率 (Mean Arrival Rate)，即於一單位時間內到達的顧客人數

$\lambda \triangle t$：於 t 至 $t+\triangle t$ 之間，發生一次到達的機率，即於 $\triangle t$ 區段時間內，有一位顧客到達的機率。

$1-\lambda\triangle t$：於 $\triangle t$ 區段時間，無一次或更多次到達的機率（注意：由於 $(\triangle t)^2$ 甚小，可略而不計，故 $1-\lambda\triangle t$ 即用於表示於 $\triangle t$ 區段時間內，無一次到達的機率）

μ：平均服務率 (Mean Service Rate)，即於一單位時間內，完成服務的顧客離去人數。

$\mu \triangle t$：於 t 至 $t+\triangle t$ 之間，發生一次服務完成的機率，即於 $\triangle t$ 區段時間內，有一位顧客完成服務而離去的機率

$1-\mu\triangle t$: 於 $\triangle t$ 區段時間內，無一次服務完成的機率（注意：$(\triangle t)^2$ 的意義與上述者相同）

n：系統狀態的單位數，通常爲顧客人數、車輛數、物品件數……表示。係指於 t 時間，在系統中被服務以及正在等待服務的人數或個數。

$P_n(t)$：於 t 時間，在系統中（包含被服務及等待服務）有顧客人數 n 的機率，即系統中有 n 個人數的機率。

$P_{n+1}(t)$：於 t 時間，系統中（含被服務及等待服務）有 n+1 個人數的機率。

$P_{n-1}(t)$：於 t 時間，系統中（含被服務及等待服務）有 n−1 個人數的機率。

$P_n(t+\triangle t)$：於 $t+\triangle t$ 時間，系統中（含被服務及等待服務）有 n 個人數的機率

爲決定等待線系統的性質，必需要求解 $P_n(t)$，以獲得系統中的期望人數。惟爲求解 $P_n(t)$，須先分析 $P_n(t+\triangle t)$ 的意義。若 n＞0，則 $P_n(t+\triangle t)$ 係包含四種互斥與完全的事件 (Mutually Exclusive and Exhaustive Events)，亦即四種事件中必須發生一種，若其中任一件發生，其他三種皆不會發生。茲將此四種事件，列表於下：

事件	於 t 時在系統中有 n 個人數之機率	t 至 t+△t 區段中到達人數	t 至 t+△t 區段中服務完成數	於 t+△t 時在系統中人數
I	P_n	0	0	n
II	P_{n+1}	0	1	n+1
III	P_{n-1}	1	0	n−1
IV	P_n	1	1	n

觀察上表可知，第 I 種情形係由於 t 至 t+△t 此段時間中既無到達者，亦無離去者，故仍然維持於 t 時，系統中的人數爲 n 個；第 II 種情形，係於 t 至 t+△t 間，無一人到達，但有一人離去，故於 t+△t 時，系統中人數爲 n+1 個；第三種情形，係於 t 至 t+△t 間，有一人到達，無人離去，故於 t+△t 時，系統中人數爲 n−1 個；第 IV 種情形，係於 t 至 t+△t 間有一人到達，亦有一人離去，故於 t+△t 時，系統中人數爲 n 個。由於以上四種情況，必有一種，而且僅有一種會發生，故可將上述四種情況之機率相加即得 $P_n(t+△t)$ 機率：

$$P(\text{I}) = P_n(t)(1-\lambda△t)(1-\mu△t)$$

$$P(\text{II}) = P_{n+1}(t)(1-\lambda△t)(\mu△t)$$

$$P(\text{III}) = P_{n-1}(t)(\lambda△t)(1-\mu△t)$$

$$P(\text{IV}) = P_n(t)(\lambda△t)(\mu△t)$$

$$P_n(t+△t) = P_n(t)(1-\lambda△t-\mu△t) + P_{n+1}(t)(\mu△t)$$
$$+ P_{n-1}(t)(\lambda△t)$$

上式中已將含有 $(△t)^2$ 的項目予以略去，（由於 $(△t)^2$ 值極微小趨近於零）。

將上式中右端第 項，予以展開，全式可得

$$P_n(t+△t) = P_n(t) - P_n(t)(\lambda△t+\mu△t) + P_{n+1}(t)(\mu△t)$$
$$+ P_{n-1}(t)(\lambda△t)$$

發展至此，吾人當回顧於本章開始時，曾談及等待線問題之重點，係研究該系統之穩定狀態 (Steady State)。換言之，系統狀態之機率，已不隨時間之進行而有所改變，亦卽，以時間爲函數的系統狀態機率的變化率 (Rate of Change Over Time) 爲零。下式表示此項變化率:

$$\frac{P_n(t+\triangle t)-P_n(t)}{\triangle t}=0$$

將前曾求得$P_n(t+\triangle t)$之值，代入上式，卽得

$$\frac{P_n(t+\triangle t)-P_n(t)}{\triangle t}=-(\lambda+\mu)P_n(t)+\mu P_{n+1}(t)$$
$$+\lambda P_{n-1}(t)=0$$

卽 $P_n(t)=\frac{\mu}{\lambda+\mu}P_{n+1}(t)+\frac{\lambda}{\lambda+\mu}P_{n-1}(t)$

此外，由於吾人所研究者，係穩定狀態下之等待線系統，故 $P_n(t)$ 係不受時間 t 的變化影響，亦卽吾人所研究者，實非此等待線系統隨時間進行之過程，而係研究隨時間進行後之結果，係對一項服務設施運行了一定時間後的結果發生興趣，例如對於工具間領發工具及材料，經過一天八小時後之整個結果，所以對於此八小時內之種種狀態，雖亦非常關切，但主要係要瞭解，經歷八小時的作業後，一共有多少人排列等待，每人平均等待的時間是多久……等問題。所以，穩定狀態下，$P_n(t)$ 可逕以 P_n 表示，而不受時間的影響（恰似一天八小時工作已完畢，該等待線系統業已關閉，所研究分析者，係此八小時內之得失利弊，該系統本身已不隨時間而有所變化）。依上述穩定狀態之性質，可將上式，改寫成爲

$$P_n = \frac{\mu}{\lambda+\mu}P_{n+1} + \frac{\lambda}{\lambda+\mu}P_{n-1} \quad \cdots\cdots\cdots\cdots\cdots\cdots(1)$$

上式之發展，雖已找得 P_n 之值，惟其間尚有部分情況，未能包括在內，故尚需作進一步之修正。

回顧上式 P_n 之值，係由 $P_n(t)$ 之值而得，惟此項 $P_n(t)$ 之值，係依於 t 時之系統狀態爲 $n+1$ 個與 $n-1$ 個而求得。其間將發生一項問題，即是由於 n 之值必爲正，則於系統中已空無一人時（n=0），則不能有人離去之可能，亦即當 n=0 時，$n-1$ 將成爲負值，不合等待線系統狀態的要求，故需另求 $P_0(t)$ 之值。

求解 $P_0(t)$ 之方式與求解 $P_n(t)$ 之方式相同，亦係自 $P_0(t+\triangle t)$ 着手。分析 $P_0(t+\triangle t)$ 之可能情況，計有下列兩種：

事件	於 t 時在系統中有 n 個人數之機率	t 至 t+△t 區段中到達人數	t 至 t+△t 區段中服務完成數	於 t+△t 時在系統中人數
V	P_0	0	—	0
VI	P_1	0	1	0

仿照上述方式，$P_0(t+\triangle t)$ 之機率爲下列兩者之和：

$$P(V) = P_0(t)(1-\lambda\triangle t)$$

$$P(VI) = P_1(t)(1-\lambda\triangle t)(\mu\triangle t)$$

$$P_0(t+\triangle t) = P_0(t)(1-\lambda\triangle t) + P_1(t)(\mu\triangle t)$$

上式中，含有 $(\triangle t)^2$ 項目者，已予略去，

同理，當到達穩定狀態時，其依時間之變化率爲零。

即 $$\frac{P_0(t+\triangle t) - P_0(t)}{\triangle t} = \frac{P_0(t)(1-\lambda\triangle t) + P_1(t)(\mu\triangle t)}{\triangle t}$$

$$= -\lambda P_0(t) + \mu P_1(t) = 0$$

移項得　$P_1(t) = \dfrac{\lambda}{\mu} P_0(t)$

　　或　$P_0(t) = \dfrac{\mu}{\lambda} P_1(t)$

同理，進入穩定狀態，已不受時間變化之影響，故可將上式指派 t 予以消去，卽

$$P_1 = \frac{\lambda}{\mu} P_0 \quad 或 \quad P_0 = \frac{\mu}{\lambda} P_1 \cdots\cdots\cdots\cdots\cdots\cdots\cdots\cdots\cdots\cdots(2)$$

自(1)可知　$P_n = \dfrac{\mu}{\lambda+\mu} P_{n+1} + \dfrac{\lambda}{\lambda+\mu} P_{n-1}$

當 $n=1$ 時　$P_1 = \dfrac{\mu}{\lambda+\mu} P_2 + \dfrac{\lambda}{\lambda+\mu} P_0$

將(2)代入上式，得

$$P_1 = \frac{\mu}{\lambda+\mu} P_2 + \frac{\lambda}{\lambda+\mu} \cdot \left(\frac{\mu}{\lambda} P_1 \right)$$

移項整理得　$P_1 \left(1 - \dfrac{\mu}{\lambda+\mu} \right) = \dfrac{\mu}{\lambda+\mu} P_2$

$$P_1 \left(\frac{\lambda}{\lambda+\mu} \right) = \left(\frac{\mu}{\lambda+\mu} \right) P_2$$

$$P_2 = \frac{\lambda}{\mu} P_1 = \left(\frac{\lambda}{\mu} \right)^2 P_0$$

同理，當 $n=2$ 時，依上述程序可得

$$P_3 = \frac{\lambda}{\mu} P_2 = \frac{\lambda}{\mu} \left(\frac{\lambda}{\mu} P_1 \right) = \left(\frac{\lambda}{\mu} \right)^2 P_1 = \left(\frac{\lambda}{\mu} \right)^3 P_0$$

當 $n=3$ 時，

$$P_4 = \frac{\lambda}{\mu} P_3 = \left(\frac{\lambda}{\mu}\right)^4 P_0$$

依此類推，得

$$P_n = \left(\frac{\lambda}{\mu}\right)^n P_0, \quad n \geq 0 \quad \cdots\cdots\cdots\cdots\cdots\cdots\cdots (3)$$

上式當 n 自 0 至無窮大，卽係一項表示系統狀態機率的機率密度函數 (Probability Density Function)，卽

$$\sum_{n=0}^{\infty} P_n = 1$$

將(3)代入上式，得

$$\sum_{n=0}^{\infty} \left(\frac{\lambda}{\mu}\right)^n P_0 = P_0 \sum_{n=0}^{\infty} \left(\frac{\lambda}{\mu}\right)^n = 1$$

上式中，由於 $\mu > \lambda$，卽 $\frac{\lambda}{\mu} < 1$，故成爲一項收歛性的幾何級數，依通用的幾何級數符號，其和爲

$$\sum_{h=0}^{\infty} a^h = \frac{1}{1-a}, \quad 0 \leq a < 1$$

可得　　$P_0 \sum_{n=0}^{\infty} \left(\frac{\lambda}{\mu}\right)^n = P_0 \left(\dfrac{1}{1 - \dfrac{\lambda}{\mu}}\right) = 1$

卽　$P_0 = 1 - \frac{\lambda}{\mu} \cdots\cdots\cdots\cdots\cdots\cdots\cdots\cdots\cdots (4)$

將(4)代入(3)

得　　$P_n = \left(\frac{\lambda}{\mu}\right)^n \left(1 - \frac{\lambda}{\mu}\right), \quad n \geq 0$

上式中，$\frac{\lambda}{\mu}$ 的比值，通常以 ρ（讀作Rho）表示，

即　$P_n = \rho^n (1-\rho)$ ……………………………………(5)

（四）系統模式

單線波氏到達指數服務等待線 模 式（Single-Channel Poisson Arrivals with Exponential Service）所求解者主要為下列四項：

L：整個等待線系統中的到達者或顧客人數期望值。

W：一個到達者或顧客在整個等待線系統中所化費的平均時間或期望值。

L_q：等待線列隊的平均長度或期望值。

W_q：一個到達者或顧客在等待線列隊中的平均等待時間或期望值。

以上四項數值，實係一體之兩面，具有相互關係，則如由於 λ 係表示於一單位時間內，發生之平均到達率，而每一位到達者將平均等待W時間，故單位時間的總等待時間係 λ 與W兩者之乘積，以數式表之即為

$L = \lambda W$ ………………………………………(6)

設以一小時為單位時間長度；$\lambda = 2$；W = 4，其意義為每小時平均有兩位顧客到達；每位平均將等待 4 小時，故於此一小時的期間內，等待時間的總和將為 $2 \times 4 = 8$ 小時。若一項服務設施的等待情形，係每小時所發生的等待時間總和達 8 小時，必定係指平均於此一小時內有八位顧客在等待。所以，$L = \lambda W$ 係表示整個系統中的平均顧客人數。

同理，可得

$L_q = \lambda W_q$ ………………………………………(7)

至於 W與W_q 之間關係，則甚為明顯，化費於整個系統中的時間，必包含等待及被服務的時間總和。由 於 化 費於被服務的時間期望值為 $1/\mu$，故可求得

$W = W_q + \dfrac{1}{\mu}$ ………………………………………(8)

吾人知，系統狀態 (State of System) n 與其機率 P_n 及 $n P_n$ 間，有下列關係：

系統狀態 n	0	1	2 .... n
狀態機率 P_n	$1-\rho$	$\rho(1-\rho)$	$\rho^2(1-\rho)$ ...... $\rho^n(1-\rho)$
$n P_n$	0	$\rho(1-\rho)$	$2\rho^2(1-\rho)$ ... $n P_n(1-\rho)$

ρ：為利用率 (Utilization Factor)，其值為 λ/μ；$\rho < 1$

自上表可知，各個 $n P_n$ 的總和，即為 L 之值：

即　　$L = E(n) = \sum_n n P_n = \sum_{n=0}^{\infty} n \rho^n(1-\rho)$

$$= (1-\rho) \sum_{n=0}^{\infty} n \rho^n$$

觀察上表，可知 $n P_n$ 之展間，係一項以 0，ρ，$2\rho^2$，$3\rho^3$，......，$x\rho^x$，...... 的無窮級數，由於 $\rho < 1$，故者級數之和為

$$S_\infty = \frac{\rho}{(1-\rho)^2}$$

即　　$L = E(n) = (1-\rho) \sum_{n=0}^{\infty} n \rho^n$

$$= (1-\rho) \left[\frac{\rho}{(1-\rho)^2} \right]$$

$$= \frac{\rho}{1-\rho} = \frac{\lambda}{\mu-\lambda} \quad \cdots\cdots\cdots\cdots\cdots\cdots\cdots (9)$$

自 (6) 式可知　$W = \dfrac{L}{\lambda}$

將 (9) 式代入，得

$$W = \frac{L}{\lambda} = \frac{\frac{\lambda}{\mu - \lambda}}{\lambda} = \frac{1}{\mu - \lambda} \cdots\cdots\cdots\cdots\cdots(10)$$

自(8)式得

$$W_q = W - \frac{1}{\mu}$$

將(10)式代入，得

$$W_q = \frac{1}{\mu - \lambda} - \frac{1}{\mu} = \frac{\lambda}{\mu(\mu - \lambda)} = \frac{\rho}{\mu - \lambda} \cdots\cdots\cdots\cdots\cdots(11)$$

自(7)式得

$$L_q = \lambda W_q$$

將(11)式代入，得

$$L_q = \lambda \frac{\lambda}{\mu(\mu - \lambda)} = \frac{\lambda^2}{\mu(\mu - \lambda)} \cdots\cdots\cdots\cdots\cdots(12)$$

以上已將有關本模式的各項性質要素，均以平均到達率 λ 與平均服務率 μ 表示。茲各併列出於下：

(1)整個系統中（在等待線中及正被服務中）的平均顧客人數.

$$L = \frac{\rho}{1 - \rho} = \frac{\lambda}{\mu - \lambda}$$

(2)在等待線中的平均顧客人數

$$L_q = \frac{\lambda^2}{\mu(\mu - \lambda)}$$

(3)每位顧客於整個系統中所化費的平均等待時間:

$$W = \frac{1}{\mu - \lambda}$$

(4)每位顧客於等待線中所化費的平均等待時間:

$$W_q = \frac{\lambda}{\mu(\mu-\lambda)}$$

(5)服務設施空閒之機率

$$P_0 = 1 - \frac{\lambda}{\mu}$$

(6)在等待線中及被服務者的個數，大於 k 的機率

$$P(n > k) = \left(\frac{\lambda}{\mu}\right)^{k+1}$$

茲舉例說明其應用於下：

設某大工廠，自設診療室，其員工達數千人，平時該室平均每小時來看病之員工為 4 人，而該室看病的平均速率則為每小時 5 人。若到達係按波氏分配，服務係按指數分配，則可分析如下：

$$\lambda = 4 ; \quad \mu = 5 ; \quad \frac{\lambda}{\mu} = \frac{4}{5} < 1$$

$$\therefore \quad L = \frac{\lambda}{\mu-\lambda} = \frac{4}{5-4} = 4$$

平均整個診療室有 4 位員工在看病及等待，

$$\therefore \quad L_q = \frac{\lambda^2}{\mu(\mu-\lambda)} = \frac{4^2}{5(5-4)} = \frac{16}{5} = 3.2$$

平均在等待看病的員工有 3.2 人

$$\therefore \quad W = \frac{1}{\mu-\lambda} = 1$$

平均每位來看病的員工，需化費 1 小時的時間

$$\therefore \quad W_q = \frac{\lambda}{\mu(\mu-\lambda)} = \frac{4}{5(5-4)} = \frac{4}{5} = 0.8$$

平均每位看病員工，化費於等候的時間約為 0.8 小時

$$\therefore \quad P_0 = 1 - \frac{4}{5} = \frac{1}{5} = 0.2$$

該室約有百分之二十的時間，係空閒無員工到達

$$\therefore \quad P(n>k) = \left(\frac{4}{5}\right)^{k+1}$$

在診療室中的人數，超過 k 數的機率，可以列表計算如下：

在診療所中人數超過 k	機率 $P(n>k) = \left(\dfrac{\lambda}{\mu}\right)^{k+1} \left(\dfrac{4}{5}\right)^{k+1}$
0	0.8000
1	0.6400
2	0.5120
3	0.4096
4	0.3277
5	0.2621
6	0.2097

依據以上分析結果，可以探求改善之方法。若假設該廠係24小時開，則每日 平均將有 $24 \times 4 = 96$ 個病人，到達診療室來看病。即病人等看病時化費於等待的時間（不包括看病的時間），將為 $96 \times 0.8 = 76.8$ 小時，若平均每位員工等待一小時於診療室，而不能工作的損失為 \$10/小時，則每天由於此項化費於等待看病的時間損失，將為 $\$10 \times 76.8 = \$768$。為減低此項每天高達 \$768 的損失，或許可以增加診療所的設備，使其增加服務的速率，每小時可看病 6 人，則可獲得的改進為

(1) $\quad L = \dfrac{4}{6-4} = 2$ 人

平均等待及在看病中的員工人數，自 4 人減至 2 人。

(2) $L_q = \dfrac{4^2}{6(6-4)} = \dfrac{16}{12} = 1.33$

平均在等待看病的員工人數，自3.2人減至1.33人。

(3) $W = \dfrac{1}{6-4} = 0.5$

平均來看病的員工，所化費的時間自一小時減至半小時。

(4) $W_q = \dfrac{4}{6(6-4)} = \dfrac{4}{12} = \dfrac{1}{3}$

平均每位看病員工，所化費於等待的時間由 0.8小時，減低至1/3小時。

經由此項改進，以往每位病人，平均化費12分鐘接受診療，48分鐘等待的情形，已改善至平均化費10分鐘接受診療，20分鐘等待，故節省時間總計達半小時。由於每天到達者有96人，故可節省人工損失費用為

$$96 \times 0.5 \times \$ 10 = \$ 480。$$

此外，以往在診療所中人數，超過平均人數（n）達3人者有0.41的機會，而現在則超過平均人數3人者，僅有 $\left(\dfrac{4}{6}\right)^{k+1} = \left(\dfrac{4}{6}\right)^4 = 0.19$ 的機會。

(五)服務設施利用率大於一

所謂服務設施利用率 (Utilization Factor) 即係 λ/μ 比值。以上基本模式，係假定 $\lambda/\mu < 1$，故係收斂性質，自可達最終的穩定狀態，若 $\lambda/\mu \geq 1$，則將無收斂可能，自亦不會達到最終的穩定狀態 (Steady State)，已非研究模式之預定範圍。事實上，若 $\lambda/\mu \geq 1$，將造成無限大的等待線長度，亦即等待線的人數，將隨時間之增加而增加，且無止境。惟實際上，後到達者，見排隊過長時，將會自動退出，不參加等

待，故到達者已非獨立的隨機變數，而有互依 (Independent) 情形產生，就此點論之，已不合模式之前提，故於波氏分配到達，指數分配服務的等待線模式中，不能考慮此項到達互依的情形。總之，$\lambda/\mu \geq 1$ 的情形，不在上述模式的有效運用範圍內。

三、其他波氏——指數模式

上節所討論者係單線波氏到達指數服務等待線模式 (Single-Channel Poisson/Exponential Model)，其基本假定為：

(1)單一服務設施等待線。

(2)先到先服務，並且不因等候時間過長或等候人多而氣餒先離開。

(3)到達者係來自無限羣或足夠大的人羣。

(4)到達與服務兩者皆各依波氏及指數分配而發生。換言之，兩者之間並無相關。

(5)到達者彼此間亦相互獨立；服務的情形亦然。亦即先發生的情況，不影響後發生的機會。

(6)到達與服務皆係均勻的，即平均到達率與服務率在整個時間中為不變的。

本節將對上述的限制，於某些情況下，略為放鬆，加以修正，惟其證明已超出本書範圍，故僅列出其模式供參考：

(一)單線波氏——指數等待線模式具有長度限制

等待線長度具有最大長度限制，係指模式中的系統狀態 n (即系統中被服務及正在等待的顧客人數)，達到或超過某一最大限制時，即無人再加入此系統。亦即於 $n \geq M$ (M為最長限度) 時即無人到達。故此項修正後的模式，其 n 的數值，僅可為 $0, 1, 2, \ldots\ldots, M-1, M$。就上節發展的過程言，所求之各種系統狀態下的機率總和，僅可彙總至 M 為止，而不必拓展至無窮大，故於上節中所採用的無窮級數以求各項機率總和，需修正為有限級數的總和。本節僅列出其有關的公式如下：

$$L = \frac{\rho}{1-\rho} - \frac{(M+1)\rho^{M+1}}{1-\rho^{M+1}}$$

$$L_q = L - 1 + \frac{1-\rho}{1-\rho^{M+1}}$$

$$W = \frac{1}{\mu(1-\rho)} - \frac{M\rho^M}{\mu(1-\rho^M)}$$

$$W_q = W - \frac{1}{\mu}$$

由於本模式之等待線具有既定的最長限度，故若 $\rho \geq 1$ 時，亦不會擴張至無限長的等待線，一定會於達到最長限度後，即成為一項穩定的狀態（一項強制的穩定狀態），不再會變動。故若 $\lambda > \mu$，將使整個系統的運行，保持於最長限度的狀態。所以，本模式亦不要求 $\frac{\lambda}{\mu} < 1$ 的限制。

(二)到達者來自有限群體

例如某一位修護工，負責維護修理十部機器。若已有三部機器發生故障修理中，則於此時再發生一部機器待修之機率，要較該修護工，處於空閒狀態情況下，發生一部機器待修之機率為低。若就一項極端的情況言，若此十部機器皆發生故障，正由該修護工修理中，則於此時，再發生一部機器待修之機率為零。因為到達者（在此為故障機器）來自有限群體，故到達之機率並非均勻固定不變。所以，本模式之有限群體的假定，將修正前述無限羣體模式，各項到達，僅於其不在等待線中時，方為隨機到達（Random Arrival），當一位顧客或一部機器，業已加入等待線中在等待或在服務中，則其到達之機率為零。故 λ 係為未到達系統中的有限羣體的平均到達率，以式表之：

$$P（於\triangle t內到達）=\begin{cases} (N-n)\lambda\triangle t, & n=0,1,2,\cdots\cdots,N \\ 0, & n>N \end{cases}$$

作上述修正後，可得下列新模式：

$$P_0=\left[\sum_{n=0}^{N}\frac{N!}{(N-n)!}\left(\frac{\lambda}{\mu}\right)^n\right]^{-1}$$

$$L_q=N-\frac{\mu+\lambda}{\lambda}(1-P_0)$$

$$L=L_q+1-P_0$$

$$W_q=\frac{1}{\mu}\left(\frac{N}{1-P_0}-\frac{\lambda+\mu}{\lambda}\right)$$

$$W=W_q+\frac{1}{\mu}$$

$$P_N=\left[1+\sum_{m=1}^{N}\frac{1}{m!}\left(\frac{\mu}{\lambda}\right)^m\right]^{-1}$$

$$P_{N-K}=\frac{1}{k!}\left(\frac{\mu}{\lambda}\right)^k P_N$$

上式中 N 為機器總數，n 為修理中及待修理中機器數，k 為作業中機器數。

例如某修護工，負責保養及修理三部機器，平均每天有一部機器發生故障需修理，而該修護工平均每天可修理十部機器。依題意

$$\frac{\lambda}{\mu}=\frac{1}{10}=0.1; \quad N=3; \quad \frac{\mu}{\lambda}=10$$

$$P_N = \left[1 + \frac{1}{1}\left(\frac{\mu}{\lambda}\right)^1 + \cdots\cdots + \frac{1}{N!}\left(\frac{\mu}{\lambda}\right)^N \right]^{-1}$$

$$P_3 = \left[1 + (10) + \frac{1}{2}(10)^2 + \frac{1}{3 \times 2}(10)^3 \right]^{-1}$$

$$= 228^{-1} = \frac{1}{228}$$

若 λ 係指尚未到達系統中的到達者之平均到達率，以式表之：

$$P(\text{於} \triangle t \text{內到達}) = \begin{cases} (m-n)\lambda\triangle t, & n = 0, 1, 2, \cdots\cdots, m \\ 0 & , \quad n > m \end{cases}$$

作上述修正後，可列出下述新模式：

m＝機器總數

n＝修理中及待修中機器數

k＝作業中機器數

$$P_m = \left[1 + \frac{1}{1!}\left(\frac{\mu}{\lambda}\right)^1 + \cdots\cdots + \frac{1}{m!}\left(\frac{\mu}{\lambda}\right)^m \right]^{-1}$$

$$P_{m-k} = \frac{1}{k!}\left(\frac{\mu}{\lambda}\right)^k P_m$$

$$L_q = m - \frac{\mu+\lambda}{\lambda}(1-P_0)$$

$$L = L_q + 1 - P_0$$

$$W_q = \frac{1}{\mu}\left(\frac{m}{1-P_0} - \frac{\lambda+\mu}{\lambda}\right)$$

$$W = W_q + \frac{1}{\mu}$$

例如某修護工，負責保養及修理三部機器，平均每天有一部機器損壞需修理，該修護工平均可修理十部機器之能力。依題意

$$\frac{\lambda}{\mu}=\frac{1}{10}=0.1;\quad \frac{\mu}{\lambda}=10;\quad m=3$$

$$P_m=\left[\, 1+\frac{1}{1}\left(\frac{\mu}{\lambda}\right)^1+\cdots\cdots+\frac{1}{m!}\left(\frac{\mu}{\lambda}\right)^m\right]^{-1}$$

$$P_3=\left[1+(10)+\frac{1}{2}(10)^2+\frac{1}{(3)(2)}(10)^3\right]^{-1}$$

$$=(228)^{-1}=\frac{1}{228}$$

$m-k$ 部機器在修理或待修之機率為：

	k	$P_{m-k}=\dfrac{1}{k!}(10)^k\cdot\dfrac{1}{228}$	
P_3	0	$\dfrac{1}{228}$	$=\dfrac{1}{228}$
P_2	1	$0\times\dfrac{1}{228}$	$=\dfrac{10}{228}$
P_1	2	$\dfrac{1}{2}(10)^2\times\dfrac{1}{228}$	$=\dfrac{50}{228}$
P_0	3	$\dfrac{1}{(3)(2)}(10)^3\times\dfrac{1}{228}$	$=\dfrac{169}{228}$
			$\underline{\quad 1.00\quad}$

故知　$P_0=\dfrac{169}{228}$

$$\therefore\ L_q=m-\frac{\mu+\lambda}{\lambda}(1-P_0)$$

$$=3-\frac{11}{1}\left(1-\frac{169}{228}\right)=3-\frac{671}{228}$$

$$=3.-2.94=0.06 \text{ 部}$$

$$W_q=\frac{1}{\mu}\left(\frac{m}{1-P_0}-\frac{\lambda+\mu}{\lambda}\right)$$

$$=\frac{1}{10}\left(\frac{3}{61/228}-\frac{11}{1}\right)$$

$$=\frac{1}{10}(11.21-11)=0.021 \text{ 天}$$

(三)多線服務模式 (Multi-Channel Poisson/Exponential Model)

若假定等待線之到達與服務形態，仍分別爲波氏與指數分配，惟其服務設施不止一個，具有多個服務機構提供服務，故到達顧客，可以獲得更快的服務，其形式如下：

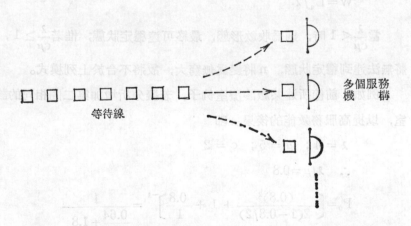

等待線　　　　　　　　　　　　　　　多個服務機　　構

所以本模式之所謂多線服務，係指多個服務機構，而仍然祇有一條等待線，或等待線的計算係各個服務機構綜合計算，並非各個機構各形成一條獨立的等待線。

假如有一項服務設施，具有 c 條服務機構及一條等待線，各服務機構皆提供相同效率的服務，仍沿用前述各節之符號，則

$$P_0 = \frac{(\lambda/\mu)^c}{c!\left(1-\dfrac{\lambda/\mu}{c}\right)} + 1 + \frac{(\lambda/\mu)^1}{1!} + \frac{(\lambda/\mu)^2}{2!} + \cdots\cdots$$

$$+ \frac{(\lambda/\mu)^{c-1}}{(c-1)!}\Big]^{-1}$$

$$P_n = P_0 \frac{(\lambda/\mu)^n}{n!} \quad 若\ n \leq c$$

$$P_n = P_0 \frac{(\lambda/\mu)^n}{c!\,c^{n-c}} \quad 若\ n > c$$

$$L_q = \frac{(\lambda/\mu)^{c+1}}{c \cdot c!\left(1-\dfrac{\lambda/\mu}{c}\right)^2} P_0$$

$$W = L_q/\lambda$$

當 $\dfrac{\lambda}{c\mu} < 1$ 時，則爲收歛形態，最終可達穩定狀態；惟若 $\dfrac{\lambda}{c\mu} \geq 1$，則將無法達到穩定狀態，n 將變爲無窮大，故將不合於上列模式。

例如，前節所述某廠診療室例子，若擬分析增加第二間相同的診療室，以提高服務效能的後果。卽

$$\lambda = 4 ; \quad \mu = 5 ; \quad c = 2$$

$$\therefore \quad \lambda/\mu = 0.8$$

$$P_0 = \left[\frac{(0.8)^2}{2(1-0.8/2)} + 1 + \frac{0.8}{1}\right]^{-1} = \frac{1}{\dfrac{0.64}{1.2} + 1.8}$$

$$= \frac{1}{2.3} = 0.43$$

故可求得不同的 n 值時 P 於下：

$$n \leq c: \quad n=1 \quad P_1 = P_0 \frac{(\lambda/\mu)^n}{n!} = 0.43 \times \frac{0.8}{1} = 0.34$$

$$n=2 \quad P_2 = 0.43 \times \frac{(0.8)^2}{2} = 0.13$$

$$n > c: \quad n=3 \quad P_3 = P_0 \frac{(\lambda/\mu)^n}{c!\,c^{n-c}} = 0.43 \times \frac{0.8^3}{2 \times 2} = 0.06$$

$$n=4 \quad P_4 = 0.43 \times \frac{0.8^4}{2 \times 2^2} = 0.02$$

$$n=5 \quad P_5 = 0.43 \times \frac{0.8^5}{2 \times 2^3} = 0.01$$

故 n 於 0 → 5 之機率總和，爲

n	P_n	nP_n
0	0.43	0.00
1	0.34	0.34
2	0.13	0.26
3	0.06	0.18
4	0.02	0.08
5	0.01	0.05
		$\sum nP_n = 0.91$

故於系統中之平均人數約爲 0.91（未計超過 5 者）。

於等待線中之平均人數約爲

$$L_q = \frac{(0.8)^3}{2 \cdot 2(1 - 0.8/2)^2} \times 0.43$$

$$= \frac{0.512 \times 0.43}{4 \times 0.36} = 0.15 \text{ 人}$$

W＝0.15／4＝0.0375 小時

以上分析，設兩個診療室後，因員工等待診療，而發生之時間損失，將減低至爲：

T＝ λ ×24×0.0375＝3.60 小時，

較原計算所得 76.8 小時，減少甚多。

四、其他分配等待線

等待線問題，若係不合波氏到達與指數服務的分配形式，則應就其實際之到達與服務形態，利用模擬（Simulation）予以測試，極爲便捷。惟實際上，必有甚多場合，其到達非按波氏分配形態，其服務亦非合於指數分配形態，於此情形，若仍以數量方法分析性模式，予以找出一般通式或模式，則將極爲困難。本節僅列出一個典型的模式，惟其發展證明已極爲困難，故祇列式供參考。

一項單線的波氏到達，任何形式分配的服務等待線問題，業由學者所提出，其模式如下：

$$P_0 = 1 - \rho$$

$$L_q = \frac{\lambda^2 \sigma^2 + \rho^2}{\alpha(1-\rho)}$$

$$W_q = \frac{L_q}{\lambda}$$

$$L = \rho + L_q$$

$$W = \frac{L}{\lambda}$$

13-5 某顧客由由測定站平均每隔到達顧人口，分三分鐘之○○整○度○之情○。若

數工作爲20分，各機器最后是之分配是有指數分配，今有九座○○機5，則在一

人。其他被放到○○○○○○○○。此外○。

習 題

13-1 某銀行信用部的櫃台作業，可以應付的業務量爲每小時12位顧客。依觀察顧客的到達係波氏分配 (Poisson Distribution)，平均每6分鐘一人。

試問：

(1)每位顧客的平均等待時間爲若干？

(2)等待線中的平均顧客人數爲若干？

(3)於等待中等待的顧客人數有三人及超過三人的機率爲若干？

(4)該櫃台的空閒時間佔若干？

13-2 設有某一公用電話亭，其到達顧客係依波氏分配，平均相隔到達時間爲10分鐘。打電話的時間長短，係依指數分配，平均耗時每次3分鐘，試求：

(1)一個人到達此電話亭，其等待的機率爲若干？

(2)等待線的平均長度爲若干？

(3)電話公司擬另增設一個電話亭於其旁，若一個到達者必須等待三分鐘，則到達量必須增加多少始能平衡此第二個電話亭的設立？

13-3 有一公用電話亭，其顧客到達依波氏分配，其到達相隔時間平均爲15分鐘，打一次電話的時間依指數分配，平均需時3分鐘，試求：

(1)一位顧客於電話空閒以前，必須等上超過15分鐘的機率。

(2)自等待至打完電話，此位顧客花費時間超過15分鐘的機率。

(3)試估計一天中，電話被使用的比例。

13-4 某廠時有機器故障，擬專聘一位修理技工負責修理。該廠機器平均每小時故障3部，其故障數係依波氏分配 (Poisson) 發生。估計任何一部機器發生故障所引起的停工損失，係爲每小時50元。設現有甲乙兩位人選可聘用，甲要求每小時工資30元，平均每小時可修理4部機器，乙要求每小時工資50元，平均每小時可修理6部機器，設修理機器所需時間係依指數分配，則該廠將如何選聘一位修理技工。

13-5　某銀行出納櫃台計有三位服務人員，依估計顧客到達係依波氏分配，平均每小時20人，每位顧客所需之服務時間係依指數分配，平均服務時間爲5分鐘一人，其處理係依先到先辦原則進行，試求：

(1)平均一位顧客花費於銀行的時間爲若干？

(2)每天（8小時），一位服務人員花費於顧客服務的時間爲若干？

第十四章　模　擬

以上各章所述用於管理決策者，皆係數量方法中的分析性模式 (Analytical Models)。決策分析家可運用此等模式，直接計算出最佳或近似最佳的決策變數之數值，對於管理決策自是極有幫助。惟事實上多數的實際情形係非常複雜，不能夠或非常困難，將此項複雜的情形以分析性的數量模式表示出來。例如，一項投資計劃，其投資報酬率至少將受到市場大小、產品售價、市場成長率、市場佔有率、設備成本、研究發展成本、操作成本、固定成本、設備使用年限、計劃壽期、殘值……等因素的影響。而以上各項因素皆非事先可予確定者，僅可予以概略估計此等因素變化之情況。例如，對於市場成長率可依不同程度之成長率並估計其可能發生之機率。換言之，影響一項投資計劃報酬率之各項因素，皆係各個別的機率分配（連續或斷續），而此等具有機率性的因素，又相互的影響，最後始導致一項報酬率。此種具有多種機率性因素，且有相互影響，變化複雜的情況，自不易設計出一個分析性的數量模式來求解。而模擬技巧則可仿照實際情況的變化，逐步的自最初的情況，發展至最接近事實的階段。模擬有些地方係動態規則，係逐步的去求得解答，惟根本上的不同，動態規劃需發展出一套遞推方程 (Recursion Function)，故係一項分析性的數量模式，以此遞推方程，代入資料，即可逐行求解。而模擬則無法找得一項遞推方程通式，僅能模仿實際情況的變化，逐漸逐步的求得最終結果，故雖非一項分析性的模式，仍具有其動態 (Dynamic) 的特性。所以，模擬不但需將一項作業的實際情況予以分解為個別的組成分子(Individual Events and Components)，並且要將其連貫成爲一個接近或模擬事實的一個系統。自然，其所組成的分子，並非僅是靜態的集合在一起，而是動態的相互連結，具有相互的影響（Interactions）。同時，此等組成分子的性質，往往具有機率變化（Stochastic Process）的特色。

由於模擬具有動態性及機率性，而且係模仿一項實際情況的複雜因素及其變化，故一個較具規模的模擬模式，往往必須依靠電子計算機的快速計算能力，方能有效的實驗測試，以獲得期望的結果。此外宜注意者，模擬僅是模仿實際的情況測試，以冀獲得一項結論，並非如分析性模式般可以獲得一項最佳解。模擬往往僅能提供一個可用 的 解 答 （Usable Solution），不能保證係最佳解。當然，經由模擬可以對於一項龐大的系統（System）獲有較深的瞭解，故模擬亦常作爲一項系統分析（System Analysis）的工具。

綜上所述，於發展一項模擬模式時，其主要步驟有三項：

(1)詳盡分析該項待研究的系統，務期瞭解該系統的主要因素。例如，分析其有關的可控制變數與不可控制變數（Controllable and Un-controllable Variables），並掌握各變數間之相互關係，以建立一項模擬模式。

(2)第二步驟應運用過去資料，測試此項模式，以觀察其是否與實際情況相符。此項測試若發現有任何缺點，應立即予以修正，務使所建模式係屬可靠有效（Validity）。

(3)最後可作新的試驗工作，就不可控制變數的種種可能變化情形，予以測驗，以求得有關決策變數（或可控制變數）的適當水準或數值。

以上程序，亦可以圖解示之如下：

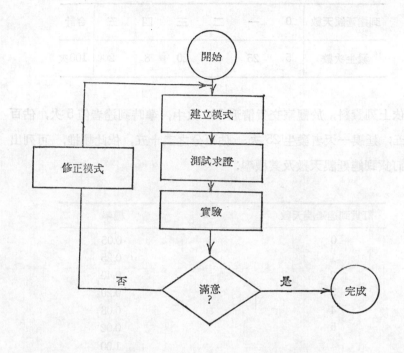

一、蒙的卡羅術

蒙的卡羅術 (Monte Carlo Technique) 係一項模擬技術, 運用一連串的隨機數 (Random Number) 以表達一項機率分配, 亦即是運用隨機數, 自一項機率分配產生隨機變數 (Random Variables) 值。

例如, 某企業為建立某項原料的安全存量 (Safty Stock) 模式, 需瞭解該項原料採購後, 發生訂貨到達延誤的情形, 特經由管理人員分析過去的資料, 發現該項原料之訂貨到達延誤天數及其發生之次數如下:

到達延誤天數	0	一	二	三	四	五	合計
發生次數	5	25	40	20	8	2	100次

依上列資料，於觀察交貨情形 100 次中，準時到達者僅 5 次，佔百分之五；延誤一天者發生 25 次，佔百分之二十五，依此類推，可列出下列訂貨到達延誤天數及其機率：

訂貨到達延誤天數	機率
0	0.05
1	0.25
2	0.40
3	0.20
4	0.08
5	0.02
	1.00

若以隨機數 00, 01, 02,……, 98, 99 代表以上機率，則可將上表改列成爲：

訂貨到達延誤天數	機率	代表隨機數
0	0.05	00—04
1	0.25	05—29
2	0.40	30—69
3	0.20	70—89
4	0.08	90—97
5	0.02	98—99
	1.00	

例如將此一百個隨機數 00-09，分別刻於一百個小球上，將此一百個註有數字之小球置於袋中，予以搖均勻，並隨意抽出下列各球，則球上之數值，卽可代表發生訂貨延誤之天數：

抽得小球數值：17、40、56、82、66、65、36、98、3

模擬延誤天數：1、2、2、3、2、2、2、5、0

實際運用時所需之隨機數，可自隨機數表（Random Number Table）查得，或運用電子計算機隨機數程式（Random Number Generator）產生，不必以抽球方式取用隨機數。

茲舉數例說明其管理應用如下：

例一

某企業爲改善經營，減低成本，正從事存量控制（Inventory Control）工作之加強以減低存貨成本。該公司擬實施主要用料之經濟批量及安全存量制度，以達成存貨成本之改進。根據以往存貨資料顯示，該項主要原料之需要（耗用）及交貨期間，皆係屬不定情況。換言之耗用數量並非每期相等，交貨期間亦非每批一樣長，故擬採用模擬技術以決定最佳之再訂購點（Reorder Point）及訂貨批量（Ordering Quantity）。分析以往資料，得知該項主要原料之每星期耗用數量變化情形如下表所列，依此資料並可設定隨機數以代表此項需要機率：

需要(件)	次數	累積機率分配	隨機數
0	2	2	00—01
1	8	10	02—09
2	22	32	10—31
3	34	66	32—65
4	18	84	66 83
5	9	93	84—92
6	7	100	93—99

同理，可列該原料交貨時間情形如下：

交貨時間（星期）	次數	累積機率分配	隨機數
1	23	23	00—22
2	45	68	23—67
3	17	85	68—84
4	19	94	85—93
5	6	100	94—100

　　該企業之成本部門並估計該項原料之持有成本爲每件每星期 $ 10，訂購成本爲每批 $ 25， 缺貨成本爲每件爲 $ 100。 假定其所擬訂之存量控制制度之再訂購點爲 15 件；訂購批量爲 20 件，則可得模擬實施十四星期的需要、交貨、存量及總成本情形如下（假定其期初存貨爲20件）：

星期	需要數量（件）		到貨情形（星期）		存貨數量（件）		持有成本	訂購成本	缺貨損失	總成本
	隨機數	需要量	隨機數	到貨時間	到貨量	餘額				
0						20				
1	68	4				16	$ 160			$ 160
2	52	3				13	130			
			50	2				$ 25		155
3	90	5				8	80			80
4	59	3			20	25	250			250
5	08	1				24	240			240
6	72	4				20	200			200
7	44	3				17	170			170
8	95	6				11	110			
			85	4				25		135
9	81	4				7	70			70
10	93	6				1	10			10
11	28	2				0			$ 100	100
12	89	5			20	15	150			
			15	1				25		175
13	60	3			20	32	320			320
14	3	1				31	310			310

上表之模擬係按時間（星期）順序進行，首先係有期初存貨20件，再依需要量隨機數欄，得知第一星期之需要量為 4 單位（隨機數68，代表需要量 4 單位），故存貨餘額減至 16 單位。此16單位將儲存供第二星期使用，故發生持有成本 $160。至第二星期，再依代表需要量之隨機數（52），模擬需要量為 3 單位，故第二星期末尚有存貨餘額16－3＝13單位，故有持有成本 $130。惟由於此時之存量已降達再訂購點 15 單位以下，故應從事訂購，故發生訂購成本 $25。同時並利用隨機數模擬訂貨送達之時間，該隨機數為50，代表需時 2 星期始能到貨，故第三星期仍僅有上星期所餘13單位可供使用。惟第三星期依代表需要量之隨機數（90），可知需要量為 5 單位，故第三星期之存貨餘額為13－5＝8單位。至第四星期，仍依代表需要量之隨機數，模擬得該星期之需要量為 3 單位（隨機數為59）。另由於上次之訂貨已於本星期送達，其批量為 20 單位，故第四星期末尚有存貨餘額 25 單位（8－3＋20＝25）。以後各星期之情形，皆可類推。

依上表總成本，並可求得每星期平均存貨成本為 $169.64。惟上表僅係測驗於再訂購點為15單位，批量為20單位及期初存貨為20單位之情形。尚需就多種可能之不同再訂購點、批量及期初存貨情形進行測驗，再就其中選取最低成本之再訂購點、批量及期初存貨，作為存量控制制度之依據。此外上表僅測試14星期，次數過少，不足以代表通盤情形，應予以大量測試方具有代表性。故一般之模擬，皆需使用電子計算機，以達成大量測試之目的。

例二

等待線問題，雖已有良好之數量方法分析模式可了應用，惟若觀察可得之到達（Arrival）與服務（Service）若不適合任何數量分配（Mathematical Distributions），例如，不能以波氏（Poisson），指數)Exponential)或其他理論分配代表之，則運用分析性模式以解決等待線問題將極為困難。此外，等待線若有優先特權（Priority），不按先到先做的原則辦理，或於多個服務站時，多站的等待線間有相互影響情形（例如某一站排隊過長，因等待時間久，而移至另一隊排列），則亦將不宜採用前述之分析性模式，來解決等待線問題。於此等變化情形多，情況複雜的等待線問題，運用模擬技術，可以相當輕易的予以分析，並可獲極為接近的最佳解。

　　例如，某廠工具及材料庫設有管理員一人，負責工具及材料之領用事務，依過去經驗及記錄，領用工具及材料之技工到達情形，以及管理員之服務化費時間情形，可以下依分配情形表示：

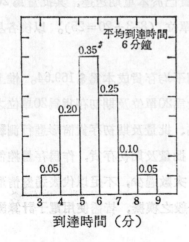

到達時間（分）

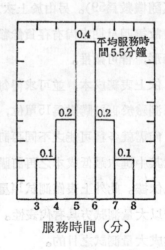

服務時間（分）

　　以上之到達（Arrival）及服務時間（Service Time），亦可以下列累積到達分配（Cumulative Arrival Distribution）與累積服務時間分配（Cumulative Service Time Distribution）表示之：

到達時間（分）

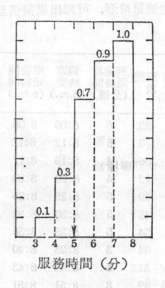

服務時間（分）

　　本問題係一項單人服務(Single Station)的等待線問題，亦稱為單線問題 (Single Channel Problem)。模擬此項單人服務的領用工具及材料情形，需先自上列累積分配之縱座標上，以隨機數標示出模擬所得之累積機率，並進而延箭頭方向，找出其相應的隨機變數 (Random Variable) 的數值。例如上圖中，代表累積到達之隨機數為83，亦卽其累積機率為 0.83，其相對應之到達為相隔 6 分鐘；又如上圖中代表累積服務時間之隨機數為46，亦卽其累積機率為 0.46，其相對應之服務時間為 5 分鐘。下表之模擬係自上午8:00開始，繼續約二小時之久，計模擬得有 22 位技工於此段時間內到達領用工具或材料， 每位技工之到達相隔時間，以及管理員對每位領料人員所提供之服務時間，皆係依上述方式，以隨機數模擬而得。當領用工具或材料人員到達時，若管理員係空閒着，亦卽無人正在領用工具或材料，則可立卽開始其服務，若當其到達時，管理人員尚未服務完畢，卽需排隊等待。假定仍按先到先開始服務之簡單情形，可列出模擬情形如下：

模擬次數	隨機數	到達相隔時間(分鐘)	到達時間(a.m.)	服務開始時間(a.m.)	隨機數	服務時間(分鐘)	服務完成時間(a.m.)	等待時間		等待線長度(人)
								管理員(分鐘)	領用人員(分鐘)	
1	83	6	8:06	8:06	46	5	8:11	6	—	—
2	70	6	8:12	8:12	64	5	8:17	1	—	1
3	06	4	8:16	8:17	09	3	8:20	—	1	—
4	12	4	8:20	8:20	48	5	8:25			
5	59	5	8:25	8:25	97	7	8:32			1
6	46	5	8:30	8:32	22	4	8:36		2	
7	54	5	8:35	8:36	29	4	8:40		1	1
8	04	3	8:38	8:40	01	3	8:43		2	
9	51	5	8:43	8:43	40	5	8:48			
10	99	8	8:51	8:51	75	6	8:57	3	—	
11	84	6	8:57	8:57	10	4	9:01			
12	81	6	9:03	9:03	09	3	9:06	2		
13	15	4	9:07	9:07	70	6	9:13	1		
14	36	5	9:12	9:13	41	5	9:18		1	1
15	12	4	9:16	9:18	40	5	9:23		2	1
16	54	5	9:21	9:23	37	5	9:28		2	
17	97	8	9:29	9:29	21	4	9:33	1		
18	00	9	9:38	9:38	38	5	9:43	5		
19	49	5	9:43	9:43	14	4	9:47			
20	44	5	9:48	9:48	32	5	9:53	1		
21	13	4	9:52	9:53	60	5	9:58	—	1	1
22	23	4	9:56	9:58	31	5	10:03	—	2	—
		116				103		20	14	9

以上模擬係自上午八時開始，第一位領用人員到達相隔時間，經模擬得知為 6 分鐘，故到達時間為 8:06 a.m.，由於尚無他人到達領料，故可立即開始服務，其服務開始時間為8:06。關於其所需之服務時間，經

模擬得知爲 5 分鐘，故其服務完成時間爲8:11。此時管理員之等待或空閒時間係 6 分鐘，領用人員並未排隊等待，其等待時間爲零。第二位領用人員之到達，經模擬亦爲相隔 6 分鐘，故其到達時間爲8:12。由於第一位領用人員已於 8:11 離去，故亦可立即開始服務，服務開始時間爲8:12。其服務所需化費時間，經模擬亦爲 5 分鐘，故其服務完成時間爲8:17。此時管理人員又有等待時間 1 分鐘，而領用人員隨到隨開始並無等待時間。至於第三位領用人員之到達，經模擬係爲 4 分鐘，故其到達時間爲8:16。惟第二位領用人員之服務完成時間爲8:17，故必須等待 1 分鐘，始可開始其所需之服務，其服務開始時間爲8:17。經模擬其服務所需之時間爲 3 分鐘，故第三位領用人員之服務完成離去時間爲8:20。其餘各項到達與服務之模擬，皆係按此方式進行。經過 22 次模擬，亦即 22 位領用人員之到達與服務模擬，得知管理人員之等待時間總計爲20分鐘，領用人員之等待時間總計爲14分鐘，而等待線長度則爲合計 9 人，服務時間總計則爲 103 分鐘。

經由以上分析，可以得知：

(1)領用工具及材料人員之平均等待時間爲每人 0.64分鐘（14分鐘÷22人）

(2)等待線平均長度爲 0.41 人（9 人÷22 人）

(3)領用人員之平均服務時間或領用工具及材料之平均時間爲每人 4.68 分鐘（103分鐘÷22人）

至於是否應增加管理人員一人以減少領用人員之等待情形，就此例言應無必要。例如，設管理人員之工資爲每小時係10元，領用工具及材料之技工工資每小時平均20元，則以成本比較法，比較用一位管理人員與二位管理人員之管理人員成本，以及領用人員化費於等待之成本（或損失）。就本例言，若增加管理人員一人，卽可將使領用人員等待時間減至爲零，皆可隨到隨開始其服務而無需等待。則就此兩小時零三分鐘之模擬，可分析其成本如下：

	一位管理人員	二位管理人員
領用人員等待時間（14分鐘×＄20/小時）	＄ 4.7	—
管理人員成本（2小時×＄10/小時）	20.0	＄ 40.0
總 成 本	＄ 24.7	＄ 40.0

可知以使用一位管理人員服務之成本較低，不宜再增加管理人員以增加成本。

例三

上例係模擬單條等待線的情形。茲再舉使用兩位管理人員的兩條等待線或使用更多的服務人員而稱爲多條等待線 問 題 （Multichannel Waiting Line Problem）。

設某廠之材料庫僱用兩位服務人員負責材料及工具之領發工作。依觀察所獲資料分析，平均之到達相隔時間爲5分鐘，而服務時間則係依下列分配：

服務時間	機率分配	累積機率分配	代表隨機數
6 分鐘	.10	.10	00—09
7	.20	.30	10—29
8	.30	.60	30—59
9	.30	.90	60—89
10	.10	1.00	90—99

領用人員到達之平均相隔時間爲5分鐘，故以每5分鐘爲 一 個 區間，模擬到達的情形。到達的人數，則可以十位數的隨機表進行，指定

5或其他任何一位數代表一次到達，例如附錄中附表四隨機數表
(Random Numbers Table) 中自左上角的兩個十位數隨機數
1581922396 與 2068577984 中皆僅有一個 "5"，故各代表一人到達；隨
機數 8262130892 中則無 "5" 出現，代表無人到達；隨機數7055508767
中有三個 "5" 出現則代表於此五分鐘區間內有三人到達申請領用工具或
材料。爲便於進一步分析起見，特假定最多有三人於此三分鐘內到達，
且規定其到達之情形，若僅一人者則爲於五分鐘區間開始卽到達；若有
二人者則一人於五分鐘區間開始到達，另一人於三分鐘終了時到達；若
有三人者，則第三人係假定於五分鐘區間終了時到達。此項到達情形可
以圖示如下：

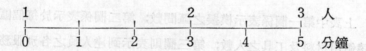

依上述服務及到達情形，可逐列出其模擬之到達及服務時間如下
表：

模擬區間數	到達人數	服務時間（分鐘）
1	1	①8
2	1	②6
3	—	—
4	1	③9
5	1	④9
6	2	⑤8，⑥9
7	2	⑦9，⑧9
8	2	⑨8，⑩8
9	3	⑪9，⑫10，⑬8
10	—	
11	2	⑭6，⑮9

12	—	—
13	—	—
14	—	—
15	—	—
16	1	⑯7
17	2	⑰9，⑱8
18	1	⑲7
19	1	⑳9
20	1	㉑8
21	2	㉒10，㉓8
22	—	—
23	1	㉔8
24	2	㉕8，㉖9

　　上表中第一欄係表示模擬之區間數；第二欄係表示於每個區間內之到達領用材料及工具之人數；第三欄則表示到達人員之各別服務時間，爲便於識別起見，各到達人員皆依到達次序編號並以圓圈表示之，其所需服務時間則皆註明於此圓圈編號之後。若有一人到達則僅有一個服務時間，有二人到達則有二個服務時間，有三人到達則有三個服務時間。上表中計有 24 個五分鐘區間，此 24 個區間內，每區間到達一人者計有 9 次，每區間到達二人者計有 7 次，每區間到達三人者計有 1 次，皆無人到達之區間亦有 7 次，合計到達26人。

　　爲模擬上述到達及服務之實際操作時間，可以下圖表示之。圖中縱座標代表模擬時間之進行，係自上午八時（8:00 a.m.）開始，橫座標係以每五分鐘爲時間區段表示到達之情況。圖中之圓圈編號，卽爲到達之序號。實線段表示正在服務中；虛線段表正等待服務；N.A. 表示無到達；圓圈表示到達。

　　若將下圖中之各虛線線段長度相加，可得總長93分鐘的領用人員等待時間，亦即平均每人等待 3.6 分鐘（93 分鐘÷26人）。由於平均到達係相隔 5 分鐘（本例 24 個 5 分鐘區間到達 26 人，係因資料過少，模擬次數不夠所致），以每八小時計，則每日將有 96 人領用材料或工具。故

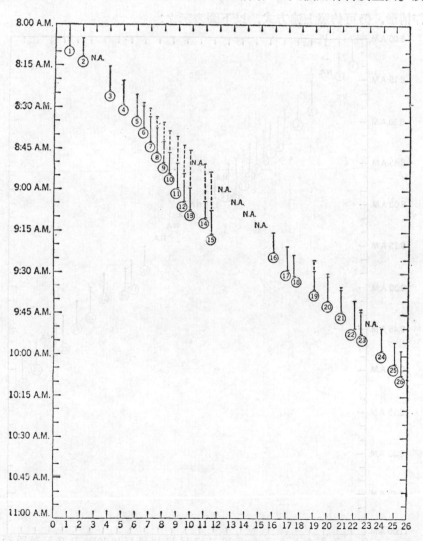

全日之等待或浪費時間將長達 345.6 分鐘 (96×3.6) 或 5.8 小時。

　　為便於比較分析起見，尚須對使用三位服務人員，提供領料服務的情形，由於到達的情形不變，仍以原列的到達資料作模擬，惟由於增加一人服務，故領用人員等待時間自必下降。使用三位服務人員的實際操作情形，仍可仿照上述方式，以下圖表示之：

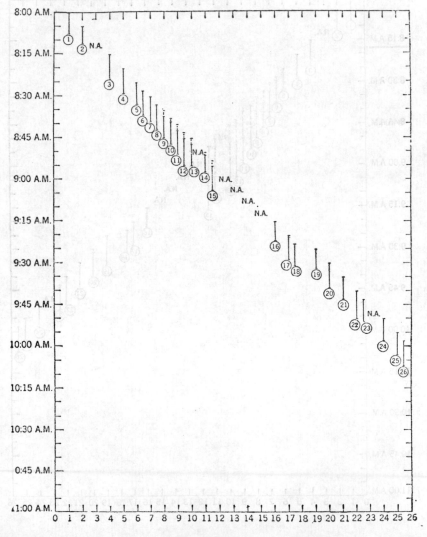

　　上圖與前圖（二位服務員）不同者，係有三位服務人員，故可以有三條實線並列，亦即有三線服務（Three-channel）。其總等待時間為12分鐘，平均每人等待0.5分鐘。全日（八小時計）之等待浪費時間為0.8小時。此外亦可就使用四位服務員的情況予以分析（等待時間已降為零）。若服務人員工資每小時 ＄2.50； 領用工具或材料之技工工資每小時 ＄5.00 則可列表比較成本如下：

	兩位服務員	三位服務員	四位服務員
領用人員等待時間（Ⅰ）	5.8小時	0.8小時	
每小時工資（Ⅱ）	＄5	＄5	＄5
等待時間成本（Ⅰ×Ⅱ）	＄29	＄4.00	—
服務員每人成本（8小時×每小時＄2.5）	＄40.00	＄60	＄80
每天總成本	＄69.00	＄64.00	＄80.00

　　自上分析可知，以使用三位服務員場合有最低成本。

例四　預防保養例

　　某廠裝置有高壓噴射幫浦六座，其中三座裝在入口處，另三座裝在出口處。由於各座幫浦時有故障待修情形發生，且其修理與保養費用甚高，其檢修工作所需直接人工時間一般為無法可節省者，計有下列各項目：

操作項目	直接人工小時
關閉幫浦及準備工	1/2
拆卸外部	2/3
分解內部	1/3
修埋	$1^{1}/_{4}$
裝置內部	1/3
安裝外部	2/3

該廠爲改善檢修工作，建立預防保養制度（Preventive Maintenance），經專案研究分析，認有下列四種方式可供選擇採行：

(1)六座幫浦中有任何一座故障時，僅將該座予以檢修。

(2)若有任何一座裝於出口處的幫浦故障時，則將該三座裝於出口處者，全部予以檢修。若有任何一座裝於進口處者發生故障，其處理方式相同。

(3)若有任何一座幫浦發生故障時，則將六座全部予以檢修。

(4)當有任何一座幫浦發生故障時，除修理該座外，並檢修業已連續使用時數超過平均使用時數（560 小時）者。

以上四種檢修方式，究竟那一項成本較低（以直接人工成本爲代表），自易引起爭論，且亦不便每項方式實施一段時期予以記錄成本，再作比較。該廠管理人員決定蒐集該六座幫浦之以往使用資料，採用模擬方式予以分析。依據以往使用記錄，各座幫浦之故障發生率係非常接

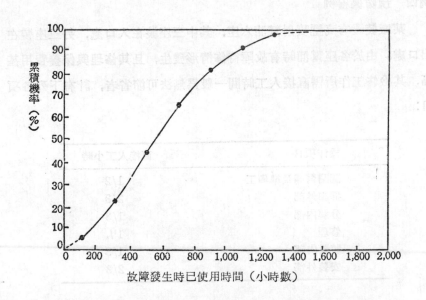

近常態分配，並經應用其他統計分析工具如x^2測驗(Chi-square Test)，結果亦甚滿意，該項幫浦故障率之累積機率分配，可以下圖表示

　　該圖縱座標為累積機率百分數，橫座標為故障時已使用小時數。使用隨機數表，即可找出其相對應或所代表的使用小時數。例如下表中的第一個隨機數（RN）是705，可將此數視為機率0.705，自上圖故障線，y軸機率0.705，其相對應之x軸上之座標值為740小時，亦即模擬結果為使用740小時將發生故障。依此方式，可將各座幫浦之模擬使用壽期（即檢修後，連續使用若干小時，將再發生故障）列表如下：

模擬表	入口處幫浦			出口處幫浦		
	1	2	3	4	5	6
隨機數	705	872	396	366	776	478
使用時數	740	970	440	420	820	510
隨機數	548	759	376	354	895	007
使用時數	570	800	430	410	1,000	30
隨機數	036	479	961	106	864	448
使用時數	80	510	1,200	170	960	490
隨機數	892	581	486	647	318	439
使用時數	1,010	600	520	670	380	480
隨機數	442	681	672	676	865	741
使用時數	480	690	700	700	960	780
隨機數	249	580	141	261	047	963
使用時數	320	600	210	330	100	1,230
隨機數	330	145	533	167	244	563
使用時數	390	210	560	240	310	580
隨機數	326	836	648	692	237	965
使用時數	380	900	680	720	310	1,220
隨機數	874	057	380	994	619	525
使用時數	980	110	430	1,420	640	540
隨機數	104	022	054	653	349	571
使用時數	170	60	560	680	400	590

上表之意義，可以第五座幫浦為例說明之：

(1)若在發生故障時始予檢修，亦卽在故障發生前不予檢修，則其各次故障之發生時間如下：

①第一次 820 小時（自開始使用，經 820 小時發生故障）。

②第二次 1,820 小時（第一次故障於 820 小時檢修後，可使用1,000小時，始再發生第二次故障）。

③第三次 2,780 小時（第二次故障於 1,820 小時檢修後，可使用960小時，始再發生第三次故障）。

④第四次 3,160 小時（第三次故障於 2,780 檢修後，可使用 380 小時，始再發生第三次故障）。餘類推。

(2)若採用上述第二、三、四種保養檢修方式，亦卽在未發生故障前，卽按規定予以檢修，則發生故障之時間將受到其他各座幫浦之故障時間之影響，因為當別座幫浦發生故障檢修時，卽可能予一併檢修（該

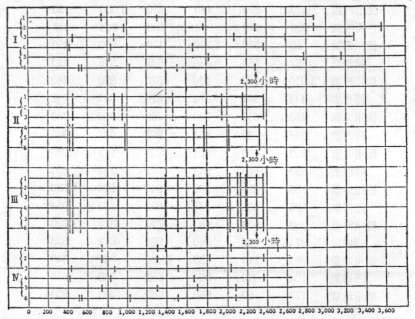

將四種不同之保養檢修方式，以圖表示模擬檢修次數如下：

座雖尚未故障），故其發生故障之時間即將自該次檢修後重新計算。茲

上圖中垂直線段表示檢修次數。在第一種檢修方式中，各幫浦發生
故障始予檢修，故係個別進行其檢修，各座相互間並無關連。正如上述
分析，第 5 號幫浦所劃之各垂直線段，皆係與模擬表中之小時數相符，
各次之檢修相隔時數爲 820，1,000，960，380……小時， 亦卽於 820，
1,820，2,780，3,160……小時予以檢修。

在第二種檢修方式下， 依模擬表，最先發生故障之入口處幫浦爲第
3 號，係在 440 小時，所以在此時間，應同時檢修第 1、2、3 號三座入
口處幫浦。經此番檢修後， 卽可開始第二列隨機變數所模擬的使用時
間，而此時又係第三座幫浦在 430 小時後（卽第870小時）發生故障,此
時又需將此入口處之三座幫浦予以全部檢修。然後又可開始第三列的模
擬使用時間，餘皆類推。

在第三種檢修方式下， 係同時檢修六座。例如 第一列的使用時間
中，以 420 小時爲最低， 係最早發生故障（出口處第 4 號幫浦）， 故於
420 小時將六座全部予以檢修後， 開始第二列的使用時間。由於第二列
最低的使用時間係第 6 號幫浦， 僅有 30 小時， 亦卽於 450 小時，又將
六座幫浦予以全部檢修。故於圖中可見其垂直線係通過六座幫浦全部檢
修。

於第四種保養方式下， 則係將超過 560 小時者；一併與發生故障者
同時檢修，故各座幫浦間之檢修雖係獨立， 惟若連續使用超過 560 小時
者，則將與發生故障者一併檢修，而發生關連。例如在第一座幫浦發生
故障時（740 小時），此時超過 560 小時者尚有第二座幫浦（970 小時），
與第五座幫浦（820 小時），皆需同時檢修，（圖中所列垂線段係同時通
過此三座幫浦）。經此番檢修後， 此三座幫浦卽開始使用第二列的模擬

使用時間。

　經上述模擬分析，可將設廠擬議中之四種保養檢修方式之直接人工時間列表如下：

模擬 2,300 小時檢修工作直接人工時數

操作名稱	單位時間	第一種方式		第二種方式		第三種方式		第四種方式	
		次數	時數	次數	時數	次數	時數	次數	時數
關閉幫浦及準備	1/2	20	10	13	$6\frac{1}{2}$	14	7	17	$8\frac{1}{2}$
拆卸外部（入口）	2/3	9	6	6	4	14	$9\frac{1}{3}$	8	$5\frac{1}{3}$
拆卸外部（進口）	2/3	11	$7\frac{1}{3}$	7	$4\frac{2}{3}$	14	$9\frac{1}{3}$	12	8
分解內部	1/3	20	$6\frac{2}{3}$	39	13	84	28	24	8
修　理	$1\frac{1}{4}$	20	25	39	$48\frac{3}{4}$	84	105	24	30
裝置內部	1/3	20	$6\frac{2}{3}$	39	13	84	28	24	8
安裝外部（入口）	2/3	9	6	6	4	14	$9\frac{1}{3}$	8	$5\frac{1}{3}$
安裝外部（出口）	2/3	11	$7\frac{1}{3}$	7	$4\frac{2}{3}$	14	$9\frac{1}{3}$	12	8
總時間			75		$98\frac{7}{12}$		$205\frac{1}{3}$		$81\frac{1}{6}$

　自上表分析可知係以第一種保養檢修方式為最經濟，計有最低直接人工成本（75 小時）；而以第三種方式為最不經濟計需 $205\frac{1}{3}$ 直接人工小時。上例僅考慮變動成本（直接人工小時），若同時考慮固定成本，則情況將有不同。

二、電子計算機的應用（流程圖）

　所謂電子計算機應用於模擬，一般實係指應用韌體或程式組合（Software or Program Package），將模擬模式以程式語言表達，並輸入電子計算機以執行此項程式，以求得模擬模式執行的結果。一般用於模擬的程式語言（Simulation Languages）主要有 GPSS, SIMSCRIPT, GASP, SIMPAC, DYNAMO, SIMLATE 多種，惟

一般的程式語言如 FORTRAN, PL/1 等亦可用於模擬, 僅較不便而已。關於此等模擬程式語言, 係屬電子計算機程式的範圍, 自不在本章中予以討論。本章將僅列出問題的系統流程圖 (System Flow Chart) 與程式流程圖 (Program Flow Chart), 由於將模擬模式應用電子計算機協助求解前, 首先需將此項模擬模式之有關變數, 以及各變數間之邏輯關係, 予以詳細分析, 列出流程圖始能以適當之程式表達此模式。同時經由此項分析, 可以格外清楚的瞭解系統模擬 (System Simulation) 的重要性質與原理。茲舉數例說明於下:

例一 斷續 (Discrete) 系統模擬的原理。

本例係以最簡單的電話交換機系統爲例說明斷續系統的模擬。假設此項簡單系統僅有八部電話與一部僅有三條連線 (Links) 的交換機, 其結構可以網狀圖示之如下:

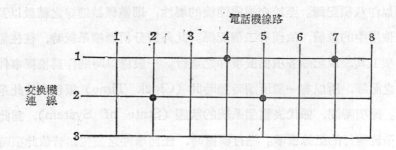

上圖結構顯示, 4 號機正與 7 號機經由第一條連線通話中; 2 號機與 5 號機亦正經由第二條連線通話中。由於此時第三條連線尚未使用, 故仍可有通話的機會, 惟該系統中僅有三條連線, 其最高能量僅有三項通話 (Calls) 可以同時進行。此外若某號電話機正在通話, 亦即該電話機線路正在使用, 則交換機連線有連線可供使用, 仍無法接通, 一如日常的電話講話中的情形。爲分析上述簡單系統，可以將其劃分爲三大部分：

(1)主體 (Entity)：電話機線路，計有八條；交換機一部。

(2)屬性 (Attribute)：有無線路可通話。

(3)活動 (Activity)：通話、掛斷 (不通話)。

以上所列主體中，電話機線路係分別予以記錄，計有八條線路，而交換機連線雖有三條，但僅視爲一項主體，不予分別記錄，此乃由於任一條連線皆可提供服務，無需予以區別，而電話機線路則係各自有其特定屬性，例如欲打電話至 2 號機者，若 2 號機正與其他人通話中，卽無法予以接通，不能以其他話機線路替代之。故電話機線路係各線路皆爲個別主體，而交換機各連線則視爲一個主體，不予區分。明瞭上述原理，卽可較易認淸系統的屬性。就電話機線路言，其屬性係個別線路之有無通話，例如以 “1” 代表通話中，以 “0” 代表未通話中，則需分別予以作八項記錄。至於交換機連線的屬性，則僅係該連線之總數以及正在使用中的數值，故僅有二個記錄。此外於分析斷續系統時，往往需有一項工具，以記錄各項模擬事件之進行。一般係以時間作爲模擬事件進行之記錄，所以有一個所謂時鐘時間 (Clock Time) 須包含於此系統內。此項時間，係代表整個系統的狀態 (State of System)，爲此模擬系統運行的記錄標準。進行模擬時，任何事件之發生，皆依此項時鐘之時間爲準。換言之，一項事件發生後，卽將系統之狀態向前推進了一步，所以該時鐘之時間亦將隨之向前推進。此外，於系統模擬中，往往於一項系統狀態時，就已將下一次事項將發生的事件的時間 (該項特定時鐘的時間) 予以模擬產生，故可保持模擬之順利進行。

茲將以上所述原理，就本例作進一步說明如下：

(1)設目前之時鐘時間爲1027單位，亦卽表示該項模擬系統已進行至

1027單位時間。

(2)依上圖所示, 2號機正與5號機通話中, 4號機正與7號機通話中。

(3)經模擬得知2號機與5號機通話時間將至1053完畢; 4號機與7號機通話將至1075時完畢。

(4)下一次將發生之事件, 係3號機叫接7號機, 其長度為120單位時間。

(5)下一次發生之事件, 將在1057時發生。

上述簡單電話系統之模擬系統狀態, 可以下圖表示:

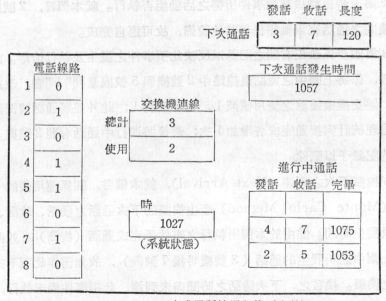

	發話	收話	長度
下次通話	3	7	120

電話線路

1	0
2	1
3	0
4	1
5	1
6	0
7	1
8	0

下次通話發生時間

1057

交換機連線

總計	3
使用	2

時

1027

（系統狀態）

進行中通話

發話	收話	完畢
4	7	1075
2	5	1053

完成通話情況記錄（次數）

處理總計	通話完成	交換連線忙	電話機線路忙
131	98	5	28

上圖中之通話情況記錄， 係記錄總計發生打電話的次數， 其中接通完成者若干次，因交換機連線忙或電話機線路忙未能接通者各佔若干次，作爲系統模擬的重要統計資料之一，此外依據時鐘時間， 尚可求得每次通話之平均時間等資料。

就上述系統狀態進行模擬，可分成下列步驟：

(1)第一步係確定下一次發生之事件，並將時鐘時間調整至此事件發生之時間，就本例言即係將其調整至1053。

(2)第二步係選擇完成該項事件所需之活動。就本例言，下次事件之活動（Activity）係掛斷（Disconnect）或通話完畢（係2號機與5號機之通話，已達模擬之完成時間1053時鐘時間）。

(3)第三步係測驗試項事件所需之活動能否執行。就本例言， 2號能5號機間之通話完畢無需任何其他設備，故可逕自完成。

(4)第四步係改正有關之記錄以反映此項事件之發生及執行情形。就本例言，係將上圖中之電話機線路中2號機與5號機原列"1"者，改爲"0"；將交換機連線之使用值減1，自2改爲1；此外並將通話情況記錄中處理統計與接通完成各增加1次；最後將進行中通話有關2號與5號機的記錄予以刪除。

(5)模擬下次之到達（Next Arrival），就本例言，即係運用蒙的卡羅法（Monte Carlo Method）產生模擬的下次通話之發話、收話、長度及發生時間。惟由於本例所執行之事件係完成通話（掛斷）。並非執行上圖中之新發生的通話（3號機叫接7號機），故無需作此項下次到達之模擬。換言之，下次通話之時間尚未到達，此項事件尚未執行，故無需產生新的同樣事件。

經由上述模擬步驟，可將系統狀態以圖表示如下：

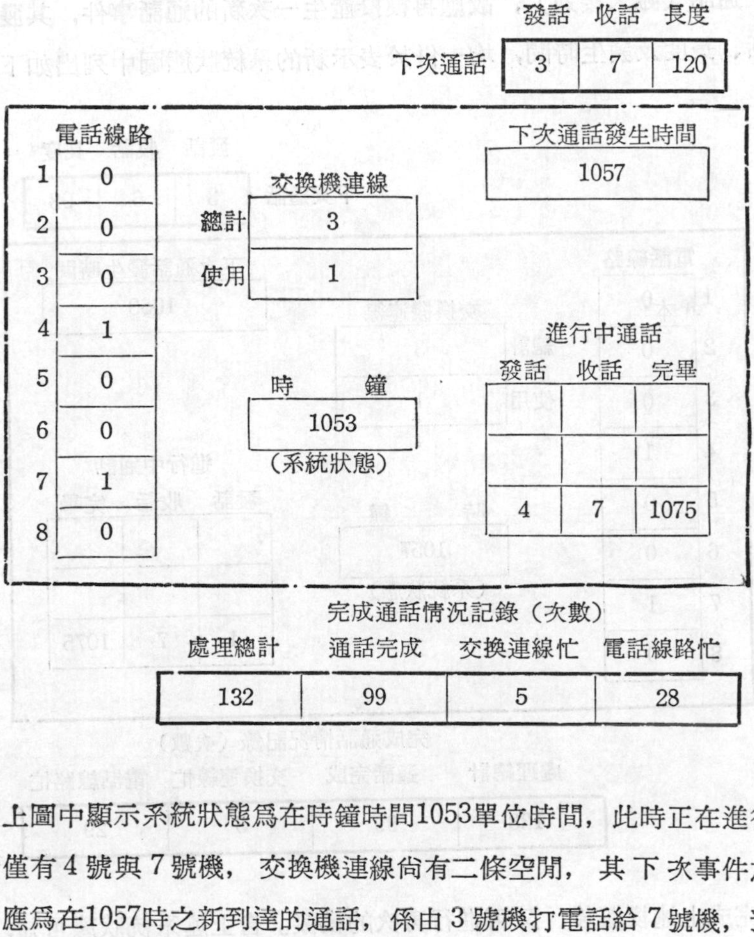

	發話	收話	長度
下次通話	3	7	120

電話線路

1	0
2	0
3	0
4	1
5	0
6	0
7	1
8	0

下次通話發生時間

1057

交換機連線

總計	3
使用	1

時 鐘

1053

（系統狀態）

進行中通話

發話	收話	完畢
4	7	1075

完成通話情況記錄（次數）

處理總計	通話完成	交換連線忙	電話線路忙
132	99	5	28

上圖中顯示系統狀態為在時鐘時間1053單位時間，此時正在進行通話者僅有 4 號與 7 號機，交換機連線尚有二條空閒，其下次事件之發生，應為在1057時之新到達的通話，係由 3 號機打電話給 7 號機，預訂長度為 120，故可繼續按上述模擬步驟進行再一次的模擬。

首先係確定下一次將發生之事件，並對系統時鐘予以調整，故應將系統時鐘撥至1057。此項事件係 3 號機叫接 7 號機，惟由於 4 號機與 7 號機正講話中，故此次通話事件無法辦到，不能採取接通（Connect）的活動（Activity），經由此次模擬需將完成通話情況記錄予以更正，於處理總計及電話線路忙各項目加一次。由於本次之模擬事件係

完成通話（雖未接通），故應再模擬產生一次新的通話事件，其發話、
收話、長度及發生時間，均一併於表示新的系統狀態圖中列出如下：

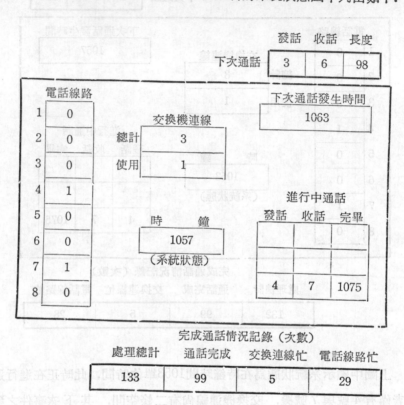

		發話	收話	長度
下次通話		3	6	98

電話線路

1	0
2	0
3	0
4	1
5	0
6	0
7	1
8	0

交換機連線

| 總計 | 3 |
| 使用 | 1 |

時　　鐘

| 1057 |
| （系統狀態） |

下次通話發生時間

| 1063 |

進行中通話

發話	收話	完畢
4	7	1075

完成通話情況記錄（次數）

處理總計	通話完成	交換連線忙	電話線路忙
133	99	5	29

　　完成上述模擬後，又可進行再次的模擬。自上述系統狀態可知，下
次之事件仍然爲新到達的通話，係由3號機打電話給6號機，其長度爲
98單位時間，發生此事件之時間爲系統時鐘時間1063單位時。故進行模
擬之第一步工作即係將系統時鐘時間撥至1063。然後察看此項事件所需
之活動是否可以順利執行，由於此次到達事件之通話係3號叫接6號，
故電話線路無問題，而交換機連線亦有空餘可用，故此項事件可以執行。
最後，則再模擬產生一項新的通話事件，並將有關資料予以更正，如下

圖所示系統狀態:

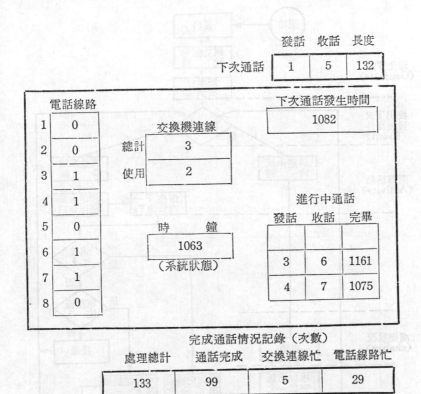

	發話	收話	長度
下次通話	1	5	132

電話線路

1	0
2	0
3	1
4	1
5	0
6	1
7	1
8	0

交換機連線

總計	3
使用	2

下次通話發生時間

1082

時　　鐘

1063

（系統狀態）

進行中通話

發話	收話	完畢
3	6	1161
4	7	1075

完成通話情況記錄（次數）

處理總計	通話完成	交換連線忙	電話線路忙
133	99	5	29

經由上述模擬，系統之進行已達系統時鐘時間1063單位。此時模擬下次通話之發生時間為1082，係由1號機叫接5號機，通話長度為132。惟下次之事件則為1161時間的3號與6號機通話完畢。如此又可進行再一次的模擬，其程序相同，不予重複。

上述斷續系統之模擬，可以模擬程式流程圖 (Simulation Program Flow Chart) 表之如下:

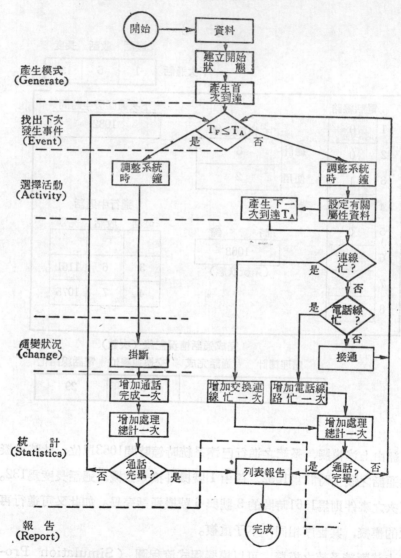

產生模式
(Generate)

找出下次
發生事件
(Event)

選擇活動
(Activity)

隨變狀況
(change)

統　計
(Statistics)

報　告
(Report)

T_F: 下次到達通話之完成時間

T_A: 下次到達通話之到達時間

上例係說明分析一項斷續系統 (Discrete System) 模擬的基本原理。此項原理之瞭解，對於擬運用電子計算機於模擬者，格外顯得其重要。上例模擬程式流程圖所列之七項步驟為運用之基礎：

(1)產生模式 (Generate Model)。

(2)找出下次發生事件 (Find Next Potential Event)。

(3)選擇活動 (Select Activity)。

(4)測試執行條件 (Test Conditions)。

(5)改變狀況 (Change Image)。

(6)統計資料 (Gather Statistics)。

(7)報告 (Report)。

下例將說明運用 FORTRAN 程式，模擬存貨管理中易損存貨的簡單模式。

例二 某食品廠出售之某項食品，極需高度之新鮮度，方可出售，所製該項食品若不能於當天售出，即將變質失味，無法供銷，成為廢棄物，一文不值。該項食品之製造成本為每件 $0.5；售價每件 $2.0，毛利 $1.50。該廠為避免準備存貨過多，於當天不能售出，發生損失，故擬分析下列兩種存貨政策之優劣：

(1)依前一日售出數量，作為該日之準備存貨量。

(2)依前二日之平均售出數量，作為該日之準備存貨量。

由於各日之銷售量並非一致，故決定以模擬測試此兩種策略之優劣。首先分析以往之每日銷售資料，得知每日之需要情況，惟非一定，但仍有其適當範圍，依大量銷售記錄，可估計每日之需要機率如下：

每日需要量	機率	累積機率	代表隨機數
20	0.10	0.10	00—09
21	0.20	0.30	10—29
22	0.40	0.70	30—69
23	0.15	0.85	70—84
24	0.10	0.95	85—94
25	0.05	1.00	95—99

設　D: 每日需要量

　　Q: 每日準備存貨量

　　S: 當日銷售量

　　P: 當日利潤

　　TP: 總利潤

　　AVP: 平均利潤

則可知　若　$D \leq Q$　則　$S = D$

　　　　若　$D > Q$　則　$S = Q$

其所獲當日之利潤　$P = 2S - 0.5Q$

存貨策略 I: 依前一日銷售量作爲存貨量, 即

$$Q_{t+1} = D_t$$

存貨策略 II: 依前二日銷售平均量作爲存貨量, 即

$$Q_{t+1} = (D_t + D_{t-1})/2$$

茲就存貨策略 I, 模擬如下表 (設 $D_0 = 22$):

存貨策略 I 模擬表

天 數 （t）	隨機數 （R.N.）	存貨量 （Q_t）	需要量 （D_t）	銷售量 （S_t）	利 潤 （P_t）	總利潤 （TP_t）
0	—	—	22	—	—	0
1	13	22	21	21	31.0	31.0
2	19	21	21	21	31.5	62.5
3	42	21	21	21	31.5	94.0
4	87	22	24	22	33.0	127.0
5	73	24	23	23	34.0	161.0
6	59	23	22	22	32.5	193.5
7	66	22	22	22	33	226.5
8	95	22	25	22	33	259.5
9	34	25	22	22	31.5	291.0
10	21	22	21	21	31.0	322.0
11 ⋮	⋮	21 ⋮	⋮	⋮	⋮	⋮

上表係就存貨策略 I，模擬 10 天之結果，計可獲總利潤 \$ 322.0，平均每日獲利 \$ 32.2。為模擬之展開，必需先設定初期之需要量作為存貨量之依據，故本例首先設定 $D_0 = 22$，依此可得 $Q_1 = 22$，而展開模擬。就上表之第一日言，由於 $Q_1 = 22$，而 $D_1 = 21$，故 $S_1 = 21$，該日之利潤為 $P_1 = 2S_1 - 0.5Q_1$

$$= 2(21) - 0.5(22)$$

$$= \$ 31.0$$

以上模擬，可以使用 FORTRAN 程式語言，作模擬程式流程圖如下：

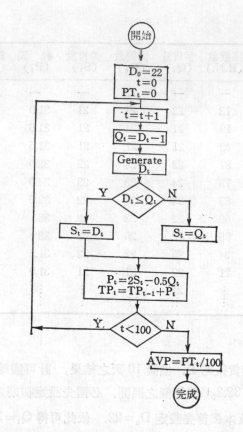

以上係就存貨策略 I 加以分析。至於存貨策略 II 的分析，其方式與上述者相似，僅需將其當日存貨量改爲依前二日之平均需要量卽可，亦卽其 $Q_t = (D_{t-1} + D_{t-2})/2$ 或 $Q_{t+1} = (D_t + D_{t-1})/2$，皆可獲相同結果，惟模擬程式流程圖中則需配合爲決定第一日之需要量，需設定 D_0 與 D_1 兩數值，方可展開模擬，不予贅述。

習 題

14-1 試就下列到達機率，運用亂數表 (Random Number Table)，模擬 5, 10, 20, 40個期間，並比較此四次模擬的結果：

一期間內到達的人數	機率
1	0.10
2	0.20
3	0.35
4	0.20
5	0.10
6	0.05
	1.00

14-2　某專售新鮮食品店，依以往經驗，可列出其產品每日銷售數量及機率：

每日銷售量	機率
0	0
1	0.05
2	0.10
3	0.15
4	0.20
5	0.25
6	0.15
7	0.05
8	0.05
	1.00

若該項食品每單位售價30元，成本10元，若當日不能售出卽須大減價以每單位5元出售予食品加工廠。設 D_t 爲於 t 日的銷售量，Q_{t+1} 爲於 t + 1 日的存貨量，

若　$Q_{t+1} = 1.1D_t$

設 $D_0 = 5$，試模擬該新鮮食品店30天（一個月）的營業利潤額爲若干。

14-3　某工廠設有工具間一間，專司各項工具、夾具與模具的保管與領用收發工作，並設有一位服務人員專責辦理。該廠爲改進該工具間的管理工作，特作調查

分析，觀察來到工具間需要服務的領工工具的技工的到達情形，係爲一項均勻的到達率 (Uniform Rate of Arrival)，爲每小時20人，而管理工具的服務員的服務率，亦係一項均勻的服務率，爲每小時18人，試分析於作業開始 4 小時後，所可能發生的等待線情形。設工具間的服務員的工資率爲每小時25元，領用工具的技工的工資率爲每小時45元，試問該廠應否增加服務人員一人以減少等待的浪費？

14-4　某公司設有一爲技術人員服務的工具材料庫，經觀察結果，技術人員到達倉庫之隨機到達率爲每小時10人，而該倉庫目前僅設有服務員一人，其對到達之技術人員提供之均勻服務率爲每小時 8 人，又由以往紀錄可知，於任一個10分鐘的週期內，有 1 人或 1 人以上的到達機率爲 0.2。設管理服務員的工資率爲每小時 25 元，技術人員（到達者）的工資率爲每小時50元，試以模擬法，測試可將總成本降至最低時，應有的服務人員應係幾人？

14-5　某航空公司電話詢問服務台，依以往經驗估計詢問電話打進來（到達）的相隔時間與電話談話時間及其機率如下表：

電話詢問到達相隔時間	機率	電話詢問談話時間	機率
10秒	.08	60秒	.07
12	.11	65	.12
14	.14	70	.18
16	.16	75	.16
18	.14	80	.15
20	.12	85	.12
22	.08	90	.03
24	.07	95	.06
26	.04	100	.06
28	.04		
30	.02		

　　若該公司要求顧客打來詢問電話，應盡可能立卽回答，若電話線路忙（忙於答覆較早打進來的詢問電話），則亦不應讓一個顧客有超過 5 % 的機會要等待不超過

10秒鐘的時間。試以模擬法求解，該公司應裝設幾部詢問服務電話，方可達到此項詢問服務要求?

14-6　某公司某項產品的需求量每日多有不同，依以往資料，其需求量係介於5單位至13單位，其需求機率如下:

每日需求量	機率
5 單位	0.03
6	0.13
7	0.15
8	0.18
9	0.17
10	0.12
11	0.03
12	0.06
13	0.03
	1.00

該項產品係向工廠批進，依以往經驗，工廠交貨時間需3天至6天，並可估計訂貨的交貨時間機率如下:

交貨時間	機率
3 天	0.15
4	0.40
5	0.25
6	0.20

若每批訂貨的郵電與管理費用為每批5元，每單位產品每天的倉儲費用為0.1元，缺貨成本（所需要超過存貨，不能供應客戶需要發生的損失成本）估計為每單位3元，試以模擬法估計（模擬50天的需要）:

(1)若存貨數量降至30單位以下時，即發生訂單訂購50單位的存貨政策下，每日平均存貨成本（設期初存貨爲70單位）。

(2)存貨政策若改爲每10天，依過去10天需要量作訂貨一次，試求此項新政策下的每日平均存貨成本（設期初存貨仍爲70單位）。

第十五章　線性規劃的特殊問題

　　線性規劃問題中最常遭遇的幾項特殊問題計有三項：雙 重 性 問 題 (Duality) 或對偶性問題；解的退化問題 (Degeneracy)；以及敏感性分析問題 (Sensitivity Analysis)。此類特殊問題，對於線性規劃的應用，極有影響。於消極方面言，不瞭解此等特殊問題將阻礙線性規劃問題的順利求解，自積極方面言，瞭解此等特殊問題可以增加線性規劃的靈活運用。

一、雙重性問題

　　線性規劃的雙重性或對偶 (Duality) 的最簡明意義，卽是一個線性規劃問題可以從兩個不同的角度來分析。好 似 競 爭市場中產品的售價，其所能獲得最大利潤，亦卽其所能達到的最低成本，實為一物之兩面，自不同角度觀見同一問題。

　　就線性規劃言，每一項極大問題（或極小問題），皆有其相當的極小問題（或極大問題）為其雙重（對偶）問題 (Dual Problem)。該項原有的線性規劃問題卽稱為原始問題 (Primal Problem)；相對應的問題稱為雙重問題，兩者間有其密切之關係，特舉例以說明如下：

(一)極大問題

　　某廠生產兩種產品X與Y，皆需經過甲、乙兩個部門的加工。於此計劃期間內，該兩部門可供用於X與Y產品的加工時間，甲部門為24小時；乙部門為40小時。並知生產X產品一件需經甲部門 3 小時之加工，乙部門 4 小時之加工；生產 Y 產品一件需經甲部門 2 小時之加工，乙部門 5 小時之加工。此外並知 X 產品一件可獲單位貢獻 $4.5；Y 產品一件可獲單位貢獻 $5。依上題意，可列出線性規劃問題之目的方程與限制條件不等式如下：

極大利潤　　$4.5X + $5Y

限制於　　　$3X + 2Y \leq 24$ 小時

　　　　　　$4X + 5Y \leq 40$ 小時

　　　　　　$X, Y \geq 0$

以上 X 與 Y，分別為計劃期間內，X 產品與 Y 產品的生產數量。為應用列表法（Simplex Table）求解，除就兩部門的設備時間限制條件，增設虛設變數（Slack Variable）S_1 與 S_2，並將上列不等式改為恒等式，重新列出該線性規劃問題如下：

極大利潤　　$4.5X + $5Y + $0S_1 + $0S

限制於　　　$3X + 2Y + 1S_1 + 0S_2 = 24$

　　　　　　$4X + 5Y + 0S_1 + 1S_2 = 40$

　　　　　　$X, Y, S_1, S_2 \geq 0$

依上列各式，可逐列出初解表（Initial Table）如下：

| 代號 | 計算 | 基礎（解） | 4.5 | 5 | 0 | 0 | |
			X	Y	S_1	S_2	數量
(1)		S_1	3	2	1	0	24/2＝12
(2)		S_2	4	5	0	1	40/5＝8 ←被替代列
		Z_J	$0	$0	$0	$0	
		$C_J - Z_J$	$4.5	$5	$0	$0	

↑
最佳欄

上表 C_J-Z_J 諸值，以 Y 欄 \$5 為最大，故 Y 欄係為最佳欄。將該欄係數（2、5）分別去除數量欄各分子（24、40），而以 S_2 列所求得之商 8 為最低，故 S_2 列係為被替代列，將由 Y 列替代 S_2 列。運用樞列法，可得表二如下：

表二

代號	計算過程	基礎(解)	\$4.5	\$5	\$0	\$0	數量
			X	Y	S_1	S_2	
(3)	(1)−〔(4)×2〕	S_1	7/5	0	1	−2/5	$8/\dfrac{7}{5}=\dfrac{40}{7}$←被替代列
(4)	(2)/5	Y	4/5	1	0	1/5	$8/\dfrac{4}{5}=10$
		Z_J	\$20/5	\$5	0	1	
		C_J-Z_J	\$1/2	\$0	\$0	−\$1	

↑
最佳欄

上表 C_J-Z_J 諸值，以 X 欄 \$1/2 為最大，故 X 欄係為最佳欄。將該欄各係數（7/5、4/5）分別去除數量欄各分子（8、8），結果以 S_1 列所求得之商 40/7 為最低，故 S_1 列係為被替代列，將由 X 列替代 S_1 列。運用樞列法，可得表三如下：

表三

代號	計算過程	基礎（解）	\$4.5	\$5	\$0	\$0	數量
			X	Y	S_1	S_2	
(5)	(3)/$\dfrac{7}{5}$	X	1	0	5/7	−2/7	40/7
(6)	(4)−〔(5)×$\dfrac{4}{5}$〕	Y	0	1	−4/7	3/7	24/7
		Z_J	\$4.5	\$5	\$5/14	\$6/7	
		C_J-Z_J	\$0	\$0	−\$5/14	−\$6/7	

觀察上表各 $C_j - Z_j$ 值， 皆係等於零或小於零，已無正值出現，對

目的方程極大利潤已無進一步改善之可能，故已達最佳解，其值爲

$$X = 40/7 ; Y = 24/7$$

$$S_1 = 0 ; S_2 = 0$$

極大利潤　　$\$ 4.5(40/7) + \$ 5(24/7) = \$ 42.80$

以上係該線性規劃極大問題之解。惟該項問題亦可從另一觀點，將其視爲極小問題，亦卽上列問題的雙重問題 (Dual Problem)。玆說明於下：

(二)極小問題

上述極大問題係從極大利潤觀點着手並求最 高 利 潤 時 之 最 佳 解 (Optimum Solution)。此項問題亦可從極小成本觀點着手，並求最低成本時之最佳解。此結果將顯示該兩種觀念將導致相同之結果，具有相同的最大利潤或最低成本，兩者實爲一體之兩面，其值相等。

極小問題的着眼點係在於將甲部門提供24小時之工作與乙部門提供40小時之工作所需成本，維持於最低。若將甲部門提供一小時工作之代價或成本訂爲A；乙部門提供一小時工作之代價或成本訂爲B，則上述目的可以下列目的方程表示之：

極小成本　　$24A + 40B$

依題意，吾人知生產X產品一件需耗用甲部門三小時與乙部門四小時；生產Y產品一件需耗用甲部門二小時與乙部門五小時。故生產X產品一件所耗之代價或成本爲$3A + 4B$；生產Y產品一件所耗用之代價或成本爲$2A + 5B$。

依題意，每件X產品可獲利$\$ 4.5$；每件Y產品可獲利$\$ 5$。故該廠於計劃其生產活動，必須使設備之運用效率能超過或至少達到目前從事生產的可獲利益。 換言之， 該廠若運用甲部門三小時， 乙部門四小

時，其獲益應大於或等於＄4.5；　同理，　該廠若運用甲部門二小時，乙部門五小時，其獲益應大於或等於＄5。以式表之即爲

$$3A + 4B \geq \$ 4.5$$

$$2A + 5B \geq \$ 5.0$$

　　至此，已將上列極大問題轉化成爲極小問題，該極小問題即爲極大問題的雙重問題。若將該極小問題視爲原列主要問題（Primal Problem），　則該極大問題即爲極小問題的雙重問題。兩者之地位可以互易，實如前述係一體之兩面，無分正副。茲將其並列於下：

極大問題		極小問題	
極大	$4.5X + 5Y$	極小	$24A + 40B$
限制於	$3X + 2Y \leq 24$	限制於	$3A + 4B \geq 4.5$
	$4X + 5Y \leq 40$		$2A + 5B \geq 5$
	$X, \ Y \geq 0$		$A, \ B \geq 0$

　　觀察上列兩問題之形式，可以得知其兩項限制條件方程式左端之係數（應稱爲技術係數 Techniqual Coefficient）係有密切之關係，可將其中之任一問題，　視爲另一問題之豎寫或直立（Horizontal）的表達方式。茲將兩問題之關係，以下列方式表達：

極小

$3X + 2Y \leq 24$

A　　A　　A

＋　　＋　　＋

$4X + 5Y \leq 40$

Ｂ　　B　　B

≥　　≥

極大　　$4.5X + 5Y$

或以下式表達，具同樣意義：

$$\begin{array}{ccc}
 & 極大 & \\
3A & +4B & \geq 4.5 \\
X & X & X \\
+ & + & + \\
2A & +5B & \geq 5 \\
Y & Y & Y \\
\leq & \leq & \\
極小 & 24A & +40B
\end{array}$$

茲再將此極小問題，以線性規劃列表法解之，以為比較說明線性規劃問題的雙重性。該極小問題之限制條件式皆為大於或等於不等式，故除分別加入虛設變數 S_1 與 S_2 之外，尚須配合初解正值的要求，加入設定變數（Artificial Variable）F_1 與 F_2。茲將極小問題全式列出如下：

極小　　$24A+40B+0S_1+0S_2+MF_1+MF_2$

限制於　$3A+4B-1S_1+0S_2+1F_1+0F_2=4.5$

　　　　$2A+5B+0S_1-1S_2+0F_1+1F_2=5.0$

　　　　$A, B, S_1, S_2, F_1, F_2 \geq 0$

依上列各式，可逐列出其初解表如下：

初解表

代號	計算過程	基礎(解)	24 A	40 B	0 S_1	0 S_2	M F_1	M F_2	數量
(1)		F_1	3	4	-1	0	1	0	4.5/4=1.125
(2)		F_2	2	5	0	-1	0	1	5.0/5=1.0←被替代列
		Z_J	5M	9M	$-M$	$-M$	M	M	
		C_J-Z_J	24-5M	40-9M	M	M	0	0	

　　　　　　　　　　　↑
　　　　　　　　　　最佳欄

上表 C_j-Z_j 諸值，以B欄 40-9M 爲最大負值，故B欄係爲最佳欄。將該欄係數（4、2）分別去除數量欄內各分子（4.5、5），所獲結果以 F_2 列之 1.0 爲最低，故 F_2 列係爲被替代列，將由B列替代之。以樞列法，可得表二：

			24	40	0	0	M	M	
代號	計算過程	基礎(解)	A	B	S_1	S_2	F_1	F_2	數量
(3)	(1)$-[(4)\times4]$	F_1	7/5	0	-1	4/5	1	$-4/5$	$0.5/\frac{7}{5}=\frac{5}{14}$ ←被替代列
(4)	(2)/5	B	2/5	1	0	$-1/5$	0	1/5	$1.0/\frac{2}{5}=\frac{5}{2}$
		Z_j	7/5M+16	40	$-M$	4/5M-8	M	8-4/5M	
		C_j-Z_j	8-7/5M	0	M	8-4/5M	0	9/5M-8	

↑最佳欄

上表 C_j-Z_j 諸值，以A欄 8-7/5M 爲最大負值，故A欄係爲最佳欄。將該欄係數（7/5、2/5）分別去除數量欄各分子（0.5、1.0），所獲結果以 F_1 列之 5/14 爲最低，故 F_1 列係爲被替代列，其將由最佳欄指示之A列替代之。以樞列法，可得表三：

			24	40	0	0	M	M	
代號	計算過程	基礎(解)	A	B	S_1	S_2	F_1	F_2	數量
	(3)$/\frac{7}{5}$	A	1	0	$-5/7$	4/7	5/7	$-4/7$	5/14
(6)	(4)$[-(5)\times\frac{2}{5}]$	B	0	1	2/7	$-3/7$	$-2/7$	3/7	6/7
		Z_j	24	40	$-40/7$	$-24/7$	40/7	24/7	
		C_j-Z_j	0	0	40/7	24/7	M-40/7	M-24/7	

觀察上表 $C_j - Z_j$ 各值，皆係爲零或大於零，並無負值。故知已無減低成本之可能，已達最佳解。其解爲

A ＝5/14； B ＝6/7

$S_1 = S_2 = F_1 = F_2 = 0$

以上係該線性規劃問題，以極小問題方式之雙重問題 (Dual) 的最佳解。其最低成本等於 ＄24A ＋ ＄40B ＝ ＄24(5/14) ＋ ＄40(6/7) ＝ ＄42.80。該項最佳解之最低成本值，與該線性規劃問題原始問題 (Primal) 極大問題的最佳解之最大利潤 ＄42.80 係完全相等。可知於最佳解時，兩者具有相等之最佳解值。

此外，比較極大問題與極小問題兩者之穫得最佳解列表 (Final Tablean)，可以觀察到虛設變數 $C_j - Z_j$ 值的意義。於極大問題中，S_1 與 S_2 之值分別爲 － ＄5/14 與 － ＄6/7，顯示若減少甲部門一小時將減少利潤 ＄5/14；若減少乙部門一小時將減少利潤 ＄6/7。換言之，若能於此時增加甲部工作能量一小時即可增加利潤 ＄5/14；若能增加乙部門一小時即可增加利潤 ＄6/7。亦即顯示甲部門工作一小時之價值爲 ＄5/14；乙部門工作一小時之價值爲 ＄6/7。自另一角度言，亦即甲部門之從事於生產，必須以每小時 ＄5/14 爲其成本（機會成本）；乙部門之從事於生產工作，亦必須以每小時 ＄6/7爲其成本（機會成本）。此項價值或成本，於將該極小問題化作其雙重性之極小問題的最佳解中，亦可獲同樣結論。於此極大問題(雙重問題 Dual) 的最佳解可以獲知，該兩部門的每小時成本或價值係分別爲 ＄5/14與 ＄6/7 （A ＝ ＄5/14; B ＝ ＄6/17），結果相同。所以可知，原始問題最佳解時虛設變數 $C_j - Z_j$ 的值，即係其雙重問題的最佳解（正值）。由於線性規劃問題的雙重性，並未限制何者爲原始問題 (Primal Problem)，何者爲雙重（對偶）問題 (Dual Problem)，故兩者地位可以互易。亦即於雙重問題最佳解時虛設變數的

C_j-Z_j 值，亦係爲其原始問題的最佳解。例如上例中，極小問題虛設變數最佳解時之 C_j-Z_j 分別爲 40/7 與 24/7，亦卽爲極大問題之最佳解值。至止，已甚明瞭，線性規劃問題具有雙重性，惟兩者結果相同，故求解其一，卽已求得其另一解，兩者並無不同。

惟線性規劃之雙重性並非因其解相同而無用途。實則其最大用途，係在於其解相同，而問題之規模不同，或問題之變數與限制條件式數量不同，而可選擇規模較小者，進行求解其最佳解。換言之，運用雙重性，往往可以節省求解線性規劃問題的計算手續。例如一項線性規劃問題，包含有二項產品（卽二個變數），但需經過七個部門的加工方能完成（卽七個限制條件式）。故需經過七次列表方能求得可能之最佳解。若將此問題改列其雙重問題求最佳解，則僅需兩次列表，卽可能求得其最佳解，於手續上節省甚多繁瑣工作，故於必要時，可將線性規劃問題，改從其雙重問題求解。

爲冀進一步瞭解線性規劃之原始問題與其雙重問題間之關係，特再舉例說明如下：

原始問題：

某廠生產 X_1 與 X_2 兩種產品，皆需經由甲、乙兩設備之加工始能完成。X_1 產品每單位需使用甲設備三小時，乙設備半小時；X_2 產品每單位需使用甲設備二小時，乙設備一小時。於該計劃期間內，甲設備可供使用於生產此兩項產品之時間計六小時；乙設備計四小時。每單位X_1可獲淨利 $ 12，每單位 X_2 可獲淨利 $ 4。則可列出下列線性規劃問題之目的方程及限制條件式：

極大目的方程 $P = 12X_1 + 4X_2$

限制方程式 $3X_1 + 2X_2 \leq 6$

$1/2X_1 + X_2 \leq 4$

$$X_1 \geq 0 \; ; \; X_2 \geq 0$$

於將上式加入甲、乙兩設備之虛設變數 X_3 與 X_4 後，可改寫成爲：

極大　　　$P = 12X_1 + 4X_2 + 0X_3 + 0X_4$

限制於　　　　$3X_1 + 2X_2 + 1X_3 + 0X_4 = 6$

$$1/2X_1 + 1X_2 + 0X_3 + 1X_4 = 4$$

$$X_i \geq 0 \; ; \; i = 1, \ 2, \ 3, \ 4$$

以線性規劃列表法 (Simplex Tableau) 解之如下表：

初解表：

	12	4	0	0	
基礎（解）	X_1	X_2	X_3	X_4	數量
X_3	3	2	1	0	$6/3 = 2 \leftarrow$
X_4	1/2	1	1	1	$4/\frac{1}{2} = 8$
Z_j	0	0	0	0	0
$C_j - Z_j$	12	4	0	0	
	↑				

表二：

	12	4	0	0	
基礎（解）	X_1	X_2	X_3	X_4	數量
X_1	1	2/3	1/3	0	2
X_4	0	2/3	$-1/6$	1	3
Z_j	12	8	4	0	24
$C_j - Z_j$	0	-4	-4	0	

上表中各 $C_j - Z_j$ 值皆已等於零或小於零，故已求得最佳解。亦即應生產二個單位 X_1 產品，其利潤爲24元。自其基礎解中可知除 $X_1 = 2$ 外 $X_4 = 3$。其意義即爲尚多餘乙設備三小時未使用（X_4 係乙設備的虛

設變數)。

雙重問題:

就上例解釋雙重問題, 其具有下列特性:

(1)因原始問題的方程係求極大, 故雙重問題之目的方程係求極小。亦卽前者爲極大利潤, 後者爲極小成本。

(2)雙重問題之目的方程 (亦卽成本方程) 中諸變數之關係, 爲原始問題限制條件右端之常數項。設 u_1 與 u_2 分別表示使用甲設備與乙設備一小時之代價或機會成本, 則成本方程 (雙重問題目的方程) 可列式如下:

極小成本　$C = 6u_1 + 4u_2$

(3)雙重問題限制條件諸式之係數, 卽爲原始問題限制條件諸式係數之移轉 (Transposing)。亦卽

原始問題限制條件係數:

$$\begin{pmatrix} 3 & 2 \\ 1/2 & 1 \end{pmatrix}$$

雙重問題限制條件係數:

$$\begin{pmatrix} 3 & 1/2 \\ 2 & 1 \end{pmatrix}$$

(4)因原始問題之目的方程係求極大, 並且其限制條件不等式爲小於或等於 ($\leq$); 則雙重問題限制式應爲大於或等於 ($\geq$), 亦卽

$3u_1 + 1/2u_2 \geq 12$

$2u_1 + u_2 \geq 4$

以上第一個不等式是說使用甲設備三小時與乙設備半小時的機會成本 ($3u_1 + 1/2u_2$) 是大於或等於 ($\geq$) X_1 產品一單位所獲淨利 \$12。

亦即生產 X_1 之機會成本係等於淨利（生產 X_1）或大於淨利（不生產 X_1）。同理，使用甲設備二小時與乙設備一小時之機會成本（$2u_1 + u_2$）係大於或等於 X_2 產品一單位所獲淨利 $\$ 4$。亦即生產 X_2 之機會成本應等於淨利（生產 X_2）或大於淨利（不生產 X_2）。所宜注意者，線性規劃所追求者係最佳解，就經濟上之意義言，生產一種產品之機會成本不會小於該產品所獲之利潤。若單位產品之機會成本仍小於該單位產品所獲利潤，則可繼續從事此項產品之生產以冀獲得更多之利潤，直至最後的單位生產成本等於利潤時為止。此時若繼續從事生產，其單位產品之機會成本將大於利潤，故應停止繼續生產。所以就以上限制條件言，單位產品之機會成本應大於或等於其所獲利潤，當小於其所獲利潤時仍可繼續從事生產，直至大於或等於其所獲利潤時為止。

　　將以上目的方程及限制條件，加入虛設變數（Slack Variable）與設定變數（Artificial Variable）後，可改寫成為：

極小成本　　$C = 6u_1 + 4u_2 + 0u_3 + 0u_4 + Mu_5 + Mu_6$

限制於　　　$3u_1 + 1/2u_2 - u_3 + 0u_4 + u_5 + 0u_6 = 12$

$$2u_1 + u_2 + 0u_3 - u_4 + 0u_5 + u_6 = 4$$

並可列表（Simplex Tableau）解之如下：

初解表：

基礎(解)	6 u_1	4 u_2	0 u_3	0 u_4	M u_5	M u_6	數量
u_5	3	1/2	-1	0	1	0	$12/3 = 4$
u_6	2	1	0	-1	0	1	$4/2 = 2 \leftarrow$
Z_J	5M	3/2M	$-M$	$-M$	M	M	16M
$C_J - Z_J$	6−5M	4−3/2M	M	M	0	0	

本（$3u_1 + 1/2u_2$）是大於等於（$\leq$）X_1 產品一單位所獲利潤 $\$ 12$。

表二：

	6	4	0	0	M	M	
基礎(解)	u_1	u_2	u_3	u_4	u_5	u_6	數量
u_3	0	-1	-1	$3/2$	1	$-3/2$	$6\ /\ \dfrac{3}{2}=4\leftarrow$
u_1	1	$1/2$	0	$-1/2$	0	$1/2$	$2\ /\ -\dfrac{1}{2}=-4$
Z_J	6	$3-M$	$-M$	$-3+3/2M$	M	$3-3/2M$	$12+6M$
C_J-Z_J	0	$1+M$	M	$3-3/2M$	0	$5/2M-3$	
				$\uparrow$			

表三：

	6	4	0	0	M	M	
基礎(解)	u_1	u_2	u_3	u_4	u_5	u_6	數量
u_4	0	$-2/3$	$-2/3$	1	$2/3$	-1	4
u_1	1	$1/6$	$-1/3$	0	$1/3$	0	4
Z_J	6	1	-2	0	2	0	24
C_J-Z_J	0	3	2	0	$M-2$	M	

上表中各 C_J-Z_J 值皆爲零或大於零，已無負值或可供減低成本之生產機會存在，故已達最佳解，其最低成本爲

$$C = 6u_1 + 4u_2 + 0u_3 + 0u_4 + Mu_5 + Mu_6$$
$$= 6(4) + 4(0) + 0(0) + 0(4) + M(0) + M(0)$$
$$= 24元。$$

以上最低成本值與原始問題之最大利潤值爲相同，皆爲 $24。

自雙重（對偶）問題（Dual Problem）最佳解，得知 u_1 之值爲 $4，亦卽表示甲設備之價值（Value）爲每小時 $4。該廠於分析是否可有機會以獲更高利益時，卽可考慮增加該設備之可供使用時間，若向

外租用該設備時間一小時（亦卽增加設備一小時）之成本係低於 $4（例如僅需 $3），則增加設備一小時卽可多獲利益，當然若增加設備一小時所費成本（租金）係高於 $4，則就不值得增加甲設備之使用時間。不過，自雙重問題最佳解，可知甲設備之價值係每小時 $4，亦卽甲設備目前每一小時的貢獻爲 $4。同理，自雙重問題最佳解得知 u_2 值爲零。其意義卽表示乙設備於目前的最佳生產活動水準之下，亦卽以目前乙設備之生產能量（可提供使用時間）以及目前之生產活動（生產 X_1 二單位），乙設備之價值爲零。換言之，由於乙設備業已供過於求（乙設備有空閒二小時未使用），增加乙設備並不能夠對於利潤的增加有何貢獻。亦卽乙設備此時之機會成本爲零或使用乙設備之代價爲零。此項有關的成本價值，亦稱爲影價 (Shadow Price)。

影價因此可視爲線性規劃問題中限制條件所帶來的成本或代價。所以，甲設備由於僅有六小時的可供使用時間，其每一單位閒置時間的代價爲 $4（卽 u_1 ＝ $4）。換言之，增加甲設備一小時卽可增加 $4 的利潤（以後將說明此項增加亦有其限制，由於甲設備時間繼續增加後，將造成乙設備的不能配合，而使乙設備成爲瓶頸所在，甲設備成爲過多）。所以影價卽是放鬆限制條件，增加一單位生產因子 (Production Factor) 所能獲得的價值。

就雙重問題的虛設變數 (Slack Variable) 言，其值卽係其相對應的原始問題中原變數(Primal Variable)的機會損失 (Opportunity Loss)。由於 u_3 係雙重問題中第一個限制條件式之虛設變數，其於原始問題 (Primal Problem) 中相對應者係 X_1。同理 u_4 之相對應者爲 X_2。u_4 之值爲 $4，其意義爲將 X_2 帶入基礎解之成本爲每件 $4。$u_3$ 之值爲零，其意爲從事 X_1 的生產並無機會損失。故於最佳解中，X_1 定係有正值解，而 X_2 將爲零（不被生產）。亦卽，某變數之機會損失係正

值，於最佳解中該變數之值必爲零；若某變數之機會損失係零，於最佳
解中該變數之值必爲正值。

此外，與前述情形相同，於雙重問題最佳解 u_1 與 u_2 之值，係與原
始問題中最佳解 X_2 與 X_3 之 $C_j - Z_j$ 值皆相同而符號相反。其意義爲雙
重問題中變數 u_1 與 u_2 與原始問題中虛設變數 X_3 與 X_4 相對應；雙重問
題中虛設變數 u_3 與 u_4 係與原始問題中變數 X_1 與 X_2 相對應。此乃由於
雙重問題變數 u_1 係表示使用甲設備一小時之機會成本，而原始問題之
虛設變數 X_3 係表示甲設備之未被使用之時間。所以，雙重問題中之 C_j
$- Z_j$ 諸值，卽係原始問題中相對應諸變數之解值。亦卽，線性規劃列
表法 (Simplex Table) 可以提供其原始問題解，並經由 $C_j - Z_j$ 亦提
供其雙重問題的解。依上述分析可知：

$$X_3 u_1 = X_4 u_2 = 0$$
$$X_1 u_3 = X_2 u_4 = 0$$

上列第一個乘式，係原始問題虛設變數 (X_3) 與其相對應之雙重問
題變數 (u_1) 之乘積，若該項限制條件確發生其限制作用（例如甲設備
可供使用時間限制條件構成瓶頸），則 X_3 必爲零，亦卽該項設備絕無
閒置時間，故乘積爲零。上列第二個乘式，係原始問題變數 (X_1) 與其
相對應之雙重問題虛設變數 (u_3) 之乘積，若原始問題變數 X_1 爲正
值，則其相對應之機會損失 (u_3) 必爲零；若機會損失有正值，則原始
問題中與其相對應之變數必爲零，故乘積爲零。

二、退化問題

線性規劃的退化問題 (Degeneracy)，係指基礎解變數之值有零
的出現。其產生之原因主要有二：

(1)當有多餘的或重複的限制條件時，就會發生解的退化現象，例如有兩個限制條件，一爲$X \geq 20$，另一爲$X \geq 25$，則前者卽係一項重複多餘的限制條件，若X係大於或等於25，則亦必已大於或等於20。惟大多數的限制條件式之形式遠較此複雜，其重複多餘的情形不易如此容易的予以辨別出來，須待於求解的過程中，始能發現退化的現象。

(2)第二種情形較易識別，卽是限制條件式之右端常數項爲零。此種情形亦將使基礎解有零值出現的可能。

解的退化往往並非一項難以解決的問題，除非有不合理或其他特殊情形發生，若有解的退化情形發生，仍可按列表法 (Simplex Tableau) 繼續做下去。換言之，卽使有零解出現，仍按正常步驟，予以完成。若係於決定何項變數應離開基礎解時有兩列的比率（最佳欄去除數量欄的比值）係相等，則可於兩列中任擇一列求解，若所選者不能求得解，則可再選另一列求解。茲舉兩例說明如下：

例一　極大　　$X_1 + 1.2X_2$

限制於　$X_1 + 2X_2 \leq 17$

$X_1 + 3X_2 \leq 18$

$X_1 + 4X_2 \leq 19$

$X_1, \ X_2 \geq 0$

將上列各式，加入虛設變數 (Slack Variable) 後，可列式如下：

極大　　$X_1 + 1.2X_2 + 0X_3 + 0X_4 + 0X_5$

限制於　$X_1 + 2X_2 + X_3 + 0X_4 + 0X_5 = 17$

$X_1 + 3X_2 + 0X_3 + X_4 + 0X_5 = 18$

$X_1 + 4X_2 + 0X_3 + 0X_4 + X_5 = 19$

依線性規劃列表法解之如下：

初解表：

基礎（解）	1 X_1	1.2 X_2	0 X_3	0 X_4	0 X_5	數量	
X_3	1	2	1	0	0	17	$/2=8\frac{1}{2}$
X_4	1	3	0	1	0	18	$/3=6$
X_5	1	4	0	0	1	19	$/4=4\frac{3}{4}\leftarrow$
Z_J	0	0	0	0	0	0	
C_J-Z_J	1	1.2	0	0	0		
		↑					

表二：

基礎（解）	1 X_1	1.2 X_2	0 X_3	0 X_4	0 X_5	數量	
X_3	$\frac{1}{2}$	0	1	0	$-\frac{1}{2}$	$7\frac{1}{2}$	$/\frac{1}{2}=15\leftarrow$
X_4	$\frac{1}{4}$	0	0	1	$-\frac{3}{4}$	$3\frac{3}{4}$	$/\frac{1}{4}=15\leftarrow$
X_2	$\frac{1}{4}$	1	0	0	$\frac{1}{4}$	$4\frac{3}{4}$	$/\frac{1}{4}=19$
Z_J	$\frac{1}{4}$	1.2	0	0	$-\frac{1}{4}$	$5\frac{7}{10}$	
C_J-Z_J	$\frac{3}{4}$	0	0	0	$-\frac{1}{4}$		
	↑						

上表中最佳欄（X_1欄）的係數 $\left(\frac{1}{2}, \frac{1}{4}, \frac{1}{4}\right)$ 分別去除數量欄的係

數 $\left(7\frac{1}{2}, 3\frac{3}{4}, 4\frac{3}{4}\right)$ 的結果為

$$X_3 \text{ 列}: \quad 7\frac{1}{2} \Big/ \frac{1}{2} = 15$$

$$X_4 \text{ 列}: \quad 3\frac{3}{4} \Big/ \frac{1}{4} = 15$$

$$X_2 \text{ 列}: \quad 4\frac{3}{4} \Big/ \frac{1}{4} = 19$$

以上 X_3 列與 X_4 列的比例爲相同，皆係15。故此時若選 X_3 係應離開基礎解（或停止生產），則 X_4 亦將成爲零，其結果將造成解的退化。反之若將 X_4 自基礎解中剔除（亦卽 X_4 的值將爲零或停止生產），則 X_3 亦將成爲零，其結果亦係造成解的退化。其解決辦法係於 X_3 或 X_4 兩列中，任擇一列繼續求解，若所選求不出解，可再選另一列求解。茲假定係將 X_3 被 X_1 所替代，亦卽 X_3 應離開基礎，可得表三如下：

表三：

		1	1.2	0	0	0	
基礎（解）		X_1	X_2	X_3	X_4	X_5	數量
X_1		1	0	2	0	-1	$15 / -1$ 無意義
X_4		0	0	$-\frac{1}{2}$	1	$-\frac{1}{2}$	$0 / -\frac{1}{2}$ 無意義
X_2		0	1	$-\frac{1}{2}$	0	$\frac{1}{2}$	$1 / \frac{1}{2} = 2 \leftarrow$
Z_J		1	1.2	1.4	0	-0.4	16.2
$C_J - Z_J$		0	0	-1.4	0	0.4	
						$\uparrow$	

上表中 X_4 雖爲基礎解，其值係爲零，有解的退化現象，亦卽基礎解中僅有 X_1 與 X_2 有正值。X_4 與其他非基礎解的各變數相同，其值皆爲零。仍按正常步驟求解，可知 X_5 列係爲最佳列，應進入基礎解，替代

X_2 基礎解，如下表所示：

表四：

基礎（解）	1	1.2	0	0	0	
	X_1	X_2	X_3	X_4	X_5	數量
X_1	1	2	1	0	0	17
X_4	0	1	-1	1	0	1
X_5	0	2	-1	0	1	2
Z_J	1	2	1	0	0	17
$C_J - Z_J$	0	-0.8	-1	0	0	

上表中各 $C_J - Z_J$ 之值皆已為零或小於零，已無正值。亦卽已無增加目的方程值（極大）的可能，已達最佳解。其值為 $X_1 = 17$，而 $X_4 = 1$ 與 $X_5 = 2$ 係為第二項與第三項限制條件的虛設變數值，表示尚有閒置的設備或資源，僅第一項限制條件的資源業已耗盡（$X_3 = 0$）。此時之極大值為17。

例二　設有二部機器製造兩種產品，X_1 每單位獲利 \$ 4，X_2 獲利 \$ 3，一部可供使用時間為10小時；另一部則為 8 小時，並至少要生產 X_2 產品 1.8 單位。以線性規劃列式表之為：

極大利潤　$P = 4X_1 + 3X_2$

限制於　$4X_1 + 2X_2 \leq 10$

$2X_1 + 8/3X_2 \leq 8$

$X_1 \geq 0$

$X_2 \geq 1.8$

由於 $X_2 \geq 1.8$，故此項限制條件，需加入設定變數（Artificial Variable），並加入虛設變數（Slack Variable）後，可列式如下：

極大　　　$P = 4X_1 + 3X_2 + 0X_3 + 0X_4 - MX_5 + 0X_6$

限制於　　$4X_1 + 2X_2 + X_3 + 0X_4 + 0X_5 + 0X_6 = 10$

$$2X_1 + 8/3X_2 + 0X_3 + X_4 + 0X_5 + 0X_6 = 8$$

$$0X_1 + 1X_2 + 0X_3 + 0X_4 + X_5 - X_6 = 1.8$$

以上 X_5 係設定變數，並將其於目的方程中之係數，定爲足夠巨大的負值（$-M$），以確保其不會於最終解中出現（目的方程爲求極大值自不容此項巨大的負值出現）。

以上問題，可列表解之如下：

初解表：

基礎（解）	4 X_1	3 X_2	0 X_3	0 X_4	$-M$ X_5	0 X_6	數量
X_3	4	2	1	0	0	0	10 / 2＝5
X_4	2	8/3	0	1	0	0	8 / $\frac{8}{3}$＝3
X_5	0	1	0	0	1	-1	1.8 / 1＝1.8←
Z_j	0	$-M$	0	0	$-M$	M	$-1.8M$
$C_j - Z_j$	4	3+M	0	0	0	$-M$	
		↑					

表二：

基礎（解）	4 X_1	3 X_2	0 X_3	0 X_4	$-M$ X_5	X_6	數量
X_3	4	0	1	0	-2	2	6.4 / 4＝1.6←
X_4	2	0	0	1	$-8/3$	8/3	3.2 / 2＝1.6←
X_2	0	1	0	0	1	-1	1.8 / 0 無意義
Z_j	0	3	0	0	3	-3	5.4
$C_j - Z_j$	4	0	0	0	$-M-3$	3	
	↑						

上表中，數量欄 (6.4, 3.2, 1.8) 除以最佳欄 (4, 2, 0) 的結果，X_3 列與 X_4 列的比值係相同，皆爲 1.6。亦卽係有解的退化情形發生。因爲若以 X_1 替代 X_3 進入基礎解，必將使 X_4 亦同時退出基礎解（X_4 值亦爲零），反之若以 X_1 替代 X_4 進入基礎解亦將使 X_3 的值爲零。此種解的退化情形的應付方法，如前所述，可以任擇 X_3 或 X_4 離開基礎解，至於另一變數雖於基礎解中有零值出現，則仍按正常步驟予以求解。設吾人選取 X_4 由 X_1 替代，則可得下表：

表三（甲）：

基礎（解）	4	3	0	0	$-M$	0	
	X_1	X_2	X_3	X_4	X_5	X_6	數量
X_3	0	0	1	-2	$10/3$	$-10/3$	0
X_1	1	0	0	$1/2$	$-4/3$	$4/3$	1.6
X_2	0	1	0	0	1	-1	1.8
Z_J	4	3	0	2	$-7/3$	$7/3$	11.8
C_J-Z_J	0	0	0	-2	$-M+7/3$	$-7/3$	

上表上各項 C_J-Z_J 值皆已無正值出現，故知已獲最佳解：

$X_1=1.6$；　$X_2=1.8$

目的方程極大值爲 11.8。

若吾人未能選取 X_4 應離開基礎（由 X_1 替代 X_4），而係選擇另一列 X_3 由 X_1 替代之，則可得下表：

表三（乙）：

	4	3	0	0	$-M$	0	
基礎（解）	X_1	X_2	X_3	X_4	X_5	X_6	數量
X_1	1	0	1/4	0	$-1/2$	1/2	$1.6\,/\frac{1}{2}$ 3.2
X_4	0	0	$-1/2$	1	$-5/3$	5/3	$0\,/\frac{5}{3}$ $0\leftarrow$
X_2	0	1	0	0	1	-1	$1.8\,/-1$ 無意義
Z_J	4	3	1	0	1	-1	11.8
C_J-Z_J	0	0	-1	0	$-M-1$	1	
					$\uparrow$		

若選擇由 X_1 替代 X_3 （卽 X_3 離開基礎解），則可得上表，惟上表中各項 C_J-Z_J 值，仍有正值出現，故尙未能確定其已達最佳解（雖然由表三甲知，其目的方程值已達 11.8 爲極大値）。故仍需再計算下表。

表四：

	4	3	0	0	$-M$	0	
基礎（解）	X_1	X_2	X_3	X_4	X_5	X_6	數量
X_1	1	0	4/10	$-3/10$	0	0	1.6
X_6	0	0	$-3/10$	3/5	-1	1	0
X_2	0	1	$-3/10$	6/10	0	0	1.8
Z_J	4	3	7/10	6/10	0	0	11.8
C_J-Z_J	0	0	$-7/10$	$-6/10$	$-M$	0	

上表中各項 C_J-Z_J 值皆已爲零或負值，已無改進可能，可知已達最佳解，惟其目的方程之值仍爲 11.8，與上表求得者相同。

比較表三甲與表四可知，勿論選擇 X_3 或 X_4，都會產生相同之最佳解： $X_1=1.6$； $X_2=1.8$； 目的方程極大值 11.8。

　　總之，重複多餘的限制條件可能會產生退化，惟其解決方法並無不同，仍按正常列表法步驟求解。即使首先選擇的列未能求得解，亦可再選另一列去求解。

　　解的退化亦可以圖形表示。下圖中指出最佳解係在三條限制方程式之交點上，所以此三項限制條件都能被滿足，亦即任一限制條件的虛設變數皆為零（X_3，X_4，X_5 皆為零值），因此而發生退化（不能有三個非零的正值）。於正常情形下，由於有二個變數及三個限制條件，故至少需有一個虛設變數係為不為零。

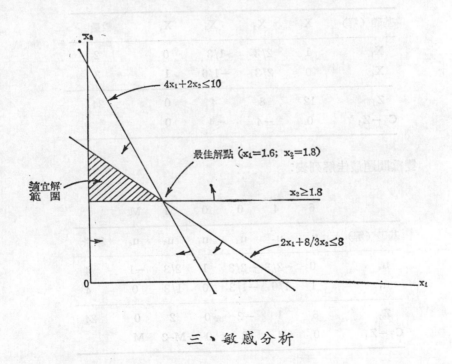

x_2

$4x_1 + 2x_2 \leq 10$

最佳解點（$x_1 = 1.6$；$x_2 = 1.8$）

適宜解範圍

$x_2 \geq 1.8$

$2x_1 + 8/3x_2 \leq 8$

0

x_1

三、敏感分析

　　線性規劃的敏感分析（Sensitivity Analysis），係分析當所使用的資源供應數量，價格以及生產活動所獲單位貢獻（Contribution）

等項有關因素有所變化時，所發生的影響。此項分析對於線性規劃的管理應用，有其重大的意義，甚至有時比求取最佳解更有價值。

(一)資源供應變化

為說明起見，仍沿用上節說明線性規劃雙重性（Duality）時所舉的原始問題（Primal）與雙重問題（Dual）的最後獲得最佳解的單純法列表（Simplex Tableau）分別列出如下:

原始問題最佳解列表:

| 基礎（解） | 12 | 4 | 0 | 0 | |
	X_1	X_2	X_3	X_4	數量
X_1	1	2/3	1/3	0	2
X_4	0	2/3	−1/6	1	3
Z_J	12	8	4	0	24
C_J-Z_J	0	−4	−4	0	

雙重問題最佳解列表:

| 基礎（解） | 6 | 4 | 0 | 0 | M | M | |
	u_1	u_2	u_3	u_4	u_5	u_6	數量
u_4	0	−2/3	−2/3	1	2/3	−1	4
u_1	1	1/6	−1/3	0	1/3	0	4
Z_J	6	1	−2	0	2	0	24
C_J-Z_J	0	3	2	0	M-2	M	

自上節討論雙重問題時的說明業已瞭解，X_3 的影價（Shadow Price）的意義係甲設備因受瓶頸作用（可供使用時間供應不足，不能

配合乙設備的大量供應時間）的影響，若能增加甲設備的供應，則每增加甲設備一小時，即可增加利潤 4 元。換言之，由於甲設備生產能量的不足，增加其能量一小時即能增加利潤 4 元。惟 此 項增加甲設備的能量，絕非係漫無限制，因爲當甲設備的生產能量增加過多時，即將相對的引起乙設備生產能量的供應不足（不能配合甲設備能量之增加）。故引起一項問題，即係應分析甲設備究竟可增加若干小時，而不致影響目前的最佳解，亦即究竟可增加若干小時而不會改變 X_3 的影價 $4 的價值。

自原始問題最佳解表中 X_3 欄的係數爲 $(1/3, -1/6)$，其意義係爲若於解中加入正值的 X_3，亦即將甲設備的生產能量減少一小時（X_3 的意義係甲設備閒置一小時），則將減少 $1/3$ 單位的 X_1 以 及 增加 $1/6$ 單位的 X_4（因減少 $-1/6$ 單位 X_4 即係增加 $1/6$ 單位 X_4），所以上列問題即係爲分析 X_3 究竟能增加多少，而不致改變目前的基礎解（最佳解的基礎）。由於增加 X_3 即係替代 X_1 與 X_4，所以在表中要增加 X_3，其計算程序與重覆列表法 (Simplex Tableau) 爲相同，將 X_3 視爲最佳欄 (Optimum Column)，並將此欄各係數去除數量欄內各分子，其中最小的正值，即爲 X_3 所能增加的數量限制。就 X_3 言，係爲：

列	數量欄：X_3 欄		比值	
X_1	$2/\dfrac{1}{3}$	=	6	←限值
X_4	$3/-\dfrac{1}{6}$	=	-18	

其中 X_1 列係惟一的正值，同時亦係最小的非負值，其 意 義 係爲 X_3 可以增加六單位而不致改變 X_1 的基礎解地位。換言之，增加 X_3 六

單位仍可維持目前的 (X_1, X_4) 基礎解。當然增加 X_3 係減少甲設備的
供應,對於最佳解並無利益。所以應該分析的是究竟 X_3 可以有若干負
值,亦即甲設備可以增加若干小時。惟上面的分析已告訴了我們分析的
程序,所以在分析增加甲設備若干時間的場合,卽係增加若干 $(-X_3)$,
亦卽將上述分析,以負值替代之卽可。$(-X_3)$ 所能增加的數量限值
爲:

列	數量欄÷$(-X_3)$欄	比值
X_1	$2/-\dfrac{1}{3}$ =	-6
X_4	$3/\dfrac{1}{6}$ =	18 ←限值

上列計算的意義爲於增加 18 小時的甲設備後,將全部用完了乙設
備的閒置時間(X_4 變爲零並自基礎解中移出)。換言之,甲設備可增加
18小時,越此限值將造成乙設備的供應不足。

依上分析,可以得到甲設備可利用時間的範圍 (Range)。依題意,
甲設備有 6 小時可供使用,惟經分析,可知於改變基礎解 (X_1, X_4) 以
前,可以減少甲設備 6 小時,或增加18小時。因此,甲設備的可用時間
範圍,就目前的情況言(亦卽指乙設備的目前可供使用情況言),爲 0
到24小時,在此範圍內,基礎解不變,仍爲 X_1 與 X_4(當然 X_1 與 X_4 的
值係隨甲設備的可用時間的變化而變化。並且在此範圍內,甲設備的每
一小時的貢獻爲 $4(原始問題最佳解列表中 C_3-Z_3 的影價爲 $4)。

同理,可以分析乙設備的可用時間範圍。X_4 係虛設變數 (Slack
Variable),其值爲 3,係正數。亦卽於最佳解時(或最終解)乙設備
仍有三小時未能利用,故其影價爲零,增加乙設備已無任何利潤可圖。

亦即增加乙設備時間（早已過多）並不能改變現有之生產活動水準（$X_1 = 2$，$X_4 = 3$），　故無論增加多少乙設備的時間亦不會改變現有的基礎解。此外，由於乙設備已多出三小時，故知若將乙設備減少三小時，亦不會改變目前的生產活動。　換言之，　乙設備自目前的 4 小時減至 1 小時，　對基礎解無影響。　所以，　對於影價為零的生產資源的供應變化分析，遠較對於影價非為零的生產資源供應變化分析來得容易。

茲將以上分析，歸納如下表:

原有資源限制 （設備時間）	影價	維持影價不變範圍（小時） 最低　　　　最高	
甲設備　6 小時	\$ 4	0	24
乙設備　4 小時	0	1	無限制

以上分析的主要意義係指出，甲設備因供應不足，極需增加設備時間，每增一小時可增加 \$ 4，並可增加24小時，仍不會改變其每小時 \$ 4 的價值。

(二)價格變化

另一項為管理者所關心的問題，即是線性規劃對於目的方程中諸變數之單位利潤（或成本）改變的敏感分析。對於非為基礎解的變數，分析其單位利潤（或成本）的改變影響，其方式較簡單。以前曾說明，Z_j 係為將該 j 變數帶入（進入）基礎解的機會成本。若該變數非為最佳解的變數，必係由於其獲利能力（C_j）尚不足以超越其機會成本。亦即非為最佳解的變數（亦係非為最終基礎解的變數），其 $C_j - Z_j$ 值必為負（就極大情形言）。換言之，能夠進入最佳解，其利潤必大於其機會成本，亦即 $C_j - Z_j$ 必為正值。故此項 Z_j 值，即為價格變化的上限。此外，由於該變數目前並非係最佳解中的變數（因其獲利能力不足），故減低該變數之單位利潤，自更不可能影響目前的最佳解。所以，就非爲最佳解中的變數言，其價格（利潤）的變化範圍（Price Range）如下：

下限	現值	上限
無限制	C_J	Z_J

若就極小問題言，非爲最佳解中變數，其價格（成本）的變化範圍如下：

下限	現值	上限
Z_J	C_J	無限制

此乃由於極小問題最佳解中各變數之 $C_J - Z_J$ 值 必 爲最大的負值，而非爲最佳解中各變數之 $C_J - Z_J$ 值，必爲零或正值。

例如就本節開始所列的原始問題最佳解列表 言，X_2 非 爲 基礎 解 (X_1, X_4) 中的變數，故於目的方程中單位利潤之變化範圍卽爲：

下限	現值	上限
無限制	$4	$8

換言之，X_2 之單位利潤（或貢獻）於自目前的 $4 增加至 $8，其對於目前的最佳生產活動水準（$X_1 = 2$；$X_4 = 3$）尚無任何影響。若 X_2 之單位利潤增加至 $8 以上，卽將改變目前的生產組合(Product Mix)，而開始生產 X_2 產品。

就目前已在最佳解中的變數言，若其單位利潤有所變動，則其影響將自較爲重大。然而，以上用於分析線性規劃原始問題限制條件右端常數項 (Right Hand Side Coefficients) 的分析方法，也可應用於其雙重問題。由於在雙重問題中，右端常數項，卽係原始問題的單位貢獻（或價格）C_j，故吾人可以利用雙重問題，以分析最佳解中變數的單位利潤或成本（目的方程中的係數）有所變動的敏感度。

就本節開端所列雙重問題最佳解列表與其相對應之原始問題最佳解列表爲例 (P.624)，X_1與X_2兩項產品之單位利潤，分別爲 $ 12與 $ 4。與 X_1 與 X_2 相對應的雙重問題中的變數，爲虛設變數 u_3 與 u_4。故分析已在最佳解中的變數 X_1 的目的方程係數變化 （單位利潤），卽可應用其雙重問題中相對應的變數 u_3 來分析。

參照前列之雙重問題最佳解列表， 減少 u_3（增加 $-u_3$）的數量限值，係視 u_3 爲最佳欄，並將此欄的係數， 乘以負號， 並去除數量欄各值，其最低正值，卽爲 X_1 最低限值（下限）。

列	數量欄÷$(-u_3)$欄	比值
u_4	$4\Big/\dfrac{2}{3}$	6 ←限值
u_1	$4\Big/\dfrac{1}{3}$	12

依上述分析可知，非爲基礎解變數之目的方程係數有所變動時，可逕以其 Z_j 爲其上限（極大）或爲其下限（極小）；基礎解中變數之目的方程係數有所變動時，則需以其雙重問題中之相對應的變數來分析。茲將以上對 X_1 與 X_2 目的方程中係數的改變範圍或稱 X_1 與 X_2 的價格變

化範圍 (Price Range) 分析結果，列表如下：

變數	雙重問題對應變數	原始值	下限	上限
X_1 (基礎解變數)	u_3	\$12	\$6	無限制
X_2 (非基礎解變數)	u_4	4	無限制	\$8

上表中經由敏感分析所獲資料顯示，除非 X_1 的單位利潤低於 \$6 或 X_2 的單位利潤高於 \$8，否則尚不致改變目前的最佳生產活動水準 ($X_1 = 2$；$X_2 = 0$)。此項資料對於管理當局甚為有用。由於 C_j 係可者時時有所變動，若其變化係在上述敏感分析所指出的範圍內，則仍可按目前之生產活動水準繼續從事生產，勿需作任何改變；若其變化超過此項範圍，即需重新計算最佳解，亦即重新計算最佳解的生產活動水準，以保持最有利的經營活動。尤其是企業活動經常面臨不定情況 (Uncertainty)，利用敏感分析可以幫助瞭解當有關因素發生變化後的影響。

(三) 新產品

原始問題最佳解列表中的影價 (Shadow Price) 以及雙重問題最佳解列表中的解，皆提供了於線性規劃問題中使用供應有限制或缺乏性資源的機會成本，於上述的例示中，設備的生產能量或可供使用的時間，即是一項供不應求的資源。所以利用影價，即可估計增加一項新產品或一項新的生產活動 (Activity) 的價值。茲再舉例說明如下：

某廠生產A與B兩項產品，並需經由加工、裝配、包裝三部門之工作始能完成，其每單位產品所需之加工、裝配、包裝之時間，以及各該部門可供提供使用之時間，可列表彙總如下：

單位：小時

部　門	單位產品生產所需時間		可供使用時間
	A產品	B產品	
加工部	2	3	1,500
裝配部	3	2	1,500
包裝部	1	1	600

若A產品與B產品之單位利潤（貢獻）分別爲 $10 與 $12；並設 S_1、S_2、S_3 分別爲加工、裝配、包裝三部門生產能量（可供使用時間）之虛設變數，則可利用列表法（Simplex Tableau）列出其最佳解列表如下：

	$10	$12	$0	$0	$0	
基礎（解）	A	B	S_1	S_2	S_3	數量
B	0	1	1	0	−2	300
S_2	0	0	1	1	−5	0
A	1	0	−1	0	3	300
Z_J	$10	$12	$2	$0	$6	6,600
$C_J - Z_J$	$0	$0	−$2	$0	−$6	

若該廠擬增產新產品一種，該項產品之所需加工、裝配及包裝時間，分別爲2小時、2小時、及半小時。估計該產品每件可獲利（貢獻）$10。則該廠是否應從事此項新產品的產銷，可分析如下：

自上列最佳解列表可知，於目前的最佳生產活動水準之下，該廠加工部門之每小時生產能量影價（Shadow Price）爲$2；裝配部門爲$0；包裝部門爲$6。故生產此項新產品之機會成本爲：

生產資源	影價	所需時間	機會成本
加工部生產能量	$2	2	$4
裝配部生產能量	0	2	0
包裝部生產能量	6	0.5	3
合計			$7

由於該項新產品之單位利潤爲 $10，而其單位機會成本 (Opportunity Cost) 爲 $7，較前者爲低，故可以增產此項產品，並可運用線性規劃重新求取最佳解（最佳的生產活動水準）。

(四)短期目標

以上所述線性規劃問題以及其雙重性或敏感分析，皆係就其最大利潤（貢獻）或最低成本而言。係就該項問題之利潤（或成本）及其有關之限制條件，求取其最佳解。惟於實際的情況中，一家企業可能爲某項短期的目標（亦卽並非最佳解目標）而願暫時犧牲最佳解的利盆（例如最大利潤或貢獻）以增加產量；或於短期間內願充分利用設備能量而暫犧牲最大利潤。以上此種情形，仍然可以利用線性規劃，予以求解。

例如下表係一項求取最大利潤（貢獻）的生產活動水準問題。

設備	單位產品生產設備時間		可供使用時間
	X_1	X_2	
甲	3	4	19
乙	3	6	21
利潤	$3	$7	極大

設該兩設備之虛設變數（閒置時間）爲 S_1 與 S_2，則可運用單純法列

表解之如下：

	$3	$7	$0	$0	
基礎（解）	X_1	X_2	S_1	S_2	數量
S_1	3	4	1	0	19 $/4=4^3/_4$
S_2	3	6	0	1	21 $/6=3^1/_2$ ←
Z_J	0	0	0	0	$0
C_J-Z_J	3	7	0	0	

$\uparrow$

	$3	$7	$0	$0	
基礎（解）	X_1	X_2	S_1	S_2	數量
S_1	1	0	0	-2/3	5
X_2	1/2	1	0	1/6	$3^1/_2$
Z_J	$3^1/_2$	7	0	7/6	$24^1/_2$
C_J-Z_J	-1/2	0	0	-7/6	

上表中各 C_J-Z_J 值皆非正值，故已獲最佳解：

　　X_2：生產 $3^1/_2$ 件

　　最大利潤 $24^1/_2$。

　　惟若該廠因某項原因，願暫時犧牲以上的最大利潤，而希望能獲得最高的產量 (Maximum Output Units)。爲達此目的，可將上列線性規劃問題的 X_1 與 X_2 產品的單位貢獻，皆改成爲相等值（例如 $1），其意義即在使線性規劃的"最佳解"不依各產品之單位貢獻（或利潤）而係一視同仁，故於獲得最大利潤的時候，即係獲得最大產量（由於不分產品種類，每件 $1 利潤。最大利潤時即爲最多件數）。茲將此項修改後的線性規劃問題，列表解之如下：

基礎（解）	$1 X_1	$1 X_2	$0 S_1	$0 S_2	數量	
S_1	3	4	1	0	19	/3=$6^1/_3$←
S_2	3	6	0	1	21	/3=7
Z_j	0	0	0	0	$0	
C_j-Z_j	1	1	0	0		
	↑					

基礎（解）	$1 X_1	$1 X_2	$0 S_1	$0 S_2	數量
X_1	1	4/3	1/3	0	$6^1/_3$
S_2	0	2	−1	1	2
Z_j	1	4/3	1/3	0	$19
C_j-Z_j	0	−1/3	−1/2	0	

上表上各項 C_j-Z_j 值皆已無正值，故知已獲最佳解：

　　X_1：生產 $6^1/_3$ 件

　　最大利潤爲 $19。

從上分析可知，若以最大產量爲目標時，雖可將 X_1 的生產件數提高至 $6^1/_3$ 件，較最大利潤時生產 X_2 產品 $3^1/_2$ 件爲多，惟其利潤僅有 $19，較最佳解利潤 $24^1/_2$，已減少 $5^1/_2$。故僅能作爲短期特殊情形之目標，而非長久之計。就長期目標言，仍應以追求最大利潤爲宜。

此外，若該廠爲適宜某項特殊情況，亦可能以達成充分應用其生產能量爲短期目標。爲配合此項要求，可將生產設備（資源）的虛設變數

（閒置時間）於目的方程中的係數訂爲負數（例如＄1），而將產品（生產活動）的價值訂爲零。如此於求最大目的方程之值時，由於虛設變數之值爲負值，故將使 S_1 與 S_2 不於最佳解中出現，或將其保持於最低的數值（充分利用設備，閒置時間爲零）。茲將此項修改的線性規劃問題，列表解之如下：

	＄0	＄0	-＄1	-＄1	
基礎（解）	X_1	X_2	S_1	S_2	數量
S_1	3	4	1	0	19 /4=4³/₄
S_2	3	6	0	1	21 /6=3¹/₂←
Z_J	-6	-10	-1	-1	
C_J-Z_J	6	10	0	0	
		↑			

	＄0	＄0	-＄1	-＄1	
基礎（解）	X_1	X_2	S_1	S_2	數量
S_1	1	0	1	-2/3	5 /1-5←
X_2	1/2	1	0	1/6	3¹/₂ /1/2=7
Z_J	-1	0	-1	2/3	
C_J-Z_J	1	0	0	-5/3	
	↑				

	＄0	＄0	-＄1	-＄1	
基礎（解）	X_1	X_2	S_1	S_2	數量
X_1	1	0	1	-2/3	5
X_2	0	1	-1/2	1/2	1
Z_J	0	0	0	0	＄22
C_J-Z_J	0	0	-1	-1	

上表中各 $C_j - Z_j$ 值已無正值，故知已獲最佳解：

X₁：生產5件

X₂：生產1件

最大利潤爲 $22。

自上分析可知，該廠若以充分運用生產設備爲短期目標，其生產數量爲 X₁ 產品5件；X₂ 產品1件，雖較以最大產量時爲低，但其可獲之最大利潤爲 $22，較最大產量時 $19爲高，惟尙不及以最大利潤爲目的方程目標的利潤 $24.5爲高。

經營企業於正常情況下，自以追求長期之最大利潤目標爲主，惟於短期間內，爲維持市場供應或爲維持充分開工，亦可能以最大產量或充分運用生產能量爲短期目標。若遇有此類問題，皆可設法以修改目的方程中各變數之係數（利潤或成本）或其他有關因素之改變，以測試可能發生之情況，並探討於此等改變的情況下，其原有之最佳解（最佳生產活動水準）有無改變。若有改變，並可依線性規劃問題，重新求取其最佳解。

習　題

15-1　有 X₁ 與 X₂ 兩種產品，其每單位所需之設備時間及每單位之利潤貢獻如下：

產品	單位生產時間	單位貢獻
X₁	6小時	3元
X₂	3小時	3元

該設備僅有6小時的設備時間可供用於生產 X₁ 與 X₂ 產品，試問：

(1)以單純法求解原始及雙重（對偶）問題

(2)進一步解釋此兩項解的意義

15-2　一項線性規劃極大問題（原始問題）的最佳解表（單純法）如下：

基礎(解)	0.40 X_1	0.28 X_2	0.32 X_3	0.72 X_4	0.64 X_5	0.60 X_6	0 X_7	0 X_8	0 X_9	0 X_{10}	數量
X_7	0	0	0	1/200	1/200	1/300	1	$-1/2$	$-1/2$	$-1/3$	150
X_1	1	0	0	5/2	0	0	0	50	0	0	35,000
X_2	0	0	0	0	5/2	0	0	0	50	0	5,000
X_3	0	0	1	0	0	8/3	0	0	0	100/3	30,000

試求：

(1)原始問題最佳解各項變數的值以及其目的方程的值及其意義。

(2)雙重（對偶）問題最佳解各項變數的值以及其目的方程的值及其意義。

(3)進一步討論原始問題及雙重問題中各項變數變化範圍的敏感分析。

15-3　設有 X_1 與 X_2 兩種產品，需經由 M_1 與 M_2 兩項設備的製造加工，其每單位產品所需的製造時間，每單位產品的銷售利潤以及該廠的設備能量，如下表所示，試以單純法求最大利潤及 X_1 與 X_2 的生產量，並由雙重問題中求出每一設備所有的單位（每小時）價值為若干？

設備	單位產品生產時間		可供使用時間
	X_1	X_2	
M_1	4	2	10
M_2	2	8	8
每單位利潤	4元	3元	

15-4　試就一項線性規劃問題分析其：

(1)雙重性（對偶）問題

(2)敏感分析

15-5 某廠生產電視機，計有 X_1、X_2、X_3、X_4 四種型式，其單位生產時間（小時）及邊際利潤（元）如下：

產品 設備	X_1	X_2	X_3	X_4	設備可供使用時間
裝配時間（小時）	8	10	12	15	2,000
檢驗時間（小時）	2	2	4	5	500
邊際利潤（元）	40	60	80	100	

該廠以線性規劃列出其求解最佳生產組合如下：

極大　　$P = 40X_1 + 60X_2 + 80X_3 + 100X_4 + 0X_5 + 0X_6 + 0X_7 + 0X_8$

限制於　　$8X_1 + 10X_2 + 12X_3 + 15X_4 + X_5 = 2,000$ ·················(1)

$2X_1 + 2X_2 + 4X_3 + 5X_4 + X_6 = 500$ ·················(2)

$X_1 + X_2 + X_3 + X_4 + X_7 = 180$ ·················(3)

$X_3 + X_4 + X_8 = 100$·················(4)

以上(3)式(4)式係由於電視機映像管生產量的限制，合計各型可用映像管於計劃期間內僅有 180 個，此外適用於 X_3 與 X_4 型式者合計又不能超過 100 個，上式中 X_5 至 X_8 皆為虛設變數（Slack Variables），該問題已依單純法（Simplex）列出最佳解表（Optimum Table）如下：

C_J		40	60	80	100	0	0	0	0	
	基礎解	X_1	X_2	X_3	X_4	X_5	X_6	X_7	X_8	解值
0	X_8	-0.2	0	0.2	0	0.1	-0.5	0	1	50
60	X_2	0.5	1	0	0	0.25	-0.75	0	0	125
0	X_7	0.3	0	0.2	0	-0.15	0.25	1	0	5
100	X_4	0.2	0	0.8	1	-0.1	0.5	0	0	50

試求：

(1)該廠之最佳生產計劃爲何？有無其他最佳生產計劃可供採用？

(2)增加裝配設備時間一小時可增加之邊際貢獻爲若干？裝配時間要超過若干小時方會改變此項邊際貢獻價值？

(3)若能以 4 元一時，多獲得80小時的額外檢驗設備能量，是否合算？所增加的利潤若干？

(4)增加檢驗設備時間一小時可增加的邊際貢獻爲若干？最多可增加若干小時方始不會改變此項邊際貢獻價值？當檢驗設備時間增加後，將有何新的限制情況出現？

(5)若 X_1 型的售價上漲使其單位邊際利潤自 40 元增至 45 元，是否會改變原求的最佳生產組合？如有變，則新的生產計劃爲何？若 X_1 型的單位邊際利潤係自 40 元增至 55 元，則對生產計劃有何影響？新的生產組合爲何？

(6)若映像管可向外界購得，供 X_1 與 X_2 型式使用者，每支將增加成本 2 元，供 X_3 與 X_4 型式使用者，每支將增加成本 5 元，是否應購買？買若干？

(7)該廠擬增加新型電視機一種，其單位生產時間爲裝配10小時，檢驗 3 小時，其單位邊際利潤爲70元，該廠應否從事此項新型品的生產？從事此項新型品的生產後，其每單位所增加的邊際價值爲若干？

第十六章　動態規劃

動態規劃 (Dynamic Programming) 亦係一項重要的數量規劃方法，其主要特性如下：

(1)將整個問題劃分成爲數個階段（ stage ） 而成爲數個部分問題（ subproblem ）， 惟此等部分問題係由階段的順序而貫通，形成一項多重階段的程序 (Multistage Processes)。

(2)整個問題的求解，係由最後一個階段的部分問題開始，逐個向前推進求解。

(3)於每一階段求得自以往各階段至本階段的最佳解，並將此項最佳解帶入次階段。 所謂最佳決策原則(Principle of Optimality)之意義， 即是指一個最佳決策，不論最初的狀態與決策 (Initial State and Decision) 爲何， 以後的決策必須對此項第一個決策以後的狀態，仍然構成一個最佳決策。

茲舉數例以說明動態規劃的基本概念。

例一　定價問題

設某公司正研擬其某項新產品於今後五年間的售價，依據各項可能影響訂價的因素，將有四個較爲可能的售價可供選擇。此四種售價於今後五年的預期利潤，可估計如下表：

訂價＼年數	一	二	三	四	五
$ 5	$ 9	$ 2	$ 4	$ 5	$ 8
6	7	4	8	2	1
7	6	5	9	6	4
8	8	7	1	7	3

　　該公司雖可就上表中選擇每年最大利潤之訂價，惟據該公司市場部門分析，各年間之售價變化不宜過大，否則將影響銷售。故該公司決定相隣兩年間之價格變化不能超過 $1。本問題卽在此項規定下，決定各年產品之訂價以獲最大利潤。依上述規定，該公司之訂價方式，可以下圖表示：

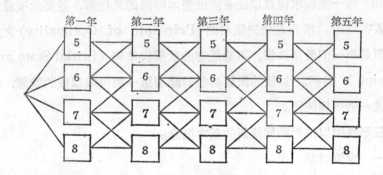

第一年	第二年	第三年	第四年	第五年
5	5	5	5	5
6	6	6	6	6
7	7	7	7	7
8	8	8	8	8

　　自上圖分析可知，第一年之訂價方式計有 4 種（$ 5, $ 6, $ 7, $ 8），第二年之訂價方式則需視第一年之訂價而定。若第一年訂價 $ 5，則第二年可訂價 $ 5 或 $ 6；若第一年訂價 $ 6，則第二年可訂價 $ 5, $ 6 或 $ 7；若第一年訂價 $ 7，則第二年可訂價 $ 6, $ 7 或 $ 8；若第一年訂

價＄8，則第二年可訂價＄7或＄8，故合計第二年之訂價方式有10種。其餘各年間之訂價方式亦然，皆為10種。故觀察上圖可知，合計將有 $4 \times 10 \times 10 \times 10 \times 10$ 種訂價方式。若分別予以計算各種訂價方式之利潤，將為一項極為繁瑣之工作，且若問題規模擴大時，將無法予以各別的分析比較。故需運用動態規劃，將問題劃分為若干部分問題，以減少計算手續。茲為便於說明各種訂價方式之利潤計算起見，將上圖改以各年訂價所獲利潤表示如下圖：

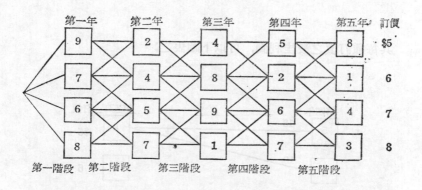

上圖係將各年各種訂價之利潤額於網路圖中表示，並依動態規劃問題之性質，將本問題分割成為五個階段（stage），每一階段皆自成為一個部分問題或次問題（subproblem）。整個問題之求解，應自最後一個階段開始，並將每階段每種情況之最佳解帶入其前一階段。本例第五階段係表示自第四年至第五年之價格變化，此項變化自上圖觀察可知計有10種。其每種之可獲利潤以圖示之為：

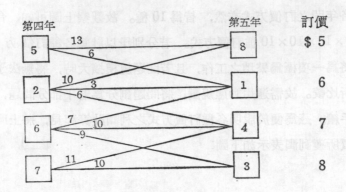

其每種訂價之最佳利潤，可以下圖表之：

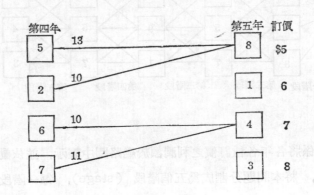

上列第五階段之各項最佳解，應帶入第四階段，予以一併分析，並求第四階段（含第五階段）的各項最佳解。第四階段係表示自第三年至第四年之價格變化，此項變化亦如前圖所示，計有10種。其每種之可獲利潤，可以圖解分析如下：

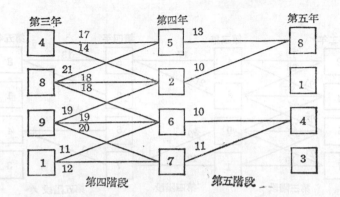

選擇第四階段中 10 種價格變化中四種訂價之最佳解（最大利潤），
可以圖示之如下：

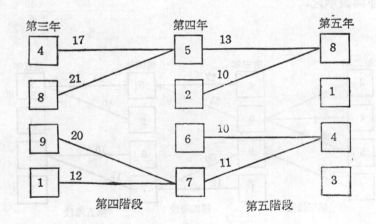

同理，上列第四階段之最佳解（已包含第五階段最佳解在內），應
予帶入第三階段，並予以一併分析，求第三階段之最佳解（應包含第四
與第五階段最佳解在內）。第三階段係表示自第二年至第三年之價格變
化，此項變化亦如前圖所示，計有10種，其每種之可獲利潤，可以圖解
分析如下：

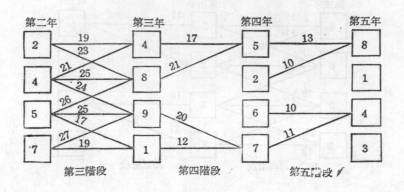

以上第三階段中10種價格變化中四種訂價之最佳解（最大利潤），可以下圖表示之：

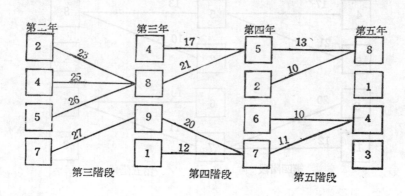

上圖中所獲第三階段之最佳解（已包含第四與第五階段最佳解在內），應予帶入第二階段，並予以一併分析，求第二階段之最佳解。第二階段係表示自第一年至第二年之價格變化，此項變化亦如前圖所示，計有10種，其每種之可獲利潤，可以圖解分析如下：

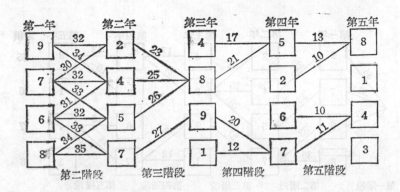

上圖第一階段中各項訂價方式之最佳解。係為 $34， $33， $33，$35。可以圖示之如下：

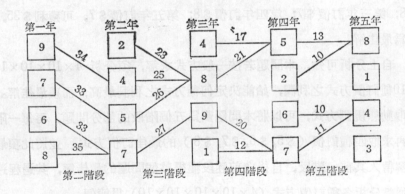

依上分析所獲第二階段之最佳解（包含第三，第四，第五階段最佳解在內），應予帶入第一階段，予以一併分析以求第一階段之最佳解。第一階段係表示產品第一年之訂價，故較為簡單，僅有四種。惟此階段之最佳解係包含第二至第五各階段之最佳解在內，故係為整個問題之最佳解。可以圖示之如下：

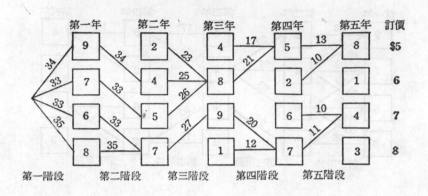

観察上圖可知，由於第一階段各種訂價方式並無變化，故其最佳解即為第二階段之最佳解 \$35。其第一年之訂價應為 \$8；第二年訂價 \$8；第三年訂價 \$7；第四年訂價 \$8；第五年訂價 \$7，可獲利 \$35，係為最佳解。

自上分析可知，本問題若按一般方式求解，須分析 $4 \times 10 \times 10 \times 10 \times 10$ 種訂價方式之利潤，始能決定何種方式之利潤最高，而獲最佳解。採取動態規劃方式，可以將本問題劃為五個階段的部分問題，再每一階段再求取四種訂價（\$5, \$6, \$7, \$8）的最佳訂價方式，並將此項最佳解帶入其前一階段，自後向前逐段獲得整個問題的最佳解，其過程遠較通盤分析各種訂價方式（$4 \times 10 \times 10 \times 10 \times 10$）為簡便。

例二　包裝問題

本問題係於既定的重量限制條件下，求取整個包裹價值的極大。例如下表顯示該項包裹計有A，B，C，D，E五項物品可以置入，其單位價值及重量亦於表中註明：

內容	重量（磅）	價值
A	7	$9
B	5	4
C	4	3
D	3	2
E	1	0.5

包裹重量限制：W≤13磅

　　本問題雖非如上例訂價問題之具有時間順序，但仍可將階段（stage）的概念應用於包裝的內容。亦卽將置入一項物品作爲一個階段，並由於置物的先後次序並不影響最佳解，故可依序自置入A物品開始分析，或從先置入E物品開始分析皆可，而不似上例訂價問題須自第五年的訂價開始分析。例如自先置入A物品始作爲最初分析的階段，則該階段的最佳解係爲於重量限制條件下，置入A物品若干件可獲最大價值，並將各項重量時的最佳解，帶入次一階段，分析再加入B物品時，可置入若干件（包含A物品的最佳解）可獲最大價值，並將此階段之各種重量時的最佳解，帶入再次一階段，亦卽再加入C物品時之情形，如此依次類推，可將本問題分爲五個階段。下表首先自置入A物品開始，並計算於各種重量（1磅至13磅）時之包裝內容最佳解，直至將E物品置入後的最佳解獲得爲止：

W 磅	f₁(W) A		f₂(W) B(+A)		f₃(W) C(+A,B)		f₄(W) D(+A,B,C)		f₅(W) E(+A,B,C,D)	
	價值	件數	價值	件數	價值	件數	價值	件數	價值	件數
1	$ 0	0	$ 0	0	$ 0	0	$ 0	0	$ 0.5	01
2	0	0	0	0	0	0	0	0	1	012
3	0	0	0	0	0	0	2	01	2	0123
4	0	0	0	0	3	01	3	01	3	01234
5	0	0	4	01	4	01	4	01	4	012345
6	0	0	4	01	4	01	4	012	4.5	0123456
7	9	01	9	01	9	01	9	012	9	0123…7
8	9	01	9	01	9	012	9	012	9.5	0123…8
9	9	01	9	01	9	012	9	0123	10	0123…9
10	9	01	9	01	9	012	11	0123	11	0123…10
11	9	01	9	01	12	012	12	01234	12	0123…11
12	9	01	13	012	13	0123	13	01234	13	0123…12
13	9	01	13	012	13	0123	13	01234	13.5	0123…13

註：黑體字為各該重量時之最佳包裝件數。

　　上表第一欄係該包裹之包裝重量自 1 磅至13磅；第二欄係第一階段或首先分析之階段，分析將 A 置入之件數最佳解。由於 A 係 7 磅重，故 W 自 1 至 6 時，該階段之價值及 A 件數皆為零。自 W＝7 開始，A 的件數可為 1 ，其價值為 $ 9 ，故其最佳解，於 W≤6 時皆為 0 件；於 6 ＜W ≤13時皆為 1 件。上表第三欄係第二階段，分析自第一階段之最佳解再加入 B 物品後之最佳包裝件數。由於 B 重 5 磅，故於 W＜5 時， B 最佳解件數為 0 ；惟於 W＞5 時，雖可置入 B 一件，但若 W＝7 時，仍置入

B一件，卽不能獲得最大價值，故應改置A一件，而不置B，故於W等於5及6磅時，最佳包裝件數B皆係等於1，但於W等於7,8,9,10,11時最佳解（B件數）又恢復爲零，待至W爲12或13磅時，始可再恢復爲1（此時係A與B各一件）。故分析上表可知，本問題之最佳解係爲該表之最後一列，其重量爲13磅，包裝A,B,E各1件，C與D皆未置入，其最大價值爲$13.5。

設W爲包裹重量；V爲包裹價值；X_1，X_2，……X_5分別爲置入 A, B, ……E 的件數，則可將上表第一欄至第最後欄分別以數式表示如下：

$$f_1(W) = \text{Max.} \ 9X_1$$

限制於　$0 \leq X_1 \leq \left[\dfrac{W}{7}\right]$，此處〔　〕係表示整數

....

$$f_2(W) = \text{Max.}[4X_2 + f_1(W - 5X_2)]$$

$$0 \leq X_2 \leq \left[\dfrac{W}{5}\right]$$

....

$$f_3(W) = \text{Max.}[3X_3 + f_2(W - 4X_3)]$$

$$0 \leq X_3 \leq \left[\dfrac{W}{4}\right]$$

....

$$f_4(W) = \text{Max.}[2X_4 + f_3(W - 3X_4)]$$

$$0 \leq X_4 \leq \left[\dfrac{W}{3}\right]$$

....

$$f_5(W) = \text{Max.}\left[\dfrac{1}{2}X_5 + f_4(W - 1X_5)\right]$$

$$0 \leq X_5 \leq \left[\dfrac{W}{1}\right]$$

- -

以上各式, 可列出其遞推方程 (Recursion Function)通式如下:

$$f_n(W) = Max.[V_nX_n + f_{n-1}(W - W_nX_n)]$$

上式中 f_{n-1}, f_{n-2},……等皆係爲極大函數。

惟以上各式, 皆受本問題之重量限制, 及極大目的方程要求:

$$Max\sum V_iX_i = f_5(W)$$

限制於 $\sum W_iX_i \leq 13$

茲就本問題之第二階段 (second stage), 列舉其計算步驟如下表。該表係將包裹可能的重量, 自 1 磅至13磅皆予以列出, 即W=0, 1, 2, 3, ……13。由於 X_2 係B物品的件數, 故必須爲整數, 亦即限制於 0 與 $\frac{W}{5}$ 之間。故須就各種可能之重量, 分別計 算 X_2 的值 $\left(0 \leq X_2 \leq \left[\frac{W}{5}\right] \right)$, 並將所求得之 X_2 值, 代入 $4X_2 + f_1(W-5X_2)$ 中分別計算各種可得包裝之件數方式, 並選取其中最大價值者Max. $f_2(W_i)$爲最佳解。

W_i	$0 \leq X_2 \leq \left[\frac{W}{5}\right]$	$4X_2 + f_1(W-5X_2)$	Max.$f_2(W_i)$
0	0	$4(0) + f_1(0) = \$ 0$	\$ 0
1	0	$4(0) + f_1(1) = \$ 0$	0
2	0	$4(0) + f_1(2) = \$ 0$	0
3	0	$4(0) + f_1(3) = \$ 0$	0
4	0	$4(0) + f_1(4) = \$ 0$	0
5	0	$4(0) + f_1(5) = \$ 0$	\$ 4
	1*	$4(1) + f_1(0) = \$ 4$	
6	0	$4(0) + f_1(6) = \$ 0$	\$ 4
	1*	$4(1) + f_1(1) = \$ 4$	
7	0*	$4(0) + f_1(7) = \$ 9$	\$ 9
	1	$4(1) + f_1(2) = \$ 4$	

8 {	0*	$4(0)+f_1(8)=\$9$	$\$9$
	1	$4(1)+f_1(3)=\$4$	
9 {	0*	$4(0)+f_1(9)=\$9$	$\$9$
	1	$4(1)+f_1(4)=\$4$	
10 {	0*	$4(0)+f_1(10)=\$9$	$\$9$
	1	$4(1)+f_1(5)=\$4$	
	2	$4(2)+f_1(0)=\$8$	
11 {	0*	$4(0)+f_1(11)=\$9$	$\$9$
	1	$4(1)+f_1(6)=\$4$	
	2	$4(2)+f_1(1)=\$8$	
12 {	0	$4(0)+f_1(12)=\$9$	$\$13$
	1*	$4(1)+f_1(7)=\$13$	
	2	$4(2)+f_1(2)=\$8$	
13 {	0	$4(0)+f_1(13)=\$9$	$\$13$
	1*	$4(1)+f_1(8)=\$13$	
	2	$4(2)+f_1(3)=\$8$	

　　依上表所述程序，最終可求得最佳解 $f_5=13.5$，包裝 E, B, A 各 1 件；無 D 或 C 置入此包裹中。

　　該問題尚可進一步擴充增加一項容積（Volume）的限制。茲將擴大後的問題，列表如下：

包裝內容	重量(W)	容積(l)	價值(V)	$f(W, l)$
A	5	6	4	$f_1(W, l)$
B	4	5	3	$f_2(W, l)$
C	3	3	2	$f_3(W, l)$
D	7	10	7	$f_4(W, l)$
E	8	11	7	$f_5(W, l)$

極大　$\sum V_i X_i$

限制於　$\sum X_i W_i \leq 13$；$l_i \leq 14$

以上問題可以下列方程式表示其各階段（stage）之計算程序：

$$f_1(W, l) = \text{Max}.4X_1$$

$$0 \leq X_1 \leq \left[\frac{W}{5}\right], \; \left[\frac{l}{6}\right]$$

$$\cdots\cdots\cdots\cdots\cdots\cdots\cdots\cdots\cdots\cdots\cdots\cdots\cdots\cdots\cdots\cdots$$

$$f_2(W, l) = \text{Max}. \left[3X_2 + f_1(W - 4X_2, l - 5X_2)\right]$$

$$0 \leq X_2 \leq \left[\frac{W}{4}\right], \; \left[\frac{l}{5}\right]$$

$$\cdots\cdots\cdots\cdots\cdots\cdots\cdots\cdots\cdots\cdots\cdots\cdots\cdots\cdots\cdots\cdots$$

$$f_3(W, l) = \text{Max}. \left[2X_3 + f_2(W - 3X_3, l - 3X_3)\right]$$

$$0 \leq X_3 \leq \left[\frac{W}{3}\right], \; \left[\frac{l}{3}\right]$$

$$\cdots\cdots\cdots\cdots\cdots\cdots\cdots\cdots\cdots\cdots\cdots\cdots\cdots\cdots\cdots\cdots$$

$$f_4(W, l) = \text{Max}. \left[7X_4 + f_3(W - 7X_4, l - 10X_4)\right]$$

$$0 \leq X_4 \leq \left[\frac{W}{7}\right], \; \left[\frac{l}{10}\right]$$

$$\cdots\cdots\cdots\cdots\cdots\cdots\cdots\cdots\cdots\cdots\cdots\cdots\cdots\cdots\cdots\cdots$$

由於E的價值與D的價值相同，皆為7，而E的重量與體積均較D的重量與體積為多，故D已確定較E為有利，而可不予計入，上列各式中已未將E的函數式包含在內，即是由於這項理由。

本項問題的計算，亦可仿照前述方式，就上列四項函數式各列出一個計算表。由於重量的限制是由1磅至13磅；容積的限制係由1立方尺至14立方尺，計算仍甚繁瑣，故僅列出置入A物品的分析表如下：

W＼l	1	2	3	4	5	6	7	8	9	10	11	12	13	14
1	0	0	0	0	0	0	0	0	0	0	0	0	0	0
2	0	0	0	0	0	0	0	0	0	0	0	0	0	0
3	0	0	0	0	0	0	0	0	0	0	0	0	0	0
4	0	0	0	0	0	0	0	0	0	0	0	0	0	0
5	0	0	0	0	0	4	4	4	4	4	4	4	4	4
6	0	0	0	0	0	4	4	4	4	4	4	4	4	4
7	0	0	0	0	0	4	4	4	4	4	4	4	4	4
8	0	0	0	0	0	4	4	4	4	4	4	4	4	4
9	0	0	0	0	0	4	4	4	4	4	4	4	4	4
10	0	0	0	0	0	4	4	4	4	4	4	8	8	8
11	0	0	0	0	0	4	4	4	4	4	4	8	8	8
12	0	0	0	0	0	4	4	4	4	4	4	8	8	8
13	0	0	0	0	0	4	4	4	4	4	4	8	8	8

　　自上分析可知，動態規劃雖可將問題予以簡化，惟每一部分問題之計算，仍可能係相當繁瑣，每階段變化情況愈多，問題愈複雜，所涉及之狀態變數（State Variable）愈多，問題亦愈龐大。茲再舉存貨（Inventory）問題，進一步說明動態規劃遞推方程的意義（Recursion Function）。

例三　生產及存貨問題

　　自上分述可知，動態規劃問題係依據所謂最佳決策原則（Principle of Optimality）去求取最佳解。換言之即是不論最初狀態或決策為何，目前所取的決策必係對最初決策所造成的狀況，保持一個最佳的結果。所以吾人可將一項問題分割成若干部分問題，然後由其最後階段的

決策開始，**由後向前逆向推進**，直至最初的決策能夠順利達成爲止。茲
就一項生產事業的存貨問題，說明如下：

設某公司估計其所擁有市場之今後四期間之需求量如下表：

期間（n）	對公司產品需求量（D_n）
1	2 （單位）
2	3
3	2
4	4

該公司爲應付其所擁有市場之需求，正研擬一項存貨政策以滿足顧
客需要。該公司之單位生產成本每件 $1，係包含材料、人工、費用等
變動成本。此外每批生產作業時，尚需作種種生產準備工作，每批之生
產準備成本 (Set-up Cost) 爲 $3。由於生產設備能量之限制，每期
僅能生產一批，每批最多生產 6 單位。故該公司之每期間生產成本可以
列式如下（設 X 爲每批生產單位量）

  若 $0 < X \leq 6$ 則生產成本 $= \$3 + \$1 \cdot X$

  若 $X = 0$ 則生產成本 $= 0$

該公司之生產，若未能於本期內售出，則將需予以倉儲。其倉儲成
本爲每期每單位 $0.5。換言之，若該公司於本期生產之產品供下期銷
售者，將每單位負擔 $0.5 的倉儲成本，若儲存至下下期銷售者，則將
發生每單位 $0.5＋$0.5 的倉儲費用，餘依此類推。此外，爲簡化本問
題，特假定該公司於第一期期初時，並 無 以 前留存之期初存貨可供運
用，而於第四期期末時，亦無任何存貨留存供以後運用。

於上述之市場需求，生產能量及成本等限制條件下，關於該公司應

如何安排其生產及存貨，並能獲得最低成本此一問題，可以運用動態規劃技術予以求解。本例所言該公司之生產計劃期間（n），卽爲前述動態規劃問題中之階段（stage），故本例所涉及者計有四個階段。於建立該問題之遞推方程前，先說明下列符號及其意義：

n：階段（stage），卽本問題所考慮之期間

I_n：各期間的期初存貨數量，卽本問題之狀態變數（State Variable）。

X_n：第 n 期間的生產數量，係待決定之數值，爲本問題之決策變數（Decision Variable）。

$X_n{}^*(I_n)$：最佳的生產量，係期初存貨的函數。

$f_n(I_n)$：於期初存貨量爲 I_n 時，自第 n 期至最後一期的最佳（亦卽最低）成本。例如 $f_2(3)$ 係表示於第二期期初存貨量爲 3 單位時，自第二期至第四期內，最佳生產方式的總成本。

D_n：於第 n 期內之銷售量。

運用上述定義，可逐漸發展出本問題之遞推方程。首先吾人知道，各期間之期初存貨加本期生產再減去本期需要卽得本期期末存貨或下期期初存貨，故可得下列關係式：

$$I_{n+1} = I_n + X_n - D_n$$

至於每期之總成本，係該期之生產成本，以及由上期帶入本期之存貨庫存成本，以式表之卽爲

$$本期成本 C_n(X_n, I_n) = \begin{cases} 3+1X_n & 若\ X_n > 0 \\ 0 & 若\ X_n = 0 \end{cases} + 0.5I_n$$

依動態規劃問題之求解程序，首先考慮第四期之最低成本應爲：

$$f_4(I_4) = \text{Min.}\ \{C_4(X_4, I_4)\}$$

$$0 \leq X_4 \leq 6$$

$$X_4 + I_4 = D_4$$

由於第四期係本問題之最終階段，且無任何存貨留存，故該期期初存貨量與該期之生產量應恰等於該期之市場需要量，故有 $X_4 + I_4 = D_4$ 的限制。此外由於各期生產能量不得超過 6 單位，故有 $0 \leq X_4 \leq 6$ 的限制。同時由於第四期爲最後一期，故其最低成本之生產方式僅需考慮該期最低成本之產量及期初存貨。惟若向前推進一期間，亦卽第三期間之最低成本，則必須同時考慮到第四期間的最低成本生產及存貨方式。以式表之爲：

$$f_3(I_3) = \text{Min.} \ \{C_3(X_3, I_3) + f_4(I_3 + X_3 - D_3)\}$$
$$0 \leq X_3 \leq 6$$
$$X_3 + I_3 \geq D_3$$

由於第三期末允許留有存貨供第四期運用，故有 $X_3 + I_3 \geq D_3$ 的限制條件。

依此類推，可以列出第 n 期間的遞推方程通式如下：

$$f_n(I_n) = \text{Min.} \ \{C_n(X_n, I_n) + f_{n+1}(I_n + X_n - D_n)\}$$
$$0 \leq X_n \leq 6$$
$$X_n + I_n \geq D_n$$

上述遞推方程係由最後一期（或階段），逐期向前推進求解。對於每一期間的最佳決策，皆可由該期以及該期以後各期的最低總成本而獲得。所以，每一期間（階段）的決策，係對於各種可能的期初存貨 I_n，找出一個最佳生產量 X_n^*。

以上所列遞推方程，係表示一項求取最佳解的法則，並非可直接就所列符號逐予計算，尚須依實際成本資料，考慮各種可能之期初存貨及相配合之最佳生產量，始能決定該期及包括該期以後各期之最低總成本時之最佳生產量及期末存貨量。故本問題須自最後階段（第四期）開始計算，並逐期向前推進，直至獲得第一期以及以後各期（卽第一期至第四期）最低總成本時之最佳生產量及期末存貨量，始獲得最佳解。

　　由於第四期之期末存貨已旣定爲零，且各期間之需要量爲已知（第四期之需要量爲四單位），故於各種可能之期初存貨數量時，僅有一項相配合的生產量，此項生產量卽爲該期初存貨數量時之最佳生產量（當其他各期有期末存貨時，則在一項旣定的期初存貨量時，由於有不同的期末存貨量，故可有不同的多項相配合生產量，則應自此多項相配合的生產量中找出一項最佳生產量，此種情況將於計算第三期時再列表說明）。由於第四期無期末存貨，故該期初存貨下之生產量卽係最佳生產量，且由於第四期係爲最後一期，故該期之最低成本卽爲該期及其以後各期（實際無以後各期）之最低總成本。茲列表分析第四期之生產量如下：

第四期計算表

期初存貨 I_4	可能之生產量 $X_4{}^*$	本期成本 生產	本期成本 倉儲	總計 $C_4(X_4, I_4)$	期末存貨 I_5	以後各期成本 $f_5(I_5)$	總成本 $f_4(I_4)$ $=C_3(X_3, I_3)$ $+f_5(I_5)$
0	4	\$ 7	\$ 0	\$7.0	0	0	\$7.0
1	3	6	0.5	6.5	0	0	6.5
2	2	5	1.0	6.0	0	0	6.0
3	1	4	1.5	5.5	0	0	5.5
4	0	0	2.0	2.0	0	0	2.0

　　自上表分析可知，該期（第四期）的成本卽爲該期以及其後各期的總成本 $f_4(I_4)$。

　　第三期之分析計算表如下：

第三期計算表

期初存貨 I_3	可能之生產量 X_3	本期成本		總　計 $C_3(X_3, I_3)$	期末存貨 I_4	以後各期成本 $f_4(I_4)$	總成本 $C_3(X_3, I_3)$ $+ f_4(I_4)$
		生產	倉儲				
0	2	$5	$0	$5.0	0	$7.0	$12.0
	3	6	0	6.0	1	6.5	12.5
	4	7	0	7.0	2	6.0	13.0
	5	8	0	8.0	3	5.5	13.5
	6*	9	0	9.0	4	2.0	11.0*
1	1	4	0.5	4.5	0	7.0	11.5
	2	5	0.5	5.5	1	6.5	12.0
	3	6	0.5	6.5	2	6.0	12.5
	4	7	0.5	7.5	3	5.5	13.0
	5*	8	0.5	8.5	4	2.0	10.5*
2	0*	0	1.0	1.0	0	7.0	8.0*
	1	4	1.0	5.0	1	6.5	11.5
	2	5	1.0	6.0	2	6.0	12.0
	3	6	1.0	7.0	3	5.5	12.5
	4	7	1.0	8.0	4	2.0	10.0
3	0*	0	1.5	1.5	1	6.5	8.0*
	1	4	1.5	5.5	2	6.0	11.5
	2	5	1.5	6.5	3	5.5	12.0
	3	6	1.5	7.5	4	2.0	9.5
4	0*	0	2.0	2.0	2	6.0	8.0*
	1	4	2.0	6.0	3	5.5	11.5
	2	5	2.0	7.0	4	2.0	9.0
5	0*	0	2.5	2.5	3	5.5	8.0*
	1	4	2.5	6.5	4	2.0	8.5
6	0*	0	3.0	3.0	4	2.0	5.0*

上表中由於第三期可以有期末存貨作爲第四期之期初存貨，故其可

能生產量最高可達 6 單位。上表中之最佳生產量已以 * 符號註明，係於各種可能之期初存貨數量時具有最低 總 成 本 $C_3(X_3, I_3) + f_4(I_4)$，故係依據每一種不同的期初存貨數量來綜合決定第三期及第四期的最佳生產量。

於求得第三期間各種期初存貨數量之最佳生產量後，即可進而分析第二期的總成本 $C_2(X_2, I_2) + f_3(I_3)$ 以及 該期各種期初存量時之最佳生產量：

第二期計算表

期初存貨 I_2	可能之生產量 X_2	本期成本 生產	本期成本 倉儲	總 計 $C_2(X_2, I_2)$	期末存貨 I_3	以後各期成本 $f_3(I_3)$	總成本 $C_2(X_2, I_2) + f_3(I_3)$
0	3	$6	$0	$6.0	0	$11.0	$17.0
	4	7	0	7.0	1	10.5	17.5
	5*	8	0	8.0	2	8.0	16.0*
	6	9	0	9.0	3	8.0	17.0
1	2	5	0.5	5.5	0	11.0	16.5
	3	6	0.5	6.5	1	10.5	17.0
	4*	7	0.5	7.5	2	8.0	15.5*
	5	8	0.5	8.5	3	8.0	16.5
	6	9	0.5	9.5	4	8.0	17.5
2	1	4	1.0	5.0	0	11.0	16.0
	2	5	1.0	6.0	1	10.5	16.5
	3*	6	1.0	7.0	2	8.0	15.0*
	4	7	1.0	8.0	3	8.0	16.0
	5	8	1.0	9.0	4	8.0	17.0
	6	9	1.0	10.0	5	8.0	18.0
3	0*	0	1.5	1.5	0	11.0	12.5*
	1	4	1.5	5.5	1	10.5	16.0

	2	5	1.5	6.5	2	8.0	14.5
	3	6	1.5	7.5	3	8.0	15.5
	4	7	1.5	8.5	4	8.0	16.5
	5	8	1.5	9.5	5	8.0	17.5
	6	9	1.5	10.5	6	5.0	15.5
4	0*	0	2.0	2.0	1	10.5	12.5*
	1	4	2.0	6.0	2	8.0	14.0
	2	5	2.0	7.0	3	8.0	15.0
	3	6	2.0	8.0	4	8.0	16.0
	4	7	2.0	9.0	5	8.0	17.0
	5	8	2.0	10.0	6	5.0	15.0

上表中之最佳生產量已以 * 符號註明，係於各種可能之期初存貨數量時，具有最低總成本 $C_2(X_2, I_2) + f_3(I_3)$，故 係依據各種可能之期初存貨數量來綜合決定第二期及第三期之最佳生產量。而依據第三期計算表可知第三期之最佳生產量係綜合考慮第三期及第四期之最低總成本 $C_3(X_3, I_3) + f_4(I_4)$，故知本表（第二期計算表）之具有最低總成本 $C_2(X_2, I_2) + f_3(I_3)$，業已包括第二期及第三與第四期在內之最佳生產量。換言之，$f_3(I_3)$ 係包含第三與第四期在內之以後各期成本。故所求之最佳亦係包含以後各期在內。

最後將分析第一期的總成本 $C_1(X_1, I_1) + f_2(I_2)$ 以及該期之最佳生產量。由於已知第一期之期初存貨數量為零，故第一期計算表即成為非常簡單，僅有期初存貨為零的單純情況：

第一期計算表

期初存貨 I_1	可能之生產量 X_1	本期成本		總　計 $C_1(X_1, I_1)$	期末存貨 I_2	以後各期成本 $f_2(I_2)$	總成本 $C_1(X_1, I_1)$ $+ f_2(I_2)$
		生產	倉儲				
0	2	$5	$0	$5.0	0	$16.0	$21.0
	3	6	0	6.0	1	15.5	21.5
	4	7	0	7.0	2	15.0	22.0
	5*	8	0	8.0	3	12.5	20.5*
	6	9	0	9.0	4	12.5	21.5

　　由上表可知，第一期之最佳生產量爲 5 單位，其總成本 $C_1(X_1, I)_1$ $+ f_2(I_2)$ 爲最低，僅有 \$ 20.5。此項總成本除第一期之本期成本總額 $C_1(X_1, I_1)$ 以外，尚包括自第一期以後之各期成本 $f_2(I_2)$ 在內，故當第一期之最佳生產量爲 5 單位（期末存貨 3 單位）時，其總成本 $C_1(X_1,$ $I_1) + f_2(I_2)$ 爲最低，係指自第四期至第一期的四期成本總額爲最低。

　　依據第一期計算表可知當其期初存貨爲零，生產量爲 6，期末存貨爲 3 單位時有最低總成本。再依據第二期計算表可知當該期（二期）的期初存貨爲 3 單位時，其最佳生產量爲零，期末存貨亦爲零，始有最低總成本。再進而依據第三期計算表，當該期的期初存貨爲零時，其最佳生產量爲 6 單位，期末存貨爲 2 單位，有最低總成本。最後，依據第四期計算表，查知當該期期初存貨爲 2 單位，期末存貨爲零時之最佳生產量爲零，有最低總成本。以上分析之實際計算過程，一如各表所列，係自第四期（或階段），逆向推進，追求各該期及其以後各期在內之最佳生產量。茲歸納各期之最佳生產量如下：

期間	期初存貨	期末存貨	最佳生產量	該期成本	總成本 $C_n(X_n, I_n)$
n	I_n	I_{n+1}	X_n	$C_n(X_n, I_n)$	$+f_{n+1}(I_{n+1})$
1	0	3	5	\$8.0	\$20.5
2	3	0	0	1.5	12.5
3	0	4	6	9.0	11.0
4	4	0	0	2.0	2.0

自上分析可知，動態規劃係以階段（stage）爲經，狀態變數(State Variable) 爲緯，自最後一階段逐漸向前推進，並以各階段之狀態變數作爲決策之參考依據。例如就本例言，階段係爲期間，故係自最後一個期間（第四期）首先分析，再逐漸向前推進。並於各期時，皆依狀態變數期初存貨作爲分析依據，衡量各種可能之期初存貨量下之最佳生產量。其最低總成本則係指該期及其以後各期之總成本爲最低，故分析至第一期時所獲之最低總成本，係包括第一期至第四期各期在內之總成本在內，故此項最低總成本即爲最佳解。

例四　投資分配問題

前述各例之階級（stage）或期間，亦可以組合問題（Combinatorial Problem) 的形式表現出來。例如某公司爲拓展業務，特請市場及投資專家對其主要之市場地區及業務作詳盡之研究分析。據估計公司可對下列四個市場地區進行投資以擴充業務，並精確估計對此四地區所作不同投資額時可獲之利潤如下表：

單位：百萬元

利潤額 \ 投資額	I 區	II 區	III 區	VI 區
0	0	0	0	0
1	0.28	0.25	0.15	0.20
2	0.45	0.41	0.25	0.33
3	0.65	0.55	0.40	0.42
4	0.78	0.65	0.50	0.48
5	0.90	0.75	0.62	0.53
6	1.02	0.80	0.73	0.56
7	1.13	0.85	0.82	0.58
8	1.23	0.88	0.90	0.60
9	1.32	0.90	0.96	0.60
10	1.38	0.90	1.00	0.60

上表資料，亦可以下圖表示各區投資與利潤額之關係：

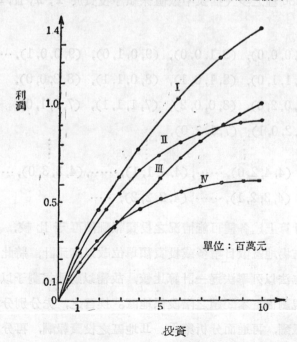

單位：百萬元

　　觀察上列資料可知第 I 市場地區之投資報酬為最高（第 I 地區之表列利潤額及圖中曲線皆較其他地區為高）, 惟若進一步分析, 可發現此四個市場地區之邊際投資報酬 (Marignal Investment Profit) 皆係遞減, 且非一致, 圖中所示四地區之投資報酬曲線係四條不同斜率之向下彎曲曲線。所以, 雖然第 I 地區之投資報酬恒較其他各地區者為高, 由於其邊際投資報酬下降, 故不宜將全部資金皆投入第 I 地區。當投入第 I 地區之資金達某種程度後, 其邊際報酬已較其他地區為低, 故應考慮改投資於其他地區。所以本問題應分析如何調配可動用之資金, 分配投資於各地區以獲最大利潤。

　　若該公司之可動用於拓展此項市場業務之資金為一千萬元, 並仍以百萬元為單位, 則將此十個單位資金, 分配於此四個市場地區之可能情形將有下列 286 種之多（括弧中數值係順序投資於 I, II, III, IV 地區之金額）:

$$(10,0,0,0), \quad (9,1,0,0), \quad (9,0,1,0), \quad (9,0,0,1), \cdots\cdots,$$
$$(8,1,1,0), \quad (8,1,0,1), \quad (8,0,1,1), \quad (8,2,0,0),$$
$$(8,0,2,0), \quad (8,0,0,2), \quad (7,1,1,1), \quad (7,2,1,0),$$
$$(7,2,0,1), \quad (7,1,2,0),$$
$$(4,4,2,0), \cdots\cdots, (4,4,1,1), \cdots\cdots, (4,3,3,0), \cdots\cdots,$$
$$(4,3,2,1), \cdots\cdots, (4,2,2,2), \cdots\cdots$$

　　若個別計算上述各種可能情況之投資報酬額再予比較, 將不勝其煩, 且若遇市場地區數目增多或投資額單位改以萬元計, 將此問題變得非常龐大, 無法以列舉法逐一計算比較, 故需以動態規劃予以求解。

　　就動態規劃言, 本問題之階段係地區。換言之, 先分別分析各個別地區之投資報酬, 再進而分析第 I、II 地區之投資報酬, 再分析第 I、

Ⅱ、Ⅲ地區之投資報酬，最後分析第Ⅰ、Ⅱ、Ⅲ、Ⅳ地區之投資報酬。並以各地區之投資總額（或可動用資金總額）為狀態變數（State Variable）。

設A為投資總額，x_1為分配於 i 地區之投資額，則

$$x_1+x_2+x_3+x_4=A$$

由於利潤之大小係依投資額之多寡而定，故可以函數$f_i(x_i)$表示分配於 i 地區投資x_i之投資利潤額。故本問題係要求得於 A 投資總額下於各地區投資可獲最大利潤：

$$F(A)=Max.[f_1(x_1)+f_2(x_2)+f_3(x_3)+f_4(x_4)]$$
$$x_1+\cdots\cdots+x_4=A$$

首先自分析各個別地區之投資報酬，以求解最佳投資分配方式。由於此最初階段僅有其本身一個地區，故實際上僅有一種最佳的投資方式，即是具有若干可動用資金（投資總額），即投資若干於此一地區。換言之，其最佳投資方式可逕以下式表之：

$$F_i(A)=f_i(x), \quad i=1,2,3,4地區$$

依上分析，可將前頁所列各地區投資利潤表改以下列形式表示之：

$$F_i(A)=f_i(x)=f_i(A)$$

投資額	最　大　利　潤			
A	$F_1(A)$	$F_2(A)$	$F_3(A)$	$F_4(A)$
0	0	0	0	0
1	0.28	0.25	0.15	0.20
2	0.45	0.41	0.25	0.33
3	0.65	0.55	0.40	0.42
4	0.78	0.65	0.50	0.48
5	0.90	0.75	0.62	0.53
6	1.02	0.80	0.73	0.56
7	1.13	0.85	0.82	0.58
8	1.23	0.88	0.92	0.60
9	1.32	0.90	0.96	0.60
10	1.38	0.90	1.00	0.60

於列出個別地區之最佳投資方式下之利潤後，即可進而分析第Ⅰ與第Ⅱ兩地區合併考慮之最佳投資組合。以式表之爲

$$F_{1,2}(A) = \text{Max.}[f_1(x) + f_2(A-x)]$$

上式之意義爲將投資總額A，分配投資於第Ⅰ地區 x 單位，第Ⅱ地區 A－x 單位。當分配投資於此兩地區可獲最大利潤時，即爲最佳投資分配方式。

例如當A＝2時（即投資總額爲2百萬元時）

$F_{1,2}(2)$ 之計算爲

$$F_{1,2}(2) = \text{Max}[f_1(0) + f_2(2), f_1(1) + f_2(1), f_1(2) + f_2(0)]$$

故須分別計算下列三式之利潤，並取其最大者：

$$f_1(0) + f_2(2) = 0.00 + 0.41 = 0.41$$
$$f_1(1) + f_2(1) = 0.28 + 0.25 = 0.53$$
$$f_1(2) + f_2(0) = 0.45 + 0.00 = 0.45$$

以上三式以 0.53 利潤額爲最大。故得

$$F_{1,2}(2) = 0.53$$

若A＝4單位時，則須分析下列式中之五項利潤，始可決定何者爲最佳：

$$F_{1,2}(4) = \text{Max.}[f_1(4) + f_2(0), f_1(3) + f_2(1), f_1(2) + f_2(2),$$
$$f_1(1) + f_2(3), f_1(0) + f_2(4)]$$
$$= \text{Max.}[0.78, 0.90, 0.86, 0.83, 0.65] = 0.90$$

依上述方式，分析下列各式後，可求得於投資總額爲10單位時 $F_{1,2}(A)$ 之最佳投資分配策略：

$$F_{1,2}(0), \quad F_{1,2}(1), \quad F_{1,2}(2), \cdots\cdots, F_{1,2}(10)$$

以上分析結果所獲之最佳投資分配方式，可列表如下：

$$F_{1,2}(A)=Max.[F_1(x)+f_2(A-x)]$$

投資 A	$f_1(X)$	$f_2(X)$	$F_{1,2}(A)$	最佳投資分配 （I區，II區）
0	0	0	0	(0,0)
1	0.28	0.25	0.28	(1,0)
2	0.45	0.41	0.53	(1,1)
3	0.65	0.55	0.70	(2,1)
4	0.78	0.65	0.90	(3,1)
5	0.90	0.75	1.06	(3,2)
6	1.02	0.80	1.20	(3,3)
7	1.13	0.85	1.33	(4,3)
8	1.23	0.88	1.45	(5,3)
9	1.23	0.90	1.57	(6,3)
10	1.38	0.90	1.68	(7,3)

　　以上計算僅分析將可動用資金分配投資於第 I，II 兩地區，尚需進一步分析將其分配投資於第 I，II，III 三個地區。就分配投資於 I，II，III 三個地區言，其進行方式一如以上所述，需分析計算下式：

$$F_{1,2,3}(A)=Max.[F_{1,2}(x)+f_3(A-x)]$$

例如當 A＝4 單位，則上式將成爲：

$$F_{1,2,3}(A)=Max.[F_{1,2}(4)+f_3(0), F_{1,2}(3)+f_3(1),$$
$$F_{1,2}(2)+f_3(2), F_{1,2}(1)+f_3(3), F_{1,2}(0)+f_3(4)]$$
$$=Max.[0.90, 0.85, 0.78, 0.68, 0.50]$$
$$=0.90$$

將 A 自 0 至10單位之分析計算結果，可列出其最佳投資分配方式如下表：

$$F_{1,2,3}(A) = \text{Max.}[F_{1,2}(x) + f_3(A-x)]$$

投資 A	$F_{1,2}(x)$	$f_3(x)$	$F_{1,2,3}(A)$	最佳投資分配 （Ⅰ，Ⅱ）	（Ⅰ，Ⅱ，Ⅲ）
0	0	0	0	(0,0)	(0,0,0)
1	0.28	0.15	0.28	(1,0)	(1,0,0)
2	0.53	0.25	0.53	(1,1)	(1,1,0)
3	0.70	0.40	0.70	(2,1)	(2,1,0)
4	0.90	0.50	0.90	(3,1)	(3,1,0)
5	1.06	0.62	1.06	(3,2)	(3,2,0)
6	1.20	0.73	1.21	(3,3)	(3,2,1)
7	1.33	0.82	1.35	(4,3)	(3,3,1)
8	1.45	0.90	1.48	(5,3)	(4,3,1)
9	1.57	0.96	1.60	(6,3)	(5,3,1)或(3,3,3)
10	1.68	1.00	1.73	(7,3)	(4,3,3)

上表中當 A ＝ 9 單位時，最佳投資分配方式有兩種，因其具有相同之最大利潤。

最後需分析計算分配投資於Ⅰ，Ⅱ，Ⅲ，Ⅳ四個地區之最佳策略。此時需分析計算下式：

$$F_{1,2,3,4}(A) = \text{Max.}[F_{1,2,3}(x) + f_4(A-x)]$$

例如當 A ＝ 4 單位時，上式係為

$$F_{1,2,3,4}(A) = \text{Max.}[F_{1,2,3}(4) + f_4(0), F_{1,2,3}(3) + f_4(1),$$
$$F_{1,2,3}(2) + f_4(2), F_{1,2,3}(3) + f_4(1),$$
$$F_{1,2,3}(4) + f_4(0)]$$

茲將 A 自 0 至 10 單位之最佳投資分配方式列表如下：

$$F_{1,2,3,4}(A) = Max.\ [F_{1,2,3}(x) + f_4(A-x)]$$

投資 A	$F_{1,2,3}(x)$	$f_4(x)$	$F_{1,2,3,4}(A)$	最佳投資分配 （Ⅰ，Ⅱ，Ⅲ）	（Ⅰ，Ⅱ，Ⅲ，Ⅳ）
0	0	0	0	(0, 0, 0)	(0, 0, 0, 0)
1	0.28	0.20	0.28	(1, 0, 0)	(1, 0, 0, 0)
2	0.53	0.33	0.53	(1, 1, 0)	(1, 1, 0, 0)
3	0.70	0.42	0.73	(2, 1, 0)	(1, 1, 0, 1)
4	0.90	0.48	0.90	(3, 1, 0)	(3, 1, 0, 0)或(2, 1, 0, 1)
5	1.06	0.53	1.10	(3, 2, 0)	(3, 1, 0, 1)
6	1.21	0.56	1.26	(3, 2, 1)	(3, 2, 0, 1)
7	1.35	0.58	1.41	(3, 3, 1)	(3, 2, 1, 1)
8	1.48	0.60	1.55	(4, 3, 1)	(3, 3, 1, 1)
9	1.60	0.60	1.68	(5, 3, 1)或(3, 3, 3)	(4, 3, 1, 1)或(3, 3, 1, 2)
10	1.73	0.60	1.81	(4, 3, 3)	(4, 3, 1, 2)

　　以上分析僅做至投資總額 A 等於 10 單位爲止，自可仿此予以拓展。此外就本例言，上述分析方式係先自第Ⅰ，Ⅱ地區，再至第Ⅰ，Ⅱ，Ⅲ地區，最後分析全部四地區。若改自第Ⅲ與Ⅰ地區開始分析，再進而分析Ⅲ，Ⅰ，Ⅱ地區，最後分析Ⅲ，Ⅰ，Ⅱ，Ⅳ四地區，其結果亦相同。換言之，係依下列次序進行其投資分配，其結果仍相符一致：

$$F_{3,1}(A),\ F_{3,1,2}(A),\ F_{3,1,2,4}(A)$$

　　故本例並無絕對的次序要求，可任擇二個區域開始。惟有些問題係有其特定的次序性，例如前述之生產及存貨問題，係以各個計劃期間爲階段，故其分析必須自最後一個期間開始，依時間順序，逆向推前，直至分析至目前或最早的一個期間爲止。此等以時間或以其他固定次序性者爲階段者，不能隨意變動其次序，故稱之爲既定次序性（Strictly Ordered）問題。

例五　採購問題及不定性

此處所討論之採購問題，係指於未來數個期間，貨品價格可能有所變動，則應於何期間採購，可獲最低成本。例如某公司擬採購某項原料一批，估計於未來四天內每天之該項原料價格變動，將係有下列可能機率：

單價	機率
$150	.25
170	.35
200	.40
	1.00

該公司為顧及生產上之需要，必須於此四天內採購此項原料，惟若該公司認為第一天之原料價格過高（例如為170元），而不願立即採購，自可等待至第二天、第三天，甚至最後第四天始採購，惟當天不買，明天或以後之價格並非一定有把握係下降，亦可能係上漲。究竟應於那一天，按那一種價格採購，實為一項具有不定性（Uncertainty）的問題，如下圖所示

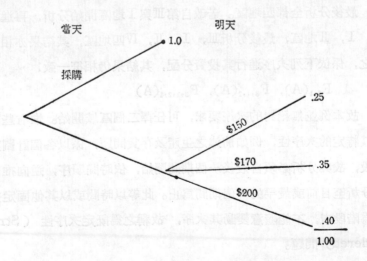

此問題可以動態規劃予以處理，此計劃期間中之四天即爲四個階段（stage），而每天之原料價格即爲狀態變動 (State Variable)。設

　　n：爲階段數值 (Stage Number)，即第 n 天的數值，其值爲

　　　1, 2, 3, 4。

　X_n：第 n 天之原料價格

　$F_n(X_n)$：於最佳採購策略時，按 X_n 價格所獲之最低採購成本

此項動態規劃問題，係以每天爲一階段，故需自最後一天開始分析。由於第四天係最後一天，故其最佳採購策略下之最低成本，即逕爲

$$F_4(X_4)=X_4; \quad 即\ F_4(X_4)=\begin{cases} \$\,150 \ 若\ X_4=\$\,150 \\ \$\,170 \ 若\ X_4=\$\,170 \\ \$\,200 \ 若\ X_4=\$\,200 \end{cases}$$

第三天之最佳採購策略下所獲最低成本則爲

$$\begin{array}{cc} 採購 & 等待 \\ \end{array}$$
$$F_3(X_3)=Min.\,[X_3,(\$\,150)(0.25)+(\$\,170)(0.35)+(\$\,200)(0.40)]$$

上式之意義係爲按 X_3 價格採購或係未來（第四天）之期望價格採購，並取其最低者爲之。故上式可以改寫成爲：

$$\begin{array}{cc} 採購 & 等待 \\ \end{array}$$
$$F_3(X_3)=Min.\,[X_3, F_4(\$\,150)(0.25)+F_4(\$\,170)(0.35)$$
$$+F_4(\$\,200)(0.40)]$$

爲分析上式，可探求上式中此兩項採購策略（立即採購及等待）之平衡點 (Break-even) X_{3B} 之價格爲

$$X_{3B}=(\$\,150)(0.25)+(\$\,170)(0.35)+(\$\,200)(0.40)$$
$$=\$\,37.50+\$\,59.50+\$\,80.00$$
$$=\$\,177.00$$

故於第三天之最佳策略應爲當原料價格低於 $\$\,177.00$ 時（亦即

$150.00 或 $170.00)，即應於該天購買，若價格超過 $177.00 則應延至第四天始採購。上述最佳採購策略之最低成本為：

$$F_3(X_3) = \begin{cases} \$150 & \text{若 } X_3 = \$150 \\ \$170 & \text{若 } X_3 = \$170 \\ \$177 & \text{平衡點} \end{cases}$$

上式中平衡點成本 $177 實為一項期望值，係指若未能於當天（第三天）採購，則於第四天採購之期望成本為 $177，並非真正之採購成本。第四天之實際採購成本應為 $F_4(X_4)$，即逕視該日之原料市價係為 $150, $170 或 $200 而定。

於分析第三天之最佳採購策略下之最低成本後，即可進行分析第二天之情況。該天之最佳採購策略下之最低成本為

$$\text{採購}\text{等待}$$
$$F_2(X_2) = \text{Min.} [X_2, F_3(\$150)(0.25) + F_3(\$170)(0.35)$$
$$+ F_3(177)(0.40)]$$

宜注意者，上式中之等待至第三天採購之期望成本，業已將 $F_3(X_3)$ 的最佳決策包含在內。換言之，業已綜合考慮第三天及第四天之最佳採購策略時之最低成本。為分析上式，亦需分析當天（第二天）採購與延至第三天採購及第四天採購之期望成本之平衡點，以為決策準則。第二天之平衡點時之價格為

$$X_{2B} = (\$150)(0.25) + (\$170)(0.35) + (\$177)(0.40)$$
$$= \$37.50 + \$59.50 + \$70.80$$
$$= \$167.80$$

第二天之最佳採購策略將為，若該天之原料價格低於 $167.80（即為 $150）應於當天採購；否則可延至第三天再考慮是否採購。其最低成本為

$$F_2(X_2) = \begin{bmatrix} \$\,150 \ 若\ X_2 = \$\,150 \\ \$\,167.80\ 平衡點 \end{bmatrix}$$

最後分析第一天的情形，仍先列出該日的最佳採購策略下之最低成本：

採購　　　　　　　　　　等待

$$F_1(X_1) = Min.\,[X_1, F_2(\$\,150)(0.25) + F_2(\$\,167.80)(0.35)$$
$$+ F_2(\$\,167.80)(0.40)]$$

該天之平衡點價格為

$$X_{1B} = (\$\,150)(0.25) + (\$\,167.80)(0.35) + (\$\,167.80)(0.40)$$
$$= \$\,163.35$$

該天之最低成本為

$$F_1(X_1) = \begin{bmatrix} \$\,150\ 若\ X_1 = 150 \\ \$\,163.35\ 平衡點 \end{bmatrix}$$

歸納上述分析，該公司之最佳採購策略係為：若第一天之原料價格為 $\$\,150$，卽應於該日採購，若超過 $\$\,150$，則應等待至第二天再考慮；若至第二天，其原料價格係 $\$\,150$，則應於該日進行採購，若仍然超過 $\$\,150$，則應再等待至第三天再考慮；若至第三天，其原料價格係為 $\$\,150$，或 $\$\,170$，卽應於該日進行採購，若係超過此兩價格，則應再等待至第四天再採購；至第四天時，已別無任何選擇，卽逕依該天之價格進行採購。

習　　題

16 1　某公司估計其新產品的各種可能訂價，以及於每種訂價下，未來四年內的各年的期望利潤表如下：

期望利潤表:

年數 訂價	一	二	三	四
$ 16	3	9	3	7
18	2	1	2	2
20	7	4	8	1
22	9	2	6	4
24	5	5	3	1

(1)若該公司對新產品各年間價格變動無限制，可以任意變動調整，試求各年的最佳訂價。

(2)若每年間的價格波動變化不超過2元，試求各年的最佳訂價。

16-2　某企業有甲、乙、丙三個主要市場，其市場利潤與銷售人員的人數配備有關，各市場配備的人員愈多，所獲利潤亦愈大，其關係如下表:

銷售人員配備人數與利潤表

市場	人數	0	1	2	3	4	5	6	7	8
甲		50	60	80	105	115	130	150	170	190
乙		50	65	85	110	140	160	175	185	200
丙		60	75	100	120	135	150	180	190	210

應如何分配其銷售人員?

16-3　某公司生產三項產品，其各項產品之單位重點及利潤如下表所示:

項目	重量（噸）	利潤（千元）
I	2	80
II	3	130
III	4	180

若其運輸能量限制為總重量不超過 6 噸，則該公司應如何在其限制條件下，運輸此三項商品至市場，而獲最大利潤。

16-4 某廠產銷產品一種，該產品未來四個月份的銷售量估計如下：

月份	銷售量（件）
1	4
2	5
3	3
4	2

該項產品的生產準備成本為每批 5 元，變動成本為每件 1 元，倉儲成本為每件每月 1 元，假設期初的存貨（即 1 月份開始時）為 1 件，試求該廠應有的最佳生產計劃。

16-5 某投資公司於未來五個月間將投資一千萬元，惟每個月皆可能有不同的投資機會，投資報酬率係依下列機率變化：

投資報酬率	機率
20%	0.6
30%	0.3
100%	0.1

於每月開始，皆有一項投資機會，其報酬率卽係依上表而決定，若該公司不於本月投資，卽需等待下月份的投資機會，惟最遲於第五個月應作投資決定。令

X_n：第 n 個月的投資報酬率

$f_n(X_n)$：已知第 n 個月的投資報酬爲 X_n，且從第 n 個月開始至第 5 個月皆係最佳決策所得獲得的最高期望報酬率。試求：

(1)將第 5 個月的投資報酬函數 $f_5(X_5)$ 寫出。

(2)寫作 $f_4(X_4)$。($f_4(X_4)$ 等於兩項不同選擇中的最有利者，卽行動與等待的最大期望報酬)。

(3)若 令(2)中兩種選擇的期望報酬相等，求出 X_4 的均衡值 (X_{4b})，並據以決定第四個月的最佳決策法則。

(4)依據第四個月的最佳決策法則，寫出 $f_3(X_3)$，並類推求出 $f_2(X_2)$ 與 $f_1(X_1)$。

(5)若第一個月的投資報酬率爲30%，是否應在第一個月投資？或應等待以後的投資機會？其最佳決策的期望報酬爲若干？

16–6 某貨櫃車的運輸能量爲20噸，現有三種不同的貨物可載，下表顯示載運各類貨物的單位利潤及單位重量：

貨物	利潤/單位	重量/單位
第 1 類	$ 40	5 噸
第 2 類	220	10 噸
第 3 類	360	15 噸

(1)試以試誤法，找出適當的安排，使運貨能量可充分利用並有最大利潤。

(2)令：X_n：於考慮第 n 類貨物時，所剩下的貨運能量 (狀態變數)。

$f_n(X_n)$：已知於考慮第 n 類貨物時，所剩下的貨運能量爲 X_n 時，使用最佳決策下的最高利潤值。

Y_n：載運第 i 類 (i =1,2,3) 貨物的噸數 (決策變數)

寫出 $f_1(X_1)$；$f_2(X_2)$；$f_3(X_3)$。

第十七章　非線性規劃

非線性規劃（Nonlinear Programing）名稱之由來係與線性規劃相對稱而產生，係處理非線性或曲線性（Curvilinear）的目的方程或限制條件的問題。由於曲線性的目的方程或限制條件的形態非常之多，故目前尚無一項普遍可循的規則以解決非線性規劃問題。茲僅就少數特殊形態之非線性規劃問題予以說明其性質及解決的方法，以瞭解此類問題的意義。

一、整數規劃

非線性規劃中最簡單的一種問題，即是可以將問題的形式予以轉變為可以應用線性規劃去解決。換言之，將非線性規劃修改成為線性規劃問題，再以單純法或單體法（Simplex Algorithm）去解，當然此類線性規劃問題並另附有若干條件，而不若純粹的線性規劃問題來得單純。所謂整數規劃（Integer Programming）即是其中之一。整數規劃可視為線性規劃問題，惟要求其最終所獲得之解，係為整數（0, 1, 2, ……）。由於甚多資源係不可分割者（如機器，人員），故整數規劃亦有其具體之意義。於甚多場合，將非整數的小數點後數值予以四捨五入，或以其他方式以最接近的整數來表示，其結果可能有甚大之誤差。例如下圖中所顯示的線性規劃問題，係表示生產X與Y兩種產品，其最佳解依線性規劃問題所求得者，係為A點，該點所代表之X與Y兩種產品之產量顯非整數。距A點最近之整數解係為B點，亦即依四捨五入等接近法，則必爲B點之整數解。惟事實上眞正之最佳整數解並非與A點之最近似值B點，而係圖示之C點。該C點距A點甚遠，並非由A點之整數近似值得來。換言之，以線性規劃求得最佳解，再予以四捨五入化爲近似之整數解，並非一定係最佳整數解。

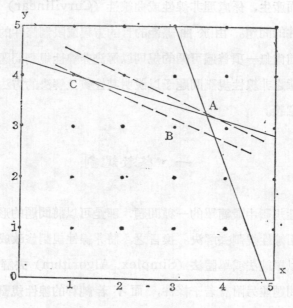

線性規劃問題與可能的整數解

以上線性規劃問題，若以非線性規劃問題視之，其最佳解之凸面（Cowex Region）係成爲一個多段的折曲面，並非與線性規劃問題的最佳解凸面相一致，其情形如下圖所示：

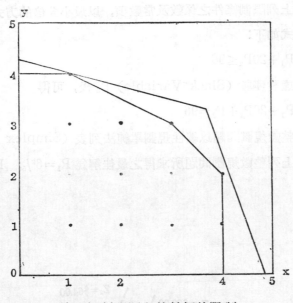

線性規劃問題與整數解的限制

　　整數規劃問題卽是將由於「整數解」這一項限制條件所造成的各凸面，視爲線性規劃問題的新增限制條件。換言之，整數規劃的最佳解必定在各凸點上，故仍可應用線性規劃問題的求解方法，循各整數凸點求得最佳解。

　　整數規劃問題之求解步驟如下：

　　(1)將該問題之限制條件予以整數化。亦卽將各限制條件的係數與常數項予以化算成爲整數。例如有一項線性規劃問題，其解需爲整數，則首先須將該線性規劃問題的限制條件予以整數化。設此項整數規劃問題爲

　　　　極大　　　$\$10P_1 + \$5P_2$

　　　　限制於　　$3/8P_1 + 1/2P_2 \leq 2^2/_5$

則可將上列限制條件之係數及常數項，以最小公倍的方式予以化算
爲整數的形式如下：

$$15P_1 + 20P_2 \leq 96$$

於增加虛設變數 (Slack Variable) P_3 後，可得

$$15P_1 + 20P_2 + P_3 = 96$$

(2)將該整數規劃問題以線性規劃單純法列表 (Simplex Tableau)
求解。例如上列整數規劃問題所求得之最佳解爲 $P_1 = 6^2/_5$；$P_2 = 0$。其
圖解如下：

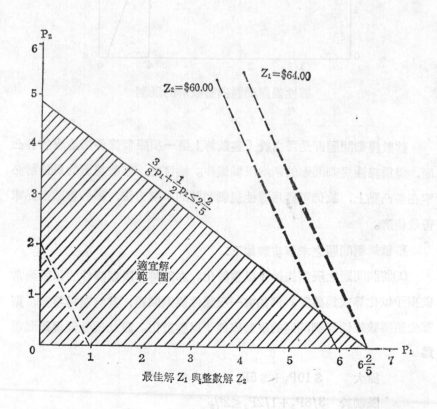

最佳解 Z_1 與整數解 Z_2

(3)第三步驟係將依上步驟求得最佳解列表（Optimal Solution Tableau）中，選擇具有最大分數部分（Largest Fraction Part）變數的方程式（卽數量欄中之數值具有最大分數者），作爲表達各項變數間之相互關係。例如上列整數規劃問題其最佳解列表爲：

基礎（解）	$10 P_1	$5 P_2	$0 P_3	數量
P_1	1	$1\frac{1}{3}$	$\frac{1}{15}$	$\frac{96}{15}$
Z_j	10	$\frac{40}{3}$	$\frac{10}{15}$	$64
$C_j - Z_j$	0	-8.33	-0.66	

由於本例僅有一個 P_1 方程式，故可逕選此方程式：

$$P_1 + 1\frac{1}{3}P_2 + \frac{1}{15}P_3 = \frac{96}{15}$$

移項得　$P_1 = \frac{96}{15} - 1\frac{1}{3}P_2 - \frac{1}{15}P_3$

上式卽係表示 P_1 爲 P_2 與 P_3 兩變數的函數。並以符號（′）（Prime）表示整數值部分，則上述方程式可寫成爲：

$$P_1' = \frac{96}{15} - 1\frac{1}{3}P_2' - \frac{1}{15}P_3'$$

由於 P' 係爲 P 的整數值，則上述方程式之右端亦必爲整數值，設此值爲 I，並可寫爲：

$$1\frac{1}{3}P_2' + \frac{1}{15}P_3' - \frac{96}{15} = I$$

當然，上式中之 I 雖必爲整數，惟其值係爲負，正或零則尚未可知。

上式既爲整數，　則將 P_2' 與 P_3' 的係數以及其常數項 $\frac{96}{15}$，各增減一項整數值，其結果將仍爲整數：

$$\left(1\frac{1}{3}\pm I_1\right)P_2' + \left(\frac{1}{15}\pm I_2\right)P_3' - \left(\frac{96}{15}\pm I_3\right) = I$$

若所選之增減整數值，可將其結果成爲一項最小的非負值（Non-negative Number)，則所增減之整數值 I_1，I_2，I_3 將爲：

$$1\frac{1}{3} - 1 = \frac{1}{3}$$

$$\frac{1}{15} - 0 = \frac{1}{15}$$

$$\frac{96}{15} - 6 = \frac{6}{15}$$

故可得新的方程式爲：

$$\frac{1}{3}P_2' + \frac{1}{15}P_3' - \frac{6}{15} = I$$

或　　$\frac{1}{3}P_2' + \frac{1}{15}P_3' = I + \frac{6}{15}$

上式中各項 P' 值皆爲 P 的整數部分，而 P 值必係大於或等於零，故 P' 值亦必爲大於或等於零的整數。而各項變數（P_2' 與 P_3')的係數，已化算爲最小的非負值，故上式中之左端必係正值，而右端必係正整數。依此分析，可得新的限制條件方程如下：

$$\frac{1}{3}P_2' + \frac{1}{15}P_3' \geq \frac{6}{15}$$

上項方程式，亦稱做分割面（Cutting Plane)。於增加虛設變數 P_4，可將上式改寫成爲

$$\frac{1}{3}P_2' + \frac{1}{15}P_3' - P_4 = \frac{6}{15}$$

於增加此項新的限制方程後，即成為一項新的線性規劃問題。

(4)第四步驟即係將此項新的限制條件加入上步驟所獲之最佳解列表中，成為新增的列 (Row)。此項修正後的列表必較原表多一列，亦即多一項限制條件。本例之修正列表 (Modified Tableau for Integer Programming Problem)，較原以線性規劃問題求解之非整數最佳解列表，多出一項限制條件 $\frac{1}{3}P_2' + \frac{1}{15}P_3' - P_4 = \frac{6}{15}$；並亦多出一項變數 P_4。

故本例已修正為有兩個限制條件式，得新列表如下：

基礎（解）	$10 P_1	$5 P_2	$0 P_3	$0 P_4	數量
P_1	1	$1\frac{1}{3}$	$\frac{1}{15}$	0	$\frac{96}{15}$
?	0	$\frac{1}{3}$	$\frac{1}{15}$	-1	$\frac{6}{15}$
Z_J	10	$\frac{40}{3}$	$\frac{10}{15}$	0	$64
$C_J - Z_J$	0	-8.33	-0.66	0	

由於上表中 P_4 欄 (Column) 的分子為 $(0, -1)$，故不能進入基礎解，故應選擇 P_2 或 P_3 進入基礎。由於 P_3 的 C_J-Z_J 值係有最小的負值，故將 P_3 帶進入基礎解。由於 P_3 的 C_J-Z_J 值係為負值，故將 P_3 帶入基礎解必減低目的方程之值。此項改變基礎解的結果，可於下表（最佳解）中得知

整數規劃最佳解表：

	$10	$5	$0	$0	
基礎（解）	P_1	P_2	P_3	P_4	數量
P_1	1	1	0	1	6
P_3	0	5	1	−15	6
Z_j	10	10	0	10	$60
$C_j−Z_j$	0	−5	0	−10	

上表卽係該項整數規劃問題的最佳解表，其目的方程值爲 $60，較原獲非整數最佳解 $64 爲低，其最佳解係 $P_1 = 6$；$P_2 = 0$ 皆爲整數。

上例整數規劃問題，原僅有一個目的方程與一項限制條件，爲求整數解起見，以歌馬分割技術 (Gomory's Cut Technique) 就非整數最佳解列表 (Optimal Simplex Tableau) 增加一項限制條件，求得最佳整數解。茲再舉例說明如下：

某機械公司生產三種機械出售 (P_1, P_2, P_3)，各可獲單位貢獻 (Unit Contribution) $200, $400, $300。每種機械之製造皆須經由三個部門，每部機器製造所需之時間，以及各部門於計劃期間內可供使用之時間如下：

部門＼產品	P_1	P_2	P_3	可供使用時間
I	30	40	20	600
II	20	10	20	400
III	10	30	20	800

由於該公司生產之機械係屬大型產品，不可分割或取其近似值。故上列問題係一項整數規劃問題，茲先列出其目的方程與限制條件諸式如

下:

極大　　$Z = \$200P_1 + \$400P_2 + \$300P_3$

限制於　$30P_1 + 40P_2 + 20P_3 \leq 600$ 小時

$20P_1 + 10P_2 + 20P_3 \leq 400$ 小時

$10P_1 + 30P_2 + 20P_3 \leq 800$ 小時

P_1, P_2, P_3 係爲 ≥ 0 整數

由於上列問題中各項係數 (Coefficient) 與常數項皆係整數，故可省去前述第一項步驟的整數化程序，而可逐按第二步驟以線性規劃單純法列表 (Simplex Tableau) 求解。所獲之線性規劃最佳解表 (Optimal Simplex Tableau) 顯示所獲之最佳解 $P_2 = 6\frac{2}{3}$；$P_3 = 16\frac{2}{3}$；$P_1 = 0$，有非整數的現象出現，故需採用歌馬分割技術，將其分數部分消去。其線性規劃最佳解表如下：

	200	400	300	0	0	0	
基礎（解）	P_1	P_2	P_3	P_4	P_5	P_6	數量
P_2	$\frac{1}{3}$	1	0	$\frac{1}{33}$	$-\frac{1}{33}$	0	$6\frac{2}{3}$
P_3	$\frac{5}{6}$	0	1	$-\frac{1}{66}$	$\frac{1}{15}$	0	$16\frac{2}{3}$
P_6	$-\frac{50}{3}$	0	0	$-\frac{5}{6}$	$-\frac{1}{3}$	1	$266\frac{2}{3}$
Z_J	383	400	300	8.33	6.66	0	\$7,667
$C_J - Z_J$	-183	0	0	-8.33	-6.66	0	

若將上列最佳解之分數部分予以四捨五入的方式取其近似整數值，則 P_2 應生產 7 部機械；P_3 應生產17部機械；惟此項方式是否係最佳，

故需以整數規劃問題解之。

依上例可知第三步驟係依歌馬分割技術，選取上表中數量內各分子中具有最大分數部分的變數列，作為表示各項變數間之相互關係。由上表觀察得知，數量欄內各分子之分數部分皆係 $\frac{2}{3}$ 為相等，故應選擇具有最低貢獻值的變數列（Row）作為表達各變數間相互關係的方程式。上表中 P_3 的貢獻較 P_2 為低（P_6 係虛設變數無入選可能），故選擇 P_3 列作為表達此項關係的方程式。茲摘錄如下：

$$\frac{5}{6}P_1 + P_3 - \frac{1}{66}P_4 + \frac{1}{15}P_5 = \frac{50}{3}$$

自上式可得分割面（Cutting Plane）如下：

$$\frac{5}{6}P_1 - \frac{1}{66}P_4 + \frac{1}{15}P_5 \geq \frac{2}{3}$$

增加新虛設變數 P_7（其係數為 -1），上式改寫為：

$$\frac{5}{6}P_1 - \frac{1}{66}P_4 + \frac{1}{15}P_5 - P_7 = \frac{2}{3}$$

將上式作為原列線性規劃最佳解表的新增限制條件，可得修正表如下：

	200	400	300	0	0	0	0	
基礎（解）	P_1	P_2	P_3	P_4	P_5	P_6	P_7	數量
P_2	$\frac{1}{3}$	1	0	$\frac{1}{33}$	$-\frac{1}{33}$	0	0	$\frac{20}{3}$
P_3	$\frac{5}{6}$	0	1	$-\frac{1}{66}$	$\frac{1}{15}$	0	0	$\frac{50}{3}$
P_6	$-\frac{50}{3}$	0	0	$-\frac{5}{6}$	$-\frac{1}{3}$	1	0	$\frac{800}{3}$
〔P_5〕	$\frac{5}{6}$	0	0	$-\frac{1}{66}$	$\frac{1}{15}$		-1	$\frac{2}{3}$
Z_j	383	400	300	8.33	6.66	0	0	\$7,667
$C_j - Z_j$	-183	0	0	-8.33	-6.66	0	0	

　　由於上表中 P_2，P_3，P_6 已爲基礎解，而 P_4 與 P_7 在此新增列中的係數（亦即新增限制條件式中的係數）爲負值，故僅有 P_1 與 P_5 可以被考慮列爲此新增列（New Row）的變數。就 P_1 與 P_5 言，由於 P_5 之 C_j-Z_j 值係數 P_1 者爲較小負值（即所減之 C_j-Z_j 值較小），故將 P_5 作爲新增之基礎解（已於上表中指示）。

　　將上表依線性規劃單純法（Simplex Method）解之，即可得下表，亦爲最終的最佳解列表。下表中各項解的值，皆已爲整數值，惟由於增加一項限制條件，並增加一項具有負值 C_j-Z_j 的變數，作爲基礎解中的一分子，故其目的方程之值係較上表爲低：

基礎（解）	$200 P_1	$400 P_2	$300 P_3	$0 P_4	$0 P_5	$0 P_6	$0 P_7	數量
P_2	$\frac{3}{4}$	1	0	$\frac{1}{40}$	0	0	$-\frac{1}{2}$	7
P_3	0	0	1	0	0	0	1	16
P_6	$12\frac{1}{2}$	0	0	$-\frac{11}{12}$	0	1	0	270
P_5	$12\frac{1}{2}$	0	0	$-\frac{1}{4}$	1	0	-15	10
Z_j	300	400	300	10	0	0	100	$7,600
C_j-Z_j	-100	0	0	-10	0	0	-100	

　　上表中各項 C_j-Z_j 值皆已爲負值或零，且數量欄各值（經由分割法已獲整數值，故已達整數規劃問題的最佳解，該公司應製造 7 部 P_2；16 部 P_3 機械，而無 P_1 機械的生產。本例係經過一次分割面（First Cutting Plane）即達最佳解，惟甚多場合需經多次分割，始獲最佳解。

二、非線性目的方程

非線性規劃問題中的一項特殊狀態，係目的方程爲非線性，而限制條件式仍爲線性。茲舉例說明如下：

某公司生產 X，Y 產品兩種，皆需使用兩項生產資源，於計劃期間內，該兩項資源的限制條件如下：

$$X + 0.429Y \leq 150$$
$$X + 0.750Y \leq 175$$

該兩項產品之單位貢獻，則有不同性質，產品 Y 的單位貢獻係固定不變，每件 $6.00；而產品 X 的單位貢獻，則隨數量（產銷量）之增加而減少，係每件 $10 - $0.01X。換言之，若有 200 件 X 產品售出，則每件之貢獻，將爲

$$\$10 - (\$0.01)(200) = \$8$$

故 X 與 Y 產品之目的方程係爲

極大　　（$10 - $0.01X）X + $6Y

或　極大　　（$10X - $0.01X²）+ $6Y

本例非線性規劃問題（目的方程非線性），可以下圖表示其適宜解範圍（Feasible Solution Area）與目的方程線系的情形：

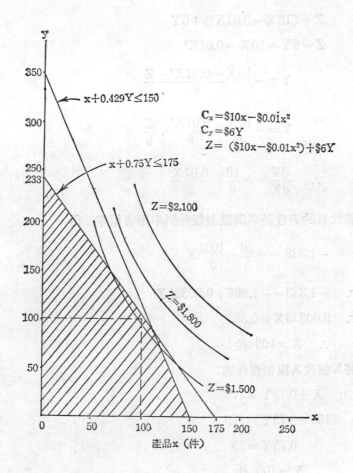

產品x（件）

本項問題之最困難處係在於其最佳解已非如線性方程係位於適宜解範圍的各突點。故無法就各突點作有效的測驗以獲其最佳解。惟該問題之最佳解仍係位於目的方程與限制條件相交之處，當無疑問。觀察上圖可知，上例之目的方程係與 X＋0.75Y≤175 限制條件相交，故須分別求此兩方程式之斜率。上述限制方程式之斜率係為 −1.333(233/175)，極易求得。而目的方程之斜率，則須以微分求解：

$$Z = (10X - 0.01X^2) + 6Y$$

$$Z - 6Y = 10X - 0.01X^2$$

$$Y = -\frac{10X - 0.01X^2 - Z}{6}$$

$$Y = -\frac{10X}{6} + \frac{0.01X^2}{6} + \frac{Z}{6}$$

$$\therefore \quad \frac{dY}{dX} = -\frac{10}{6} + \frac{0.01X}{3}$$

設此目的方程斜率與限制條件斜率兩者相等，得

$$-1.333 = -\frac{10}{6} + \frac{0.01}{3}X$$

$$\therefore \quad -1.333 = -1.666 + 0.00333X$$

$$\therefore \quad 0.00333X = 0.333$$

$$\therefore \quad X = 100 \text{ 件}$$

將X值代入限制條件式：

$$X + 0.75Y = 175$$

$$100 + 0.75Y = 175$$

$$0.75Y = 75$$

$$Y = 100 \text{ 件}$$

目的方程值為 $\quad Z = (\$10X - \$0.01X^2) + \$6Y$

$$= \$10(100) - \$0.01(100)^2 + \$6(100)$$

$$= \$1,000 - \$100 + \$600$$

$$= \$1,500$$

甚多非線性目的方程的非線性規劃問題，皆係使用近似值法解之。

卽是將非線性目的方程以拋物線近似值法（Polygonal Approximation)，以多段較短直線，估計一段曲線的方式來表達曲線的目的方程。如此可仍然採用線性規劃的單純法列表（Simplex Tableau）解之。

三、非線性目的方程與限制條件

較簡單的非線性規劃問題，仍可仿上述辦法，以斜率相等的手段處理之。例如

極大　　$Z = (\$7.34X - \$0.02X^2) + \$8Y$

限制於　$2X^2 + 3Y^2 \leq 12,500$

　　　　$X, Y \geq 0$

該項問題之目的方程與適宜解範圍，可以下圖表之：

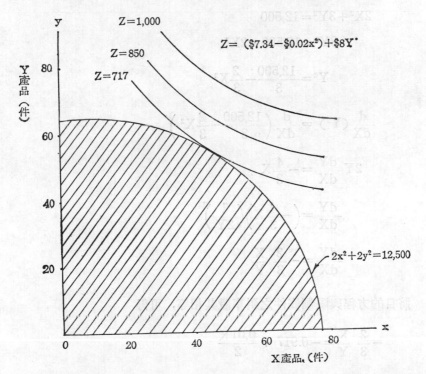

　　觀察上圖可知，最佳解係位於P點（X＝50；Y＝50）。以代數法解之。需先求得目的方程之微分：

$$Z = \$7.34X - \$0.02X^2 + \$8Y$$

$$Z - 8Y = 7.34X - 0.02X^2$$

$$-Y = \frac{7.34X - 0.02X^2}{8} - \frac{Z}{8}$$

$$Y = \frac{-7.34}{8}X + \frac{0.02}{8}X^2 + \frac{Z}{8}$$

$$\frac{dY}{dX} = -0.917 + \frac{0.01X}{2}$$

此外並需求得限制方程之微分：

$$2X^2 + 3Y^2 = 12,500$$

$$3Y^2 = 12,500 - 2X^2$$

$$Y^2 = \frac{12,500}{3} - \frac{2}{3}X^2$$

$$\frac{d}{dX}(Y^2) = \frac{d}{dX}\left(\frac{12,500}{3} - \frac{2}{3}X^2\right)$$

$$2Y\frac{dY}{dX} = -\frac{4}{3}X$$

$$\frac{dY}{dX} = \left(-\frac{4}{3}X\right)\left(\frac{1}{2Y}\right)$$

$$\frac{dY}{dX} = -\frac{2}{3}\frac{X}{Y}$$

將目的方程與限制條件之斜率設其相等，可得

$$-\frac{2}{3}\frac{X}{Y} = -0.917 + \frac{0.01X}{2}$$

$$\frac{1}{Y} = -\frac{3}{2X}(-0.917 + 0.005X)$$

$$Y = \frac{-2X}{3(-0.917 + 0.005X)}$$

將 Y 值代入前列之限制條件，得

$$2X^2 + 3\left[\frac{-2X}{3(-0.917 + 0.005X)}\right]^2 = 12,500$$

自圖解知 X＝50，爲簡便起見，可將 X＝50代入上式以觀察其是否適合，若然則知 X＝50爲正確。將 X＝50代入，得

$$2(50)^2 + 3\left[\frac{4(50)^2}{3^2(-0.917 + 0.005 \times 50)^2}\right] = 12,500$$

$$2(2,500) + 3\left[\frac{10,000}{9(-0.667)^2}\right] = 12,500$$

$$5,000 + 3\left[\frac{10,000}{9(0.444)}\right] = 12,500$$

$$5,000 + 3(2,500) = 12,500$$

$$12,500 = 12,500$$

可知 X＝50係正確，將此 X 值代入限制條件，得

$$2X^2 + 3Y^2 = 12,500$$

$$2(50)^2 + 3Y^2 = 12,500$$

$$3Y^2 = 7500$$

$$Y^2 = 2500$$

$$Y = 50$$

將 X＝50；Y＝50代入日的方程，得

$$Z = \$7.34X - \$0.02X^2 + \$8Y$$

$$= \$7.34(50) - \$0.02(50)^2 + \$8(50)$$

$$= \$367 - \$50 + \$400$$

$$= \$717$$

　　上列問題亦可按近似法估計之。將目的方程與限制條件曲線皆以拋物線段予以估計，以運用線性規劃法求解。

　　此外對於部分的非線性規劃問題，可以運用前述之分段與界限 (Branch and Bound) 法解之，例如整數規劃卽可以此法求解。

習　　題

　　17-1　某高級音響工廠，生產三種型式音響，其所需各部門加工與裝配時間，以及各部門於一個生產計劃期間內可供使用的時間如下：

各部門	單位產品生產時間			各部門可供使用時間
	甲型	乙型	丙型	
A	20小時	0小時	30小時	550小時
B	0	18	2	440
C	20	20	20	400
D	12.5	12.5	13.3	360
各單位產品利潤貢獻	55元	50元	60元	

　　試求該廠於此期間內應生產各型音響各若干台（整數）。

　　17-2　某廠生產A與B兩種產品，市場容量極大，該廠生產能量及兩種產品的單位生產時間如下：

部門	單位產品生產時間		計劃期間可供使用時間
	A	B	
A	2.5小時	2.5小時	600小時
	1.75	2.0	600
C	4.0	3.25	1,200

產品A的單位利潤貢獻為每單位18元，惟產品B的利潤貢獻則依其出售數量而

定， 設X為B產品售出數量，其單位利潤貢獻為$20－$0.005X

試求於此計劃期間內，該廠應生產A與B各若干件？

17-3　某廠生產X與Y兩種產品，其目的方程與限制條件皆為非線性：

極大利潤貢獻　　$5.6X-0.02X^2+8Y$

限制於　　　　　$6X^2+12Y^2 \leq 28,800$

$$X, Y \geq 0$$

試解上列非線性規劃。

17-4　試解下列非線性規劃：

極大利潤貢獻　　$15X+20Y+1XY-2X^2-2Y^2$

限制於　　　　　$10-Y \geq 0$

$$12-X-Y \geq 0$$

$$X, Y \geq 0$$

17-5　若將上題（16-　）限制條件改變為

$$8-Y \geq 0$$

$$10-X-Y \geq 0$$

$$X, Y \geq 0$$

其目的方程不變，試解此非線性規劃，其結果與上題有何不同。

附表一　常態分配表

	00	.01	.02	.03	.04	.05	.06	.07	.08	.09
0.0	.50000	.50399	.50798	.51197	.51595	.51994	.52392	.52790	.53188	.53586
0.1	.53983	.54380	.54776	.55172	.55567	.55962	.56356	.56749	.57142	.57535
0.2	.57926	.58317	.58706	.59095	.59483	.59871	.60257	.60642	.61026	.61409
0.3	.61791	.62172	.62552	.62930	.63307	.63683	.64058	.64431	.64803	.65173
0.4	.65542	.65910	.66276	.66640	.67003	.67364	.67724	.68082	.68439	.68793
0.5	.69146	.69497	.69847	.70194	.70540	.70884	.71226	.71566	.71904	.72240
0.6	.72575	.72907	.73237	.73536	.73891	.74215	.74537	.74857	.75175	.75490
0.7	.75804	.76115	.76424	.76730	.77035	.77337	.77637	.77935	.78230	.78524
0.8	.78814	.79103	.79389	.79673	.79955	.80234	.80511	.80785	.81057	.81327
0.9	.81594	.81859	.82121	.82381	.82639	.82894	.83147	.83398	.83646	.83891
1.0	.84134	.84375	.84614	.84849	.85083	.85314	.85543	.85769	.85993	.86214
1.1	.86433	.86650	.86864	.87076	.87286	.87493	.87698	.87900	.88100	.88298
1.2	.88493	.88686	.88877	.89065	.89251	.89435	.89617	.89796	.89973	.90147
1.3	.90320	.90490	.90658	.90824	.90988	.91149	.91309	.91466	.91621	.91774
1.4	.91924	.92073	.92220	.92364	.92507	.92647	.92785	.92922	.93056	.93189
1.5	.93319	.93448	.93574	.93699	.93822	.93943	.94062	.94179	.94295	.94408
1.6	.94520	.94630	.94738	.94845	.94950	.95053	.95154	.95254	.95352	.95449
1.7	.95543	.95637	.95728	.95818	.95907	.95994	.96080	.96164	.96246	.96327
1.8	.96407	.96485	.96562	.96638	.96712	.96784	.96856	.96926	.96995	.97062
1.9	.97128	.97193	.97257	.97320	.97381	.97441	.97500	.97558	.97615	.97670
2.0	.97725	.97784	.97831	.97882	.97932	.97982	.98030	.98077	.98124	.98169
2.1	.98214	.98257	.98300	.98341	.98382	.98422	.98461	.98500	.98537	.98574
2.2	.98610	.98645	.98679	.98713	.98745	.98778	.98809	.98840	.98870	.98899
2.3	.98928	.98956	.98983	.99010	.99036	.99061	.99086	.99111	.99134	.99158
2.4	.99180	.99202	.99224	.99245	.99266	.99286	.99305	.99324	.99343	.99361
2.5	.99379	.99396	.99413	.99430	.99446	.99461	.99477	.99492	.99506	.99520
2.6	.99534	.99547	.99560	.99573	.99585	.99598	.99609	.99621	.99632	.99643
2.7	.99653	.99664	.99674	.99683	.99693	.99702	.99711	.99720	.99728	.99736
2.8	.99744	.99752	.99760	.99767	.99774	.99781	.99788	.99795	.99801	.99807
2.9	.99813	.99819	.99825	.99831	.99836	.99841	.99846	.99851	.99856	.99861
3.0	.99865	.99869	.99874	.99878	.99882	.99886	.99889	.99893	.99896	.99900
3.1	.99903	.99906	.99910	.99913	.99916	.99918	.99921	.99924	.99926	.99929
3.2	.99931	.99934	.99936	.99938	.99940	.99942	.99944	.99946	.99948	.99950
3.3	.99952	.99953	.99955	.99957	.99958	.99960	.99961	.99962	.99964	.99965
3.4	.99966	.99968	.99969	.99970	.99971	.99972	.99973	.99974	.99975	.99976
3.5	.99977	.99978	.99978	.99979	.99980	.99981	.99981	.99982	.99983	.99983
3.6	.99984	.99985	.99985	.99986	.99986	.99987	.99987	.99988	.99988	.99989
3.7	.99989	.99990	.99990	.99990	.99991	.99991	.99992	.99992	.99992	.99992
3.8	.99993	.99993	.99993	.99994	.99994	.99994	.99994	.99995	.99995	.99995
3.9	.99995	.99995	.99996	.99996	.99996	.99996	.00000	.99996	.99997	.99997

附表二　單位損失常態係數表

D	.00	.01	.02	.03	.04	.05	.06	.07	.08	.09
.0	.3989	.3940	.3890	.3841	.3793	.3744	.3697	.3649	.3602	.3556
.1	.3509	.3464	.3418	.3373	.3328	.3284	.3240	.3197	.3154	.3111
.2	.3069	.3027	.2986	.2944	.2904	.2863	.2824	.2784	.2745	.2706
.3	.2668	.2630	.2592	.2555	.2518	.2481	.2445	.2409	.2374	.2339
.4	.2304	.2270	.2236	.2203	.2169	.2137	.2104	.2072	.2040	.2009
.5	.1978	.1947	.1917	.1887	.1857	.1828	.1799	.1771	.1742	.1714
.6	.1687	.1659	.1633	.1606	.1580	.1554	.1528	.1503	.1478	.1453
.7	.1429	.1405	.1381	.1358	.1334	.1312	.1289	.1267	.1245	.1223
.8	.1202	.1181	.1160	.1140	.1120	.1100	.1080	.1061	.1042	.1023
.9	.1004	.09860	.09680	.09503	.09328	.09156	.08986	.08819	.08654	.08491
1.0	.08332	.08174	.08019	.07866	.07716	.07568	.07422	.07279	.07138	.06999
1.1	.06862	.06727	.06595	.06465	.06336	.06210	.06086	.05964	.05844	.05726
1.2	.05610	.05496	.05384	.05274	.05165	.05059	.04954	.04851	.04750	.04650
1.3	.04553	.04457	.04363	.04270	.04179	.04090	.04002	.03916	.03831	.03748
1.4	.03667	.03587	.03508	.03431	.03356	.03281	.03208	.03137	.03067	.02998
1.5	.02931	.02865	.02800	.02736	.02674	.02612	.02552	.02494	.02436	.02380
1.6	.02324	.02270	.02217	.02165	.02114	.02064	.02015	.01967	.01920	.01874
1.7	.01829	.01785	.01742	.01699	.01658	.01617	.01578	.01539	.01501	.01464
1.8	.01428	.01392	.01357	.01323	.01290	.01257	.01226	.01195	.01164	.01134
1.9	.01105	.01077	.01049	.01022	$.0^2 9957$	$.0^2 9698$	$.0^2 9445$	$.0^2 9198$	$.0^2 8957$	$.0^2 8721$
2.0	$.0^2 8491$	$.0^2 8266$	$.0^2 8046$	$.0^2 7832$	$.0^2 7623$	$.0^2 7418$	$.0^2 7219$	$.0^2 7024$	$.0^2 6835$	$.0^2 6649$
2.1	$.0^2 6468$	$.0^2 6292$	$.0^2 6120$	$.0^2 5952$	$.0^2 5788$	$.0^2 5628$	$.0^2 5472$	$.0^2 5320$	$.0^2 5172$	$.0^2 5028$
2.2	$.0^2 4887$	$.0^2 4750$	$.0^2 4616$	$.0^2 4486$	$.0^2 4358$	$.0^2 4235$	$.0^2 4114$	$.0^2 3996$	$.0^2 3882$	$.0^2 3770$
2.3	$.0^2 3662$	$.0^2 3556$	$.0^2 3453$	$.0^2 3352$	$.0^2 3255$	$.0^2 3159$	$.0^2 3067$	$.0^2 2977$	$.0^2 2889$	$.0^2 2804$
2.4	$.0^2 2720$	$.0^2 2640$	$.0^2 2561$	$.0^2 2484$	$.0^2 2410$	$.0^2 2337$	$.0^2 2267$	$.0^2 2199$	$.0^2 2132$	$.0^2 2067$
2.5	$.0^2 2004$	$.0^2 1943$	$.0^2 1883$	$.0^2 1826$	$.0^2 1769$	$.0^2 1715$	$.0^2 1662$	$.0^2 1610$	$.0^2 1560$	$.0^2 1511$
2.6	$.0^2 1464$	$.0^2 1418$	$.0^2 1373$	$.0^2 1330$	$.0^2 1288$	$.0^2 1247$	$.0^2 1207$	$.0^2 1169$	$.0^2 1132$	$.0^2 1095$
2.7	$.0^2 1060$	$.0^2 1026$	$.0^3 9928$	$.0^3 9607$	$.0^3 9295$	$.0^3 8992$	$.0^3 8699$	$.0^3 8414$	$.0^3 8138$	$.0^3 7870$
2.8	$.0^3 7611$	$.0^3 7359$	$.0^3 7115$	$.0^3 6879$	$.0^3 6650$	$.0^3 6428$	$.0^3 6213$	$.0^3 6004$	$.0^3 5802$	$.0^3 5606$
2.9	$.0^3 5417$	$.0^3 5233$	$.0^3 5055$	$.0^3 4883$	$.0^3 4716$	$.0^3 4555$	$.0^3 4398$	$.0^3 4247$	$.0^3 4101$	$.0^3 3959$
3.0	$.0^3 3822$	$.0^3 3689$	$.0^3 3560$	$.0^3 3436$	$.0^3 3316$	$.0^3 3199$	$.0^3 3087$	$.0^3 2978$	$.0^3 2873$	$.0^3 2771$
3.1	$.0^3 2673$	$.0^3 2577$	$.0^3 2485$	$.0^3 2396$	$.0^3 2311$	$.0^3 2227$	$.0^3 2147$	$.0^3 2070$	$.0^3 1995$	$.0^3 1922$
3.2	$.0^3 1852$	$.0^3 1785$	$.0^3 1720$	$.0^3 1657$	$.0^3 1596$	$.0^3 1537$	$.0^3 1480$	$.0^3 1426$	$.0^3 1373$	$.0^3 1322$
3.3	$.0^3 1273$	$.0^3 1225$	$.0^3 1179$	$.0^3 1135$	$.0^3 1093$	$.0^3 1051$	$.0^3 1012$	$.0^4 9734$	$.0^4 9365$	$.0^4 9009$
3.4	$.0^4 8666$	$.0^4 8335$	$.0^4 8016$	$.0^4 7709$	$.0^4 7413$	$.0^4 7127$	$.0^4 6852$	$.0^4 6587$	$.0^4 6331$	$.0^4 6085$
3.5	$.0^4 5848$	$.0^4 5620$	$.0^4 5400$	$.0^4 5188$	$.0^4 4984$	$.0^4 4788$	$.0^4 4599$	$.0^4 4417$	$.0^4 4242$	$.0^4 4073$
3.6	$.0^4 3911$	$.0^4 3755$	$.0^4 3605$	$.0^4 3460$	$.0^4 3321$	$.0^4 3188$	$.0^4 3059$	$.0^4 2935$	$.0^4 2816$	$.0^4 2702$
3.7	$.0^4 2592$	$.0^4 2486$	$.0^4 2385$	$.0^4 2287$	$.0^4 2193$	$.0^4 2103$	$.0^4 2016$	$.0^4 1933$	$.0^4 1853$	$.0^4 1776$
3.8	$.0^4 1702$	$.0^4 1632$	$.0^4 1563$	$.0^4 1498$	$.0^4 1435$	$.0^4 1375$	$.0^4 1317$	$.0^4 1262$	$.0^4 1208$	$.0^4 1157$
3.9	$.0^4 1108$	$.0^4 1061$	$.0^4 1016$	$.0^5 9723$	$.0^5 9307$	$.0^5 8908$	$.0^5 8525$	$.0^5 8158$	$.0^5 7806$	$.0^5 7469$
4.0	$.0^5 7145$	$.0^5 6835$	$.0^5 6538$	$.0^5 6253$	$.0^5 5980$	$.0^5 5718$	$.0^5 5468$	$.0^5 5227$	$.0^5 4997$	$.0^5 4777$
4.1	$.0^5 4566$	$.0^5 4364$	$.0^5 4170$	$.0^5 3985$	$.0^5 3807$	$.0^5 3637$	$.0^5 3475$	$.0^5 3319$	$.0^5 3170$	$.0^5 3027$
4.2	$.0^5 2891$	$.0^5 2760$	$.0^5 2635$	$.0^5 2516$	$.0^5 2402$	$.0^5 2292$	$.0^5 2188$	$.0^5 2088$	$.0^5 1992$	$.0^5 1901$
4.3	$.0^5 1814$	$.0^5 1730$	$.0^5 1650$	$.0^5 1574$	$.0^5 1501$	$.0^5 1431$	$.0^5 1365$	$.0^5 1301$	$.0^5 1241$	$.0^5 1183$
4.4	$.0^5 1127$	$.0^5 1074$	$.0^5 1024$	$.0^6 9756$	$.0^6 9296$	$.0^6 8857$	$.0^6 8437$	$.0^6 8037$	$.0^6 7655$	$.0^6 7290$
4.5	$.0^6 6942$	$.0^6 6610$	$.0^6 6294$	$.0^6 5992$	$.0^6 5704$	$.0^6 5429$	$.0^6 5167$	$.0^6 4917$	$.0^6 4679$	$.0^6 4452$
4.6	$.0^6 4236$	$.0^6 4029$	$.0^6 3833$	$.0^6 3645$	$.0^6 3467$	$.0^6 3297$	$.0^6 3135$	$.0^6 2981$	$.0^6 2834$	$.0^6 2694$
4.7	$.0^6 2560$	$.0^6 2433$	$.0^6 2313$	$.0^6 2197$	$.0^6 2088$	$.0^6 1984$	$.0^6 1884$	$.0^6 1790$	$.0^6 1700$	$.0^6 1615$
4.8	$.0^6 1533$	$.0^6 1456$	$.0^6 1382$	$.0^6 1312$	$.0^6 1246$	$.0^6 1182$	$.0^6 1122$	$.0^6 1065$	$.0^6 1011$	$.0^7 9588$
4.9	$.0^7 9096$	$.0^7 8629$	$.0^7 8185$	$.0^7 7763$	$.0^7 7362$	$.0^7 6982$	$.0^7 6620$	$.0^7 6276$	$.0^7 5950$	$.0^7 5640$

附表三　亂　數　表

1581922396	2068577984	8262130892	8374856049	4637567488
0928105582	7295088579	9586111652	7055508767	6472382934
4112077556	3440672486	1882412963	0684012006	0933147914
7457477468	5435810788	9670852913	1291265730	4890031305
0099520858	3090908872	2039593181	5973470495	9776135501
7245174840	2275698645	8416549348	4676463101	2229367983
6749420382	4832630032	5670984959	5432114610	2966095680
5503161011	7413686599	1198757695	0414294470	0140121598
7164238934	7666127259	5263097712	5133648980	4011966963
3593969525	0272759769	0385998136	9999089966	7544056852
4192054466	0700014629	5169439659	8408705169	1074373131
9697426117	6488888550	4031652526	8123543276	0927534537
2007950579	9564268448	3457416988	1531027886	7016633739
4584768758	2389278610	3859431781	3643768456	4141314518
3840145867	9120831830	7228567652	1267173884	4020651657
0190453442	4800088084	1165628559	5407921254	3768932478
6766554338	5585265145	5089052204	9780623691	2195448096
6315116284	9172824179	5544814339	0016943666	3828538786
3908771938	4035554324	0840126299	4942059208	1475623997
5570024586	9324732596	1186563397	4425143189	3216653251
2999997185	0135968938	7678931194	1351031403	6002561840
7864375912	8383232768	1892857070	2323673751	3188881718
7065492027	6349104233	3382569662	4579426926	1513082455
0654683246	4765104877	8149224168	5468631609	6474393896
7830555058	5255147182	3519287786	2481675649	8907598697
7626984369	4725370390	9641916289	5049082870	7463807244
4785048453	3646121751	8436077768	2928794356	9956043516
4627791048	5765558107	8762592043	6185670830	6363845920
9376470693	0441608934	8749472723	2202271078	5897002653
1227991661	7936797054	9527542791	4711871178	8300978148
5582095589	5535798279	4764439855	6279247618	4446895088
4959397698	1056981450	8416606706	8234013222	6426813469
1824779358	1333750468	9434074212	5273692238	5902177065
7041092295	5726289716	3420847871	1820481234	0318831723
3555104281	0903099163	6827824899	6383872737	5901682626
9717595534	1634107293	8521057472	1471300754	3044151557
5571564123	7344613447	1129117244	3208461091	1699403490
4674262892	2809456764	5806554509	8224980942	5738031833
8461228715	0746980892	9285305274	6331989646	8764467686
1838538678	3049068967	6955157269	5482964330	2161984904
1834182305	6203476893	5937802079	3445280195	3694915658
1884227732	2923727501	8044389132	4611203081	6072112445
6791857341	6696243386	2219599137	3193884236	8224729718
3007929946	4031562749	5570757297	6273785046	1455349704
6085440624	2875556938	5496629750	4841817356	1443167141
7005051056	3496332071	5054070890	7303867953	6255181190
9846413446	8306646692	0661684251	8875127201	6251533454
0625457703	4229164694	7321363715	7051128285	1108468072
5457593922	9751489574	1799906380	1989141062	5595364947
4076486653	8950826528	4934599003	4071187742	1456207629

附表四　5％複利表

年數	已知P 求F $(1+i)^n$	已知F 求P $\dfrac{1}{(1+i)^n}$	已知F 求A $\dfrac{i}{(1+i)^n-1}$	已知P 求A $\dfrac{i(1+i)^n}{(1+i)^n-1}$	已知A 求F $\dfrac{(1+i)^n-1}{i}$	已知A 求P $\dfrac{(1+i)^n-1}{i(1+i)^n}$	年數
1	1.050	0.9524	1.00000	1.05000	1.000	0.952	1
2	1.103	0.9070	0.48780	0.53780	2.050	1.859	2
3	1.158	0.8638	0.31721	0.36721	3.153	2.723	3
4	1.216	0.8227	0.23201	0.28201	4.310	3.546	4
5	1.276	0.7835	0.18097	0.23097	5.526	4.329	5
6	1.340	0.7462	0.14702	0.19702	6.802	5.076	6
7	1.407	0.7107	0.12282	0.17282	8.142	5.786	7
8	1.477	0.6768	0.10472	0.15472	9.549	6.463	8
9	1.551	0.6446	0.09069	0.14069	11.027	7.108	9
10	1.629	0.6139	0.07950	0.12950	12.578	7.722	10
11	1.710	0.5847	0.07039	0.12039	14.207	8.306	11
12	1.796	0.5568	0.06283	0.11283	15.917	8.863	12
13	1.886	0.5303	0.05646	0.10646	17.713	9.394	13
14	1.980	0.5051	0.05102	0.10102	19.599	9.899	14
15	2.079	0.4810	0.04634	0.09634	21.579	10.380	15
16	2.183	0.4581	0.04227	0.09227	23.657	10.838	16
17	2.292	0.4363	0.03870	0.08870	25.840	11.274	17
18	2.407	0.4155	0.03555	0.08555	28.132	11.690	18
19	2.527	0.3957	0.03275	0.08275	30.539	12.085	19
20	2.653	0.3769	0.03024	0.08024	33.066	12.462	20
21	2.786	0.3589	0.02800	0.07800	35.719	12.821	21
22	2.925	0.3418	0.02597	0.07597	38.505	13.163	22
23	3.072	0.3256	0.02414	0.07414	41.430	13.489	23
24	3.225	0.3101	0.02247	0.07247	44.502	13.799	24
25	3.386	0.2953	0.02095	0.07095	47.727	14.094	25
26	3.556	0.2812	0.01956	0.06956	51.113	14.375	26
27	3.733	0.2678	0.01829	0.06829	54.669	14.643	27
28	3.920	0.2551	0.01712	0.06712	58.403	14.898	28
29	4.116	0.2429	0.01605	0.06605	62.323	15.141	29
30	4.322	0.2314	0.01505	0.06505	66.439	15.372	30
31	4.538	0.2204	0.01413	0.06413	70.761	15.593	31
32	4.765	0.2099	0.01328	0.06328	75.299	15.803	32
33	5.003	0.1999	0.01249	0.06249	80.064	16.003	33
34	5.253	0.1904	0.01176	0.06176	85.067	16.193	34
35	5.516	0.1813	0.01107	0.06107	90.320	16.374	35
40	7.040	0.1420	0.00828	0.05828	120.800	17.159	40
45	8.985	0.1113	0.00626	0.05626	159.700	17.774	45
50	11.467	0.0872	0.00478	0.05478	209.348	18.256	50
55	14.636	0.0683	0.00367	0.05367	272.713	18.633	55
60	18.679	0.0535	0.00283	0.05283	353.584	18.929	60
65	23.840	0.0419	0.00219	0.05219	456.798	19.161	65
70	30.426	0.0329	0.00170	0.05170	588.529	19.343	70
75	38.833	0.0258	0.00132	0.05132	756.654	19.485	75
80	49.561	0.0202	0.00103	0.05103	971.229	19.596	80
85	63.254	0.0158	0.00080	0.05080	1245.087	19.684	85
90	80.730	0.0124	0.00063	0.05063	1594.607	19.752	90
95	103.035	0.0097	0.00049	0.05049	2040.694	19.806	95
100	131.501	0.0076	0.00038	0.05038	2610.025	19.848	100

（續）　6％複利表

年數	已知P 求F $(1+i)^n$	已知F 求P $\dfrac{1}{(1+i)^n}$	已知F 求A $\dfrac{i}{(1+i)^n-1}$	已知P 求A $\dfrac{i(1+i)^n}{(1+i)^n-1}$	已知A 求F $\dfrac{(1+i)^n-1}{i}$	已知A 求P $\dfrac{(1+i)^n-1}{i(1+i)^n}$	年數
1	1.060	0.9434	1.00000	1.06000	1.000	0.943	1
2	1.124	0.8900	0.48544	0.54544	2.060	1.833	2
3	1.191	0.8396	0.31411	0.37411	3.184	2.673	3
4	1.262	0.7921	0.22859	0.28859	4.375	3.465	4
5	1.338	0.7473	0.17740	0.23740	5.637	4.212	5
6	1.419	0.7050	0.14336	0.20336	6.975	4.917	6
7	1.504	0.6651	0.11914	0.17914	8.394	5.582	7
8	1.594	0.6274	0.10104	0.16104	9.897	6.210	8
9	1.689	0.5919	0.08702	0.14702	11.491	6.802	9
10	1.791	0.5584	0.07587	0.13587	13.181	7.360	10
11	1.898	0.5268	0.06679	0.12679	14.972	7.887	11
12	2.012	0.4970	0.05928	0.11928	16.870	8.384	12
13	2.133	0.4688	0.05296	0.11296	18.882	8.853	13
14	2.261	0.4423	0.04758	0.10758	21.015	9.295	14
15	2.397	0.4173	0.04296	0.10296	23.276	9.712	15
16	2.540	0.3936	0.03895	0.09895	25.673	10.106	16
17	2.693	0.3714	0.03544	0.09544	28.213	10.477	17
18	2.854	0.3503	0.03236	0.09236	30.906	10.828	18
19	3.026	0.3305	0.02962	0.08962	33.760	11.158	19
20	3.207	0.3118	0.02718	0.08718	36.786	11.470	20
21	3.400	0.2942	0.02500	0.08500	39.993	11.764	21
22	3.604	0.2775	0.02305	0.08305	43.392	12.042	22
23	3.820	0.2618	0.02128	0.08128	46.996	12.303	23
24	4.049	0.2470	0.01968	0.07968	50.816	12.550	24
25	4.292	0.2330	0.01823	0.07823	54.865	12.783	25
26	4.549	0.2198	0.01690	0.07690	59.156	13.003	26
27	4.822	0.2074	0.01570	0.07570	63.706	13.211	27
28	5.112	0.1956	0.01459	0.07459	68.528	13.406	28
29	5.418	0.1846	0.01358	0.07358	73.640	13.591	29
30	5.743	0.1741	0.01265	0.07265	79.058	13.765	30
31	6.088	0.1643	0.01179	0.07179	84.802	13.929	31
32	6.453	0.1550	0.01100	0.07100	90.890	14.084	32
33	6.841	0.1462	0.01027	0.07027	97.343	14.230	33
34	7.251	0.1379	0.00960	0.06960	104.184	14.368	34
35	7.686	0.1301	0.00897	0.06897	111.435	14.498	35
40	10.286	0.0972	0.00646	0.06646	154.762	15.046	40
45	13.765	0.0727	0.00470	0.06470	212.744	15.456	45
50	18.420	0.0543	0.00344	0.06344	290.336	15.762	50
55	24.650	0.0406	0.00254	0.06254	394.172	15.991	55
60	32.988	0.0303	0.00188	0.06188	533.128	16.161	60
65	44.145	0.0227	0.00139	0.06139	719.083	16.289	65
70	59.076	0.0169	0.00103	0.06103	967.932	16.385	70
75	79.057	0.0126	0.00077	0.06077	1300.949	16.456	75
80	105.796	0.0095	0.00057	0.06057	1746.600	16.509	80
85	141.579	0.0071	0.00043	0.06043	2342.982	16.549	85
90	189.465	0.0053	0.00032	0.06032	3141.075	16.579	90
95	253.546	0.0039	0.00024	0.06024	4209.104	16.601	95
100	339.302	0.0029	0.00018	0.06018	5638.368	16.618	100

（續） 7%複利表

年數	已知P 求F $(1+i)^n$	已知F 求P $\dfrac{1}{(1+i)^n}$	已知F 求A $\dfrac{i}{(1+i)^n-1}$	已知P 求A $\dfrac{i(1+i)^n}{(1+i)^n-1}$	已知A 求F $\dfrac{(1+i)^n-1}{i}$	已知A 求P $\dfrac{(1+i)^n-1}{i(1+i)^n}$	年數
1	1.070	0.9346	1.00000	1.07000	1.000	0.935	1
2	1.145	0.8734	0.48309	0.55309	2.070	1.808	2
3	1.225	0.8163	0.31105	0.38105	3.215	2.624	3
4	1.311	0.7629	0.22523	0.29523	4.440	3.387	4
5	1.403	0.7130	0.17389	0.24389	5.751	4.100	5
6	1.501	0.6663	0.13980	0.20980	7.153	4.767	6
7	1.606	0.6227	0.11555	0.18555	8.654	5.389	7
8	1.718	0.5820	0.09747	0.16747	10.260	5.971	8
9	1.838	0.5439	0.08349	0.15349	11.978	6.515	9
10	1.967	0.5083	0.07238	0.14238	13.816	7.024	10
11	2.105	0.4751	0.06336	0.13336	15.784	7.499	11
12	2.252	0.4440	0.05590	0.12590	17.888	7.943	12
13	2.410	0.4150	0.04965	0.11965	20.141	8.358	13
14	2.579	0.3878	0.04434	0.11434	22.550	8.745	14
15	2.759	0.3624	0.03979	0.10979	25.129	9.108	15
16	2.952	0.3387	0.03586	0.10586	27.888	9.447	16
17	3.159	0.3166	0.03243	0.10243	30.840	9.763	17
18	3.380	0.2959	0.02941	0.09941	33.999	10.059	18
19	3.617	0.2765	0.02675	0.09675	37.379	10.336	19
20	3.870	0.2584	0.02439	0.09439	40.995	10.594	20
21	4.141	0.2415	0.02229	0.09229	44.865	10.836	21
22	4.430	0.2257	0.02041	0.09041	49.006	11.061	22
23	4.741	0.2109	0.01871	0.08871	53.436	11.272	23
24	5.072	0.1971	0.01719	0.08719	58.177	11.469	24
25	5.427	0.1842	0.01581	0.08581	63.249	11.654	25
26	5.807	0.1722	0.01456	0.08456	68.676	11.826	26
27	6.214	0.1609	0.01343	0.08343	74.484	11.987	27
28	6.649	0.1504	0.01239	0.08239	80.698	12.137	28
29	7.114	0.1406	0.01145	0.08145	87.347	12.278	29
30	7.612	0.1314	0.01059	0.08059	94.461	12.409	30
31	8.145	0.1228	0.00980	0.07980	102.073	12.532	31
32	8.715	0.1147	0.00907	0.07907	110.218	12.647	32
33	9.325	0.1072	0.00841	0.07841	118.933	12.754	33
34	9.978	0.1002	0.00780	0.07780	128.259	12.854	34
35	10.677	0.0937	0.00723	0.07723	138.237	12.948	35
40	14.974	0.0668	0.00501	0.07501	199.635	13.332	40
45	21.002	0.0476	0.00350	0.07350	285.749	13.606	45
50	29.457	0.0339	0.00246	0.07246	406.529	13.801	50
55	41.315	0.0242	0.00174	0.07174	575.929	13.940	55
60	57.946	0.0173	0.00123	0.07123	813.520	14.039	60
65	81.273	0.0123	0.00087	0.07087	1146.755	14.110	65
70	113.989	0.0088	0.00062	0.07062	1614.134	14.160	70
75	159.876	0.0063	0.00044	0.07044	2269.657	14.196	75
80	224.234	0.0045	0.00031	0.07031	3189.063	14.222	80
85	314.500	0.0032	0.00022	0.07022	4478.576	14.240	85
90	441.103	0.0023	0.00016	0.07016	6287.185	14.253	90
95	618.670	0.0016	0.00011	0.07011	8823.854	14.263	95
100	867.716	0.0012	0.00008	0.07008	12381.662	14.269	100

（續）　8％複利表

年數	已知P 求F $(1+i)^n$	已知F 求P $\dfrac{1}{(1+i)^n}$	已知F 求A $\dfrac{i}{(1+i)^n-1}$	已知P 求A $\dfrac{i(1+i)^n}{(1+i)^n-1}$	已知A 求F $\dfrac{(1+i)^n-1}{i}$	已知A 求P $\dfrac{(1+i)^n-1}{i(1+i)^n}$	年數
1	1.080	0.9259	1.00000	1.08000	1.000	0.926	1
2	1.166	0.8573	0.48077	0.56077	2.080	1.783	2
3	1.260	0.7938	0.30803	0.38803	3.246	2.577	3
4	1.360	0.7350	0.22192	0.30192	4.506	3.312	4
5	1.469	0.6806	0.17046	0.25046	5.867	3.993	5
6	1.587	0.6302	0.13632	0.21632	7.336	4.623	6
7	1.714	0.5835	0.11207	0.19207	8.923	5.206	7
8	1.851	0.5403	0.09401	0.17401	10.637	5.747	8
9	1.999	0.5002	0.08008	0.16008	12.488	6.247	9
10	2.159	0.4632	0.06903	0.14903	14.487	6.710	10
11	2.332	0.4289	0.06008	0.14008	16.645	7.139	11
12	2.518	0.3971	0.05270	0.13270	18.977	7.536	12
13	2.720	0.3677	0.04652	0.12652	21.495	7.904	13
14	2.937	0.3405	0.04130	0.12130	24.215	8.244	14
15	3.172	0.3152	0.03683	0.11683	27.152	8.559	15
16	3.426	0.2919	0.03298	0.11298	30.324	8.851	16
17	3.700	0.2703	0.02963	0.10963	33.750	9.122	17
18	3.996	0.2502	0.02670	0.10670	37.450	9.372	18
19	4.316	0.2317	0.02413	0.10413	41.446	9.604	19
20	4.661	0.2145	0.02185	0.10185	45.762	9.818	20
21	5.034	0.1987	0.01983	0.09983	50.423	10.017	21
22	5.437	0.1839	0.01803	0.09803	55.457	10.201	22
23	5.871	0.1703	0.01642	0.09642	60.893	10.371	23
24	6.341	0.1577	0.01498	0.09498	66.765	10.529	24
25	6.848	0.1460	0.01368	0.09368	73.106	10.675	25
26	7.396	0.1352	0.01251	0.09251	79.954	10.810	26
27	7.988	0.1252	0.01145	0.09145	87.351	10.935	27
28	8.627	0.1159	0.01049	0.09049	95.339	11.051	28
29	9.317	0.1073	0.00962	0.08962	103.966	11.158	29
30	10.063	0.0994	0.00883	0.08883	113.283	11.258	30
31	10.868	0.0920	0.00811	0.08811	123.346	11.350	31
32	11.737	0.0852	0.00745	0.08745	134.214	11.435	32
33	12.676	0.0789	0.00685	0.08685	145.951	11.514	33
34	13.690	0.0730	0.00630	0.08630	158.627	11.587	34
35	14.785	0.0676	0.00580	0.08580	172.317	11.655	35
40	21.725	0.0460	0.00386	0.08386	259.057	11.925	40
45	31.920	0.0313	0.00259	0.08259	386.506	12.108	45
50	46.902	0.0213	0.00174	0.08174	573.770	12.233	50
55	68.914	0.0145	0.00118	0.08118	848.923	12.319	55
60	101.257	0.0099	0.00080	0.08080	1253.213	12.377	60
65	148.780	0.0067	0.00054	0.08054	1847.248	12.416	65
70	218.606	0.0046	0.00037	0.08037	2720.080	12.443	70
75	321.205	0.0031	0.00025	0.08025	4002.557	12.461	75
80	471.955	0.0021	0.00017	0.08017	5886.935	12.474	80
85	693.456	0.0014	0.00012	0.08012	8655.706	12.482	85
90	1018.915	0.0010	0.00008	0.08008	12723.939	12.488	90
95	1497.121	0.0007	0.00005	0.08005	18701.507	12.492	95
100	2199.761	0.0005	0.00004	0.08004	27484.516	12.494	100

（續） 10%複利表

年數	已知P 求F $(1+i)^n$	已知F 求P $\dfrac{1}{(1+i)^n}$	已知F 求A $\dfrac{i}{(1+i)^n-1}$	已知P 求A $\dfrac{i(1+i)^n}{(1+i)^n-1}$	已知A 求F $\dfrac{(1+i)^n-1}{i}$	已知A 求P $\dfrac{(1+i)^n-1}{i(1+i)^n}$	年數
1	1.100	0.9091	1.00000	1.10000	1.000	0.909	1
2	1.210	0.8264	0.47619	0.57619	2.100	1.736	2
3	1.331	0.7513	0.30211	0.40211	3.310	2.487	3
4	1.464	0.6830	0.21547	0.31547	4.641	3.170	4
5	1.611	0.6209	0.16380	0.26380	6.105	3.791	5
6	1.772	0.5645	0.12961	0.22961	7.716	4.355	6
7	1.949	0.5132	0.10541	0.20541	9.487	4.863	7
8	2.144	0.4665	0.08744	0.18744	11.436	5.335	8
9	2.358	0.4241	0.07364	0.17364	13.579	5.759	9
10	2.594	0.3855	0.06275	0:16275	15.937	6.144	10
11	2.853	0.3505	0.05396	0.15396	18.531	6.495	11
12	3.138	0.3186	0.04676	0.14676	21.384	6.814	12
13	3.452	0.2897	0.04078	0.14078	24.523	7.103	13
14	3.797	0.2633	0.03575	0.13575	27.975	7.367	14
15	4.177	0.2394	0.03147	0.13147	31.772	7.606	15
16	4.595	0.2176	0.02782	0.12782	35.950	7.824	16
17	5.054	0.1978	0.02466	0.12466	40.545	8.022	17
18	5.560	0.1799	0.02193	0.12193	45.599	8.201	18
19	6.116	0.1635	0.01955	0.11955	51.159	8.365	19
20	6.727	0.1486	0.01746	0.11746	57.275	8.514	20
21	7.400	0.1351	0.01562	0.11562	64.002	8.649	21
22	8.140	0.1228	0.01401	0.11401	71.403	8.772	22
23	8.954	0.1117	0.01257	0.11257	79.543	8.883	23
24	9.850	0.1015	0.01130	0.11130	88.497	8.985	24
25	10.835	0.0923	0.01017	0.11017	98.347	9.077	25
26	11.918	0.0839	0.00916	0.10916	109.182	9.161	26
27	13.110	0.0763	0.00826	0.10826	121.100	9.237	27
28	14.421	0.0693	0.00745	0.10745	134.210	9.307	28
29	15.863	0.0630	0.00673	0.10673	148.631	9.370	29
30	17.449	0.0573	0.00608	0.10608	164.494	9.427	30
31	19.194	0.0521	0.00550	0.10550	181.943	9.479	31
32	21.114	0.0474	0.00497	0.10497	201.138	9.526	32
33	23.225	0.0431	0.00450	0.10450	222.252	9.569	33
34	25.548	0.0391	0.00407	0.10407	245.477	9.609	34
35	28.102	0.0356	0.00369	0.10369	271.024	9.644	35
40	45.259	0.0221	0.00226	0.10226	442.593	9.779	40
45	72.890	0.0137	0.00139	0.10139	718.905	9.863	45
50	117.391	0.0085	0.00086	0.10086	1163.909	9.915	50
55	189.059	0.0053	0.00053	0.10053	1880.591	9.947	55
60	304.482	0.0033	0.00033	0.10033	3034.816	9.967	60
65	490.371	0.0020	0.00020	0.10020	4893.707	9.980	65
70	789.747	0.0013	0.00013	0.10013	7887.470	9.987	70
75	1271.895	0.0008	0.00008	0.10008	12708.954	9.992	75
80	2048.400	0.0005	0.00005	0.10005	20474.002	9.995	80
85	3298.969	0.0003	0.00003	0.10003	32979.690	9.997	85
90	5313.023	0.0002	0.00002	0.10002	53120.226	9.998	90
95	8556.676	0.0001	0.00001	0.10001	85556.760	9.999	95
100	13780.612	0.0001	0.00001	0.10001	137796.123	9.999	100

（續）　12%複利表

年數	已知P求F $(1+i)^n$	已知F求P $\dfrac{1}{(1+i)^n}$	已知F求A $\dfrac{i}{(1+i)^n-1}$	已知P求A $\dfrac{i(1+i)^n}{(1+i)^n-1}$	已知A求F $\dfrac{(1+i)^n-1}{i}$	已知A求P $\dfrac{(1+i)^n-1}{i(1+i)^n}$	年數
1	1.120	0.8929	1.00000	1.12000	1.000	0.893	1
2	1.254	0.7972	0.47170	0.59170	2.120	1.690	2
3	1.405	0.7118	0.29635	0.41635	3.374	2.402	3
4	1.574	0.6355	0.20923	0.32923	4.779	3.037	4
5	1.762	0.5674	0.15741	0.27741	6.353	3.605	5
6	1.974	0.5066	0.12323	0.24323	8.115	4.111	6
7	2.211	0.4523	0.09912	0.21912	10.089	4.564	7
8	2.476	0.4039	0.08130	0.20130	12.300	4.968	8
9	2.773	0.3606	0.06768	0.18768	14.776	5.328	9
10	3.106	0.3220	0.05698	0.17698	17.549	5.650	10
11	3.479	0.2875	0.04842	0.16842	20.655	5.938	11
12	3.896	0.2567	0.04144	0.16144	24.133	6.194	12
13	4.363	0.2292	0.03568	0.15568	28.029	6.424	13
14	4.887	0.2046	0.03087	0.15087	32.393	6.628	14
15	5.474	0.1827	0.02682	0.14682	37.280	6.811	15
16	6.130	0.1631	0.02339	0.14339	42.753	6.974	16
17	6.866	0.1456	0.02046	0.14046	48.884	7.120	17
18	7.690	0.1300	0.01794	0.13794	55.750	7.250	18
19	8.613	0.1161	0.01576	0.13576	63.440	7.366	19
20	9.646	0.1037	0.01388	0.13388	72.052	7.469	20
21	10.804	0.0926	0.01224	0.13224	81.699	7.562	21
22	12.100	0.0826	0.01081	0.13081	92.502	7.645	22
23	13.552	0.0738	0.00956	0.12956	104.603	7.718	23
24	15.179	0.0659	0.00846	0.12846	118.155	7.784	24
25	17.000	0.0588	0.00750	0.12750	133.334	7.843	25
26	19.040	0.0525	0.00665	0.12665	150.334	7.896	26
27	21.325	0.0469	0.00590	0.12590	169.374	7.943	27
28	23.884	0.0419	0.00524	0.12524	190.099	7.984	28
29	26.750	0.0374	0.00466	0.12466	214.582	8.022	29
30	29.960	0.0334	0.00414	0.12414	241.332	8.055	30
31	33.555	0.0298	0.00369	0.12369	271.292	8.085	31
32	37.582	0.0266	0.00328	0.12328	304.847	8.112	32
33	42.091	0.0238	0.00292	0.12292	342.429	8.135	33
34	47.142	0.0212	0.00260	0.12260	384.520	8.157	34
35	52.799	0.0189	0.00232	0.12232	431.663	8.176	35
40	93.051	0.0107	0.00130	0.12130	767.088	8.244	40
45	163.987	0.0061	0.00074	0.12074	1358.224	8.283	45
50	289.001	0.0035	0.00042	0.12042	2400.008	8.305	50
∞				0.12000		8.333	∞

(續)　15%複利表

年數	已知P 求F $(1+i)^n$	已知F 求P $\dfrac{1}{(1+i)^n}$	已知F 求A $\dfrac{i}{(1+i)^n-1}$	已知P 求A $\dfrac{i(1+i)^n}{(1+i)^n-1}$	已知A 求F $\dfrac{(1+i)^n-1}{i}$	已知A 求P $\dfrac{(1+i)^n-1}{i(1+i)^n}$	年數
1	1.150	0.8696	1.00000	1.15000	1.000	0.870	1
2	1.322	0.7561	0.46512	0.61512	2.150	1.626	2
3	1.521	0.6575	0.28798	0.43798	3.472	2.283	3
4	1.749	0.5718	0.20026	0.35027	4.993	2.855	4
5	2.011	0.4972	0.14832	0.29832	6.742	3.352	5
6	2.313	0.4323	0.11424	0.26424	8.754	3.784	6
7	2.660	0.3759	0.09036	0.24036	11.067	4.160	7
8	3.059	0.3269	0.07285	0.22285	13.727	4.487	8
9	3.518	0.2843	0.05957	0.20957	16.786	4.772	9
10	4.046	0.2472	0.04925	0.19925	20.304	5.019	10
11	4.652	0.2149	0.04107	0.19107	24.349	5.234	11
12	5.350	0.1869	0.03448	0.18448	29.002	5.421	12
13	6.153	0.1625	0.02911	0.17911	34.352	5.583	13
14	7.076	0.1413	0.02469	0.17469	40.505	5.724	14
15	8.137	0.1229	0.02102	0.17102	47.580	5.847	15
16	9.358	0.1069	0.01795	0.16795	55.717	5.954	16
17	10.761	0.0929	0.01537	0.16537	65.075	6.047	17
18	12.375	0.0808	0.01319	0.16319	75.836	6.128	18
19	14.232	0.0703	0.01134	0.16134	88.212	6.198	19
20	16.367	0.0611	0.00976	0.15976	102.443	6.259	20
21	18.821	0.0531	0.00842	0.15842	118.810	6.312	21
22	21.645	0.0462	0.00727	0.15727	137.631	6.359	22
23	24.891	0.0402	0.00628	0.15628	159.276	6.399	23
24	28.625	0.0349	0.00543	0.15543	184.167	6.434	24
25	32.919	0.0304	0.00470	0.15470	212.793	6.464	25
26	37.857	0.0264	0.00407	0.15407	245.711	6.491	26
27	43.535	0.0230	0.00353	0.15353	283.568	6.514	27
28	50.065	0.0200	0.00306	0.15306	327.103	6.534	28
29	57.575	0.0174	0.00265	0.15265	377.169	6.551	29
30	66.212	0.0151	0.00230	0.15230	434.744	6.566	30
31	76.143	0.0131	0.00200	0.15200	500.956	6.579	31
32	87.565	0.0114	0.00173	0.15173	577.099	6.591	32
33	100.700	0.0099	0.00150	0.15150	664.664	6.600	33
34	115.805	0.0086	0.00131	0.15131	765.364	6.609	34
35	133.175	0.0075	0.00113	0.15113	881.168	6.617	35
40	267.862	0.0037	0.00056	0.15056	1779.1	6.642	40
45	538.767	0.0019	0.00028	0.15028	3585.1	6.654	45
50	1083.652	0.0009	0.00014	0.15014	7217.7	6.661	50
∞				0.15000		6.667	∞

（續）　20%複利表

年數	已知P求F $(1+i)^n$	已知F求P $\dfrac{1}{(1+i)^n}$	已知F求A $\dfrac{i}{(1+i)^n-1}$	已知P求A $\dfrac{i(1+i)^n}{(1+i)^n-1}$	已知A求F $\dfrac{(1+i)^n-1}{i}$	已知A求P $\dfrac{(1+i)^n-1}{i(1+i)^n}$	年數
1	1.200	0.8333	1.00000	1.20000	1.000	0.833	1
2	1.440	0.6944	0.45455	0.65455	2.200	1.528	2
3	1.728	0.5787	0.27473	0.47473	3.640	2.106	3
4	2.074	0.4823	0.18629	0.38629	5.368	2.589	4
5	2.488	0.4019	0.13438	0.33438	7.442	2.991	5
6	2.986	0.3349	0.10071	0.30071	9.930	3.326	6
7	3.583	0.2791	0.07742	0.27742	12.916	3.605	7
8	4.300	0.2326	0.06061	0.26061	16.499	3.837	8
9	5.160	0.1938	0.04808	0.24808	20.799	4.031	9
10	6.192	0.1615	0.03852	0.23852	25.959	4.192	10
11	7.430	0.1346	0.03110	0.23110	32.150	4.327	11
12	8.916	0.1122	0.02526	0.22526	39.580	4.439	12
13	10.699	0.0935	0.02062	0.22062	48.497	4.533	13
14	12.839	0.0779	0.01689	0.21689	59.196	4.611	14
15	15.407	0.0649	0.01388	0.21388	72.035	4.675	15
16	18.488	0.0541	0.01144	0.21144	87.442	4.730	16
17	22.186	0.0451	0.00944	0.20944	105.931	4.775	17
18	26.623	0.0376	0.00781	0.20781	128.117	4.812	18
19	31.948	0.0313	0.00646	0.20646	154.740	4.844	19
20	38.338	0.0261	0.00536	0.20536	186.688	4.870	20
21	46.005	0.0217	0.00444	0.20444	225.025	4.891	21
22	55.206	0.0181	0.00369	0.20369	271.031	4.909	22
23	66.247	0.0151	0.00307	0.20307	326.237	4.925	23
24	79.497	0.0126	0.00255	0.20255	392.484	4.937	24
25	95.396	0.0105	0.00212	0.20212	471.981	4.948	25
26	114.475	0.0087	0.00176	0.20176	567.377	4.956	26
27	137.370	0.0073	0.00147	0.20147	681.852	4.964	27
28	164.845	0.0061	0.00122	0.20122	819.223	4.970	28
29	197.813	0.0051	0.00102	0.20102	984.067	4.975	29
30	237.376	0.0042	0.00085	0.20085	1181.881	4.979	30
31	284.851	0.0035	0.00070	0.20070	1419.257	4.982	31
32	341.822	0.0029	0.00059	0.20059	1704.108	4.985	32
33	410.186	0.0024	0.00049	0.20049	2045.930	4.988	33
34	492.223	0.0020	0.00041	0.20041	2456.116	4.990	34
35	590.668	0.0017	0.00034	0.20034	2948.339	4.992	35
40	1469.771	0.0007	0.00014	0.20014	7343.9	4.997	40
45	3657.258	0.0003	0.00005	0.20005	18281.3	4.999	45
50	9100.427	0.0001	0.00002	0.20002	45497.1	4.999	50
∞				0.20000		5.000	∞

三民大專用書書目

— 1 —

強制執行法	陳榮宗	著	臺灣大學
法院組織法論	管歐	著	東吳大學

政治・外交

政治學	薩孟武	著	前臺灣大學
政治學	鄒文海	著	前政治大學
政治學	曹伯森	著	陸軍官校
政治學	呂亞力	著	臺灣大學
政治學概要	張金鑑	著	政治大學
政治學方法論	呂亞力	著	臺灣大學
政治理論與研究方法	易君博	著	政治大學
公共政策概論	朱志宏	著	臺灣大學
公共政策	曹俊漢	著	臺灣大學
公共政策	朱志宏	著	臺灣大學
公共關係	王德馨	等著	交通大學
中國社會政治史(一)～(四)	薩孟武	著	前臺灣大學
中國政治思想史	薩孟武	著	前臺灣大學
中國政治思想史（上）（中）（下）	張金鑑	著	政治大學
西洋政治思想史	張金鑑	著	政治大學
西洋政治思想史	薩孟武	著	前臺灣大學
中國政治制度史	張金鑑	著	政治大學
比較主義	張亞澐	著	政治大學
比較監察制度	陶百川	著	國策顧問
歐洲各國政府	張金鑑	著	政治大學
美國政府	張金鑑	著	政治大學
地方自治概要	管歐	著	東吳大學
國際關係——理論與實踐	朱張碧珠	著	臺灣大學
中美早期外交史	李定一	著	政治大學
現代西洋外交史	楊逢泰	著	政治大學

行政・管理

行政學（增訂版）	張潤書	著	政治大學
行政學	左潞生	著	中興大學
行政學新論	張金鑑	著	政治大學

社　會

書名	著者	服務單位
系統分析	陳　進 著	聖瑪麗大學
社會學	蔡文輝 著	印第安那大學
社會學	龍冠海 著	前臺灣大學
社會學	張華葆 主編	東海大學
社會學理論	蔡文輝 著	印第安那大學
社會學理論	陳秉璋 著	政治大學
社會心理學	劉安彥 著	傑克遜州立大學
社會心理學	張華葆 著	東海大學
社會心理學	趙淑賢 著	柏克萊校區
社會心理學理論	張華葆 著	東海大學
政治社會學	陳秉璋 著	政治大學
醫療社會學	廖榮利 等	臺灣大學
組織社會學	張笠雲 著	臺灣大學
人口遷移	廖正宏 著	臺灣大學
社區原理	蔡宏進 著	臺灣大學
人口教育	孫得雄 編著	東海大學
社會階層化與社會流動	許嘉猷 著	臺灣大學
社會階層	張華葆 著	東海大學
西洋社會思想史	張承漢 等著	臺灣大學
中國社會思想史（上）（下）	張承漢 著	臺灣大學
社會變遷	蔡文輝 著	印第安那大學
社會政策與社會行政	陳國鈞 著	中興大學
社會福利行政（修訂版）	白秀雄 著	臺灣大學
社會工作	白秀雄 著	臺灣大學
社會工作管理	廖榮利 著	臺灣大學
團體工作：理論與技術	林萬億 著	臺灣大學
都市社會學理論與應用	龍冠海 著	前臺灣大學
社會科學概論	薩孟武 著	前臺灣大學
文化人類學	陳國鈞 著	中興大學

書名	著者		學校
勞工問題	陳　鈞	著	中興大學
少年犯罪心理學	張華葆	著	東海大學
少年犯罪預防及矯治	張華葆	著	東海大學

教　育

書名	著者		學校
教育哲學	賈馥茗	著	臺灣師範大學
教育哲學	葉學志	著	彰化師範大學
普通教學法	方炳林	著	前臺灣師範大學
各國教育制度	雷國鼎	著	臺灣師範大學 美國傑克遜州立大學
教育心理學	溫世頌	著	美國傑克遜州立大學
教育心理學	胡秉正	著	政治大學
教育社會學	陳奎憙	著	臺灣師範大學
教育行政學	林文達	著	政治大學
教育行政原理	黃昌輝	主譯	臺灣師範大學
教育經濟學	蓋浙生	著	臺灣師範大學
教育經濟學	林文達	著	政治大學
工業教育學	袁立錕	著	彰化師範大學
技術職業教育行政與視導	張天津	著	臺灣師範大學
技職教育測量與評鑑	李大偉	著	臺灣師範大學
高科技與技職教育	楊啟棟	著	臺灣師範大學
工業職業技術教育	陳昭雄	著	臺灣師範大學
技術職業教育教學法	陳昭雄	著	臺灣師範大學
技術職業教育辭典	楊朝祥	編著	臺灣師範大學
技術職業教育理論與實務	楊朝祥	著	臺灣師範大學
工業安全衛生	羅文基	著	師範大學
人力發展理論與實施	彭台臨	著	臺灣師範大學
職業教育師資培育	周談輝	著	臺灣師範大學
家庭教育	張振宇	著	淡江大學
教育與人生	李建興	著	臺灣師範大學
當代教育思潮	徐南號	著	臺灣大學
比較國民教育	雷國鼎	著	臺灣師範大學
中等教育	司　琦	著	政治大學
中國教育史	胡美琦	著	文化大學

中國現代教育史　　　　　鄭世興　著　臺灣師大
中國大學教育發展史　　　伍振鷟　著　臺灣師大
中國職業教育發展史　　　周談輝　著　臺灣師大
社會教育新論　　　　　　李建興　著　臺灣師大
中國社會教育發展史　　　李建興　著　臺灣師大
中國國民教育發展史　　　司　琦　著　政治大學
中國體育發展史　　　　　吳文忠　著　臺灣師大
如何寫學術論文　　　　　宋楚瑜　著　臺灣大學
論文寫作研究　　　　　　段家鋒　等著　政戰學校等

心理學

心理學　　　　　　　　　劉安彥　著　傑克遜州立大學
心理學　　　　　　　　　張春興　等著　臺灣師大
人事心理學　　　　　　　黃天中　著　淡江大學
人事心理學　　　　　　　傅肅良　著　中興大學

經濟·財政

西洋經濟思想史　　　　　林鐘雄　著　臺灣大學
歐洲經濟發展史　　　　　林鐘雄　著　臺灣大學
比較經濟制度　　　　　　孫殿柏　著　政治大學
經濟學原理（增訂新版）　歐陽勛　著　政治大學
經濟學導論　　　　　　　徐育珠　著　南康涅狄克州立大學
經濟學概要　　　　　　　歐陽勛　等著　政治大學
通俗經濟講話　　　　　　邢慕寰　著　前香港大學
經濟學（增訂版）　　　　陸民仁　著　政治大學
經濟學概論　　　　　　　陸民仁　著　政治大學
國際經濟學　　　　　　　白俊男　著　東吳大學
國際經濟學　　　　　　　黃智輝　著　東吳大學
個體經濟學　　　　　　　劉盛男　著　臺北商專
總體經濟分析　　　　　　趙鳳培　著　政治大學
總體經濟學　　　　　　　鐘甦生　著　西雅圖大學
總體經濟學　　　　　　　張慶輝　著　政治大學
總體經濟理論　　　　　　孫　震　著　臺灣大學

國際貿易理論與政策（修訂版）	歐陽勛等編著	政治大學
國際貿易政策概論	余 德 培 著	東吳大學
國際貿易論	李 厚 高 著	逢甲大學
國際商品買賣契約法	鄧 越 今 編著	外貿協會
國際貿易法概要	于 政 長 著	東吳大學
國際貿易法	張 錦 源 著	政治大學
外匯投資理財與風險	李 麗 著	中央銀行
外匯、貿易辭典	于政長 編著 張錦源 校訂	東吳大學 政治大學
貿易實務辭典	張 錦 源 編著	政治大學
貿易貨物保險（修訂版）	周 詠 崇 著	中央信託局
貿易慣例	張 錦 源 著	政治大學
國際匯兌	林 邦 充 著	政治大學
國際行銷管理	許 士 軍 著	新加坡大學
國際行銷	郭 崑 謨 著	中興大學
行銷管理	郭 崑 謨 著	中興大學
海關實務（修訂版）	張 俊 雄 著	淡江大學
美國之外匯市場	于 政 長 譯	東吳大學
保險學（增訂版）	湯 俊 湘 著	中興大學
人壽保險學（增訂版）	宋 明 哲 著	德明商專
人壽保險的理論與實務	陳 雲 中 編著	臺灣大學
火災保險及海上保險	吳 榮 清 著	文化大學
市場學	王 德 馨 等著	中興大學
行銷學	江 顯 新 著	中興大學
投資學	龔 平 邦 著	前逢甲大學
投資學	白 俊 男 等著	東吳大學
海外投資的知識	葉 雲 鎮 等譯	
國際投資之技術移轉	鍾 瑞 江 著	東吳大學

會計·統計·審計

銀行會計（上）（下）	李 兆 萱 等著	臺灣大學等
初級會計學（上）（下）	洪 國 賜 著	淡水工商
中級會計學（上）（下）	洪 國 賜 著	淡水工商
中等會計（上）（下）	薛 光 圻 等著	西東大學等

書名	著者	著/譯	學校
會計辭典	龍毓珊	譯	臺灣大學商學院
會計學（上）（下）	辛世幸	著	臺灣大學商學
會計學題解	辛世幸	著	臺灣大學
成本會計（上）（下）	洪國賜	著	淡水工商
成本會計	盛禮約	著	淡水工商
政府會計	李增榮	著	政治大學
政府會計	張鴻春	著	臺灣大學
稅務會計	卓敏枝	等著	臺灣大學 等
財務報表分析	洪國賜	等著	淡水工商 等
財務報表分析	李祖培	著	中興大學
財務管理	張春雄	著	政治大學
財務管理（增訂新版）	黃柱權	著	政治大學
商用統計學（修訂版）	顏月珠	著	臺灣大學
商用統計學	劉一忠	著	舊金山州立大學
統計學（修訂版）	柴松林	著	政治大學
統計學	劉南溟	著	前臺灣大學
統計學	張浩鈞	著	臺灣大學
統計學	楊維哲	著	臺灣大學
統計學	顏月珠	著	臺灣大學
統計學題解	顏月珠	著	臺灣大學
推理統計學	張碧波	著	銘傳管理學院
應用數理統計學	顏月珠	著	臺灣大學
統計製圖學	宋汝濬	著	臺中商專
統計概念與方法	戴久永	著	交通大學
審計學	殷文俊	等著	政治大學 等
商用數學	薛昭雄	著	政治大學
商用數學（含商用微積分）	楊維哲	著	臺灣大學
線性代數（修訂版）	謝志雄	著	東吳大學
商用微積分	何典恭	著	淡水工商
微積分	楊維哲	著	臺灣大學
微積分（上）（下）	楊維哲	著	臺灣大學
大二微積分	楊維哲	著	臺灣大

新　聞

書名	著者		出版
大眾傳播與社會變遷	陳世敏	著	政治大學
組織傳播	鄭瑞城	著	政治大學
政治傳播學	祝基瀅	著	政治大學
文化與傳播	汪琪	著	政治大學

歷史・地理

書名	著者		出版
中國通史（上）（下）	林瑞翰	著	臺灣大學
中國現代史	李守孔	著	臺灣大學
中國近代史	李守孔	著	臺灣大學
中國近代史	李雲漢	著	政治大學
中國近代史（簡史）	李雲漢	著	政治大學
中國近代史	古鴻廷	著	東海大學
隋唐史	王壽南	著	政治大學
明清史	陳捷先	著	臺灣大學
黃河文明之光	姚大中	著	東吳大學
古代北西中國	姚大中	著	東吳大學
南方的奮起	姚大中	著	東吳大學
中國世界的全盛	姚大中	著	東吳大學
近代中國的成立	姚大中	著	東吳大學
西洋現代史	李邁先	著	臺灣大學
東歐諸國史	李邁先	著	臺灣大學
英國史綱	許介鱗	著	臺灣大學
印度史	吳俊才	著	政治大學
日本史	林明德	著	臺灣師大
日本現代史	許介鱗	著	臺灣大學
近代中日關係史	林明德	著	臺灣師大
美洲地理	林鈞祥	著	臺灣師大
非洲地理	劉鴻喜	著	臺灣師大
自然地理學	劉鴻喜	著	臺灣師大
地形學綱要	劉鴻喜	著	臺灣師大
聚落地理學	胡振洲	著	臺灣中興
海事地理學	胡振洲	著	臺灣中興
經濟地理	陳伯中	著	前臺灣大學
都市地理學	陳伯中	著	前臺灣大學